EXAMPRESS®
情報処理技術者試験学習書

対応試験
- 情報処理安全確保支援士 ● データベーススペシャリスト
- プロジェクトマネージャ ● システム監査技術者
- エンベデッドシステムスペシャリスト ● ネットワークスペシャリスト
- システムアーキテクト ● ITストラテジスト ● ITサービスマネージャ

情報処理 教科書

うかる！高度試験 午前Ⅰ・Ⅱ
2023年版

松原敬二 著

本書内容に関するお問い合わせについて

このたびは翔泳社の書籍をお買い上げいただき、誠にありがとうございます。弊社では、読者の皆様からのお問い合わせに適切に対応させていただくため、以下のガイドラインへのご協力をお願い致しております。下記項目をお読みいただき、手順に従ってお問い合わせください。

●ご質問される前に

弊社Webサイトの「正誤表」をご参照ください。これまでに判明した正誤や追加情報を掲載しています。

正誤表　https://www.shoeisha.co.jp/book/errata/

●ご質問方法

弊社Webサイトの「書籍に関するお問い合わせ」をご利用ください。

書籍に関するお問い合わせ　https://www.shoeisha.co.jp/book/qa/

インターネットをご利用でない場合は、FAXまたは郵便にて、下記"翔泳社 愛読者サービスセンター"までお問い合わせください。
電話でのご質問は、お受けしておりません。

●回答について

回答は、ご質問いただいた手段によってご返事申し上げます。ご質問の内容によっては、回答に数日ないしはそれ以上の期間を要する場合があります。

●ご質問に際してのご注意

本書の対象を越えるもの、記述個所を特定されないもの、また読者固有の環境に起因するご質問等にはお答えできませんので、予めご了承ください。

●郵便物送付先および FAX 番号

送付先住所　〒160-0006　東京都新宿区舟町5
FAX番号　　03-5362-3818
宛先　　　　（株）翔泳社 愛読者サービスセンター

※著者および出版者は、本書の使用による情報処理技術者試験の合格を保証するものではありません。
※本書に記載されたURL等は予告なく変更される場合があります。
※本書の出版にあたっては正確な記述に努めましたが、著者および 出版社のいずれも、本書の内容に対してなんらかの保証をするものではなく、内容やサンプルに基づくいかなる運用結果に関してもいっさいの責任を負いません。
※本書に掲載されている画面イメージなどは、特定の設定に基づいた環境にて再現される一例です。
※本書に記載されている会社名、製品名はそれぞれ各社の商標および登録商標です。
※本書では™、®、© は割愛させていただいております。

はじめに

　本書は，経済産業省が実施する情報処理技術者試験のうち高度試験8区分及び情報処理安全確保支援士試験の午前Ⅰ・午前Ⅱ試験の対策書です。基本情報技術者試験や応用情報技術者試験に合格しているか，同等レベルのIT業務経験や知識がある方で，次のステップに進む方を対象としています。

　2009年度（平成21年度）から始まった新制度の情報処理技術者試験では，午前Ⅰで全試験区分共通の幅広い知識を，午前Ⅱで試験区分ごとの専門分野を中心とする深い知識を問われます。制度改定から10年以上が過ぎ，過去問題の再出題が頻繁に行われる一方で，技術や制度の動向に応じて出題傾向も変化しています。また，2017年度（平成29年度）には，情報セキュリティスペシャリスト試験に代えて，情報処理安全確保支援士制度が創設されて試験が開始されました。

　本書では出題傾向を徹底分析し，重要な知識を含む過去問題や，再出題の可能性が高い過去問題を中心に，500問を収録しています。解説では，出題の根拠となった文献も引用するなどして，不正解の選択肢も含めて，詳しく丁寧に説明しています。

　これにより，知識を確実に身に付けながら，試験対策としても効果的・効率的な学習ができるようになっています。また，記述式・論述式で行われる午後試験でも，午前の対策で得た知識は役立ちます。本書を活用して，多くの方が合格されることを願っています。

2022年8月

松原　敬二

本書の構成と活用法

■本書の構成

　本書には，高度試験及び応用情報技術者試験の過去問題（2009年春期～2021年秋期）から500問を選定し，9のChapter（大分類）と23のテーマ（中分類）に分類して収録しています。

テーマタイトルの見方

　出題範囲となっている試験区分と出題レベル（Lv.3又はLv.4）を，右上に表示しています。午前Iについては，全23テーマが出題範囲（学習範囲）となります。午前Ⅱについては，受験予定の試験区分の略称を見て，出題範囲であるかどうかと，出題レベルを確認してください。なお，高度試験の略称は，「試験制度の概要」（xiiページ）を参照してください。

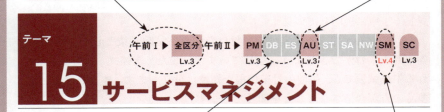

最近の出題数

　最近2年間（4回分）の試験区分別出題数を示しています。

試験区分別出題傾向，出題実績

　一つのテーマ（中分類）は幾つかの小分類に分かれ，さらに小分類には幾つかの知識項目例が含まれます(*1)。知識項目例には頻出のものもあれば，出題実績のほとんどないものもあります。そこで，2009年度以降の出題を分析し，試験区分別の出題傾向と，出題実績のある主な用語及びキーワードをまとめています。

小分類と問題・解説

　問題番号／見出しの上には，問題のレベル（レベル3 = **Lv.3** 又はレベル4 = **Lv.4**），出題時間帯・試験区分，問題タイプを表示しています。午前Ⅰ受験者は赤色で「全区分」と表示されている問題，午前Ⅱ受験者は受験する試験区分が赤色で表示されている問題が学習対象です。

　問題タイプは，次の三つに分けて表示しています。不得意な問題タイプを繰り返し学習したり，試験直前にまとめて復習したりするのに利用してください。

- **計算** … 数値の計算やアルゴリズムの問題
- **知識** … 用語の意味や基本的な内容を問う問題
- **考察** … 知識を踏まえて，応用的な内容や正誤判断を求める問題

　それに続き，問題文，出題年度・区分，解説，正解を掲載しています。問題には [AP-H30年秋問10] のように，試験区分の略称，年度・期，問題番号を示しています。APは応用情報技術者試験午前，AM1は高度共通午前Ⅰを示します。

　問題文で直接問われるのは出題範囲に含まれる知識の一部であり，それに対する解説だけでは断片的な知識しか得られません。そこで，類似問題にも対応できるような体系的・本質的な知識が身に付くよう，解答の導き方だけでなく，問題の背景となる知識も広く取り入れて解説するように配慮しました。

　なお，正解や重要な用語などは本書に付属の赤いシートによって隠すことができます。効率的な学習を行うために，活用してください。

(*1) 中分類，小分類，知識項目例の分け方は，『応用情報技術者試験（レベル3）シラバス Ver6.2』（2021年10月）に準拠しています。

■本書の活用法

午前Ⅰ試験から受験する方

- 午前Ⅰでは全分野が出題範囲ですので，全ての章・節を学習してください。特に，不得意分野や未習分野に重点を置いて学習してください。出題範囲が広い割に出題数が少ないため，取りこぼしのないよう十分な対策をすることが必要です。
- 午前の出題分野一覧表（xiiiページ）の受験する試験区分で，午前Ⅱが「○3」となっている分野に重点を置いて学習してください。「Lv.4」の問題は学習する必要はありません。

- 受験する試験区分の午前Ⅱが「◎ 4」となっている分野は，「Lv.4」の問題を含め，徹底的に学習してください。午後対策と兼ねてもよいでしょう。
- 午前Ⅰと午前Ⅱの両方で 60 点を取れるよう，偏りなく学習してください。
- 専門分野を中心とする出題のため，午後対策と兼ねられますが，細かい知識や用語も問われますので，きちんと試験対策をすることが必要です。

午前Ⅱ試験から受験する方
- 午前の出題分野一覧表（xiii ページ）の受験する試験区分で，午前Ⅱが「○ 3」又は「◎ 4」となっている分野を学習してください。
- 「○ 3」の分野は，「Lv.4」の問題以外を学習してください。
- 「◎ 4」の分野は，「Lv.4」の問題を含め，徹底的に学習してください。午後対策と兼ねてもよいでしょう。

コラム・午前で何点を目指すべきか

　午前（午前Ⅰ・午前Ⅱ）試験の基準点は 60 点です。それでは午前は 70 点くらいを目標にしておき，後は午後対策に注力すればよいのでしょうか？　それは否と考えます。

　記憶や認知に関して「再認」と「再生」という言葉があります。再認は，「○○を知っていますか？」と問われて「知っています」と答えられる状態です。再生は，手掛かりだけを与えられて，自らの力で言葉を思い出せる状態です。知らないことは再認できないので，再生もできません。また，再生は再認より難しく，再認できても再生できない（いわれたら分かるが，自分からは思い出せない）ことがしばしばです。

　午前試験は，選択肢から正しいものを選べばよいので，記憶を再認できれば正解できます。一方，午後試験は，設問を手掛かりに，自分の言葉で答えますので，記憶を再生できる必要があります。

　そうすると，午前が 60 点ぎりぎりでは，午後で 60 点を取るのは心許ないといえます。筆者の知人には，多数の高度試験に合格している人が多くいますが，皆さん午前試験は 90 点前後を取られています。午前は何とか通過できるのに，午後でなかなか 60 点を取れないという方は，午前で 80 点，90 点を目指して学習してみてください。再認できる知識が増えれば，再生できる知識も増えるので，午後の点数もアップするはずです。

過去問題の再出題

再出題の傾向

午前（午前Ⅰ・午前Ⅱ）試験では，積極的に過去問題が再出題（再利用）されています。ただし，一度出題した問題は，次回（6か月後）と次々回（1年後）の試験には再出題しない運用がされています。図に示すと，次のようになります。

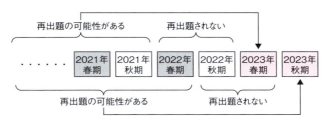

最短では1年半前の過去問題から再出題されますが，全体的には2～4年前の過去問題が多く出題される傾向があります。2～3年おきに，何度も再出題されている問題もあります。異なる試験区分の過去問題が再出題されることも多々あります。例えば，プロジェクトマネージャ試験の過去問題が，数年後のシステムアーキテクト試験で再出題されるといったことです。

この出題傾向に鑑み，本書では2009年春期～2021年秋期に出題された過去問題から，再出題の可能性が高い500問を選定して収録しています。

2022年度（令和4年度）春期試験の分析

■応募者数，受験者数，合格者数等

試験区分	全体 応募者数 受験者数（受験率） 合格者数（合格率）	午前I 免除者数 免除率	午前I 採点者数 通過者数 通過率	午前II 採点者数 通過者数 通過率	午後I 採点者数 通過者数 通過率	午後II 採点者数 通過者数 通過率
ITストラテジスト試験 （ST）	6,378 4,450 (69.8%) 660 (14.8%)	2,410 54.2%	2,040 1,461 71.6%	3,730 3,353 89.9%	3,290 2,088 63.5%	2,083 660 31.7%
システムアーキテクト試験（SA）	5,369 3,474 (64.7%) 520 (15.0%)	1,718 49.5%	1,756 1,179 67.1%	2,743 2,094 76.3%	2,008 1,178 58.7%	1,169 520 44.5%
ネットワークスペシャリスト試験（NW）	13,832 9,495 (68.6%) 1,649 (17.4%)	4,977 52.4%	4,518 2,895 64.1%	7,624 6,566 86.1%	6,479 3,513 54.2%	3,510 1,649 47.0%
ITサービスマネージャ試験（SM）	2,851 1,954 (68.5%) 289 (14.8%)	977 50.0%	977 556 56.9%	1,450 1,239 85.4%	1,201 741 61.7%	737 289 39.2%
情報処理安全確保支援士試験（SC）	16,047 11,117 (69.3%) 2,131 (19.2%)	5,923 53.3%	5,194 2,941 56.6%	8,582 7,501 87.4%	7,365 3,677 49.9%	3,672 2,131 58.0%

■過去問題再出題の状況

共通午前Iと各試験区分午前IIの合計155問のうち，過去問題の再出題は90問（58%），新作問題は65問（42%）でした。再出題された90問のうち，本書2022年版に38問が掲載されており，予想的中率は42%でした。

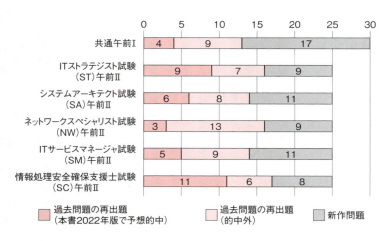

■分野別出題数

出題分野				午前Ⅰ（共通知識）	午前Ⅱ（専門知識）				
共通キャリア・スキルフレームワーク					ITストラテジスト試験	システムアーキテクト試験	ネットワークスペシャリスト試験	ITサービスマネージャ試験	情報処理安全確保支援士試験
分野	大分類		中分類						
テクノロジ系	1	基礎理論	1 基礎理論	1					
			2 アルゴリズムとプログラミング	2					
	2	コンピュータシステム	3 コンピュータ構成要素	1		1	1	1	
			4 システム構成要素	1		2	1	1	
			5 ソフトウェア	1					
			6 ハードウェア	1					
	3	技術要素	7 ヒューマンインタフェース	0					
			8 マルチメディア	0					
			9 データベース	2		1		1	1
			10 ネットワーク	2		1	15	1	3
			11 セキュリティ	4	3	5	6	3	17
	4	開発技術	12 システム開発技術	2		11	1		1
			13 ソフトウェア開発管理技術	0		1	1		1
マネジメント系	5	プロジェクトマネジメント	14 プロジェクトマネジメント	2				3	
	6	サービスマネジメント	15 サービスマネジメント	2				13	1
			16 システム監査	1				1	1
ストラテジ系	7	システム戦略	17 システム戦略	1	2	1			
			18 システム企画	3	3	2			
	8	経営戦略	19 経営戦略マネジメント	1	8				
			20 技術戦略マネジメント	0	1				
			21 ビジネスインダストリ	1	3				
	9	企業と法務	22 企業活動	1	4				
			23 法務	1	1			1	
合計				30	25	25	25	25	25

※　　　はレベル4で重点出題分野,　　　はレベル3で出題分野であることを示す。
　　ただし，午前Ⅰのセキュリティは，レベル3で重点出題分野。

2021年度（令和3年度）秋期試験の分析

■応募者数，受験者数，合格者数等

試験区分	全体 応募者数 受験者数（受験率） 合格者数（合格率）	午前I 免除者数 採点者数 通過者数 免除率 通過率	午前II 採点者数 通過者数 通過率	午後I 採点者数 通過者数 通過率	午後II 採点者数 通過者数 通過率
プロジェクト マネージャ試験（PM）	10,184 6,680 (65.6%) 959 (14.4%)	3,256　　3,424 　　　　1,449 48.7%　42.3%	4,538 4,070 89.7%	3,983 2,085 52.3%	2,067 959 46.4%
データベース スペシャリスト試験 （DB）	10,648 7,409 (69.6%) 1,268 (17.1%)	3,162　　4,247 　　　　1,738 42.7%　40.9%	5,822 4,986 85.6%	4,923 2,579 52.4%	2,564 1,268 49.5%
エンベデッドシステム スペシャリスト試験 （ES）	2,798 2,185 (78.1%) 400 (18.3%)	1,230　　955 　　　　563 56.3%　59.0%	1,768 1,562 88.3%	1,549 861 55.6%	861 400 46.5%
システム監査技術者 試験（AU）	2,552 1,877 (73.6%) 301 (16.0%)	1,150　　727 　　　　390 61.3%　53.6%	1,492 1,341 89.9%	1,304 704 54.0%	698 301 43.1%
情報処理安全確保 支援士試験 （SC）	16,354 11,713 (71.6%) 2,359 (20.1%)	6,060　　5,653 　　　　2,708 51.7%　47.9%	8,544 6,870 80.4%	6,790 3,921 57.7%	3,919 2,359 60.2%

■過去問題再出題の状況

共通午前Iと各試験区分午前IIの合計155問のうち，過去問題の再出題は90問（58%），新作問題は65問（42%）でした。再出題された90問のうち，本書2021年版に28問が掲載されており，予想的中率は31%でした。

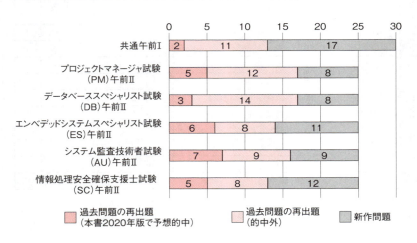

■分野別出題数

分野	大分類		中分類		午前I（共通知識）	午前II（専門知識）				
						プロジェクトマネージャ試験	データベーススペシャリスト試験	エンベデッドシステムスペシャリスト試験	システム監査技術者試験	情報処理安全確保支援士試験
テクノロジ系	1	基礎理論	1	基礎理論	2					
			2	アルゴリズムとプログラミング	1					
	2	コンピュータシステム	3	コンピュータ構成要素	1		1	5		
			4	システム構成要素	1		1	1		
			5	ソフトウェア	1			4		
			6	ハードウェア	1			4		
	3	技術要素	7	ヒューマンインタフェース	0					
			8	マルチメディア	0					
			9	データベース	2		18		1	1
			10	ネットワーク	2			1	1	3
			11	セキュリティ	4	3	3	3	4	17
	4	開発技術	12	システム開発技術	1	1	1	4	1	1
			13	ソフトウェア開発管理技術	1	2	1	1		
マネジメント系	5	プロジェクトマネジメント	14	プロジェクトマネジメント	2	14				
	6	サービスマネジメント	15	サービスマネジメント	2	2			2	1
			16	システム監査	1				10	1
ストラテジ系	7	システム戦略	17	システム戦略	2					
			18	システム企画	1	1				
	8	経営戦略	19	経営戦略マネジメント	1				2	
			20	技術戦略マネジメント	1					
			21	ビジネスインダストリ	1			2		
	9	企業と法務	22	企業活動	1				1	
			23	法務	1	2			3	
合計					30	25	25	25	25	25

※ 　　　はレベル4で重点出題分野，　　　はレベル3で出題分野であることを示す。
　　ただし，午前Iのセキュリティは，レベル3で重点出題分野。

試験制度の概要

　ここでは，本書が対象とする高度試験及び情報処理安全確保支援士試験の午前Ⅰ・午前Ⅱ試験について，実施形式を中心に解説します。

■試験区分と実施形式

　高度試験（高度区分）と総称される上級者向けの8試験区分があり，春期，秋期にそれぞれ4試験区分が実施されます。情報処理安全確保支援士試験は春期，秋期の年2回実施されます。

実施期	試験区分（略称）	午前Ⅰ 9:30〜10:20 （50分）	午前Ⅱ 10:50〜11:30 （40分）	午後Ⅰ 12:30〜14:00 （90分）	午後Ⅱ 14:30〜16:30 （120分）
秋期	プロジェクトマネージャ試験（PM）		多肢選択式 25問出題 25問必須	記述式 3問出題 2問解答	論述式 2問出題 1問解答
秋期	データベーススペシャリスト試験（DB）		多肢選択式 25問出題 25問必須	記述式 3問出題 2問解答	記述式 2問出題 1問解答
秋期	エンベデッドシステムスペシャリスト試験（ES）		多肢選択式 25問出題 25問必須	記述式 3問出題 2問解答	記述式 2問出題 1問解答
秋期	システム監査技術者試験（AU）	多肢選択式 共通問題 30問出題 30問必須	多肢選択式 25問出題 25問必須	記述式 3問出題 2問解答	論述式 2問出題 1問解答
春期	ITストラテジスト試験（ST）		多肢選択式 25問出題 25問必須	記述式 4問出題 2問解答	論述式 3問出題 1問解答
春期	システムアーキテクト試験（SA）		多肢選択式 25問出題 25問必須	記述式 4問出題 2問解答	論述式 3問出題 1問解答
春期	ネットワークスペシャリスト試験（NW）		多肢選択式 25問出題 25問必須	記述式 3問出題 2問解答	記述式 2問出題 1問解答
春期	ITサービスマネージャ試験（SM）		多肢選択式 25問出題 25問必須	記述式 3問出題 2問解答	論述式 2問出題 1問解答
春期・ 秋期	情報処理安全確保支援士試験（SC）		多肢選択式 25問出題 25問必須	記述式 3問出題 2問解答	記述式 2問出題 1問解答

※新型コロナウイルスの影響により，2020年度（令和2年度）春期試験が10月に延期実施されたため，それ以降の春期と秋期の試験区分が入れ替わりました。

■午前の出題分野一覧表

分野	大分類	中分類	午前Ⅰ(共通知識)	プロジェクトマネージャ試験	データベーススペシャリスト試験	エンベデッドシステムスペシャリスト試験	システム監査技術者試験	ITストラテジスト試験	システムアーキテクト試験	ネットワークスペシャリスト試験	ITサービスマネージャ試験	情報処理安全確保支援士試験
テクノロジ系	1 基礎理論	1 基礎理論										
		2 アルゴリズムとプログラミング										
	2 コンピュータシステム	3 コンピュータ構成要素			○3	◎4			○3	○3	○3	
		4 システム構成要素			○3	○3			○3	○3	○3	
		5 ソフトウェア	○3			◎4						
		6 ハードウェア				◎4						
	3 技術要素	7 ヒューマンインタフェース										
		8 マルチメディア										
		9 データベース			◎4			○3	○3		○3	○3
		10 ネットワーク				○3	○3		○3	◎4	○3	◎4
		11 セキュリティ	◎3	◎3	○3	◎4	◎4	◎4	○4	◎4	◎4	◎4
	4 開発技術	12 システム開発技術		○3	○3	○3			○3			○3
		13 ソフトウェア開発管理技術		○3	○3	○3			○3	○3		○3
マネジメント系	5 プロジェクトマネジメント	14 プロジェクトマネジメント		◎4							◎4	
	6 サービスマネジメント	15 サービスマネジメント		○3			○3				◎4	
		16 システム監査					◎4				○3	○3
ストラテジ系	7 システム戦略	17 システム戦略	○3					◎4	○3			
		18 システム企画		○3				◎4	◎4			
	8 経営戦略	19 経営戦略マネジメント						○3	◎4			
		20 技術戦略マネジメント							○3			
		21 ビジネスインダストリ					○3					
	9 企業と法務	22 企業活動						○3	◎4			
		23 法務		○3			◎4	○3			○3	

※1 ○は出題分野であることを，◎は重点出題分野である（出題数が多い）ことを表す。

※2 数字は出題の技術レベル（1〜4）を表し，4が最も高度で，3がそれに次ぐ。

■高度午前Ⅰと応用情報午前の違い

　高度試験及び情報処理安全確保支援士試験の午前Ⅰと，応用情報技術者（AP）試験の午前は，シラバスでは出題範囲は同一です。午前Ⅰの問題は，同じ日に実施されるAP試験の午前問題80問から，30問を抜き出したものとなっています。

　しかし，ランダムに抜き出しているのでなく，分野によって午前ⅠとAP午前で出題傾向が異なります。本書ではこのような傾向も分析して，午前Ⅰに出題されやすい過去問題を選定していますので，効率良く学習できます。

■ 2023年度試験の実施概要

　※全て予定であり，今後変更の可能性があります。

　最新情報は情報処理推進機構（IPA）のホームページで確認してください。

受験資格	特になし
受験手数料	7,500円（高度試験8区分は税込み，情報処理安全確保支援士試験は非課税）
応募方法	インターネット経由で応募
（独）情報処理推進機構（IPA）ホームページ	https://www.jitec.ipa.go.jp/

	春期	秋期
試験実施日	2023年4月中旬の日曜日	2023年10月中旬の日曜日
案内書・願書の配布と受付	2023年1月上旬～下旬	2023年7月上旬～下旬
合格発表	2023年6月中旬	2023年12月中旬
実施試験区分	● ITストラテジスト試験 ● システムアーキテクト試験 ● ネットワークスペシャリスト試験 ● ITサービスマネージャ試験 ● 情報処理安全確保支援士試験	● プロジェクトマネージャ試験 ● データベーススペシャリスト試験 ● エンベデッドシステムスペシャリスト試験 ● システム監査技術者試験 ● 情報処理安全確保支援士試験

■午前Ⅰ免除制度

　次のいずれかの条件を満たせば，応募時に申請することにより午前Ⅰ試験が免除となります。免除申請が認められれば午前Ⅱ試験からの受験となり，午前Ⅰ試験は受験できません。

免除対象者	免除対象期間
（1）応用情報技術者試験の合格者	合格から2年間 （試験4回分）
（2）高度試験又は情報処理安全確保支援士試験の合格者 ※午前Ⅰ免除で受験して合格した場合を含む	
（3）高度試験又は情報処理安全確保支援士試験を午前Ⅰから受験し，午前Ⅰで60点以上の成績を得た者 ※最終的に不合格だった場合を含む	当該成績を得てから2年間 （試験4回分）

■**合格基準**

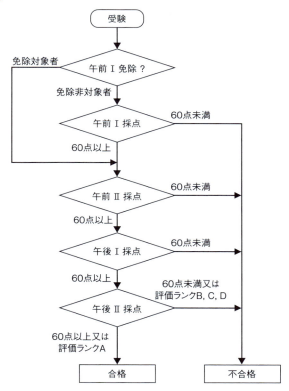

　午前Ⅰ，午前Ⅱ，午後Ⅰの各試験，及び午後Ⅱ試験が記述式の試験区分は100点満点で採点されます。午後Ⅱ試験が論述式（小論文）の試験区分は，A，B，C，Dの4段階の評価ランクで採点されます。

午前Ⅰ，午前Ⅱ，午後Ⅰ，午後Ⅱの順に採点され，全てが60点以上（午後Ⅱ試験が論述式の試験区分は，評価ランクA）で合格となります。途中で採点結果が60点に満たなければ，以後の時間帯の試験は採点されずに不合格となります。

　午前試験に関しては，午前Ⅰ（共通知識）と午前Ⅱ（専門知識）のそれぞれで60点を取るために，偏らないよう両方を学習しておく必要があります。

■最新版「試験の分析」の提供について

　viii～xiページと同様の「試験の分析」について，2022年秋期及び2023年春期試験終了後，最新版（PDF）を下記URLのWebページで提供します（試験の約1ヶ月後にそれぞれ提供予定）。最新版の「最近の出題数」についても，下記URLにアクセスして，データをダウンロードしてください。

> **ダウンロードページ（2023年12月末まで公開）**
> ※上記期限は予告なく変更になることがあります。
> https://www.shoeisha.co.jp/book/download/9784798177564

■ Webアプリについて

　本書の読者特典として，本書に掲載している過去問題500問が解けるWebアプリをご利用いただけます。お手持ちのスマートフォンやタブレット，パソコンなどから下記URLにアクセスし，ご利用ください。Webアプリの公開は，2022年10月末予定です。

> **Webアプリ（2023年12月末まで公開）**
> ※上記期限は予告なく変更になることがあります。
> https://www.shoeisha.co.jp/book/exam/9784798177564

※ご利用にあたっては，SHOEISHAiDへの登録と，アクセスキーの入力が必要になります。お手数ですが，画面の指示に沿って進めてください。
※当読者特典は予告なく変更になることがあります。あらかじめご了承ください。

コラム・過去問題を再出題する理由

過去問題を再出題する目的として，次のようなことが考えられます。

- **難易度を一定に保つこと**

 試験は，受験者の実力を適切に成績に反映できることが必要です。やさしすぎず，難しすぎず，適切な難易度であることが求められます。また，実力のある人ほど，惑わされて誤答するような，珍問・奇問の類も排除しなければなりません。

 新規問題は，事前に正答率を予測することは難しいものです。その点，出題実績のある問題なら，正答率や正答・誤答傾向などが分かっています。正答率が高めのものから低めのものまで，良質な過去問題を適度に盛り込むことで，平均点や標準偏差を一定に保つとともに，質のよい試験問題を作成できます。

 一般に過去問題は膨大にあり，受験前に全て記憶することは不可能です。再出題しても大部分の受験者にとっては初めて見る問題ですから，母集団のレベルが同じなら正答率はそれほど変わらないことが知られています。

- **知識の啓蒙**

 特に IT ストラテジスト試験などで顕著ですが，3 回，4 回と繰返し再出題される問題が存在しています。これは IPA が重要と考える事項について，出題をきっかけに受験者に学習させることで，その知識の啓蒙を目指していると考えられます。

 このような問題は再出題を予想しやすいため，正答率が高くなる可能性があります。そのため，確実に学習して正解すべき問題であるともいえます。

本文注釈一覧

本文中、引用した文献の中には説明の流れを重視して省略した用語や文献中の項目番号があります。それらを以下に示します。

264 ページ
- 注 1 　(availability)
- 注 2 　(confidentiality)
- 注 3 　JIS Q 27000:2019 の (3.54)

318 ～ 319 ページ
- 注 4 　(functional suitability)
- 注 5 　(performance efficiency)
- 注 6 　(usability)
- 注 7 　(reliability)
- 注 8 　(maintainability)
- 注 9 　(portability)

397 ページ
- 注 10 　JIS Q 21500:2018 の 4.3.28
- 注 11 　JIS Q 21500:2018 の 4.3.29
- 注 12 　JIS Q 21500:2018 の 4.3.30
- 注 13 　JIS Q 21500:2018 の 4.3.31

413 ページ・441 ページ
- 注 14 　JIS Q 20000-1:2020 の (3.1.16)
- 注 15 　JIS Q 20000-1:2020 の (3.2.15)
- 注 16 　JIS Q 20000-1:2020 の (3.2.29)
- 注 17 　JIS Q 20000-1:2020 の (3.2.14)
- 注 18 　JIS Q 20000-1:2020 の (3.1.18)
- 注 19 　JIS Q 20000-1:2020 の (3.2.18)

455 ページ
- 注 20 　JIS Q 19011:2019 の (3.7)
- 注 21 　JIS Q 19011:2019 の (3.8)

目次

本書の構成と活用法 iv

過去問題の再出題 vii

2022年度（令和4年度）春期試験の分析 viii

2021年度（令和3年度）秋期試験の分析 x

試験制度の概要 xii

Chapter 01
基礎理論   1

01 基礎理論 2
1-1 離散数学 3
1-2 応用数学 6
1-3 情報に関する理論 11
1-4 通信に関する理論 13

02 アルゴリズムとプログラミング 15
2-1 データ構造 16
2-2 アルゴリズム 18
2-3 プログラム言語 26

Chapter 02
コンピュータシステム   27

03 コンピュータ構成要素 28
3-1 プロセッサ 29
3-2 メモリ 39
3-3 バス 46
3-4 入出力デバイス 47
3-5 入出力装置 49

04 システム構成要素 53
4-1 システムの構成 54
4-2 システムの評価指標 66

xviii   目次

05 ソフトウェア 76

5-1 オペレーティングシステム 77
5-2 ミドルウェア 92
5-3 ファイルシステム 93
5-4 開発ツール 95
5-5 オープンソースソフトウェア 97

06 ハードウェア 99

6-1 ハードウェア 100

Chapter **03**

技術要素   117

07 ヒューマンインタフェース 118

7-1 ヒューマンインタフェース技術 119
7-2 インタフェース設計 121

08 マルチメディア 126

8-1 マルチメディア技術 127
8-2 マルチメディア応用 129

09 データベース 132

9-1 データベース方式 133
9-2 データベース設計 139
9-3 データ操作 149
9-4 トランザクション処理 163
9-5 データベース応用 176

10 ネットワーク 185

10-1 ネットワーク方式 186
10-2 データ通信と制御 195
10-3 通信プロトコル 212
10-4 ネットワーク管理 226
10-5 ネットワーク応用 230

11 セキュリティ 232

11-1 情報セキュリティ 234

目次　**xix**

11-2	情報セキュリティ管理	262
11-3	セキュリティ技術評価	268
11-4	情報セキュリティ対策	270
11-5	セキュリティ実装技術	281

Chapter 04

開発技術 　　　　　　　　　　　　　297

12 システム開発技術 298

12-1	システム要件定義・ソフトウェア要件定義	299
12-2	設計	313
12-3	実装・構築	328
12-4	結合・テスト	337
12-5	導入・受入れ支援	341
12-6	保守・廃棄	342

13 ソフトウェア開発管理技術 345

13-1	開発プロセス・手法	346
13-2	知的財産適用管理	356
13-3	構成管理・変更管理	360

Chapter 05

プロジェクトマネジメント 　　　　361

14 プロジェクトマネジメント 362

14-1	プロジェクトマネジメント	363
14-2	プロジェクトの統合	366
14-3	プロジェクトのステークホルダ	369
14-4	プロジェクトのスコープ	371
14-5	プロジェクトの資源マネジメント	376
14-6	プロジェクトの時間	381
14-7	プロジェクトのコスト	391
14-8	プロジェクトのリスク	396
14-9	プロジェクトの品質	402

14-10　プロジェクトの調達 404
14-11　プロジェクトのコミュニケーション 407

Chapter 06
サービスマネジメント　409

15 サービスマネジメント 410
15-1　サービスマネジメント 411
15-2　サービスマネジメントシステムの計画及び運用 418
15-3　パフォーマンス評価及び改善 443
15-4　サービスの運用 445
15-5　ファシリティマネジメント 451

16 システム監査 454
16-1　システム監査 455
16-2　内部統制 480

Chapter 07
システム戦略　489

17 システム戦略 490
17-1　情報システム戦略 491
17-2　業務プロセス 499
17-3　ソリューションビジネス 501
17-4　システム活用促進・評価 502

18 システム企画 506
18-1　システム化計画 507
18-2　要件定義 517
18-3　調達計画・実施 526

目次　**xxi**

Chapter 08

経営戦略　533

19 経営戦略マネジメント　534
19-1　経営戦略手法　535
19-2　マーケティング　547
19-3　ビジネス戦略と目標・評価　553
19-4　経営管理システム　557

20 技術戦略マネジメント　563
20-1　技術開発戦略の立案　564

21 ビジネスインダストリ　571
21-1　ビジネスシステム　572
21-2　エンジニアリングシステム　575
21-3　e-ビジネス　578
21-4　民生機器　582
21-5　産業機器　586

Chapter 09

企業と法務　587

22 企業活動　588
22-1　経営・組織論　589
22-2　OR・IE　596
22-3　会計・財務　604

23 法務　610
23-1　知的財産権　611
23-2　セキュリティ関連法規　617
23-3　労働関連・取引関連法規　623
23-4　その他の法律・ガイドライン・技術者倫理　627

索引　631

Chapter 01
基礎理論

テーマ	
01	**基礎理論**
	問 001 ～問 010
02	**アルゴリズムとプログラミング**
	問 011 ～問 020

アクセスキー **S**
（小文字のエス）

テーマ

01 基礎理論

午前Ⅰ ▶ 全区分 午前Ⅱ ▶ PM DB ES AU ST SA NW SM SC
Lv.3

問001〜問010 全10問

最近の出題数

	高度午前Ⅰ	高度午前Ⅱ								
		PM	DB	ES	AU	ST	SA	NW	SM	SC
R4年春期	1					−	−	−	−	−
R3年秋期	2	−	−	−	−					−
R3年春期	1					−	−	−	−	−
R2年秋期	2	−	−	−	−					−

※表組み内の「−」は出題範囲外

試験区分別出題傾向（H21年以降）

午前Ⅰ	"離散数学"，"応用数学"，"情報に関する理論" の出題が多く，新作問題が中心で，過去問題の再出題は少ない。

出題実績（H21年以降）

小分類	出題実績のある主な用語・キーワード
離散数学	2進数，補数，誤差，集合，論理式，論理演算
応用数学	正規分布，確率，相関係数，ニュートン法，グラフ理論，M/M/1待ち行列モデル
情報に関する理論	ハフマン符号，BNF（バッカス・ナウア記法），逆ポーランド記法（後置記法），有限オートマトン，教師なし学習，ディープラーニング
通信に関する理論	ハミング符号，巡回冗長検査（CRC），パリティ
計測・制御に関する理論	（出題例なし）

2　Chapter 01　基礎理論

1-1 ● 離散数学

Lv.3 午前Ⅰ ▶ 全区分 午前Ⅱ ▶ PM DB ES AU ST SA NW SM SC 計算

問 **001** 26 進数

10 進数 123 を，英字 A ～ Z を用いた 26 進数で表したものはどれか。
ここで，A = 0，B = 1，…，Z = 25 とする。

　　ア　BCD　　　　イ　DCB　　　　ウ　ET　　　　エ　TE

[AP-H28 年春 問 2・AM1-H28 年春 問 1]

■ **解説** ■

この 26 進数の英字と値の対応は，表のとおりである。

0	1	2	3	4	5	6	7	8	9	10	11	12
A	B	C	D	E	F	G	H	I	J	K	L	M
13	14	15	16	17	18	19	20	21	22	23	24	25
N	O	P	Q	R	S	T	U	V	W	X	Y	Z

10 進数の 123 は，123 = 4 × 26 + 19 = E × 26 + T と表せるので，26
進数では**ウ**の **ET** となる。

《答：ウ》

午前Ⅱ

PM

DB

ES

AU

ST

SA

NW

SM

SC

テーマ 01　基礎理論　**3**

| Lv.3 | 午前Ⅰ ▶ | 全区分 午前Ⅱ ▶ | PM | DB | ES | AU | ST | SA | NW | SM | SC |

問 002 桁落ちによる誤差

☑ ☑ ☑

桁落ちによる誤差の説明として，適切なものはどれか。

- ア 値がほぼ等しい二つの数値の差を求めたとき，有効桁数が減ることによって発生する誤差
- イ 指定された有効桁数で演算結果を表すために，切捨て，切上げ，四捨五入などで下位の桁を削除することによって発生する誤差
- ウ 絶対値が非常に大きな数値と小さな数値の加算や減算を行ったとき，小さい数値が計算結果に反映されないことによって発生する誤差
- エ 無限級数で表される数値の計算処理を有限項で打ち切ったことによって発生する誤差

[AP-R3 年春 問 2・AP-H31 年春 問 2・
AP-H25 年秋 問 2・AM1-H25 年秋 問 1]

■ 解説 ■

アが**桁落ち**の説明である。例えば，誤差（真の値との差異）がある有効桁数 5 桁の二つの数 5.9153 と 3.4278 で考えると，その差は 2.4875 となり，有効桁数は 5 桁で変わらない。しかし，絶対値の近い 1.2357 と 1.2345 では，その差が 0.0012 となり，有効桁数が 2 桁に減って，演算精度を悪化させる原因となる。なお，元の二つの数が誤差のない値であれば，桁落ちによる誤差もない。

イは**丸め誤差**，**ウ**は**情報落ち**，**エ**は**打切り誤差**の説明である。

《答：ア》

4 Chapter 01 基礎理論

| Lv.3 午前Ⅰ ▶ **全区分** 午前Ⅱ ▶ | PM | DB | ES | AU | ST | SA | NW | SM | SC |

問 003　排他的論理和の相補演算

任意のオペランドに対するブール演算 A の結果とブール演算 B の結果が互いに否定の関係にあるとき，A は B の（又は，B は A の）相補演算であるという。排他的論理和の相補演算はどれか。

ア　等価演算　（◯◯）　　　　イ　否定論理和　（◯◯）
ウ　論理積　　（◯◯）　　　　エ　論理和　　　（◯◯）

[AP-R3年春 問1・AM1-R3年春 問1・AP-H30年秋 問1・
AM1-H30年秋 問1・AP-H24年春 問1・AM1-H24年春 問1]

■ 解説 ■

ブール演算（論理演算） は，二値変数（とり得る値が 0（偽）及び 1（真）の 2 種類である変数）を対象とする演算の総称で，その結果も 0 又は 1 となる。2 個の二値変数 X，Y に対する，排他的論理和と各選択肢の論理演算の真理値表は次のとおりである。

X	Y	排他的論理和	ア 等価演算	イ 否定論理和	ウ 論理積	エ 論理和
0	0	0	1	1	0	0
0	1	1	0	0	0	1
1	0	1	0	0	0	1
1	1	0	1	0	1	1

よって，**ア**の**等価演算**が，排他的論理和の相補演算である。排他的論理和は，X = Y のとき 0，X ≠ Y のとき 1 となる演算である。一方，等価演算は，X = Y のとき 1，X ≠ Y のとき 0 となる演算である。なお，排他的論理和をベン図で表すと次のようになり，等価演算のベン図とは，真（色の領域）と偽（白の領域）が逆になる。

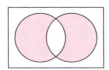

《答：ア》

1-2 ● 応用数学

| Lv.3 | 午前Ⅰ ▶ | 全区分 | 午前Ⅱ ▶ | PM | DB | ES | AU | ST | SA | NW | SM | SC | | 計算 | 知識 | 考察 |

問 004 テスト結果の正規分布 ☑ ☑ ☑

受験者 1,000 人の 4 教科のテスト結果は表のとおりであり，いずれの教科の得点分布も正規分布に従っていたとする。90 点以上の得点者が最も多かったと推定できる教科はどれか。

教科	平均点	標準偏差
A	45	18
B	60	15
C	70	8
D	75	5

ア A   イ B   ウ C   エ D

[AP-H30 年秋 問 3・AM1-H30 年秋 問 3]

■ 解説 ■

正規分布は，平均 m を中心とする左右対称の確率分布で，平均値から離れるに従って確率密度が小さくなっていく特徴がある。標準偏差 σ は値の散らばり具合を表す指標である。標準偏差が小さいほど，平均値から離れると急激に確率密度が下がる。標準偏差が大きいほど，平均値から離れるに従って，なだらかに確率密度が下がっていく。m と σ の値によらず，正規分布の確率密度は次の図のようになることが知られている。

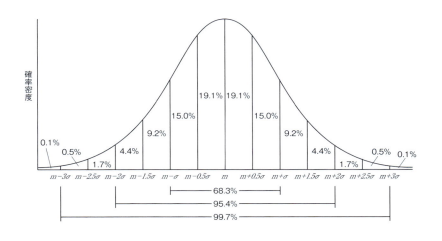

各教科における 90 点を，m と σ を用いて $m+n\sigma$ の形式で表したものと，90 点以上の得点者の推定比率は，次のようになる。

教科	平均点 m	標準偏差 σ	90 点を表す式	90 点以上の得点者の推定比率
A	45	18	$m+2.5\sigma$	約 0.6%
B	60	15	$m+2\sigma$	約 2.3%
C	70	8	$m+2.5\sigma$	約 0.6%
D	75	5	$m+3\sigma$	約 0.1%

よって，$m+n\sigma$ の n の値が最も小さい **教科 B** が，90 点以上の得点者が最も多かったと推定できる。

《答：イ》

| Lv.3 午前Ⅰ ▶ 全区分 午前Ⅱ ▶ | PM | DB | ES | AU | ST | SA | NW | SM | SC | | 知識 |

問 005　相関係数

相関係数に関する記述のうち，適切なものはどれか。

ア　全ての標本点が正の傾きをもつ直線上にあるときは，相関係数が＋1になる。

イ　変量間の関係が線形のときは，相関係数が0になる。

ウ　変量間の関係が非線形のときは，相関係数が負になる。

エ　無相関のときは，相関係数が－1になる。

[AP-H29年秋 問1・AM1-H29年秋 問1・
AP-H23年特 問3・AM1-H23年特 問1]

■ 解説 ■

二つの変量の組 (x_1, y_1)，(x_2, y_2)，…，(x_n, y_n) を xy 平面上にプロットして標本点としたとき，標本点が1本の直線付近に多く分布していれば相関が高く，直線から外れて分散していれば相関が低いという。**相関係数**（r）は，この相関の高さを数値化したもので，$-1 \leqq r \leqq 1$ である。

アが適切である。全ての標本点が正の傾きをもつ（右上がりの）直線上にあるときは，$r = +1$ になる。

イは適切でない。線形とは，全ての標本点が1本の直線上にあることである。直線の傾きが正（右上がり）なら $r = +1$，傾きが負（右下がり）なら $r = -1$ になる。

ウは適切でない。非線形とは，直線上から外れた標本点があることである。標本点が正の傾きをもつ直線の周辺に分布していれば，$0 < r < +1$ になる。標本点が負の傾きをもつ直線の周辺に分布していれば，$-1 < r < 0$ になる。

エは適切でない。無相関とは，変量間にまったく相関がないことで，$r = 0$ になる。

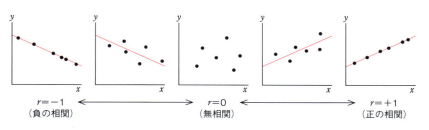

$r=-1$
（負の相関）　　　　　　　　　$r=0$　　　　　　　　　$r=+1$
　　　　　　　　　　　　　　（無相関）　　　　　　　（正の相関）

《答：ア》

Lv.3　午前Ⅰ▶　全区分　午前Ⅱ▶　PM　DB　ES　AU　ST　SA　NW　SM　SC　知識

問 006　非線形方程式の近似解法

非線形方程式 $f(x) = 0$ の近似解法であり，次の手順によって解を求めるものはどれか。ここで，$y = f(x)$ には接線が存在するものとし，(3) で x_0 と新たな x_0 の差の絶対値がある値以下になった時点で繰返しを終了する。

〔手順〕
(1) 解の近くの適当な x 軸の値を定め，x_0 とする。
(2) 曲線 $y = f(x)$ の，点 $(x_0, f(x_0))$ における接線を求める。
(3) 求めた接線と，x 軸の交点を新たな x_0 とし，手順 (2) に戻る。

ア　オイラー法　　　　　　イ　ガウスの消去法
ウ　シンプソン法　　　　　エ　ニュートン法

[AP-R3年秋 問1・AM1-R3年秋 問1]

■ 解説 ■

　これは，**エのニュートン法**である。非線形方程式（一次方程式以外の方程式）には，解析的に（数式の変形によって）厳密な解を求められないものが多い。次の図のように手順を繰り返すと，近似的に数値解を求めることができる。

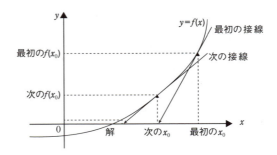

アの**オイラー法**は，常微分方程式の近似解法の一つである。
イの**ガウスの消去法**は，連立一次方程式の解法の一つである。
ウの**シンプソン法**は，数値積分の方法の一つである。

《答：エ》

問 007　M/M/1 待ち行列モデル

ATM（現金自動預払機）が 1 台ずつ設置してある二つの支店を統合し，統合後の支店には ATM を 1 台設置する。統合後の ATM の平均待ち時間を求める式はどれか。ここで，待ち時間は M/M/1 の待ち行列モデルに従い，平均待ち時間にはサービス時間を含まず，ATM を 1 台に統合しても十分に処理できるものとする。

〔条件〕
(1) 統合後の平均サービス時間：T_S
(2) 統合前の ATM の利用率：両支店とも ρ
(3) 統合後の利用者数：統合前の両支店の利用者数の合計

ア　$\dfrac{\rho}{1-\rho} \times T_S$　　　　　イ　$\dfrac{\rho}{1-2\rho} \times T_S$

ウ　$\dfrac{2\rho}{1-\rho} \times T_S$　　　　　エ　$\dfrac{2\rho}{1-2\rho} \times T_S$

[AP-R3 年秋 問 2・AP-H27 年春 問 1・AM1-H27 年春 問 1]

■ 解説 ■

M/M/1 は，客の到着がポアソン分布，サービス時間が指数分布に従い，サービス窓口が 1 個であるときの待ち行列モデルである。窓口利用率（窓口が占有されている時間の割合）を ρ（$0 < \rho < 1$）とするとき，窓口に並んでいる客の平均人数（現在サービスを受けている客を除く）は $\dfrac{\rho}{1-\rho}$ で表される。1 人の平均サービス時間を t とすれば，平均待ち時間（列に並んでから，サービスを受け始めるまでの平均時間）は $\dfrac{\rho}{1-\rho} \times t$ で表される。

本問では，〔条件〕(2) 及び (3) より，統合前の ATM の利用率が両支店とも ρ だから，統合後の ATM の利用率はその 2 倍で 2ρ となり，平均待ち人数は $\dfrac{2\rho}{1-2\rho}$ となる。また，〔条件〕(1) より，統合後の平均サービス時間は T_s であるから，統合後の平均待ち時間は $\dfrac{2\rho}{1-2\rho} \times T_s$ となる。

《答：エ》

1-3 ● 情報に関する理論

Lv.3　午前Ⅰ ▶　全区分　午前Ⅱ ▶　PM　DB　ES　AU　ST　SA　NW　SM　SC　　計算

問 008　ハフマン符号

a，b，c，d の 4 文字から成るメッセージを符号化してビット列にする方法として表のア〜エの 4 通りを考えた。この表は a，b，c，d の各 1 文字を符号化するときのビット列を表している。メッセージ中での a，b，c，d の出現頻度は，それぞれ 50%，30%，10%，10% であることが分かっている。符号化されたビット列から元のメッセージが一意に復号可能であって，ビット列の長さが最も短くなるものはどれか。

	a	b	c	d
ア	0	1	00	11
イ	0	01	10	11
ウ	0	10	110	111
エ	00	01	10	11

[AP-R2 年秋 問 4・AM1-R2 年秋 問 2・AP-H28 年春 問 4・
AM1-H28 年春 問 2・AP-H22 年秋 問 2・AM1-H22 年秋 問 2]

■ **解説** ■

　これは**ハフマン符号**と呼ばれるデータ圧縮方式である。出現頻度の**高い**文字には**少ない**ビット数，出現頻度の**低い**文字には**多い**ビット数で，かつ**一意に復号可能**な符号で置き換える。

　アは，一意に復号できず，適切な符号化ではない。例えば「00」が，「aa」と「c」のどちらを表すのか区別できない。

　イは，一意に復号できず，適切な符号化ではない。例えば「0110」が，「ada」と「bc」のどちらを表すのか区別できない。

　ウは，一意に復号可能である。1文字あたりのビット列の平均長，すなわちビット長の出現頻度による加重平均（ビット長×出現頻度の総和）は，$1 \times 0.5 + 2 \times 0.3 + 3 \times 0.1 + 3 \times 0.1 = 1.7$ ビット／文字となる。

　エは，一意に復号可能である。全ての文字に2ビットの符号を割り当てているので，1文字あたりのビット列の平均長は，常に2ビット／文字である。

　したがって，元のメッセージが一意に復号可能で，ビット列の長さが最も短くなるものは，**ウ**である。

《答：ウ》

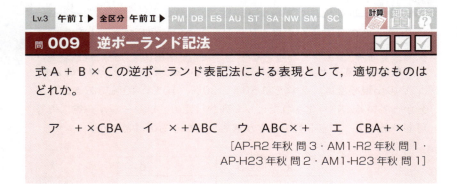

問 **009**　逆ポーランド記法

式 A＋B×C の逆ポーランド表記法による表現として，適切なものはどれか。

　ア　＋×CBA　　イ　×＋ABC　　ウ　ABC×＋　　エ　CBA＋×

[AP-R2年秋 問3・AM1-R2年秋 問1・
AP-H23年秋 問2・AM1-H23年秋 問1]

■ **解説** ■

　逆ポーランド表記法（逆ポーランド記法）は，**後置記法**とも呼ばれ，2項演算子を2個の被演算子の後ろに表記する方法である。例えば，式 X＋Y は逆ポーランド表記法では，"XY＋"となる。

　式 A＋B×C では，まず計算の優先順位の高い掛け算 B×C を逆ポーラン

12　Chapter 01　基礎理論

ド表記法に直して，"BC×"とする。次にAと"BC×"の和を逆ポーランド表記法で書くので，"A（BC×）＋"となり，括弧をはずして"**ABC×＋**"となる。

逆ポーランド表記法で表した数式は，演算子の優先順位を考慮する必要がないため，コンピュータで処理しやすい利点がある。

《答：ウ》

1-4 ● 通信に関する理論

Lv.3 午前Ⅰ▶ 全区分 午前Ⅱ▶ PM DB ES AU ST SA NW SM SC

問 010　パリティビット

図のように16ビットのデータを4×4の正方形状に並べ，行と列にパリティビットを付加することによって何ビットまでの誤りを訂正できるか。ここで，図の網掛け部分はパリティビットを表す。

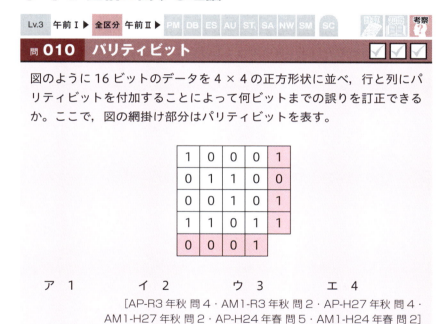

ア　1　　　イ　2　　　ウ　3　　　エ　4

[AP-R3年秋 問4・AM1-R3年秋 問2・AP-H27年秋 問4・
AM1-H27年秋 問2・AP-H24年春 問5・AM1-H24年春 問2]

■ **解説** ■

　このパリティビットは偶数パリティで，それぞれの行及び列に含まれる「1」の個数が偶数個になるように，「0」又は「1」を付加したものである。例えば，データの一番上の行（横方向）は「1000」で「1」が1個（奇数個）なので，右端に「1」を付加して2個（偶数個）にする。左端の列（縦方向）は「1001」で「1」が2個（偶数個）なので，下端に「0」を付加する。

データの中に1ビットの誤りがあると，誤ったビットの右側と下側に付加された2か所のパリティビットが，データから計算したパリティビットと一致しなくなる。逆にいえば，一致しないビットから，誤ったビットの位置を特定できるので，誤りを訂正できる。

行・列とも異なる位置で2ビットの誤りがあると，誤りの位置の右側と下側に付加された計4か所のパリティビットが，データから計算したパリティビットと一致しなくなる。例えば，1行2列と3行4列のビットに誤りがあれば，1行目と3行目，2列目と4列目のパリティビットが一致しなくなる。一方，1行4列と3行2列のビットに誤りがある場合でも，1行目と3行目，2列目と4列目のパリティビットが一致しなくなる。したがって，誤ったビットの位置を特定できず，誤り訂正ができない。

以上から，誤りを訂正できるのは**1**ビットまでである。

《答：ア》

テーマ
02 アルゴリズムとプログラミング

午前Ⅰ ▶ 全区分 午前Ⅱ ▶ PM DB ES AU ST SA NW SM SC
Lv.3

問 **011**〜問 **020** 全 **10** 問

最近の出題数

	高度午前Ⅰ	高度午前Ⅱ								
		PM	DB	ES	AU	ST	SA	NW	SM	SC
R4 年春期	2					−	−	−	−	−
R3 年秋期	1	−	−	−	−					−
R3 年春期	2					−	−	−	−	−
R2 年秋期	1	−	−	−	−					−

※表組み内の「−」は出題範囲外

試験区分別出題傾向（H21年以降）

午前Ⅰ	"アルゴリズム"の出題が多く，特に流れ図，ハッシュ関数，再帰がよく出題されている。H30 年以降は"データ構造"の出題が増えている。

出題実績（H21年以降）

小分類	出題実績のある主な用語・キーワード
データ構造	配列，スタック，キュー，リスト
アルゴリズム	流れ図，探索法，ハッシュ関数，再帰，ソート（バブルソート，シェルソート，ヒープソート，クイックソート）
プログラミング	（出題例なし）
プログラム言語	Python
その他の言語	XML 文書。H21 年の 1 問のみ

テーマ 02 **アルゴリズムとプログラミング** 15

2-1 ● データ構造

Lv.3　午前Ⅰ▶　全区分　午前Ⅱ▶　PM　DB　ES　AU　ST　SA　NW　SM　SC

問 011　スタックからのデータ出力順序

A，B，Cの順序で入力されるデータがある。各データについてスタックへの挿入と取出しを1回ずつ行うことができる場合，データの出力順序は何通りあるか。

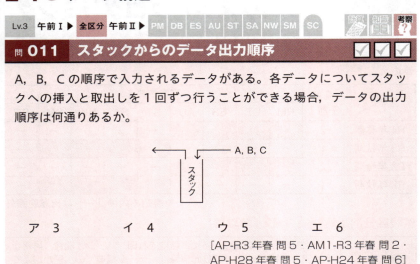

ア　3　　　　イ　4　　　　ウ　5　　　　エ　6

[AP-R3年春 問5・AM1-R3年春 問2・
AP-H28年春 問5・AP-H24年春 問6]

■ 解説 ■

スタックへの挿入をPUSH，スタックからの取出しをPOPとすると，行える処理の順序とデータの出力順序は次のようになる。

処理の順序						データの出力順序
①	②	③	④	⑤	⑥	
PUSH A	PUSH B	PUSH C	POP C	POP B	POP A	C→B→A
		POP B	PUSH C	POP C	POP A	B→C→A
			POP A	PUSH C	POP C	B→A→C
	POP A	PUSH B	PUSH C	POP C	POP B	A→C→B
			POP B	PUSH C	POP C	A→B→C

よって，データの出力順序は **5** 通りある。

《答：ウ》

問 012　2分木の探索

配列 A[1], A[2], …, A[n] で, A[1] を根とし, A[i] の左側の子を A[$2i$], 右側の子を A[$2i+1$] とみなすことによって, 2分木を表現する。このとき, 配列を先頭から順に調べていくことは, 2分木の探索のどれに当たるか。

ア　行きがけ順（先行順）深さ優先探索
イ　帰りがけ順（後行順）深さ優先探索
ウ　通りがけ順（中間順）深さ優先探索
エ　幅優先探索

[AP-R3年春 問6・AP-H29年秋 問5・AP-H26年秋 問4]

■ 解説 ■

例えば配列 A[1] ～ A[7] を, 問題文の方法によって2分木で表現すると下図のようになる。これを配列の先頭から順に調べるには, 丸数字と矢印で示すように, 根から下方へ向かって, それぞれの深さで左から右へ探索すればよい。これは, **エ**の**幅優先探索**である。

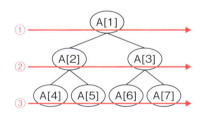

なお, 他の選択肢の探索手法では, 次の順に探索される。

アの行きがけ順（先行順）深さ優先探索… A[1] → A[2] → A[4] → A[5] → A[3] → A[6] → A[7]

イの帰りがけ順（後行順）深さ優先探索… A[4] → A[5] → A[2] → A[6] → A[7] → A[3] → A[1]

ウの通りがけ順（中間順）深さ優先探索… A[4] → A[2] → A[5] → A[1] → A[6] → A[3] → A[7]

《答：エ》

2-2 アルゴリズム

問 013　流れ図の処理

次の流れ図の処理で，終了時の x に格納されているものはどれか。ここで，与えられた a，b は正の整数であり，$\mathrm{mod}\,(x,\ y)$ は x を y で割った余りを返す。

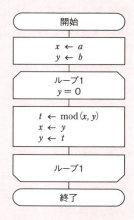

ア　a と b の最小公倍数
イ　a と b の最大公約数
ウ　a と b の小さい方に最も近い素数
エ　a を b で割った商

[AP-H29年春 問6・AM1-H29年春 問3]

■ 解説 ■

a，b に適当な正の整数値（例えば，$a = 15$，$b = 6$）を当てはめて，流れ図をトレースすると，次のようになる。

したがって，終了時の x には，**イ の a と b の最大公約数**が格納されている。これは**ユークリッドの互除法**と呼ばれる，二つの正の整数の最大公約数を求める代表的なアルゴリズムである。

《答：イ》

Lv.3　午前Ⅰ ▶　全区分　午前Ⅱ ▶　PM　DB　ES　AU　ST　SA　NW　SM　SC　　　考察

問 014　ハッシュ関数

自然数をキーとするデータを，ハッシュ表を用いて管理する。キー x のハッシュ関数 $h(x)$ を
$$h(x) = x \bmod n$$
とすると，任意のキー a と b が衝突する条件はどれか。ここで，n はハッシュ表の大きさであり，$x \bmod n$ は x を n で割った余りを表す。

ア　$a + b$ が n の倍数　　　　イ　$a - b$ が n の倍数
ウ　n が $a + b$ の倍数　　　　エ　n が $a - b$ の倍数

[AP-R1 年秋 問7・AP-H27 年春 問5・AM1-H27 年春 問3・
AP-H25 年秋 問7・AM1-H25 年秋 問2・AP-H23 年秋 問5・
AM1-H23 年秋 問3・AP-H21 年春 問6・AM1-H21 年春 問3]

解説

ハッシュ表（ハッシュテーブル）は，キーに対応するデータを，ハッシ

ュ関数によって求められる位置に格納することにより，データへの高速な
アクセスを実現するデータ構造である。異なるキーに対するハッシュ関数
の値が同一になることを，**衝突**という。

　このハッシュ関数 $h(x)$ は，キー x を n で割った余りを求めるものである。
キー a と b が衝突する条件は，a を n で割った余りと，b を n で割った余
りが等しいことである。これは，**a と b の差が n の倍数**のときである。

《答：イ》

| Lv.3 | 午前Ⅰ ▶ | 全区分 午前Ⅱ ▶ | PM | DB | ES | AU | ST | SA | NW | SM | SC | | | 考察 |

問 015　探索手法

☑ ☑ ☑

探索表の構成法を例とともに a〜c に示す。最も適した探索手法の組
合せはどれか。ここで，探索表のコードの空欄は表の空きを示す。

a　コード順に格納し
　　た探索表

コード	データ
120380	……
120381	……
120520	……
140140	……

b　コードの使用頻度
　　順に格納した探索
　　表

コード	データ
120381	……
140140	……
120520	……
120380	……

c　コードから一意に
　　決まる場所に格納
　　した探索表

コード	データ
120381	……
120520	……
140140	……
120380	……

	a	b	c
ア	2分探索	線形探索	ハッシュ表探索
イ	2分探索	ハッシュ表探索	線形探索
ウ	線形探索	2分探索	ハッシュ表探索
エ	線形探索	ハッシュ表探索	2分探索

[AP-H30年秋 問8・AP-H25年春 問5・
AP-H22年秋 問6・AM1-H22年秋 問3]

■ 解説 ■

2分探索は，整列されたデータに対し，目的のデータが中央のデータより前にあるか後ろにあるか判断し，探索領域を半分ずつに絞り込みながら探索する方法である。

線形探索は，探索表の先頭から順に，目的のデータが見つかるまで探索する方法である。目的のデータが先頭付近にあれば高速だが，末尾付近にあれば時間がかかる。そこで，使用頻度の高いデータを先頭付近に集めておけば，平均探索速度が向上すると考えられる。

ハッシュ表探索は，データに所定の演算（ハッシュ関数）を施して得られる値（ハッシュ値）の位置にデータを格納しておき，探索時にも同じ演算によって格納位置を即座に特定する探索方法である。

以上から，**ア**の組合せが最も適している。

《答：ア》

Lv.3 午前Ⅰ ▶ 全区分 午前Ⅱ ▶ PM DB ES AU ST SA NW SM SC

知識

問 016 バブルソート

バブルソートの説明として，適切なものはどれか。

ア　ある間隔おきに取り出した要素から成る部分列をそれぞれ整列し，更に間隔を詰めて同様の操作を行い，間隔が1になるまでこれを繰り返す。

イ　中間的な基準値を決めて，それよりも大きな値を集めた区分と，小さな値を集めた区分に要素を振り分ける。次に，それぞれの区分の中で同様の操作を繰り返す。

ウ　隣り合う要素を比較して，大小の順が逆であれば，それらの要素を入れ替えるという操作を繰り返す。

エ　未整列の部分を順序木にし，そこから最小値を取り出して整列済の部分に移す。この操作を繰り返して，未整列の部分を縮めていく。

[AP-R3年秋 問5・AM1-R3年秋 問3・AP-H28年秋 問6・
AM1-H28年秋 問3・AP-H23年秋 問6]

テーマ02　アルゴリズムとプログラミング　**21**

■ 解説 ■

ウが，**バブルソート**（隣接交換法）の説明である。計算量が $O(n^2)$ で，要素数が増えると急激に処理時間が長くなる欠点があるが，アルゴリズムが単純なので，簡易な整列方法としてしばしば用いられる。

アは，**シェルソート**（改良挿入ソート）の説明である。挿入ソートは本来，計算量が $O(n^2)$ であるが，始めから幾らか整列されていれば高速に整列できる。そこで「幾らか整列された状態」を効率的に作り出しながら整列する方法である。計算量は場合によるが，$O(n^{1.25}) \sim O(n^{1.5})$ 程度であることが知られている。

イは，**クイックソート**の説明である。計算量が $O(n \log n)$ で，名前のとおり高速な整列方法である。

エが，**ヒープソート**の説明である。未整列の要素でヒープを構成すると，ヒープの根の要素は最大値（又は最小値）となる。根の要素を取り出して，残った要素でヒープを再構成することを繰り返せば，整列した要素を取り出すことができる。計算量は $O(n \log n)$ であるが，ヒープを配列変数で構成すれば，配列の要素のみを用いて（ほかに制御用のデータ等を用いずに）整列できる利点がある。

《答：ウ》

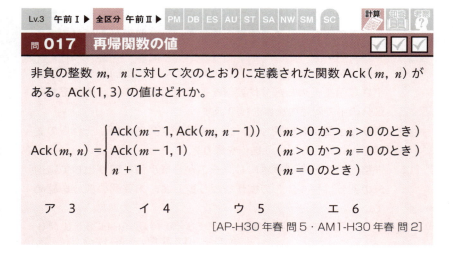

問 017　再帰関数の値

非負の整数 m，n に対して次のとおりに定義された関数 $\mathrm{Ack}(m, n)$ がある。$\mathrm{Ack}(1, 3)$ の値はどれか。

$$\mathrm{Ack}(m, n) = \begin{cases} \mathrm{Ack}(m-1, \mathrm{Ack}(m, n-1)) & (m > 0 \text{ かつ } n > 0 \text{ のとき}) \\ \mathrm{Ack}(m-1, 1) & (m > 0 \text{ かつ } n = 0 \text{ のとき}) \\ n + 1 & (m = 0 \text{ のとき}) \end{cases}$$

ア　3　　　　イ　4　　　　ウ　5　　　　エ　6

[AP-H30年春 問5・AM1-H30年春 問2]

■ 解説 ■

Ack の定義内に Ack が含まれており，これは再帰的に定義された関数である。その定義に従い，Ack(1, 3) を展開して①〜⑥の順に計算していくと，次のように **5** が求められる。

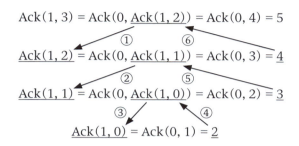

この関数 Ack(m, n) は，**アッカーマン関数**と呼ばれる。$m \leq 3$ では再帰計算の回数は少なく，一般項は n の 1 次関数（$m \leq 2$ のとき）又は指数関数（$m = 3$ のとき）を用いて表せる。しかし，$m \geq 4$ では再帰計算の回数が爆発的に増えて，コンピュータでも容易に計算できないほど，値が巨大になる特徴がある。例えば，Ack(4, 2) は約 2 万桁に及ぶ巨大数である。

《答：ウ》

問 018　近似計算ができる条件

$(1 + \alpha)^n$ の計算を，$1 + n \times \alpha$ で近似計算ができる条件として，適切なものはどれか。

ア　$|\alpha|$ が 1 に比べて非常に小さい。
イ　$|\alpha|$ が n に比べて非常に大きい。
ウ　$|\alpha \div n|$ が 1 よりも大きい。
エ　$|n \times \alpha|$ が 1 よりも大きい。

[AP-H29 年春 問 2・AM1-H29 年春 問 1・
AP-H21 年春 問 2・AM1-H21 年春 問 1]

■ 解説 ■

$\alpha = 0$ 又は $n = 1$ のときは $(1+\alpha)^n = 1 + n\alpha$ であるから，$\alpha \neq 0$ かつ $n \geqq$ 2 として考える。$k = 2, 3, 4, \cdots, n$ のとき，$(1+\alpha)^k$ と $1 + k\alpha$ の差は次のようになる。近似計算できる条件は，この誤差が 0 に近いことである。

k	$(1+\alpha)^k$ の展開	$1+k\alpha$	誤差（$(1+\alpha)^k$ と $1+k\alpha$ の差）
2	$1+2\alpha+\alpha^2$	$1+2\alpha$	α^2
3	$1+3\alpha+3\alpha^2+\alpha^3$	$1+3\alpha$	$3\alpha^2+\alpha^3$
4	$1+4\alpha+6\alpha^2+4\alpha^3+\alpha^4$	$1+4\alpha$	$6\alpha^2+4\alpha^3+\alpha^4$
$\vdots$	$\vdots$	$\vdots$	$\vdots$
n	$1+n\alpha+n(n-1)\alpha^2+\cdots$ $+n(n-1)\alpha^{n-2}+n\alpha^{n-1}+\alpha^n$	$1+$ $n\alpha$	$n(n-1)\alpha^2+\cdots$ $+n(n-1)\alpha^{n-2}+n\alpha^{n-1}+\alpha^n$

アは適切である。$|\alpha| \ll 1$ の例として，$\alpha = 0.001$ を考えると，$\alpha^2 = 0.000001$，$\alpha^3 = 0.000000001$ など，α の累乗はさらに 0 に近い値である。このため誤差が 0 に近い値となり，$(1+\alpha)^n \fallingdotseq 1+n\alpha$ として近似計算ができる。

イは適切でない。$|\alpha| \gg n$ のとき，$\alpha > 0$ なら $\alpha \gg n$，$\alpha < 0$ なら $\alpha \ll -n$ である。α を絶対値の大きい値とすれば，誤差が大きくなるため，近似計算できない。

ウは適切でない。$|\alpha \div n| > 1$ のとき，$\alpha > 0$ なら $\alpha > n$，$\alpha < 0$ なら $\alpha < -n$ である。α を絶対値の大きい値とすれば，誤差が大きくなるため，近似計算できない。

エは適切でない。$|n \times \alpha| > 1$ は，$\alpha > 0$ なら $\alpha > 1/n$，$\alpha < 0$ なら $\alpha < -1/n$ である。α を絶対値の大きい値とすれば，誤差が大きくなるため，近似計算できない。

《答：ア》

Lv.3 午前Ⅰ ▶ 全区分 午前Ⅱ ▶ PM DB ES AU ST SA NW SM SC 知識

問 019 分割統治法

アルゴリズム設計としての分割統治法に関する記述として，適切なものはどれか。

ア 与えられた問題を直接解くことが難しいときに，幾つかに分割した一部分に注目し，とりあえず粗い解を出し，それを逐次改良して精度の良い解を得る方法である。

イ 起こり得る全てのデータを組み合わせ，それぞれの解を調べることによって，データの組合せのうち無駄なものを除き，実際に調べる組合せ数を減らす方法である。

ウ 全体を幾つかの小さな問題に分割して，それぞれの小さな問題を独立に処理した結果をつなぎ合わせて，最終的に元の問題を解決する方法である。

エ まずは問題全体のことは考えずに，問題をある尺度に沿って分解し，各時点で最良の解を選択し，これを繰り返すことによって，全体の最適解を得る方法である。

[AP-R3 年春 問 7・AM1-R3 年春 問 3]

■ 解説 ■

ウが，**分割統治法**の説明である。これはアルゴリズム設計の一般的方針の一つであり，個別の問題を解くためのアルゴリズムを指すものではない。代表例はマージソートやクイックソートで，整列対象のデータ全体を再帰的に小さいグループに分割して整列していく。

アは，**局所探索法**の説明である。

イは，**分枝限定法**の説明である。

エは，**貪欲法**の説明である。

《答：ウ》

テーマ 02 **アルゴリズムとプログラミング** 25

2-3 ● プログラム言語

Lv.3　午前Ⅰ▶　全区分　午前Ⅱ▶　PM DB ES AU ST SA NW SM SC

問 020　**オブジェクト指向のプログラム言語**　☑ ☑ ☑

オブジェクト指向のプログラム言語であり，クラスや関数，条件文などのコードブロックの範囲はインデントの深さによって指定する仕様であるものはどれか。

ア　JavaScript　イ　Perl　　　ウ　Python　　エ　Ruby

[AP- R2 年秋 問 7・AM1- R2 年秋 問 3]

■ 解説 ■

これは，**ウ**の **Python** である。次のように，インデント（字下げ）の深さによって，コードブロックの範囲が決まり，コードブロックの終わりを表すキーワードや記号が必要ない。インデントの深さを誤ると，エラーになったり，想定しない動きになったりする。

```
def draw(s):
    insts = parse(s)
    marker = Marker()
    stack = []
    opno = 0
    while opno < len(insts):
        print(stack)
        code, val = insts[opno]
        (中略)
    marker.show()
```

def ブロック

while ブロック

出典：基本情報技術者試験（FE）午後試験 Python のサンプル問題
（独立行政法人情報処理推進機構，2019）

アの JavaScript，**イ**の Perl では，コードブロックは"{"と"}"の間となる。
エの Ruby では，コードブロックの終わりに"end"を書く。例えば，クラス定義は"class"と"end"，条件分岐処理は"if"と"end"の間となる。

《答：ウ》

26　Chapter 01　基礎理論

Chapter 02

コンピュータシステム

テーマ		
03	**コンピュータ構成要素**	問 021 〜 問 042
04	**システム構成要素**	問 043 〜 問 062
05	**ソフトウェア**	問 063 〜 問 081
06	**ハードウェア**	問 082 〜 問 095

アクセスキー **8**
（数字のはち）

テーマ

03 コンピュータ構成要素

午前Ⅰ ▶	全区分	午前Ⅱ ▶	PM	DB	ES	AU	ST	SA	NW	SM	SC
Lv.3				Lv.4				Lv.3	Lv.3	Lv.3	

問**021**～問**042** 全**22**問

最近の出題数

	高度午前Ⅰ	高度午前Ⅱ								
		PM	DB	ES	AU	ST	SA	NW	SM	SC
R4 年春期	1					－	1	1	1	－
R3 年秋期	1	－	1	5	－					－
R3 年春期	1					－	2	1	1	－
R2 年秋期	1		1	5	－					－

※表組み内の「－」は出題範囲外

試験区分別出題傾向（H21年以降）

午前Ⅰ	出題は，"プロセッサ"と"メモリ"に限られている。"バス"，"入出力デバイス"，"入出力装置"の出題例はない。
DB 午前Ⅱ	出題は少ないが，"プロセッサ"，"メモリ"，"入出力デバイス"，"入出力装置"の出題例がある。"バス"の出題例はない。
ES 午前Ⅱ	シラバス全体から出題されており，組込みシステム特有の難易度の高い問題が多いが，過去問題の再出題も多い。最近は"入出力デバイス"の出題が増えており，"バス"はH28年を最後に出題されていない。
SA/NW 午前Ⅱ	"プロセッサ"（特にマルチプロセッサ）の出題が多い。"メモリ"，"入出力デバイス"，"入出力装置"の出題例もある。"バス"の出題例はない。
SM 午前Ⅱ	出題は少ないが，"プロセッサ"，"メモリ"，"入出力デバイス"の出題例がある。"バス"，"入出力装置"の出題例はない。

出題実績（H21年以降）

小分類	出題実績のある主な用語・キーワード
プロセッサ	量子コンピュータ，パワーゲーティング，命令実行，割込み，パイプライン，スーパスカラ，並列処理，マルチプロセッサ，グリッドコンピューティング
メモリ	フラッシュメモリ，誤り制御，キャッシュメモリ（平均アクセス時間，ヒット率，ライトバック，ライトスルー），メモリインタリーブ
バス	アドレスバス，データバス，バスプロトコル，I²C バス
入出力デバイス	シリアル ATA，ZigBee，DMA，SAN，ファイバチャネル，デバイスドライバ

28　Chapter 02　コンピュータシステム

3-1 プロセッサ

問 021　パワーゲーティング

プロセッサの省電力技術の一つであるパワーゲーティングの説明として，適切なものはどれか。

　ア　仕事量に応じて，プロセッサへ供給する電源電圧やクロック周波数を変える。
　イ　動作していない回路ブロックへのクロック供給を停止する。
　ウ　動作していない回路ブロックへの電源供給を遮断する。
　エ　マルチコアプロセッサにおいて，使用しないコアの消費電力枠を，動作しているコアに割り当てる。

[ES-H31年春 問1・AP-H29年春 問9・SM-H25年秋 問20・ES-H24年春 問1]

■ 解説 ■

　一般にLSI（集積回路）が大規模化，複雑化すると消費電力が増大するので，省電力化が重要となる。特にプロセッサが消費電力の多くを占め，供給する電源電圧とクロック周波数が大きいほど消費電力も大きい。回路ブロックはプロセッサの役割ごとの内部回路で，プロセッサは多数の回路ブロックから成る。常に全ての回路ブロックが動作するとは限らないので，回路ブロックに供給する電源電圧とクロック周波数を適切に制御すれば省電力化できる。

　ウが，**パワーゲーティング**の説明である。
　アは，**動的電圧・周波数制御**（DVFS：Dynamic Voltage and Frequency Scaling）の説明である。
　イは，**クロックゲーティング**の説明である。
　エは，マルチコアプロセッサが通常もっている省電力機能である。コアは演算回路で，複数のコアを同時に用いれば高速に演算できる。

《答：ウ》

問 022　命令の格納順序

図はプロセッサによってフェッチされた命令の格納順序を表している。a に該当するプロセッサの構成要素はどれか。

- ア　アキュムレータ
- イ　データキャッシュ
- ウ　プログラムレジスタ（プログラムカウンタ）
- エ　命令レジスタ

[SA-R1 年秋 問 18・NW-R1 年秋 問 22・SM-R1 年秋 問 19]

■ 解説 ■

これは，**エ**の**命令レジスタ**である。一般的な命令実行サイクルは，次のようになる。

①命令読出し（命令フェッチ）…プロセッサが主記憶から命令コードを取り出して，プロセッサ内の命令レジスタに転送する。（図の 主記憶 → a ）

②命令解読（命令デコード）…命令デコーダ（解読器）が，命令レジスタ上の命令コードの意味を解読する。（図の a → 命令デコーダ ）

③実効アドレス計算…オペランド（演算対象のデータ）が格納されている主記憶上のアドレスを計算する。

④オペランド読出し（オペランドフェッチ）…主記憶からオペランドを取り出して，プロセッサ内のレジスタに転送する。

⑤命令実行…オペランドに対して命令を実行する。

⑥結果格納…命令の実行結果を主記憶に書き込む。

アの**アキュムレータ**は，オペランドや演算結果のデータを保持するレジスタで，プロセッサ内に 1 個だけある場合の呼称である。これに対して，汎用レジスタは複数個備わっている場合の呼称で，現在ではコストも下がったため一般的になっている。

イの**データキャッシュ**は，演算に一度用いたデータの再利用に備えてしばらく保存しておく，プロセッサ内にある高速なメモリである。

ウの**プログラムレジスタ**（**プログラムカウンタ**）は，現在実行している命令の主記憶上のアドレスを記憶しておくレジスタである。

《答：エ》

問 023　内部割込みの要因

内部割込みの要因として，適切なものはどれか。

　ア　DMA 転送が完了した。
　イ　インターバルタイマが満了した。
　ウ　演算結果がオーバフローした。
　エ　電源電圧の低下を検出した。

[SM-R3 年春 問 21・ES-H29 年春 問 2・ES-H27 年春 問 1]

■解説■

割込みは，プログラム実行中に発生したイベント（優先的に対処する必要のある事象）を契機に，その実行を一時停止して，割込み処理ルーチンを実行する仕組みである。イベント発生の要因が，実行していたプログラム自身にあれば**内部割込み**，外的要因であれば**外部割込み**である。具体的には次のような例がある。

内部割込み	プログラム割込み	プログラムでのゼロ除算，演算結果オーバフロー，記憶保護違反，不正な命令実行などによる割込み
	スーパバイザコール (SVC) 割込み	SVC命令（プログラムがOSの機能を使う命令）によって，プログラムが意図的に起こす割込み
外部割込み	マシンチェック割込み	主記憶装置，電源装置などのハードウェアの障害発生を知らせる割込み
	入出力割込み	入出力装置の入出力の完了や中断を知らせる割込み
	タイマ割込み	カウントダウンタイマによる設定時間の経過による割込みや，インターバルタイマによって一定時間おきに生じる割込み
	コンソール割込み	キーボードやマウスからの入力による割込み

ウが内部割込みの要因で，プログラム割込みである。

アは外部割込みの要因で，入出力割込みである。DMA（Direct Memory Access）は，CPU を介さずにメモリ間でデータ転送を行う仕組みである。

イは外部割込みの要因で，タイマ割込みである。

エは外部割込みの要因で，マシンチェック割込みである。

《答：ウ》

問 024　パイプラインの実行時間

パイプラインの深さを D，パイプラインピッチを P 秒とすると，I 個の命令をパイプラインで実行するのに要する時間を表す式はどれか。ここで，パイプラインは 1 本だけとし，全ての命令は処理に D ステージ分の時間がかかり，各ステージは 1 ピッチで処理されるものとする。また，パイプラインハザードについては，考慮しなくてよい。

ア　$(I+D) \times P$ 　　　　イ　$(I+D-1) \times P$
ウ　$(I \times D) + P$ 　　　　エ　$(I \times D-1) + P$

[SA-R3 年春 問 21・NW-H25 年秋 問 22・AP-H23 年特 問 10・
AP-H21 年秋 問 9・AM1-H21 年秋 問 4]

■ 解説 ■

パイプラインは，MPU での一つの命令を幾つかの処理（ステージ）に分割し，異なる処理を並行して実行させることで，命令処理の効率を上げる仕組みである。例えば，一つの命令が，f（命令フェッチ），d（命令解読），a（アドレス計算），r（オペランドフェッチ），e（命令実行）の 5 ステージで実行されるとすると，同時に 5 個の命令を並べて実行できる。この個数をパイプラインの深さという。

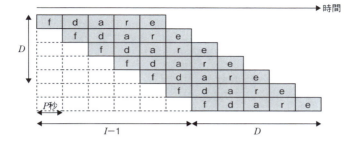

　命令が I 個あるので，最初の命令の実行開始から，I 個目の命令の実行開始までに，$(I-1)$ 個のステージが実行される。そして，I 個目の命令が D 個のステージで実行されて終了する。各ステージの実行時間（パイプラインピッチ）が P 秒であるから，全体の実行時間は，$(I-1+D) \times P =$ **$(I+D-1) \times P$** 秒となる。

《答：イ》

問 025　スーパスカラ

スーパスカラの説明として，適切なものはどれか。

　ア　一つのチップ内に複数のプロセッサコアを実装し，複数のスレッドを並列に実行する。
　イ　一つのプロセッサコアで複数のスレッドを切り替えて並列に実行する。
　ウ　一つの命令で，複数の異なるデータに対する演算を，複数の演算器を用いて並列に実行する。
　エ　並列実行可能な複数の命令を，複数の演算器に振り分けることによって並列に実行する。

[AP-H31 年春 問 8・AM1-H31 年春 問 4]

■ 解説 ■

エが，**スーパスカラ**（superscalar）の説明である。これは，複数のパイプラインをもち，一つの命令ステージを同時に複数実行することにより，

処理効率をさらに向上させる技術である。

アは，**MIMD**（Multiple Instruction stream/Multiple Data stream）の説明である。
イは，**同時マルチスレッディング**の説明である。
ウは，**SIMD**（Single Instruction stream/Multiple Data stream）の説明である。

《答：エ》

問 026　マルチコアプロセッサのスヌープキャッシュ

マルチコアプロセッサで用いられるスヌープキャッシュの説明として，適切なものはどれか。

ア　各コアがそれぞれ独立のメモリ空間とキャッシュをもつことによって，コヒーレンシを保つ。
イ　各コアが一つのキャッシュを共有することによって，コヒーレンシを保つ。
ウ　共有バスを介して，各コアのキャッシュが他コアのキャッシュの更新状態を管理し，コヒーレンシを保つ。
エ　全てのキャッシュブロックを一元管理するディレクトリを用いて，キャッシュのコヒーレンシを保つ。

[ES-R2 年秋 問 4・ES-H25 年春 問 4]

■ 解説 ■

ウが適切である。コアは，演算処理を行うプロセッサの中核部分である。

初期のプロセッサは 1 個のコアをもつ**シングルコアプロセッサ**で，同時にできる演算処理は一つだけである。近年は複数のコアをもつ**マルチコアプロセッサ**が普及しており，コアの個数分までの複数の演算処理を並行実行することで高速処理を実現している。

マルチコアプロセッサにおけるキャッシュには，各コアで共有するものと，各コアが専有するものがある。共有のキャッシュでは，どのコアが使用したデータでも一つのキャッシュに保持されるので不整合が発生せず，**コヒーレンシ**（一貫性）の問題は起こらない。

一方，各コアが専有するキャッシュでは，コヒーレンシを保つ対策が必要となる。二つのコア A とコア B があり，それぞれが専有するキャッシュにメモリからデータ X が読み込まれていたとする。コア A が自身のキャッシュ上のデータ X を更新しただけでは，コア B のキャッシュ上のデータ X は更新されず不整合を生じるためである。

スヌープキャッシュは，コヒーレンシを保つ仕組みの一つである。コア A がキャッシュ上のデータ X を更新したら，共有バスを介してコア B に変更を通知し，メモリにも変更を反映させる。コア B がデータ X をキャッシュに保持している場合は，キャッシュを破棄する（保持していなければ，何もしない）。コア B は，データ X が必要になったらメモリから読み込み，改めてキャッシュに保持する。

アは専有のキャッシュであり，何もしなければコヒーレンシを保つことができない。

イは共有のキャッシュであり，コヒーレンシを保つ対策は特に必要でない。

エは，ディレクトリ方式によってコヒーレンシを保つ方法である。

《答：ウ》

Lv.3 午前Ⅰ ▶ 全区分 午前Ⅱ ▶ PM DB ES AU ST SA NW SM SC 知識

問 027 SIMD

並列処理方式である SIMD の説明として，適切なものはどれか。

ア　単一命令ストリームで単一データストリームを処理する方式

イ　単一命令ストリームで複数のデータストリームを処理する方式

ウ　複数の命令ストリームで単一データストリームを処理する方式

エ　複数の命令ストリームで複数のデータストリームを処理する方式

[AP-H28 年春 問 9・AM1-H28 年春 問 4]

■ 解説 ■

これは「**フリンの分類**」と呼ばれる，1966 年にマイケル・フリンが提唱した，命令ストリームの並列度とデータストリームの並列度の組合せによる，コンピュータアーキテクチャの分類である。

アは，**SISD**（Single Instruction stream/Single Data stream）の説明である。シングルプロセッサの処理方式で，一つのプロセッサが逐次に一つの命令で一つのデータを処理する方式である。最も基本的で古くからある処理方式である。

イは，**SIMD**（Single Instruction stream/Multiple Data stream）の説明である。シングルプロセッサの処理方式で，一つのプロセッサが一つの命令で複数のデータを並列処理する方式である。

ウは，**MISD**（Multiple Instruction stream/Single Data stream）の説明である。マルチプロセッサの処理方式で，複数のプロセッサが逐次に一つの命令で一つのデータを処理する方式である。処理性能は向上しないが，プロセッサに冗長性をもたせることができる。

エは，**MIMD**（Multiple Instruction stream/Multiple Data stream）の説明である。マルチプロセッサの処理方式で，複数のプロセッサごとに異なる命令を複数のデータに対して並列処理する方式である。

《答：イ》

36　Chapter 02　コンピュータシステム

Lv.3 午前Ⅰ ▶ 全区分 午前Ⅱ ▶ PM DB ES AU ST SA NW SM SC   計算

問 028 マルチプロセッサの性能

1 台の CPU の性能を 1 とするとき，その CPU を n 台用いたマルチプロセッサの性能 P が，

$$P = \frac{n}{1 + (n-1)\,a}$$

で表されるとする。ここで，a はオーバヘッドを表す定数である。例えば，$a = 0.1$，$n = 4$ とすると，$P \fallingdotseq 3$ なので，4 台の CPU から成るマルチプロセッサの性能は約 3 になる。この式で表されるマルチプロセッサの性能には上限があり，n を幾ら大きくしても P はある値以上には大きくならない。$a = 0.1$ の場合，P の上限は幾らか。

ア 5 　　　　 イ 10 　　　　 ウ 15 　　　　 エ 20

[SA-H30 年秋 問 19・NW-H30 年秋 問 23・SA-H25 年秋 問 19・
NW-H25 年秋 問 24・SA-H21 年秋 問 22・SM-H21 年秋 問 21]

■ 解説 ■

$a = 0.1$ のとき，n を限りなく大きくしたときの P の極限値を求める。

$$P = \frac{n}{1 + 0.1\,(n-1)} = \frac{10n}{n + 9} = \frac{10}{1 + (9 \,/\, n)}$$

と変形できて，ここで $n \to \infty$ とすると，$9 \,/\, n \to 0$ であるから，$P \to 10$ となる。したがって，n を幾ら大きくしても，P は限りなく 10 に近づくだけで，10 より大きくはならない。

　この式は，**並列化に関するアムダールの法則**と呼ばれる。オーバヘッドの a とは，ある処理を単一の CPU で実行したときに，処理時間中に占める並列化できない部分の割合を表している。並列化可能部分の割合は（1 － a）であり，CPU の台数を増やして並列処理すれば，並列化可能部分の処理時間は限りなく 0 に近づく。結果的にオーバヘッド分だけが処理時間として残ることになり，性能向上率の限界は 1 ／ a となる。

《答：イ》

テーマ 03 コンピュータ構成要素 37

Lv.3 午前Ⅰ ▶ 全区分 午前Ⅱ ▶ PM DB ES AU ST SA NW SM SC

問 029　グリッドコンピューティング

グリッドコンピューティングの説明はどれか。

ア　OS を実行するプロセッサ，アプリケーションソフトウェアを
　　実行するプロセッサというように，それぞれの役割が決定され
　　ている複数のプロセッサによって処理を分散する方式である。

イ　PC から大型コンピュータまで，ネットワーク上にある複数のプ
　　ロセッサに処理を分散して，大規模な一つの処理を行う方式で
　　ある。

ウ　カーネルプロセスとユーザプロセスを区別せずに，同等な複数
　　のプロセッサに処理を分散する方式である。

エ　プロセッサ上でスレッド（プログラムの実行単位）レベルの並
　　列化を実現し，プロセッサの利用効率を高める方式である。

[AP-R3 年春 問 11・AP-H27 年春 問 8・
SA-H23 年秋 問 18・NW-H23 年秋 問 23]

■ 解説 ■

イが，**グリッドコンピューティング**の説明である。これは通常ならスー
パコンピュータを必要とするような膨大な計算やデータ処理を，LAN やイ
ンターネット上の多数のコンピュータのプロセッサに分担処理させること
で，全体として処理能力の高いシステムを作り出す技術である。

　グリッドコンピューティングのためにコンピュータを用意する方法もあ
るが，既存の PC 等の空き時間を利用する方法もある。PC 等は電源が入っ
ていても，利用者が何も操作していない時間が長く，プロセッサの使用率
は高くない。プロセッサの使用率が下がったタイミングでグリッドコンピ
ューティング用のソフトウェアが動作して，ホストコンピュータから処理
前のデータをダウンロードし，データ処理を行った後，処理結果をホスト
に送り返すという一連の作業を繰り返す。処理すべきデータが大量にある
が，小分けにして処理しやすく，処理を急がなくてよい場合に利用される
例が多い。

アは，**水平機能分散システム**の説明である。

ウは，**水平負荷分散システム**の説明である。

38　Chapter 02　コンピュータシステム

エは，**垂直機能分散システム**の説明である。

《答：イ》

3-2 メモリ

MLC（Multi-Level Cell）フラッシュメモリの特徴として，適切なものはどれか。

ア　コンデンサに蓄えた電荷を用いて，データを記憶する。
イ　電気抵抗の値を用いて，データを記憶する。
ウ　一つのメモリセルに 2 ビット以上のデータを記憶する。
エ　フリップフロップを利用して，データを記憶する。

[ES-H31 年春 問 2・NW-H29 年秋 問 22・SM-H29 年秋 問 19]

■ 解説 ■

ウが適切である。USB メモリや SD カードとして用いられるフラッシュメモリは，メモリセルと呼ばれる素子を最小単位として構成され，これに電子を溜めてデータを保持する。メモリセルには，SLC（Single-Level Cell）型と MLC（Multi-Level Cell）型がある。

SLC 型は，メモリセルに電子が全くないか，満たされているかの 2 段階で，1 ビットの情報（0 又は 1）を保持する。

MLC 型は，メモリセルに電子が満たされた比率によって，2 ビット以上（複数ビット）の情報を保持する。1 メモリセルで 3 ビットを保持するなら，その比率を 8（$=2^3$）段階に区分する。MLC 型にはフラッシュメモリを大容量化できる長所がある反面，素子の劣化によって電子が満たされた比率が不明瞭になり，データが失われやすい短所がある。

アは DRAM（Dynamic RAM），**イ**は ReRAM（Resistive RAM），**エ**は SRAM（Static RAM）の特徴である。

《答：ウ》

問 031　同一メモリ上での転送

同一メモリ上で転送するとき，転送元の開始アドレス，転送先の開始アドレス，方向フラグ及び転送語数をパラメタとして指定することでブロック転送ができる CPU がある。図のようにアドレス 1001 から 1004 の内容をアドレス 1003 から 1006 に転送するとき，パラメタとして適切なものはどれか。ここで，転送は開始アドレスから 1 語ずつ行われ，方向フラグに 0 を指定するとアドレスの昇順に，1 を指定するとアドレスの降順に転送を行うものとする。

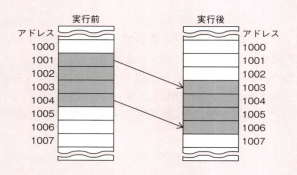

	転送元の開始アドレス	転送先の開始アドレス	方向フラグ	転送語数
ア	1001	1003	0	4
イ	1001	1003	1	4
ウ	1004	1006	0	4
エ	1004	1006	1	4

[AP-H31 年春 問 9・ES-H24 年春 問 2・ES-H21 年春 問 2]

■ 解説 ■

実行前のアドレス 1001 〜 1004 にそれぞれ 'A'，'B'，'C'，'D' というデータが入っているとする。これを同一メモリ上のアドレス 1003 〜 1006 に転送するには，次のようにすればよい。

① アドレス 1004 の 'D' を，アドレス 1006 に転送する。
② アドレス 1003 の 'C' を，アドレス 1005 に転送する。

③アドレス 1002 の 'B' を，アドレス 1004 に転送する。
④アドレス 1001 の 'A' を，アドレス 1003 に転送して完了。

したがって，転送元の開始アドレスは **1004**，転送先の開始アドレスは **1006** で，アドレスの**降順**に **4** 語分のデータを転送するよう，パラメタを指定する。

《答：エ》

問 032　ECC メモリの誤り検出・訂正

ECC メモリで，2 ビットの誤りを検出し，1 ビットの誤りを訂正するために用いるものはどれか。

　ア　偶数パリティ　　　　　イ　垂直パリティ
　ウ　チェックサム　　　　　エ　ハミング符号

[DB-R3 年秋 問 22・DB-H25 年春 問 22・NW-H23 年秋 問 22・
SM-H23 年秋 問 20・AP-H22 年春 問 11・AM1-H22 年春 問 4]

■ **解説** ■

　これは**エ**の**ハミング符号**で，R. ハミングが考案した，2 ビットの誤り検出と，1 ビットの誤り訂正を可能とした誤り制御方式である。訂正能力は高くないが，高速に訂正処理できるため，メモリやディスクの誤り制御に用いられる。**ECC メモリ**（Error Checking and Correction Memory）は，誤りの検出と訂正の機能をもつメモリである。

　アの**偶数パリティ**は，データのビット列の 0 又は 1 の個数が偶数個になるように付加した冗長ビットである。奇数個になるように付加すれば，奇数パリティである。

　イの**垂直パリティ**は，データのビットが 2 次元で表現されるとき，列（縦）方向のビット列に対して付加したパリティである。行（横）方向のビット列に対して付加すれば，水平パリティである。

　ウの**チェックサム**は，データの総和を冗長データとして付加したものである（冗長データの作り方には，単純な総和を求める方法以外のバリエー

ションもある)。

ア，**イ**，**ウ**は，データの受信側や読込み側で元のデータと冗長データの整合性を確認することにより，誤りの有無を検出する方式であり，誤り訂正はできない。また，同時に2か所以上の誤りが発生したときや，ビットやデータが入れ替わったときは，誤りを検出できないことがある。

《答：エ》

問 033　キャッシュメモリの動作

キャッシュメモリの動作に関する記述のうち，適切なものはどれか。

ア　キャッシュミスが発生するとキャッシュ全体は一括消去され，主記憶から最新のデータが転送される。
イ　キャッシュメモリには，メモリアクセスの実効速度を上げる効果がない。
ウ　キャッシュメモリにヒットすると，主記憶から最新のデータが転送される。
エ　主記憶のアクセス時間とプロセッサの命令実行時間との差が大きいマシンでは，キャッシュメモリによって実効アクセス時間の短縮が期待できる。

[DB-H31年春 問22]

■ **解説** ■

エが適切である。主記憶のアクセス時間（プロセッサへのデータ転送に掛かる時間）は長いので，プロセッサが高速でも処理能力を十分に活かせない（フォンノイマンボトルネック）。キャッシュメモリは，主記憶からプロセッサへ転送したデータを保存しておく高速なメモリである。同じデータは繰り返し使われることが多いため，2回目からはキャッシュメモリから高速に読み出せて，実効アクセス時間の短縮になる。

アは適切でない。キャッシュミス（目的のデータがキャッシュに存在しないこと）の場合，主記憶から最新のデータを転送し，キャッシュメモリに保存する。このときキャッシュメモリに空きがなければ，既存データの

一部を消去して置き換える。

イは適切でない。主記憶に比べてキャッシュメモリのアクセス時間は短いので，実効速度を上げる効果がある。

ウは適切でない。目的のデータがキャッシュメモリにあった（ヒットした）ときは，主記憶から転送する必要はない。

《答：エ》

| Lv.3 | 午前Ⅰ ▶ | 全区分 | 午前Ⅱ ▶ | PM | DB | ES | AU | ST | SA | NW | SM | SC |

問 034　ライトスルー方式とライトバック方式

キャッシュメモリへの書込み動作には，ライトスルー方式とライトバック方式がある。それぞれの特徴のうち，適切なものはどれか。

ア　ライトスルー方式では，データをキャッシュメモリにだけ書き込むので，高速に書込みができる。

イ　ライトスルー方式では，データをキャッシュメモリと主記憶の両方に同時に書き込むので，主記憶の内容は常に最新である。

ウ　ライトバック方式では，データをキャッシュメモリと主記憶の両方に同時に書き込むので，速度が遅い。

エ　ライトバック方式では，読出し時にキャッシュミスが発生してキャッシュメモリの内容が追い出されるときに，主記憶に書き戻す必要が生じることはない。

[AP-R3 年春 問 12・AM1-R3 年春 問 4・
AP-H24 年秋 問 11・AM1-H24 年秋 問 5]

■ 解説 ■

プロセッサがキャッシュメモリ上のデータを読み出すときは，単純にそのデータにアクセスすればよい。一方，データを書き込むときは主記憶上のデータと整合性を取りつつ，アクセス速度を向上させる必要がある。

ライトスルー方式は，キャッシュメモリと主記憶の両方へ同時に書き込む方式である。実装が容易で，主記憶の内容が常に最新に保たれ，キャッシュメモリとの不一致を生じない長所がある。しかし，アクセス速度が主記憶の書込み速度に依存し，書込みが高速化されない欠点がある。

テーマ 03　コンピュータ構成要素　**43**

ライトバック方式は，キャッシュメモリだけに書き込んでおき，後でキャッシュメモリから主記憶に書き戻す方式である。書戻しは，そのデータをフラッシュする（キャッシュメモリから追い出す）タイミングで行い，当初の書込みを高速化できる長所がある。しかし，実装が複雑になることや，書戻しまでの間，キャッシュメモリと主記憶の間でデータの不一致を生じる欠点がある。

よって，**イ**が適切である。
アは，ライトスルー方式でなく，ライトバック方式の特徴である。
ウ，**エ**は，ライトバック方式でなく，ライトスルー方式の特徴である。

《答：イ》

問 035　メモリインタリーブ

メモリインタリーブの説明として，適切なものはどれか。

ア　主記憶と外部記憶を一元的にアドレス付けし，主記憶の物理容量を超えるメモリ空間を提供する。
イ　主記憶と磁気ディスク装置との間にバッファメモリを置いて，双方のアクセス速度の差を補う。
ウ　主記憶と入出力装置との間でCPUとは独立にデータ転送を行う。
エ　主記憶を複数のバンクに分けて，CPUからのアクセス要求を並列的に処理できるようにする。

[AP-R3年秋 問9・AP-H30年春 問11・
AM1-H30年春 問4・NW-H26年秋 問22]

■ 解説 ■

エが適切である。主記憶へのアクセス速度はプロセッサの処理速度より遅いため，プロセッサと主記憶の間でデータ転送待ちが発生し，プロセッサの能力を十分に活かせないことが起こる（フォンノイマンボトルネック）。**メモリインタリーブ**は，主記憶をバンクと呼ばれる複数の領域に分割し，プロセッサが複数のバンクへ並行アクセスすることで，アクセスを高速化

する技術である。

アは仮想記憶，**イ**はキャッシュメモリ，**ウ**は DMA（Direct Memory Access）の説明である。

《答：エ》

| Lv.3 | 午前Ⅰ ▶ | 全区分 午前Ⅱ ▶ | PM | DB | ES | AU | ST | SA | NW | SM | SC | 計算 |

問 **036** 主記憶の平均アクセス時間短縮の改善策 ☑ ☑ ☑

ページング方式の仮想記憶において，主記憶の 1 回のアクセス時間が 300 ナノ秒で，主記憶アクセス 100 万回に 1 回の割合でページフォールトが発生し，ページフォールト 1 回当たり 200 ミリ秒のオーバヘッドを伴うコンピュータがある。主記憶の平均アクセス時間を短縮させる改善策を，効果の高い順に並べたものはどれか。

〔改善策〕

a　主記憶の 1 回のアクセス時間はそのままで，ページフォールト発生時の 1 回当たりのオーバヘッド時間を $\frac{1}{5}$ に短縮する。

b　主記憶の 1 回のアクセス時間を $\frac{1}{4}$ に短縮する。ただし，ページフォールトの発生率は 1.2 倍となる。

c　主記憶の 1 回のアクセス時間を $\frac{1}{3}$ に短縮する。この場合，ページフォールトの発生率は変化しない。

　ア　a, b, c　　イ　a, c, b　　ウ　b, a, c　　エ　c, b, a

[SA-R1 年秋 問 19・SA-H25 年秋 問 20]

■ 解説 ■

主記憶の平均アクセス時間は，（主記憶 1 回のアクセス時間）＋（ページフォールト 1 回のオーバヘッド）×（ページフォールトの発生頻度）で求められる。改善前と改善策 a ～ c について平均アクセス時間を求めると，

改善前　…300 ナノ秒＋（200 ミリ秒× 10^{-6}）＝ 500 ナノ秒

改善策 a…300 ナノ秒＋{（200 ミリ秒× $\frac{1}{5}$）× 10^{-6}}＝ 340 ナノ秒

テーマ 03　コンピュータ構成要素　　**45**

改善策 b … $(300 \text{ ナノ秒} \times \frac{1}{4}) + \{(200 \text{ ミリ秒} \times 10^{-6}) \times 1.2\} = 315$ ナノ秒

改善策 c … $(300 \text{ ナノ秒} \times \frac{1}{3}) + (200 \text{ ミリ秒} \times 10^{-6}) = 300$ ナノ秒

となるので，効果の高い順に並べると c，b，a である。

《答：エ》

3-3 ● バス

問 037　I²C バス

I²C（Inter-Integrated Circuit）バスの特徴として，適切なものはどれか。

　ア　2 線式のシリアルインタフェースで複数のデバイスを接続する。
　イ　4 線式のシリアルインタフェースで複数のデバイスを接続する。
　ウ　低電圧差動伝送を採用して高速化したシリアルインタフェースである。
　エ　複数のレーンを束ねることによって高速化したシリアルインタフェースである。

[ES-H28 年春 問 4・ES-H26 年春 問 5・ES-H24 年春 問 4]

■ 解説 ■

　I²C（Inter-Integrated Circuit）は，フィリップス社が 1980 年代に提唱した，2 線式のシリアルインタフェース規格である。主に同一基板上の EEPROM などの IC と通信する目的で使用される。仕組みが簡単なため，小型化，低コスト化，省電力化などを行いやすく，組込みシステムでの使用に向いている。

　アは適切で，**イ**は適切でない。I²C は，データ線（SDA：Serial Data Line）とクロック線（SCL：Serial Clock Line）からなる 2 線式のシリアルインタフェース規格である。両者それぞれによる二つのバス型ネットワークを構成し，デバイスの一つがマスタ，それ以外がスレーブとなって，

マスタがスレーブを制御する。

ウは適切でない。差動伝送は，同一信号の電圧を正負逆にして2本の信号線に流し，両者の差を取ることでノイズの影響を軽減する方式である。イーサネットなどで採用されているが，I^2Cでは採用されていない。

エは適切でない。複数のレーンを束ねるマルチレーンは，数個のポートの信号をまとめて1本のケーブルで伝送することで高速化する技術である。SATAなどで採用されているが，I^2Cでは採用されていない。

《答：ア》

3-4 ● 入出力デバイス

問038 IoTで利用される軽量プロトコル

IoTに活用される機器間の情報のやり取りに用いられ，パブリッシュ／サブスクライブ（Publish/Subscribe）型のモデルを採用し，アプリケーション層のプロトコルヘッダが最小で2バイトである軽量プロトコルはどれか。

ア　CoAP　　　　　　　イ　HTTP
ウ　MQTT　　　　　　　エ　ZigBee

[ES-R3年秋 問5]

■ 解説 ■

これは，**ウ**の**MQTT**である。小容量のデータを多数の通信主体の間で頻繁にやり取りする用途に向いている。パブリッシュ／サブスクライブ型のモデルとは，パブリッシャ（送信者）がトピック（属性）を付加したメッセージを送信すると，ブローカと呼ばれるサーバに蓄積され，そのトピックの配信を申し込んでいた多数のサブスクライバ（受信者）に配信される仕組みである。出版社→書店→購読者のような考え方であり，送信者と受信者が直接やりとりすることなく，メッセージの属性に応じて必要な受信者に配信できる。

アのCoAPは，リソースに制約の多いネットワークで使用できる，UDP

ベースの通信プロトコルである。

イのHTTPは，Webサーバとクライアント間の通信プロトコルである。IoT機器間の通信に使うこともできるが，通信のオーバヘッドが大きいので，用途によっては不向きである。

エのZigBeeは，低消費電力，近距離の無線通信プロトコルである。

《答：ウ》

問039　SANのサーバとストレージの接続形態

SAN（Storage Area Network）におけるサーバとストレージの接続形態の説明として，適切なものはどれか。

ア　シリアルATAなどの接続方式によって内蔵ストレージとして1対1に接続する。
イ　ファイバチャネルなどによる専用ネットワークで接続する。
ウ　プロトコルはCIFS（Common Internet File System）を使用し，LANで接続する。
エ　プロトコルはNFS（Network File System）を使用し，LANで接続する。

[SA-R3年春 問22・SM-H29年秋 問20・NW-H25年秋 問23]

■ 解説 ■

イが適切である。**SAN**は，ストレージ（一般的にハードディスクドライブ）の共有を目的に構築した専用ネットワークである。ファイバチャネル（FC）は，SANの代表的なプロトコルで，伝送媒体として光ファイバの他にツイストペアケーブルなども使える。通常のLANとは別のネットワークを用いて，ブロック単位でストレージを共有するため，ファイルアクセスが多い用途に適する。

ウの**CIFS**，**エ**の**NFS**は，一般的なLAN上でファイル共有するプロトコルで，NAS（Network Attached Storage）によく用いられる。通信のオーバヘッドが大きいため，ファイルアクセスが多い用途には向かない。

アは**DAS**（Direct Attached Storage）の説明である。

《答：イ》

48　Chapter 02　コンピュータシステム

3-5 ● 入出力装置

Lv.3 午前Ⅰ ▶ 全区分 午前Ⅱ ▶ PM DB ES AU ST SA NW SM SC 知識

問 040 電気泳動型電子ペーパ

電気泳動型電子ペーパの説明として，適切なものはどれか。

ア デバイスに印加した電圧によって，光の透過状態を変化させて
表示する。
イ 電圧を印加した電極に，着色した帯電粒子を集めて表示する。
ウ 電圧をかけると発光する薄膜デバイスを用いて表示する。
エ 半導体デバイス上に作成した微小な鏡の向きを変えて，反射す
ることによって表示する。

[DB-R2 年秋 問 22]

■ 解説 ■

　一般に**電子ペーパ**は，表示内容の維持に電力がほとんどかからない（表示内容の書換え時だけ電力を要する）ことを特徴とする，小型や携帯型の表示装置をいう。表示の書換え頻度が少ない用途（電子書籍端末，店舗の電子棚札など）に適する。

　イが**電気泳動型電子ペーパ**の説明である。着色した帯電顔料を画素となるマイクロカプセルに収め，電圧をかけると帯電顔料が電気泳動で移動する原理によって表示を行う。帯電顔料は移動した場所に留まるので，電力を供給しなくても表示を維持できる。

　アは，**液晶ディスプレイ**の説明である。
　ウは，**有機 EL ディスプレイ**の説明である。
　エは，**ディジタルマイクロミラーデバイス**（DMD）の説明である。

《答：イ》

テーマ 03 コンピュータ構成要素 **49**

問 041　PWM 信号を用いた音声出力

PWM 記号を用いて音声を出力するとき，次の図の a に該当するものはどれか。

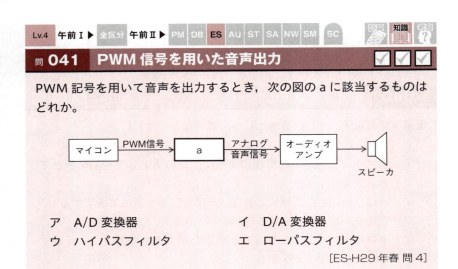

　ア　A/D 変換器　　　　　　　イ　D/A 変換器
　ウ　ハイパスフィルタ　　　　　エ　ローパスフィルタ

[ES-H29 年春 問 4]

■解説■

PWM（Pulse Width Modulation：**パルス幅変調**）は，パルスが 1 周期に占める時間の割合（デューティ比）によって，信号の強さを表す変調方式である。PWM 信号をアナログ信号に変換するには，デューティ比に比例した電圧を出力すればよく，その回路として信号の低周波成分を取り出す**ローパスフィルタ**を用いる。

ローパスフィルタの最も簡単なものは，抵抗とキャパシタ（コンデンサ）から成る **RC 積分回路**である。電圧を入力するとグランドとの間に電位差があるため，キャパシタにはデューティ比に比例した電荷が蓄積され，並行して放電によって電荷に比例した電圧が出力される。電圧をかけるのをやめると，キャパシタに残った電荷が徐々に放電されて，出力電圧が低下していく。

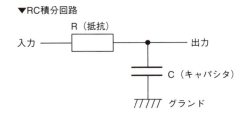

▼RC 積分回路

▼入力電圧と出力電圧の関係

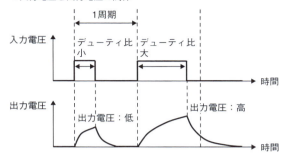

アの **A/D 変換器**は，アナログ信号をディジタル信号に変換する回路である。

イの **D/A 変換器**は，ディジタル信号をアナログ信号に変換する回路である。

ウの**ハイパスフィルタ**は，信号の高周波成分を取り出す回路である。

《答：エ》

問 042　シンプロビジョニング

ストレージ技術におけるシンプロビジョニングの説明として，適切なものはどれか。

- ア　同じデータを複数台のハードディスクに書き込み，冗長化する。
- イ　一つのハードディスクを，OS をインストールする領域とデータを保存する領域とに分割する。
- ウ　ファイバチャネルなどを用いてストレージをネットワーク化する。
- エ　利用者の要求に対して仮想ボリュームを提供し，物理ディスクは実際の使用量に応じて割り当てる。

[AP-H30 年秋 問 11・AP-H26 年秋 問 10・
SA-H24 年秋 問 18・NW-H24 年秋 問 22]

■ 解説 ■

エが，**シンプロビジョニング**の説明である。企業等の組織では，ネットワーク上に共用ストレージを設置して，データを一元管理することが多い。さらに，アクセス権管理などの目的で，利用者（個人や部署）ごとにボリューム（専用の領域）を作成することも多い。

従来の技術では，ボリュームを作成すると，それと同容量の物理的なディスクが確保されるため，ストレージの利用効率が悪くなる問題がある。例えば1人当たり10GBのボリュームを作成し，実際には平均3GBしか使わなければ，7GB×人数分の容量は他の誰も使えない無駄な領域になる。

シンプロビジョニングは，ストレージ仮想化技術の一つの機能である。仮想ボリュームを作成すると，利用者には要求した容量が存在するように見えるが，物理的に確保されるディスク容量はその一部だけである。利用者がファイルを保存してボリュームの使用量が増えてくると，確保されるディスク容量が増える。ディスク容量を無駄に消費しないため，ストレージの利用効率が向上する。

アはミラーリング，**イ**はパーティション分割，**ウ**はSAN（Storage Area Network）の説明である。

《答：エ》

テーマ

04 システム構成要素

午前Ⅰ ▶ 全区分 午前Ⅱ ▶ PM **DB** **ES** AU ST **SA** **NW** **SM** SC
Lv.3　　　　　　　　Lv.3 Lv.3　　　Lv.3 Lv.3 Lv.3

問**043**～問**062** 全**20**問

最近の出題数

	高度午前Ⅰ	高度午前Ⅱ								
		PM	DB	ES	AU	ST	SA	NW	SM	SC
R4 年春期	1					－	2	1	1	－
R3 年秋期	1	－	1	1	－					－
R3 年春期	1					－	1	1	1	－
R2 年秋期	1	－	1	1	－					－

※表組み内の「－」は出題範囲外

試験区分別出題傾向（H21年以降）

午前Ⅰ	"システムの構成"では，信頼性設計の出題が多い。"システムの評価指標"では，稼働率についての計算問題が多い。過去問題の再出題も比較的多い。
DB 午前Ⅱ	データベースシステムに用いられる性能向上技術や信頼性向上技術の出題が多い。
ES 午前Ⅱ	"システムの評価指標"の性能改善手法や稼働率の計算問題が多い。"システムの構成"の出題例は少ない。
SA 午前Ⅱ	"システムの構成"からほぼ毎回出題されている。"システムの評価指標"の出題例はやや少ない。
NW 午前Ⅱ	ネットワーク技術が絡む性能向上技術や信頼性向上技術の出題が多い。
SM 午前Ⅱ	"システムの構成"のRAID，信頼性設計の出題が多い。"システムの評価指標"の出題例はやや少ない。

出題実績（H21年以降）

小分類	出題実績のある主な用語・キーワード
システムの構成	分散処理システム，密結合／疎結合マルチプロセッサ，サーバの仮想化，クライアントサーバシステム，Webシステム，RAID，信頼性設計（フェールセーフ，フェールソフト，フォールトトレランス，フェールオーバ，フールプルーフ，フォールバック），インタロック，アフォーダンス
システムの評価指標	ターンアラウンドタイム，スループット，キャパシティプランニング，稼働率，故障率，MTTR，MTBF

テーマ04　システム構成要素　53

4-1 ● システムの構成

Lv.3 午前Ⅰ▶ 全区分 午前Ⅱ▶ PM DB ES AU ST SA NW SM SC 〔知識〕

問 043 分散処理システムにおける障害透明性 ☑ ☑ ☑

分散処理システムにおける障害透明性（透過性）の説明として，適切なものはどれか。

- ア 管理者が，システム全体の状況を常に把握でき，システムを構成する個々のコンピュータで起きた障害をリアルタイムに知ることができること
- イ 個々のコンピュータでの障害がシステム全体に影響を及ぼすことを防ぐために，データを１か所に集中して管理すること
- ウ どのコンピュータで障害が起きてもすぐ対処できるように，均一なシステムとなっていること
- エ 利用者が，個々のコンピュータに障害が起きていることを認識することなく，システムを利用できること

[DB-H30 年春 問 23・SA-H28 年秋 問 19・DB-H24 年春 問 23]

■ 解説 ■

エが適切である。分散処理システムは，処理負荷の分散や冗長性の確保などを目的として，複数の物理的なコンピュータに分散して処理を行うシステムである。**透明性／透過性**（transparency）は，利用者が複数のコンピュータの存在を意識する必要がなく，単一のコンピュータと同じ感覚で利用できる性質全般をいう。透明性は，その状況や性質によって，幾つかの種類に分けられる。**障害透明性**は，障害が発生しても利用者にそのことを意識させない性質である。システムを構成するコンピュータの一部に障害が発生しても，他のコンピュータが自動的に処理を引き継ぐなどの方法で実現される。

ア，**イ**，**ウ**は，適切でない。障害透明性に該当せず，他の何らかの透明性にも該当しない。

《答：エ》

54 Chapter 02 コンピュータシステム

| Lv.3 | 午前Ⅰ ▶ | 全区分 午前Ⅱ ▶ | PM | DB | ES | AU | ST | SA | NW | SM | SC | | 計算 |

問 044 仮想サーバを提供する物理サーバの必要台数 ☑ ☑ ☑

複数台の物理サーバで多数の仮想サーバを提供しているシステムがある。次の条件で運用する場合，物理サーバが 8 台停止してもリソースの消費を平均 80% 以内にするには，物理サーバが 1 台も停止していないときは最低何台必要か。ここで，各物理サーバは同一の性能と同一のリソースを有しているものとする。

〔条件〕
(1) ある物理サーバが停止すると，その物理サーバ内の全ての仮想サーバを，稼働中の物理サーバに，リソースの消費が均等になるように再配分する。
(2) 物理サーバが 1 台も停止していないときのリソースの消費は，平均 60% である。
(3) その他の条件は考慮しない。

ア 32 イ 34 ウ 36 エ 40

[DB-R3 年秋 問 23・SM-R1 年秋 問 20]

■ 解説 ■

物理サーバが 1 台も停止していないときの台数を，x 台とする。リソースの消費が 100% であったら，物理サーバ何台分に相当するかを考える。

条件 (2) より，1 台も停止していないときのリソースの消費が平均 60% なので，物理サーバ $0.6x$ 台分に相当する。…①

8 台停止すると，稼働できる物理サーバは $(x-8)$ 台で，リソースの消費を平均 y とすると，物理サーバ $y(x-8)$ 台分に相当する。…②

①と②が等しく，$y \leqq 80\%$ としたいので，$0.6x = y(x-8) \leqq 0.8(x-8)$ となる。この一次不等式 $0.6x \leqq 0.8(x-8)$ を解くと，$x \geqq 32$ となる。よって，最低 **32** 台必要である。

《答：ア》

| Lv.3 | 午前Ⅰ▶ | 全区分 午前Ⅱ▶ | PM | DB | ES | AU | ST | SA | NW | SM | SC | | 考察 |

問 045　ピアツーピアシステムの特徴　✓ ✓ ✓

ピアツーピアシステムの特徴として，適切なものはどれか。

ア　アカウントの管理やセキュリティの管理をすることが難しく，不特定多数の利用者が匿名で接続利用できるなどの隠蔽性が高い。

イ　サービスの提供や管理を特定のコンピュータが行い，他のコンピュータはそのサービスを利用するという，役割分担を明確にしたシステムを簡単に作成できる。

ウ　システム利用者の拡大に伴い，データアクセスの負荷がシステム全体を監視するコンピュータに集中するために，高性能なコンピュータが必要となる。

エ　目的のデータの存在場所が明確なので，高速なデータ検索や，目的とするデータの更新や削除も容易である。

[NW-R1 年秋 問 23]

■ 解説 ■

アが適切である。**ピアツーピア（Peer-to-Peer：P2P）システム**は，ネットワークに接続された全てのコンピュータがサーバの役割を分担すると同時に，クライアント（端末）として利用できるシステムである。データは全てのコンピュータに分散保存され，同時に暗号化されていることも多いため，どのコンピュータにどのデータが保存されるかは分からない。ネットワークへの参加や離脱も自由で，アカウント管理せずに匿名利用できるシステムも多い。障害に強く，特定のコンピュータに負荷が集中しないなどの点では，有用なシステムである。その反面，匿名性を悪用されやすい負の側面もある。

イ，**ウ**，**エ**はいずれも，ホスト集中型システムやクライアントサーバシステムの特徴である。

《答：ア》

56　Chapter 02　コンピュータシステム

Lv.3 午前Ⅰ ▶ 全区分 午前Ⅱ ▶ PM DB ES AU ST SA NW SM SC 考察?

問 046 クライアントプログラムとサーバのデータ転送機構 ☑ ☑ ☑

Web ブラウザや HTTP を用いず，独自の GUI とデータ転送機構を用
いた，ネットワーク対戦型のゲームを作成する。仕様の（2）の実現に
用いることができる仕組みはどれか。

〔仕様〕
（1）ゲームは囲碁や将棋のように 2 人のプレーヤの間で行われ，ゲー
　　ムの状態はサーバで管理する。プレーヤはそれぞれクライアントプ
　　ログラムを操作してゲームに参加する。
（2）プレーヤが新たな手を打ったとき，クライアントプログラムはサ
　　ーバにある関数を呼び出す。サーバにある関数は，その手がルール
　　に従っているかどうかを調べて，ルールに従った手であればゲーム
　　の状態を変化させ，そうでなければその手が無効であることをクラ
　　イアントプログラムに知らせる。
（3）ゲームの状態に変化があれば，サーバは各クライアントプログラ
　　ムにその旨を知らせることによって GUI に反映させる。

ア　CGI　　　　イ　PHP　　　　ウ　RPC　　　　エ　XML

[SA-H29 年秋 問 19・SA-H26 年秋 問 20]

■ 解説 ■

　ここで用いるのに適した仕組みは，**ウ**の **RPC**（Remote Procedure
Call）である。RPC は，ネットワークを介して接続された他のコンピュー
タが提供する手続（サブルーチン）を，自身のコンピュータ上にあるサブ
ルーチンと同じように呼び出せる技術（インタフェースやプロトコル）で
ある。ネットワークアプリケーションの基盤技術で，クライアントサーバ
システムや分散コンピューティングに利用される。

　アの **CGI**（Common Gateway Interface）は，Web サーバからユーザ
プログラムを動作させて，動的な Web ページを生成する仕組みである。

　イの **PHP**（PHP: Hypertext Preprocessor）は，主として Web サーバ
で動作して，動的な Web ページを生成するのに用いられるスクリプト言
語である。

午前Ⅱ
PM
DB
ES
AU
ST
SA
NW
SM
SC

テーマ 04　システム構成要素　**57**

エの XML（Extensible Markup Language）は，ユーザが自由にタグを定義して使用できるマークアップ言語である。

《答：ウ》

問 047　Web システムの稼働監視

Web システムにおいて，ロードバランサ（負荷分散装置）が定期的に行っているアプリケーションレベルの稼働監視に関する記述として，最も適切なものはどれか。

- ア　Web サーバで OS のコマンドを実行し，その結果が正常かどうかを確認する。
- イ　Web サーバの特定の URL にアクセスし，その結果に含まれる文字列が想定値と一致するかどうかを確認する。
- ウ　Web サーバの特定のポートに対して接続要求パケットを発行し，確認応答パケットが返ってくるかどうかを確認する。
- エ　ネットワークの疎通を確認するコマンドを実行し，Web サーバから応答が返ってくるかどうかを確認する。

［ES-H30 年春 問 6・SA-H22 年秋 問 19・SM-H22 年秋 問 21］

■ 解説 ■

イが最も適切である。Web システムのアプリケーションレベルの稼働監視なので，Web サーバ全体の機能が正常であるかどうかが問題となる。指定の URL にアクセスして，Web ページの内容が取得できること，取得した内容が想定どおりであることを確認すればよい。

アは，OS レベルの稼働監視である。OS が起動していることは確認できるが，Web サーバが正常稼働しているかは確認できない。

ウは，トランスポート層レベルの稼働監視である。Web サーバの所定のポート（通常は，HTTP の TCP/80 番，HTTPS の TCP/443 番）に接続を試みれば，Web サーバが稼働していることは確認できる。しかし，Web ページの内容が正しいかどうかは確認できない。

エは，ネットワーク層レベルの稼働監視である。Web サーバの IP アド

レスに対して ping コマンドを実行すれば，ネットワークの疎通は確認できる。しかし，Web サーバが起動しているかどうかは確認できない。

《答：イ》

問 048　RAID1 〜 5 の方式の違い

RAID1 〜 5 の方式の違いは，何に基づいているか。

　ア　構成する磁気ディスク装置のアクセス性能
　イ　コンピュータ本体とのインタフェース
　ウ　磁気ディスク装置の信頼性を示す MTBF の値
　エ　データ及び冗長ビットの記録方法と記録位置との組合せ

[SA-H28 年秋 問 18・SM-H28 年秋 問 19・
AP-H27 年春 問 11・AP-H23 年特 問 13]

■ 解説

　RAID は，性能や信頼性の向上を目的として，複数台のハードディスクドライブ（HDD）を内蔵した補助記憶装置である。エのように，データ及び冗長ビットの記録方法と記録位置との組合せの違いによって，幾つかの方式がある。

■ RAID の主な種類

種　類	説　明
RAID0	データを複数のディスクに分散して書き込む（ストライピング）。ディスク装置の負荷を分散できる。冗長性がなく信頼性は上がらないので，RAID に含めないこともある。
RAID1	同じデータを同時に 2 台（以上）の HDD に書き込む（ミラーリング）。1 台の HDD に障害が発生しても，他の HDD から読み出せる。ディスク容量の半分（以下）のデータしか書き込めないので，ディスクの使用効率は悪い。
RAID5	データ及び誤り検出用のパリティをブロック単位で複数台の HDD に分散して書き込む。RAID3，RAID4 の欠点であるパリティ用 HDD へのアクセス集中を回避できる。現在広く利用されている。

（注）RAID2，RAID3，RAID4 もあるが，ほとんど使われていない。

《答：エ》

| Lv.3 | 午前Ⅰ ▶ | 全区分 | 午前Ⅱ ▶ | PM | DB | ES | AU | ST | SA | NW | SM | SC | |

問 049　システムの信頼性向上技術

システムの信頼性向上技術に関する記述のうち，適切なものはどれか。

ア　故障が発生したときに，あらかじめ指定されている安全な状態にシステムを保つことを，フェールソフトという。

イ　故障が発生したときに，あらかじめ指定されている縮小した範囲のサービスを提供することを，フォールトマスキングという。

ウ　故障が発生したときに，その影響が誤りとなって外部に出ないように訂正することを，フェールセーフという。

エ　故障が発生したときに対処するのではなく，品質管理などを通じてシステム構成要素の信頼性を高めることを，フォールトアボイダンスという。

[AP-R1 年秋 問 16・AP-H27 年春 問 14・AP-H25 年春 問 15・
AM1-H25 年春 問 6・AP-H22 年秋 問 16・AM1-H22 年秋 問 5]

■ 解説 ■

JIS Z 8115:2019 には，次のようにある。

フェールセーフ	故障時に，安全を保つことができるシステムの性質。
フェールソフト	故障状態にあるか，又は故障が差し迫る場合に，その影響を受ける機能を，優先順位を付けて徐々に終了することができるシステムの性質。 注記 1　具体的には，本質的でない機能又は性能を縮退させつつ，システムが基本的な要求機能を果たし続けるような設計となる。
フォールトマスキング	あるフォールトが他のフォールトの検出を妨げている状況。
フォールトアボイダンス	フォールトになるのを防ぐことを目的とした技法及び手順。

出典：JIS Z 8115:2019（ディペンダビリティ（総合信頼性）用語）

よって，**エ**が**フォールトアボイダンス**の記述として適切である。

アはフェールセーフ，**イ**はフェールソフト，**ウ**はフォールトマスキングの記述である。

《答：エ》

Lv.3　午前Ⅰ ▶　全区分 午前Ⅱ ▶　PM　DB　ES　AU　ST　SA　NW　SM　SC　　　考察

問 050　フォールトトレランス

フォールトトレランスに関する記述のうち，適切なものはどれか。

ア　ソフトウェアの不具合によるシステム故障のようなソフトウェアフォールトに対処した設計を，フェールソフトと呼ぶ。

イ　フェールセーフはフォールトトレランスに含まれるが，フェールソフトは含まれない。

ウ　フォールトトレランスの実現方法として，システム全体の二重化がある。

エ　フォールトトレランスは，システムを多重化することなく，故障の検出から回復までの時間をゼロにすることである。

[SA-R3 年春 問 23・SA-H27 年秋 問 19]

■ 解説 ■

JIS Z 8115:2019 には，次のようにある。

フェールソフト	故障状態にあるか，又は故障が差し迫る場合に，その影響を受ける機能を，優先順位を付けて徐々に終了することができるシステムの性質。
	注記 1　具体的には，本質的でない機能又は性能を縮退させつつ，システムが基本的な要求機能を果たし続けるような設計となる。
フェールセーフ	故障時に，安全を保つことができるシステムの性質。
フォールトトレランス	幾つかのフォールトが存在しても，機能し続けることができるシステムの能力。

出典：JIS Z 8115:2019（ディペンダビリティ（総合信頼性）用語）

ウが適切である。システム全体を二重化すれば，その一方に障害が発生しても，システムの機能を遂行し続けられる。

アは適切でない。フェールソフトは，障害時などにシステムを縮退しながら稼働を継続する性質であり，その障害原因がソフトウェアにあることを意味するものではない。

イは適切でない。フォールトトレランスは，フェールソフトな動作を達成するための一つの手段である（JIS X 0014:1999）。フェールセーフもフェールソフトも，フォールトトレランスには含まれない。

テーマ 04　システム構成要素　　61

エは適切でない。フォールトトレランスは，システムの機能を維持できる能力であり，故障検出や回復ができる能力ではない。

《答：ウ》

Lv.3	午前Ⅰ ▶	全区分 午前Ⅱ ▶	PM	DB	ES	AU	ST	SA	NW	SM	SC		考察

問 051　フェールオーバ処理

HA（High Availability）クラスタリングにおいて，本番系サーバのハートビート信号が一定時間にわたって待機系サーバに届かなかった場合に行われるフェールオーバ処理の順序として，適切なものはどれか。

〔フェールオーバ処理ステップ〕

(1) 待機系サーバは，本番系サーバのディスクハートビートのログ（書込みログ）をチェックし，ネットワークに負荷が掛かってハートビート信号が届かなかったかを確認する。

(2) 待機系サーバは，本番系サーバの論理ドライブの専有権を奪い，ロックを掛ける。

(3) 本番系サーバと待機系サーバが接続しているスイッチに対して，待機系サーバから，接続しているネットワークが正常かどうかを確認する。

(4) 本番系サーバは，OS に対してシャットダウン要求を発行し，自ら強制シャットダウンを行う。

ア　(1)，(2)，(3)，(4)　　　　イ　(2)，(3)，(1)，(4)
ウ　(3)，(1)，(2)，(4)　　　　エ　(3)，(2)，(1)，(4)

[DB-R2 年秋 問 23・DB-H29 年春 問 23]

■ 解説 ■

HA クラスタリング（高可用性クラスタリング）は，可用性を高めるため，本番系サーバと待機系サーバで二重化し，ネットワーク（LAN）を介して接続したシステムである。

通常は本番系サーバで処理を行っており，定期的にハートビート信号（自身が正常稼働していることを伝える信号）を待機系サーバに送る。待機系

サーバがこれを受信できなくなったら，何らかの障害と判断してフェールオーバ処理に入る。

　まず，本番系サーバ自身は正常で，ネットワーク障害でハートビート信号が届いていない可能性がある。そこで，(3)のように待機系サーバは，両サーバが接続しているネットワーク機器（スイッチ等）が正常稼働しているかどうか確認する。

　ネットワーク機器が正常であれば，ネットワークの高負荷によりハートビート信号が届いていない可能性がある。そこで，(1)のように待機系サーバは，本番系サーバがハートビート信号を送信したことを示すログがディスクに書き込まれているかどうか確認する。

　ログが書き込まれていなければ，ハートビート信号が送信されていないので，待機系サーバは本番系サーバの障害であると判断する。この後は，(2)のように待機系サーバが強制的に本番系サーバから処理を引き継ぎ，(4)のように本番系サーバのシャットダウンを行う手順となる。

《答：ウ》

問 052　インタロック

信頼性設計においてフールプルーフを実現する仕組みの一つであるインタロックの例として，適切なものはどれか。

　ア　ある機械が故障したとき，それを停止させて代替の機械に自動的に切り替える仕組み
　イ　ある条件下では，特定の人間だけが，システムを利用することを可能にする仕組み
　ウ　システムの一部に不具合が生じたとき，その部分を停止させて機能を縮小してシステムを稼働し続ける仕組み
　エ　動作中の機械から一定の範囲内に人間が立ち入ったことをセンサが感知したとき，機械の動作を停止させる仕組み

[AP-R3年秋 問13・SM-H30年秋 問20]

■ 解説 ■

エが，**インタロック**の例である。インタロック装置は，「特定の条件（一般的にはガードが閉じていない場合）のもとで機械要素の運転を防ぐことを目的とした機械装置，電気装置，又はその他の装置」(JIS B 9710:2006) である。この例では，機械から一定の範囲内に人間がいないことが，機械を動かす条件である。フールプルーフは，「人為的に不適切な行為，過失などが起こっても，システムの信頼性及び安全性を保持する性質」(JIS Z 8115:2019) である。

アは，フェールオーバの例である。機械だけでなく，情報システムで本番系の故障時に自動で待機系に切り替える仕組みも，フェールオーバである。

イは，信頼性設計で該当する用語はないと考えられる。

ウは，フォールバックの例である。フォールバックは，フェールソフトを実現する仕組みの一つである。フェールソフトは信頼性設計の概念で，システムの一部に障害が発生しても，システム全体の停止を避ける考え方である。

《答：エ》

64 Chapter 02 コンピュータシステム

Lv.3 午前Ⅰ ▶ 全区分 午前Ⅱ ▶ PM DB ES AU ST SA NW SM SC | 考察 ?

問 053　NIC のチーミング ✓ ✓ ✓

ネットワークインタフェースカード（NIC）のチーミングの説明として，適切なものはどれか。

ア　処理能力を超えてフレームを受信する可能性があるとき，一時的に送信の中断を要求し，受信バッファがあふれないようにする。

イ　接続相手の NIC が対応している通信規格又は通信モードの違いを自動的に認識し，最適な速度で通信を行うようにする。

ウ　ソフトウェアで NIC をエミュレートし，1 台のコンピュータに搭載している物理 NIC の数以上のネットワークインタフェースを使用できるようにする。

エ　一つの IP アドレスに複数の NIC を割り当て，負荷分散，帯域の有効活用，及び耐障害性の向上を図る。

[NW-H30 年秋 問 22・SM-H30 年秋 問 19]

■ 解説 ■

エが適切である。**NIC** は，コンピュータや通信機器に通信ケーブルを接続するためのインタフェースである。一般的には 1 台のコンピュータに一つの NIC が備わっている。**チーミング**は，1 台のコンピュータに複数の NIC を備え，それらに一つの IP アドレスを割り当てて，論理的には一つの NIC として扱う技術である。通信を複数の NIC で分担するので負荷分散や帯域の有効活用が可能になる。また，一部の NIC が故障しても，残りの NIC で通信を継続できるので，耐障害性の向上になる。

アは，イーサネットのフロー制御の説明である。IEEE802.3X で規格化されており，PAUSE フレームの送出によって，送信の中断を要求する。

イは，オートネゴシエーションの説明である。伝送開始時に，双方が対応している通信規格や通信モード（全二重，半二重など）の中から，最適なものを自動的に取り決める。

ウは，仮想 NIC の説明である。本来の NIC は物理的な機器（物理 NIC）であるが，近年は仮想化技術によって論理的な NIC（仮想 NIC）を作り出せる。

《答：エ》

テーマ 04　システム構成要素　**65**

4-2 ● システムの評価指標

Lv.3 午前Ⅰ▶ 全区分 午前Ⅱ▶ PM DB ES AU ST SA NW SM SC | 計算

問 054 ターンアラウンドタイム ☑ ☑ ☑

ジョブの多重度が１で，到着順にジョブが実行されるシステムにおいて，表に示す状態のジョブＡ〜Ｃを処理するとき，ジョブＣが到着してから実行が終了するまでのターンアラウンドタイムは何秒か。ここで，OS のオーバヘッドは考慮しない。

単位　秒

ジョブ	到着時刻	処理時間（単独実行時）
A	0	5
B	2	6
C	3	3

ア　11　　　　　イ　12　　　　　ウ　13　　　　　エ　14

[AP-R3 年春 問 16・AP-H29 年秋 問 15・
AP-H23 年秋 問 17・AM1-H23 年秋 問 5]

■ 解説 ■

ジョブＡは時刻０秒に到着し，時刻５秒に終了する。

ジョブＢは時刻２秒に到着するが，実行を開始するのはジョブＡが終了した時刻５秒であり，その６秒後の時刻 11 秒に終了する。

ジョブＣは時刻３秒に到着するが，実行を開始するのはジョブＢが終了した時刻 11 秒であり，その３秒後の時刻 14 秒に終了する。

したがって，ジョブＣが到着してから終了するまでのターンアラウンドタイムは，14 − 3 = 11 秒となる。

《答：ア》

66 Chapter 02 コンピュータシステム

Lv.3 午前Ⅰ ▶ 全区分 午前Ⅱ ▶ PM DB ES AU ST SA NW SM SC 計算

問 055 性能改善手法適用後の性能比

コンピュータシステムにおいて，性能改善手法を適用した機能部分の全体に対する割合を R（$0 < R < 1$），その部分の性能改善手法適用前に対する適用後の性能比を A とする。このとき，システム全体の性能改善手法適用前に対する適用後の性能比を表す式はどれか。

ア $\dfrac{1}{(1-R) \times A}$

イ $\dfrac{1}{(1-R) + \dfrac{R}{A}}$

ウ $\dfrac{1}{R + \dfrac{1-R}{A}}$

エ $\dfrac{1}{\dfrac{R}{A}}$

[ES-H26 年春 問 6・DB-H22 年春 問 23・ES-H22 年春 問 6]

■ 解説 ■

システムの性能改善前の処理時間を t とする。そのうち性能改善手法を適用した部分の処理時間は Rt から $\dfrac{Rt}{A}$ に短くなる。性能改善手法が適用されない部分の処理時間は，$(1-R)t$ のまま変化しない。したがって，性能改善手法適用後の全体の処理時間は $\left\{\dfrac{R}{A}t + (1-R)t\right\}$ となり，適用前後の性能比は $\dfrac{t}{\dfrac{R}{A}t + (1-R)t} = \dfrac{1}{(1-R) + \dfrac{R}{A}}$ となる。この式は，**性能向上率に関するアムダールの法則**と呼ばれる。

《答：イ》

午前Ⅱ

PM
DB
ES
AU
ST
SA
NW
SM
SC

テーマ 04　システム構成要素　**67**

| Lv.3 | 午前Ⅰ ▶ | 全区分 午前Ⅱ ▶ | PM | DB | ES | AU | ST | SA | NW | SM | SC | | 計算 | 知識 | 考員 |

問 056　クライアントサーバシステムの処理件数　☑ ☑ ☑

あるクライアントサーバシステムにおいて，クライアントから要求された1件の検索を処理するために，サーバで平均100万命令が実行される。1件の検索につき，ネットワーク内で転送されるデータは平均2×10^5バイトである。このサーバの性能は100MIPSであり，ネットワークの転送速度は8×10^7ビット／秒である。このシステムにおいて，1秒間に処理できる検索要求は何件か。ここで，処理できる件数は，サーバとネットワークの処理能力だけで決まるものとする。また，1バイトは8ビットとする。

　ア　50　　　　　イ　100　　　　ウ　200　　　　エ　400

[AP-H31年春 問15・AM1-H31年春 問5・AP-H26年春 問14・
AP-H24年春 問19・AM1-H24年春 問6・AP-H22年春 問17]

■ 解説 ■

検索1件当たりのサーバでの処理時間は，100万命令÷100MIPS＝$10^6 \div (100 \times 10^6)$＝0.01秒である。ネットワークの転送時間は，$(2 \times 10^5 \times 8) \div (8 \times 10^7)$＝0.02秒である。

複数の検索処理を行うとき，ある検索のサーバ処理と，別の検索のネットワーク転送は同時に実行することができる。ここではサーバ処理時間よりネットワーク転送時間の方が長いので，1秒間に検索できる処理の件数は，ネットワーク転送時間だけに依存し，1÷0.02＝**50**件となる。

《答：ア》

Lv.3　午前Ⅰ ▶　全区分　午前Ⅱ ▶　PM　DB　ES　AU　ST　SA　NW　SM　SC

問 057　キャパシティプランニングの目的

キャパシティプランニングの目的の一つに関する記述のうち，最も適切なものはどれか。

ア　応答時間に最も影響があるボトルネックだけに着目して，適切な変更を行うことによって，そのボトルネックの影響を低減又は排除することである。

イ　システムの現在の応答時間を調査し，長期的に監視することによって，将来を含めて応答時間を維持することである。

ウ　ソフトウェアとハードウェアをチューニングして，現状の処理能力を最大限に引き出して，スループットを向上させることである。

エ　パフォーマンスの問題はリソースの過剰使用によって発生するので，特定のリソースの有効利用を向上させることである。

[AP-R1 年秋 問 14・AM1-R1 年秋 問 7]

■ 解説 ■

イ が適切である。JIS Q 20000-2:2013 には次のようにある。

> 6　サービス提供プロセス
> 6.5　容量・能力管理
> 6.5.1　要求事項の意図
> 　容量・能力管理プロセスは，現行の合意した容量・能力及びパフォーマンスの要求事項を満たすために，十分な容量・能力を提供することを確実にすることが望ましい。サービス提供者は，合意した将来のサービスの容量・能力及びパフォーマンスの要求事項を満たすために，容量・能力計画を策定し，実施することが望ましい。
> 注記　容量・能力はキャパシティともいう。

出典：JIS Q 20000-2:2013（サービスマネジメントシステムの適用の手引）

　キャパシティプランニング（容量・能力計画）は，IT サービスにおいて現時点で必要な，及び将来に必要と見込まれる，合意した容量，能力，パフォーマンスを満たすための活動である。

　ア，**ウ**，**エ** は適切でない。いずれも現在の問題解決を図る活動であり，

テーマ 04　システム構成要素　　**69**

長期的な視点に立った活動でないので，キャパシティプランニングとしては不十分である。

《答：イ》

問 058　スケールイン

システムが使用する物理サーバの処理能力を，負荷状況に応じて調整する方法としてのスケールインの説明はどれか。

ア　システムを構成する物理サーバの台数を増やすことによって，システムとしての処理能力を向上する。
イ　システムを構成する物理サーバの台数を減らすことによって，システムとしてのリソースを最適化し，無駄なコストを削減する。
ウ　高い処理能力のCPUへの交換やメモリの追加などによって，システムとしての処理能力を向上する。
エ　低い処理能力のCPUへの交換やメモリの削減などによって，システムとしてのリソースを最適化し，無駄なコストを削減する。

[AP-R3年秋 問12・AM1-R3年秋 問5]

■ 解説 ■

イが，**スケールイン**の説明である。物理サーバに限らず，仮想サーバの台数を減らす場合も同様である。
　アは，**スケールアウト**の説明である。
　ウは，**スケールアップ**の説明である。
　エは，**スケールダウン**の説明である。

《答：イ》

問 059 継続性の要求項目

システム基盤に対する非機能要求のうち,可用性は,継続性,耐障害性,災害対策,回復性に分類できる。この分類において,継続性の要求項目に該当するものはどれか。

ア　システムに対する冗長化の要求や,データに対するバックアップ方式とどの時点のデータまで復旧させるかといった範囲に対する要求
イ　システムの運用時間を基にしたシステムの稼働時間と,障害発生時の目標復旧時間から計算した稼働率に対する要求
ウ　システムの復旧方針と,外部にデータを保管する場合の保管場所の分散度合いや保管方法などに対する要求
エ　バックアップデータからのシステムの復旧方針と,代替業務による運用の範囲といった復旧作業に対する要求

[ES-R2年秋 問6]

■ 解説 ■

"非機能要求グレード 2018"から,選択肢に関連する箇所を引用すると,次のとおりである。

大項目	中項目	小項目	小項目説明
可用性	継続性	稼働率	明示された利用条件の下で,システムが要求されたサービスを提供できる割合。 明示された利用条件とは,運用スケジュールや,目標復旧水準により定義された業務が稼働している条件を指す。その稼働時間の中で,サービス中断が発生した時間により稼働率を求める。
	耐障害性	サーバ	サーバで発生する障害に対して,要求されたサービスを維持するための要求。
		データ	データの保護に対しての考え方。
	災害対策	外部保管データ	地震,水害,テロ,火災などの大規模災害発生により被災した場合に備え,データ・プログラムを運用サイトと別の場所へ保管するなどの要求。
	回復性	復旧作業	業務停止を伴う障害が発生した際の復旧作業に必要な労力。

出典:"非機能要求グレード 2018 システム基盤の非機能要求に関する項目一覧"
（独立行政法人情報処理推進機構,2018）

よって，**イ**が継続性の要求項目に該当する。
アは耐障害性，**ウ**は災害対策，**エ**は回復性の要求項目に該当する。

《答：イ》

問 060　稼働率の傾向を表すグラフ

稼働率が x である装置を四つ組み合わせて，図のようなシステムを作ったときの稼働率を $f(x)$ とする。区間 $0 \leq x \leq 1$ における $y = f(x)$ の傾向を表すグラフはどれか。ここで，破線は $y = x$ のグラフである。

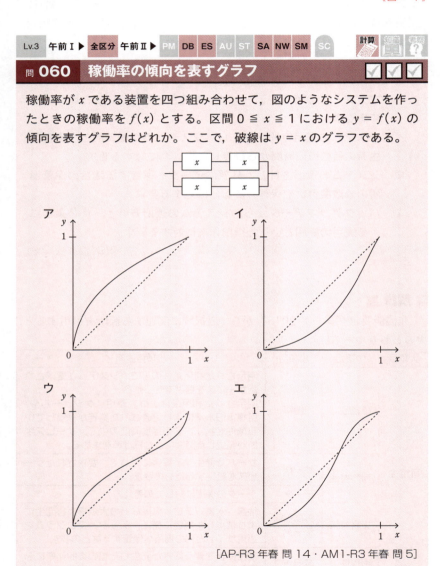

[AP-R3 年春 問 14・AM1-R3 年春 問 5]

■ **解説** ■

四つの装置を次のようにA〜Dとする。

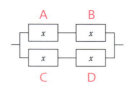

直列のAとBを一つの装置ABと見なせば稼働率はx^2である。CとDについても同様である。装置ABと装置CDが並列になっていると考えると，双方が故障するとシステムが稼働せず，その確率（故障率）は$(1-x^2)^2$となる。逆に，少なくとも一方が稼働すればシステムは稼働するので，稼働率yは$1-(1-x^2)^2 = 2x^2 - x^4$となる。

例えば，$x = 0.1$とすると$y = 0.0199$となり，$y < x$である。また，$x = 0.9$とすると$y = 0.9639$となり，$y > x$である。よって，**エ**のグラフが合致する。

なお$y = x$となるのは，$x ≒ 0.618$のときである。

《答：エ》

問 **061** システムが使えなくなる確率

ホストコンピュータとそれを使用するための2台の端末を接続したシステムがある。ホストコンピュータの故障率をa，端末の故障率をbとするとき，このシステムが故障によって使えなくなる確率はどれか。ここで，端末は1台以上が稼働していればよく，通信回線など他の部分の故障は発生しないものとする。

ア　$1-(1-a)(1-b^2)$　　　イ　$1-(1-a)(1-b)^2$
ウ　$(1-a)(1-b^2)$　　　　エ　$(1-a)(1-b)^2$

[SA-R1年秋 問20]

■ 解説 ■

システムの稼働率を求めて，1から引くことによって，その故障率を求める。

- ホストコンピュータの故障率は a なので，稼働率は $(1-a)$ である。
- 端末 1 台の故障率は b なので，2 台同時に故障する確率は b^2 である。同時に故障しなければ，いずれかの端末を使えるので，端末全体の稼働率は $(1-b^2)$ である。
- ホストコンピュータと端末全体の双方が稼働するとシステムが使えるので，システムの稼働率は $(1-a)(1-b^2)$ である。
- よって，システムの故障率は，**ア**の $1-(1-a)(1-b^2)$ となる。

《答：ア》

問 **062** システム全体の MTBF と MTTR

MTBF が R で MTTR が S であるサブシステムを二つ直列に結合したシステムがある。システム全体のおよその MTBF と MTTR は，どの組合せになるか。ここで，S は R に比べて十分小さく，故障が同時に起きることはないものとする。

	MTBF	MTTR
ア	R	S
イ	R	$2S$
ウ	$R/2$	S
エ	$R/2$	$2S$

[SM-R3 年春 問 22]

■ 解説 ■

一つのサブシステムを 10,000 時間運用して，平均 10 回故障したとすれば，MTBF（平均故障間動作時間）は 1,000 時間である。サブシステムが二つあれば，10,000 時間運用して，平均 20 回故障すると考えられる。サ

ブシステムを直列に結合したシステムでは，いずれかのサブシステムが故障するとシステム全体が使えないので，MTBF は 10,000 ÷ 20 ＝ 500 時間となる。すなわち，システム全体の MTBF はサブシステムの MTBF の半分で，*R* ／ **2** となる。

　次に，二つのサブシステムのいずれかが故障してシステム全体が使えなくなったとき，故障したサブシステムを修復すれば，システム全体が使えるようになる。つまり，システム全体の MTTR（平均修復時間）はサブシステムの MTTR と変わらず，*S* となる。

《答：ウ》

テーマ

午前Ⅰ ▶ **全区分** 午前Ⅱ ▶ | PM DB **ES** AU ST SA NW SM | SC
Lv.3   Lv.4

05 ソフトウェア

問 **063**〜問 **081** 全 **19** 問

最近の出題数

	高度午前Ⅰ	高度午前Ⅱ								
		PM	DB	ES	AU	ST	SA	NW	SM	SC
R4 年春期	1					−	−	−		−
R3 年秋期	1	−	−	4	−					−
R3 年春期	1					−	−	−		−
R2 年秋期	1			5						−

※表組み内の「−」は出題範囲外

試験区分別出題傾向 （H21年以降）

午前Ⅰ	"オペレーティングシステム"（タスク管理，記憶管理）の出題が大部分である。"ミドルウェア"の出題例はない。"ファイルシステム"，"開発ツール"，"オープンソースソフトウェア"は，H27 年以降は出題されていない。過去問題の再出題は少ない。
ES 午前Ⅱ	シラバス全体から出題されているが，"オペレーティングシステム"のリアルタイム OS に関連する出題の割合が高い。過去問題の再出題も比較的多い。

出題実績 （H21年以降）

小分類	出題実績のある主な用語・キーワード
オペレーティングシステム	タスクの状態遷移，タスクのスケジューリング，タスクの優先度,リアルタイム OS,デッドロック,セマフォ,記憶管理（主記憶，仮想記憶）
ミドルウェア	ライブラリ，コンポーネントウェア
ファイルシステム	ファイルアクセス制御，NFS，探索時間
開発ツール	エミュレータ，プロファイラ，バージョン管理ツール，コンパイラ
オープンソースソフトウェア	Linux，ディストリビューション，OSS のライセンス

76 Chapter 02 **コンピュータシステム**

5-1 オペレーティングシステム

問 063 実行中のタスクが遷移する状態

リアルタイム OS において，実行中のタスクがプリエンプションによって遷移する状態はどれか。

- ア　休止状態
- イ　実行可能状態
- ウ　終了状態
- エ　待ち状態

[AP-R3 年春 問 17・AP-H29 年秋 問 16・AM1-H29 年秋 問 6]

■ 解説 ■

タスクの状態には，実行状態，実行可能状態，待ち状態があり，次のように状態遷移する。

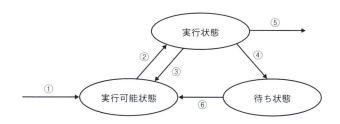

- **実行可能状態**…タスクが処理を開始又は再開する態勢は整っているが，他のタスクが CPU 使用権を持っているため，処理を開始又は再開できずにいる状態である。
  ①タスクが新たに生成されると，まず実行可能状態となる。
  ② CPU 使用権が空いたら，実行可能状態にあるタスクのうち，いずれか一つが CPU 使用権を獲得して，実行状態に遷移する。
- **実行状態**…タスクに CPU 使用権が割り当てられ，現に処理を実行している状態である。
  ③他の優先度の高いタスクが実行可能状態になると使用権を手放して，実行可能状態に遷移する。
  ④外部との入出力を行うと使用権を手放して，待ち状態に遷移する。

⑤必要な処理を完了したら，タスクは消滅する。
- 待ち状態…タスクが外部との入出力などを要求したため，その結果が得られるまで，処理を実行できずにいる状態である。
⑥外部との入出力などの結果が得られたら，実行可能状態に遷移する。

プリエンプションは，実行状態のタスクが実行を中断して実行可能状態に遷移し，入れ替わりに優先度の高い他のタスクが実行可能状態から実行状態に遷移することをいう。したがって，実行中のタスクの遷移する状態は，**イ**の**実行可能状態**である。

《答：イ》

| Lv.3 | 午前Ⅰ ▶ | 全区分 午前Ⅱ ▶ | PM | DB | ES | AU | ST | SA | NW | SM | SC |

問 064　ラウンドロビン方式のスケジューリング

プロセスのスケジューリングに関する記述のうち，ラウンドロビン方式の説明として，適切なものはどれか。

ア　各プロセスに優先度が付けられていて，後に到着してもプロセスの優先度が実行中のプロセスよりも高ければ，実行中のものを中断し，到着プロセスを実行する。

イ　各プロセスに優先度が付けられていて，イベントの発生を契機に，その時点で最高優先度のプロセスを実行する。

ウ　各プロセスの処理時間に比例して，プロセスのタイムクウォンタムを変更する。

エ　各プロセスを待ち行列に並んだ順にタイムクウォンタムずつ実行し，終了しないときは待ち行列の最後につなぐ。

[ES-R3 年秋 問 7・AP-H27 年春 問 17・
AM1-H27 年春 問 6・AP-H25 年秋 問 19]

■ 解説 ■

エが**ラウンドロビン方式**の説明である。CPU 時間をタイムクウォンタムと呼ばれる一定の短い時間に区切って，各タスクを順々に切り替えながら少しずつ実行する。

アは**優先度順方式**の説明である。プロセスに付けられた優先度の高い順に実行する。実行状態のプロセスより優先度の高い別のプロセスが実行可能状態になったら，入れ替わりにそのプロセスが実行状態になる。優先度を固定して変更しない静的優先度順方式と，実行開始後に優先度を変更しうる動的優先度順方式がある。

イは**イベントドリブンプリエンプション方式**の説明である。キーボード入力など外部からのイベントが発生したとき，実行可能状態のプロセスの中で最も優先度の高いものを実行する。

ウのような方式はないと考えられる。タイムクウォンタムはあらかじめ決められた一定の短い時間であり，動的に変更するものではない。各プロセスの処理時間や待ち時間に応じて，動的に優先度を変更する仕組み（優先度エージング）はある。

《答：エ》

テーマ 05　ソフトウェア　　**79**

問 065 デッドラインスケジューリング

リアルタイム OS で用いられる,タスクがデッドラインを必ず守るデッドラインスケジューリングでは,周期タスクを図のように次の四つのパラメタ r, C, D, T ($0 < r + C \leq D \leq T$) の組みで表現することができる。

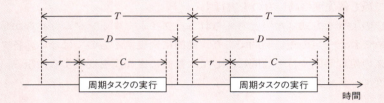

二つのタスク X, Y を $r = 0$,$D = T$ という条件下で生成した場合,スケジュールが可能となる C, D の組合せはどれか。ここで,タスクは X, Y の順に起動され,優先度は X の方が高い。また,スケジューリングはプリエンプティブ方式であり,OS のオーバヘッドは考慮しない。

	タスク X		タスク Y	
	C	D	C	D
ア	1	2	2	3
イ	1	2	2	4
ウ	2	3	2	3
エ	2	4	3	4

[ES-R2 年秋 問 9・ES-H30 年春 問 9・ES-H25 年春 問 8]

解説

$r = 0$,$D = T$ であるから,実行時間 C のタスクが時間 D おきに周期的に生成されると考えることができる。

アは,タスク X が時間 2 おき,タスク Y が時間 3 おきに生成される。つまり,時間 6 の間に,タスク X は 3 回,タスク Y は 2 回生成される。この間のタスク実行に要する時間の合計は $1 \times 3 + 2 \times 2 = 7 > 6$ であるから,スケジューリングは不可能である。

イは，タスク X が時間 2 おき，タスク Y が時間 4 おきに生成される。つまり，時間 4 の間に，タスク X は 2 回，タスク Y は 1 回生成される。この間のタスク実行に要する時間の合計は 1 × 2 + 2 × 1 = 4 であり，次のタイムチャートのようにスケジューリングが可能である。

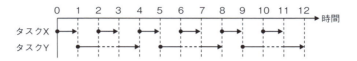

ウは，タスク X，タスク Y とも時間 3 おきに生成される。この間のタスク実行に要する時間の合計は 2 + 2 = 4 > 3 であるから，スケジューリングは不可能である。

エは，タスク X，タスク Y とも時間 4 おきに生成される。この間のタスク実行に要する時間の合計は 2 + 3 = 5 > 4 であるから，スケジューリングは不可能である。

《答：イ》

問 066　コンテキストの使用方法

リアルタイム OS におけるコンテキストの使用方法に関する記述のうち，適切なものはどれか。

- ア　アプリケーションタスクを，アプリケーションタスク共有のコンテキストで実行させる。
- イ　アプリケーションタスクを，カーネルのコンテキストで実行させる。
- ウ　カーネルを，アプリケーションタスクのコンテキストで実行させる。
- エ　割込み処理を，割込み処理ごとのコンテキストで実行させる。

［ES-R2 年秋 問 7・ES-H23 年特 問 7］

■ **解説** ■

エが適切である。**コンテキスト**は，タスクが個別に持つ CPU の状態，

プロセスの状態，処理環境等である。複数のタスクを実行するマルチタスクOSでは，**コンテキストスイッチ**によって，タスク切替え時に実行中のコンテキストを退避し，実行再開するタスクのコンテキストを復元する。割込み処理もタスクの一つであるので，割込み処理ごとのコンテキストで実行され，割込み発生時にはコンテキストスイッチが起こる。

アは適切でない。もし複数のタスクがコンテキストを共有すれば，タスクの独立性や整合性を保てなくなる。

イ，**ウ**は適切でない。CPUの動作モードには，カーネルモードとユーザモードがある。カーネルモードは制約なしにタスクを動作できるモードで，カーネル（OSの中核で，コンピュータを特権的に制御するタスク）が使用する。ユーザモードはタスクの動作に制約のあるモードで，一般のアプリケーションタスクが使用する。そのため，カーネルはカーネルのコンテキストで，アプリケーションタスクはアプリケーションのコンテキストで実行させる必要がある。

《答：エ》

問067　優先度逆転の原因となるもの

RTOSを用いたシステムにおいて，優先度逆転の原因となるものはどれか。

- ア　優先度の高いタスクAが優先度の低いタスクBの実行に必要なリソースを占有しているが，タスクBはタスクAに必要なリソースを占有していない。
- イ　優先度の低いタスクBが優先度の高いタスクAの実行に必要なリソースを占有しているが，タスクAはタスクBに必要なリソースを占有していない。
- ウ　優先度の低いタスクBと優先度の高いタスクAが，互いに他タスクが必要なリソースを占有し合いデッドロックとなっている。
- エ　優先度の低いタスクBのクリティカルセクション実行中は，他の処理に対して割込み禁止の排他制御を行う。

[ES-H31年春 問7]

■ 解説 ■

　RTOS（リアルタイム OS）における**優先度逆転**は，タスクのリソース（資源）に対する競合により，優先度の低いタスクが先に実行され，優先度が逆転したように見える現象である（実際には逆転していない）。これは，優先度の高いタスクは，優先度の低いタスクから CPU 使用権を奪えるが，獲得中のリソースは奪えないことによって起こる。

　イが，優先度逆転の原因となる。タスク B が先にリソースを占有して実行状態にあるとする。ここでタスク A が実行可能状態になると，タスク B が実行可能状態に遷移し，入れ替わりにタスク A が実行状態に遷移する。タスク A はリソースを占有しようとするが，占有できないため，待ち状態に遷移する。すると，タスク B が実行状態に戻って実行再開する。タスク B がリソースを解放すると，タスク A が実行可能になる。

　アは，原因とならない。タスク A がリソースを占有しており，優先度も高いので，中断することなく先に実行できる。

　ウは，原因とならない。デッドロックが発生すると，他方が占有したリソースの解放を互いに待ち合う状態となり，優先度にかかわらず両方のタスクが先に進めなくなる。

　エは，原因とならない。クリティカルセクションは，リソースの整合性を保つため，複数のタスクから並行して実行すべきでないプログラムの部分である。タスク B のクリティカルセクション実行中はタスク A を実行できないが，クリティカルセクションを抜ければ，CPU 使用権がタスク B からタスク A に移って，タスク A を実行できる。

《答：イ》

テーマ 05　ソフトウェア　　**83**

Lv.3 午前Ⅰ ▶ 全区分 午前Ⅱ ▶ PM DB ES AU ST SA NW SM SC 知識

問 068 デッドロックの発生を防ぐ方法

二つのタスクが共用する二つの資源を排他的に使用するとき，デッドロックが発生するおそれがある。このデッドロックの発生を防ぐ方法はどれか。

ア 一方のタスクの優先度を高くする。
イ 資源獲得の順序を両方のタスクで同じにする。
ウ 資源獲得の順序を両方のタスクで逆にする。
エ 両方のタスクの優先度を同じにする。

[AP-H31年春 問18・AM1-H31年春 問6・ES-H26年春 問7]

■ 解説 ■

二つの資源 X，Y を同時に使用する二つのタスク A，B があり，一つの資源は同時に複数のタスクから獲得できないとする。

イは適切な方法である。資源獲得の順序を同じにすると，タスク A が資源 X を先に獲得したら，タスク B は資源 X を獲得できない。タスク A は続いて資源 Y も獲得し，必要な処理を実行した後に，二つの資源を解放する。その後，タスク B が資源 X，Y を順に獲得して必要な処理を実行して，二つの資源を解放する。したがって，デッドロックの発生を防ぐことができる。

ウは適切な方法でない。資源獲得の順序を逆にすると，タスク A が資源 X を先に獲得し，タスク B が資源 Y を先に獲得する。すると，タスク A は資源 Y の解放を，タスク B は資源 X の解放を互いに待つ状態となって，両方のタスクが先に進めない**デッドロック**になる。

ア，エは適切な方法でない。タスクの優先度は，プロセッサを使用する優先順位であり，他の資源に対する優先度ではないので，デッドロックの発生を防ぐ方法とはならない。

《答：イ》

84 Chapter 02 コンピュータシステム

Lv.3　午前Ⅰ ▶ 　全区分 午前Ⅱ ▶ 　PM　DB　**ES**　AU　ST　SA　NW　SM　SC

問 069　セマフォの基本操作

セマフォの基本操作である P 操作，V 操作に関する記述のうち，適切なものはどれか。ここで，セマフォ変数は事象の数を表すものとし，初期値は 1 とする。

　ア　P 操作と V 操作は交互に行わなければならない。
　イ　P 操作は資源のロック，V 操作は資源のアンロックを実現するのに使用できる。
　ウ　P 操作は事象の発生通知，V 操作は事象の待合せに用いられる。
　エ　P 操作はセマフォ変数の値を増加させ，V 操作は減少させる。

[ES-H31 年春 問 8・ES-H24 年春 問 6]

■ 解説 ■

セマフォは，資源に対する排他制御の仕組みである。同一の資源（事象）が n 個（n ≧ 1）あるとき，セマフォ変数の初期値に n を設定しておく。

P 操作は，タスクが資源の獲得（ロック）を試みる操作である。セマフォ変数が 1 以上なら，1 を減算し，タスクは資源 1 個を獲得できる。セマフォ変数が 0 なら，タスクは資源を獲得できず，資源の解放を待つための待ち行列に登録される。

V 操作は，タスクが資源を解放（アンロック）する操作である。資源 1 個を解放すると，セマフォ変数に 1 を加算する。

よって，**イ**が適切である。

アは適切でない。資源が 1 個しかないときでも，P 操作を連続して行える（資源を獲得できない可能性はある）。

ウは適切でない。事象の発生通知と待合せは，イベントフラグを用いて行う。

エは適切でない。セマフォ変数の値は，P 操作で資源が獲得されると減少し，V 操作で資源が解放されると増加する。

《答：イ》

テーマ 05　ソフトウェア　**85**

| Lv.3 | 午前Ⅰ ▶ | 全区分 | 午前Ⅱ ▶ | PM | DB | ES | AU | ST | SA | NW | SM | SC |

問 070　プログラム実行時の主記憶管理

プログラム実行時の主記憶管理に関する記述として，適切なものはどれか。

- ア　主記憶の空き領域を結合して一つの連続した領域にすることを，可変区画方式という。
- イ　プログラムが使用しなくなったヒープ領域を回収して再度使用可能にすることを，ガーベジコレクションという。
- ウ　プログラムの実行中に主記憶内でモジュールの格納位置を移動させることを，動的リンキングという。
- エ　プログラムの実行中に必要になった時点でモジュールをロードすることを，動的再配置という。

[AP-R3 年春 問 18・AP-H28 年秋 問 16・AM1-H28 年秋 問 6・
AP-H24 年秋 問 17・AM1-H24 年秋 問 7]

■ 解説 ■

アは，可変区画方式でなく，**メモリコンパクション**又は**デフラグメンテーション**の記述である。空き領域が断片化していると，大きいプログラムを連続した主記憶領域に読み込めない問題を生じる。空き領域を連続した領域にまとめることで，この問題を解消できる。

イは，**ガーベジコレクション**の記述として適切である。比較的新しいプログラム言語には，ガーベジコレクションを自動実行する機能をもつものが増えている。そうでなければ，ユーザが明示的に実行を要求する。

ウは，動的リンキングでなく，**動的再配置**（ダイナミックリロケーション）の記述である。

エは，動的再配置でなく，**オーバレイ**の記述である。オーバレイはアプリケーションから指示して，不要なモジュールを主記憶から追い出し，必要なモジュールを主記憶にロードすることで，主記憶領域の使用量を節約する。

《答：イ》

Lv.3　午前Ⅰ ▶　全区分 午前Ⅱ ▶　PM　DB　**ES**　AU　ST　SA　NW　SM　SC

| 問 **071** | 記憶領域を再び利用可能にする機能 |

記憶領域の動的な割当て及び解放を繰り返すことによって，どこからも利用できない記憶領域が発生することがある。このような記憶領域を再び利用可能にする機能はどれか。

　　ア　ガーベジコレクション　　　　イ　スタック
　　ウ　ヒープ　　　　　　　　　　　エ　フラグメンテーション

[AP-R2 年秋 問 16・AP-H25 年秋 問 18・AM1-H25 年秋 問 7]

■ **解説** ■

　これは，**ア**の**ガーベジコレクション**である。メモリコンパクションともいう。

　ウのヒープは，確保可能な記憶領域である。記憶領域が全く使用されていない状態から，複数のプログラムに記憶領域を割り当てると，一般には先頭から連続した領域が確保されていく。

　エのフラグメンテーションは，記憶領域の動的な割当てと解放を繰り返すことで，小さな未使用領域が多数生じて断片化する現象である。未使用領域の合計は十分多くても，一定以上の連続した未使用領域がないので，プログラムに記憶領域を割り当てられなくなる。ガーベジコレクションは，フラグメンテーションを解消する機能である。

　イのスタックは，プログラムの関数内で使用するローカル変数などを，一時的に保持する記憶領域である。

《答：ア》

テーマ 05　ソフトウェア　**87**

問 072 セグメントテーブルに格納される情報

セグメンテーションページング方式の仮想記憶において，セグメントテーブルに格納される情報はどれか。

ア　当該セグメントに含まれるページの仮想アドレス
イ　当該セグメントに含まれるページの実アドレス
ウ　当該セグメントに含まれるページを管理するページテーブルの仮想アドレス
エ　当該セグメントに含まれるページを管理するページテーブルの実アドレス

[ES-R3 年秋 問 8]

■ 解説 ■

エが，**セグメントテーブル**に格納される情報である。仮想記憶では，主記憶の物理的な容量より大きい論理的な記憶領域を扱う。このため，セグメント（データの論理的な単位）ごとのページテーブルを主記憶上に用意して，セグメントが使用するページ（一定の大きさのメモリ領域）の物理ページと論理ページの対応を管理する。

《答：エ》

問 073 仮想記憶における処理能力低下

ページング方式の仮想記憶において，ページ置換えの発生頻度が高くなり，システムの処理能力が急激に低下することがある。このような現象を何と呼ぶか。

ア　スラッシング　　　　　　イ　スワップアウト
ウ　フラグメンテーション　　エ　ページフォールト

[AP-R3 年秋 問 16・AM1-R3 年秋 問 6・AP-H29 年秋 問 17・
AP-H24 年春 問 21・AM1-H24 年春 問 8]

■ 解説 ■

仮想記憶は，主記憶（物理メモリ）のアドレス空間より大きい，論理的な仮想アドレス空間を使えるようにする仕組みである。主記憶に収まりきらないプログラムは補助記憶（ハードディスクドライブ）上の仮想記憶領域に退避されて，参照時に主記憶に読み込まれる。ページング方式は，仮想記憶の実現方式の一つで，プログラムを固定長のブロック（ページ）に分割して管理する。

この現象は，**ア**の**スラッシング**である。**スワップイン**（補助記憶から主記憶にページを読み込む動作）と，**イ**の**スワップアウト**（主記憶上のページを追い出す動作）を合わせて**スワッピング**（ページング）という。

エの**ページフォールト**は，アクセスしようとしたページが主記憶に読み込まれていないときに発生する割込みであり，スワッピングを発生させる契機となる。スワッピングが多発すると，CPU の処理能力を食いつぶして，システムの処理能力が急激に低下するスラッシングが生じる。

ウの**フラグメンテーション**は，メモリの獲得と解放を繰り返すうちに，小さな空き領域が虫食い状態に多数発生する現象をいう。

《答：ア》

テーマ05 **ソフトウェア**　**89**

| Lv.3 | 午前Ⅰ ▶ | 全区分 | 午前Ⅱ ▶ | PM | DB | ES | AU | ST | SA | NW | SM | SC |

問 074　プリページングの特徴

仮想記憶方式で，デマンドページングと比較したときのプリページングの特徴として，適切なものはどれか。ここで，主記憶には十分な余裕があるものとする。

　ア　将来必要と想定されるページを主記憶にロードしておくので，実際に必要となったときの補助記憶へのアクセスによる遅れを減少できる。

　イ　将来必要と想定されるページを主記憶にロードしておくので，ページフォールトが多く発生し，OSのオーバヘッドが増加する。

　ウ　プログラムがアクセスするページだけをその都度主記憶にロードするので，主記憶への不必要なページのロードを避けることができる。

　エ　プログラムがアクセスするページだけをその都度主記憶にロードするので，将来必要となるページの予想が不要である。

[AP-R2年秋 問18・AM1-R2年秋 問6]

■ 解説 ■

アが，**プリページング**の特徴である。このようなメリットがある反面，将来必要と想定されるページの正確な予測が難しく，メモリ使用量も多くなるデメリットがある。

イは適切でない。プリページングでは事前に多くのページを主記憶にロードしておくので，ページフォールトの発生は減り，OSのオーバヘッドも減る。

ウ，エは，**デマンドページング**の特徴である。このようなメリットがある反面，必要となってから主記憶にロードするので，補助記憶へのアクセスによる遅れが発生するデメリットがある。

《答：ア》

90　Chapter 02　コンピュータシステム

Lv.4 午前Ⅰ ▶ 全区分 午前Ⅱ ▶ PM DB ES AU ST SA NW SM SC 計算

問 075 ページテーブル

ページング方式の仮想記憶において，あるプロセスが仮想アドレス空間全体に対応したページテーブルをもつ場合，ページテーブルに必要な領域の大きさを 2^x バイトで表すとすると，x を表す式はどれか。ここで，仮想アドレス空間の大きさは 2^L バイト，ページサイズは 2^N バイト，ページテーブルの各エントリの大きさは 2^E バイトとし，その他の情報については考慮しないものとする。

ア $L + N + E$ 　　　　イ $L + N - E$

ウ $L - N + E$ 　　　　エ $L - N - E$

[ES-R2 年秋 問 8・ES-H26 年春 問 8]

■ 解説 ■

ページテーブルはページング方式の仮想記憶において，仮想アドレスと物理アドレスを対応付けるためのデータである。

仮想アドレス空間の大きさが 2^L バイトで，ページサイズが 2^N バイトであるから，仮想アドレス空間に存在するページの個数は，$2^L \div 2^N = 2^{L-N}$ 個である。ページテーブル内のエントリ 1 個がページ 1 個に対応するので，エントリはページの個数分必要である。エントリ 1 個の大きさが 2^E バイトであるから，ページテーブルに必要な領域の大きさは，$2^{L-N} \times 2^E = 2^{L-N+E}$ バイトとなる。よって，$x = \boldsymbol{L - N + E}$ である。

《答：ウ》

テーマ 05 ソフトウェア **91**

5-2 ミドルウェア

解説

JavaEE は，Java 言語によるシステム開発基盤の仕様であり，一般用途向けの JavaSE（Java Platform, Standard Edition）を主に企業向けに機能拡張したものである。

ウの **Servlet**（正確には Java Servlet）が JavaEE の構成要素の一つで，Web サーバ上で動的に Web ページを生成するための Java クラスの仕様である。他に構成要素として，JSP（JavaServer Pages），JavaBeans，JDBC などがある。

アの **EAI**（Enterprise Application Integration）は，企業内の様々な情報システムを有機的に統合して活用しようとする思想や，それを実現するツールである。

イの **JavaScript** は，Web ブラウザ（クライアント）側で動作するスクリプト言語であり，Java 言語とは別である。

エの **UDDI**（Universal Description, Discovery and Integration）は，インターネット上の Web サービス自体を対象とする検索システムである。現在ではほとんど利用されない。

《答：ウ》

5-3 ● ファイルシステム

Lv.3 午前Ⅰ ▶ 全区分 午前Ⅱ ▶ PM DB **ES** AU ST SA NW SM SC　　計算

問 077　ファイル領域の割当て　　☑ ☑ ☑

三つの媒体 A ～ C に次の条件でファイル領域を割り当てた場合，割り当てた領域の総量が大きい順に媒体を並べたものはどれか。

〔条件〕

(1) ファイル領域を割り当てる際の媒体選択アルゴリズムとして，空き領域が最大の媒体を選択する方式を採用する。

(2) 割当て要求されるファイル領域の大きさは，順に 90，30，40，40，70，30（M バイト）であり，割り当てられたファイル領域は，途中で解放されない。

(3) 各媒体は容量が同一であり，割当て要求に対して十分な大きさをもち，初めは全て空きの状態である。

(4) 空き領域の大きさが等しい場合には，A，B，C の順に選択する。

　ア　A，B，C　　イ　A，C，B　　ウ　B，A，C　　エ　C，B，A

[ES-R3 年秋 問 9・AP-R1 年秋 問 19・AP-H27 年秋 問 18・
AP-H24 年秋 問 20・AP-H22 年春 問 20・AM1-H22 年春 問 6]

■ 解説 ■

問題の〔条件〕に従って，媒体 A ～ C にファイル領域を割り当てていくと，次の図のようになる。割り当てた領域の総量は，媒体 A が 90M バイト，媒体 B が 100M バイト，媒体 C が 110M バイトとなり，大きい順に **C**, **B**, **A** となる。

	0	10	20	30	40	50	60	70	80	90	100	110	120 …
媒体A	① 90												
媒体B	② 30			④ 40				⑥ 30					
媒体C	③ 40				⑤ 70								

《答：エ》

問 078 ハッシュ表の探索時間

ハッシュ表の理論的な探索時間を示すグラフはどれか。ここで，複数のデータが同じハッシュ値になることはないものとする。

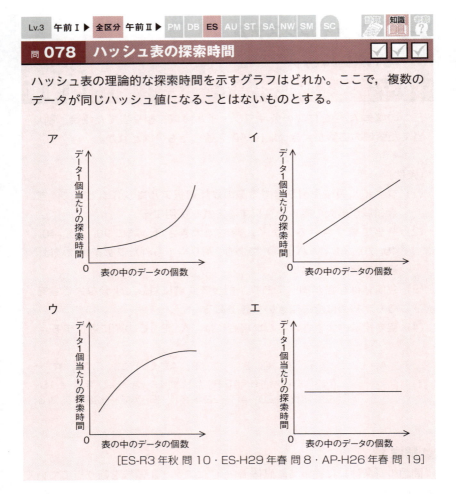

[ES-R3年秋 問10・ES-H29年春 問8・AP-H26年春 問19]

■ 解説 ■

ハッシュ関数は，入力されたデータに所定の演算を施して，**ハッシュ値**（要約した結果のデータ）を得る関数で，入力データが同じなら得られるハッシュ値は常に同じである。ハッシュ関数に望まれる条件として，

- 異なる入力データから，同一のハッシュ値が得られる（衝突が起こる）可能性が低いこと
- ハッシュ値から元の入力データを復元できないこと
- 多数の入力データに対応するハッシュ値の分布が一様で偏りがないこと

などが挙げられる。

　ハッシュ表（ハッシュテーブル）は，データを，ハッシュ関数で得られたハッシュ値の位置に格納するデータ構造である。データにハッシュ関数による演算を施すだけで，データの格納位置が得られるので，データへの高速アクセスを実現できる。また，演算に要する時間はハッシュ表の中のデータの個数とは無関係である。このため，**エ**のグラフのように，データ1個当たりの探索時間は一定となる。

《答：エ》

5-4 ● 開発ツール

Lv.3　午前Ⅰ ▶　全区分 午前Ⅱ ▶　PM　DB　ES　AU　ST　SA　NW　SM　SC　　知識

| 問 **079** | **バージョン管理ツール** | ☑ ☑ ☑ |

分散開発環境において，各開発者のローカル環境に全履歴を含んだ中央リポジトリの完全な複製をもつことによって，中央リポジトリにアクセスできないときでも履歴の調査や変更の記録を可能にする，バージョン管理ツールはどれか。

　ア　Apache Subversion　　　　イ　CVS
　ウ　Git　　　　　　　　　　　エ　RCS

[AP-R3年秋 問18・ES-H30年春 問11]

■ 解説 ■

　バージョン管理ツールは，主にソフトウェアのソースコードやドキュメントのバージョン（版）や変更履歴を管理するためのツールである。特に，多数のプログラマが開発に参画する大規模なソフトウェアでは，適切にバージョン管理することが必要となる。

　これは**ウ**の **Git**（ギット）である。分散型のバージョン管理ツールで，元は Linux カーネルのソースコード管理用に開発されたものである。クライアントサーバ型のツールを利用するには，常にサーバ（中央リポジトリ）にアクセスできる環境が必要であるが，Git はオフライン環境でも利用できる特徴がある。

テーマ 05 ソフトウェア　**95**

アの **Apache Subversion** は，クライアントサーバ型のバージョン管理ツールである。2000 年代以降に開発された CVS の後継システムで，コマンドラインだけでなく GUI ベースのクライアントもあって普及している。

イの **CVS**（Concurrent Version System）は，クライアントサーバ型のバージョン管理ツールである。1990 年代に開発されて広く用いられたが，機能面の不備もあって，他のツールに取って代わられた。

エの **RCS**（Revision Control System）は，ファイル単位のバージョン管理ツールである。1980 年代に開発されたもので，複数のファイルをまとめて扱うプロジェクト管理や，複数人で編集できるユーザ管理の機能などはない。

《答：ウ》

問 080　コンパイラによる最適化

コンパイラによる最適化において，オブジェクトコードの所要記憶容量が削減できるものはどれか。

　ア　関数のインライン展開　　　イ　定数の畳み込み
　ウ　ループ内不変式の移動　　　エ　ループのアンローリング

[ES-H31 年春 問 11・ES-H28 年春 問 11・ES-H26 年春 問 10]

■ 解説 ■

アの**関数のインライン展開**とは，関数を呼び出している場所に関数のコードそのものを展開する手法である。関数が 10 か所で呼び出されていれば，同じ関数のコードをその都度 10 回書いたのと同じことになるのでオブジェクトコードの量は増加する。関数呼出しのオーバヘッドがなくなるので，実行速度は向上する。

イの**定数の畳み込み**とは，計算すれば定数になる式を，あらかじめ計算して定数に置き換えてからコンパイルする手法である。例えば，n 日の秒数の意味で sec = n*24*60*60; と書いているところを，sec = n*86400; と置き換えてからコンパイルする。オブジェクトコードの量は減少し，実行速度も向上する。

ウの**ループ内不変式の移動**とは，ループの内側に書かれているコードで，繰返し処理の過程で値の変化しない式をループ外に出す手法である。コードを移動するだけなので，オブジェクトコードの量はほとんど変化しない。ループ内で冗長な処理をしなくなるので，実行速度は向上する。

エの**ループのアンローリング**とは，繰返し処理を繰返しの回数分のコードに展開する手法である。オブジェクトコードの量は増加するが，実行速度は向上する。ループの回数が少ない部分に適用すれば，オブジェクトコードの量はそれほど増えず，ループ処理のオーバヘッドを解消できるので効果的である。

《答：イ》

5-5 ● オープンソースソフトウェア

Lv.3 午前Ⅰ ▶ 全区分 午前Ⅱ ▶ PM DB **ES** AU ST SA NW SM SC 知識

問 081 OSS におけるディストリビュータの役割 ☑ ☑ ☑

OSS（Open Source Software）における，ディストリビュータの役割はどれか。

ア OSS やアプリケーションソフトを組み合わせて，パッケージにして提供する。
イ OSS を開発し，活動状況を Web で公開する。
ウ OSS を稼働用のコンピュータにインストールし，動作確認を行う。
エ OSS を含むソフトウェアを利用したシステムの提案を行う。

[AP-R2 年秋 問 19・ES-H26 年春 問 11・ES-H23 年特 問 11]

■ 解説 ■

アが**ディストリビュータ**の役割である。OSS には，OS の中核となるカーネルの他，ユーティリティプログラム，サーバプログラム，ミドルウェア，アプリケーションなどのソフトウェアがある。これらは個別に入手できるが，必要なソフトウェアを調べていちいち入手するのは煩雑である。

そこで利用者の利便性を図るため，OSS の開発者・企業などが必要なソ

テーマ 05 **ソフトウェア** **97**

フトウェアを適宜取りまとめてパッケージ化して配布している。このパッケージ化されたソフトウェア群を**ディストリビューション**，配布する開発者・企業などを**ディストリビュータ**という。

　カーネルが同一であっても，複数のディストリビュータから，多様なディストリビューションが配布されることもある。例えば Linux は OS の一種であるが，Debian GNU/Linux，Red Hat Linux，Slackware などのディストリビューションが存在する。

　イは，OSS の開発者の役割である。

　ウ，**エ**は，IT ベンダ，システム利用企業の情報システム部門などの役割である。

《答：ア》

テーマ

午前Ⅰ ▶ **全区分 午前Ⅱ** ▶ PM DB **ES** AU ST SA NW SM SC
Lv.3　　　　　　　　　　Lv.4

06 ハードウェア

問**082**～問**095** 全**14**問

最近の出題数

	高度午前Ⅰ	高度午前Ⅱ								
		PM	DB	ES	AU	ST	SA	NW	SM	SC
R4 年春期	1					－	－	－	－	－
R3 年秋期	1	－	－	4	－					－
R3 年春期	1					－	－	－	－	－
R2 年秋期	2	－	－	4	－					－

※表組み内の「－」は出題範囲外

試験区分別出題傾向（H21年以降）

午前Ⅰ	論理回路の出題が非常に多い。その他に，クロック信号，RAM，RFID の出題例がある。予備知識がないと難易度の高い問題もあるが，過去問題の再出題や類似問題が多い。
ES 午前Ⅱ	組込みシステムに関連する電子部品など，難易度の高い出題が多い。論理回路の出題例もあるが，多くはない。過去問題の再出題が非常に多い。

出題実績（H21年以降）

小分類	出題実績のある主な用語・キーワード
ハードウェア	論理回路（組合せ論理回路，順序論理回路，フリップフロップ），機械部品（MPU，クロック信号，DSP，FPGA，IP コア，RAM，LED，熱電変換素子，エンコーダ，DC モータ，A/D コンバータ，D/A コンバータ，PLL，LiDAR，RFID），省電力対策（パワーゲーティング，クロックゲーティング），エネルギーハーベスティング

テーマ 06 ハードウェア　**99**

6-1 ● ハードウェア

Lv.3　午前Ⅰ　**全区分 午前Ⅱ**　PM　DB　**ES**　AU　ST　SA　NW　SM　SC

問 082　フリップフロップ

図の論理回路において，$S=1$，$R=1$，$X=0$，$Y=1$のとき，Sを一旦 0 にした後，再び 1 に戻した。この操作を行った後の X，Y の値はどれか。

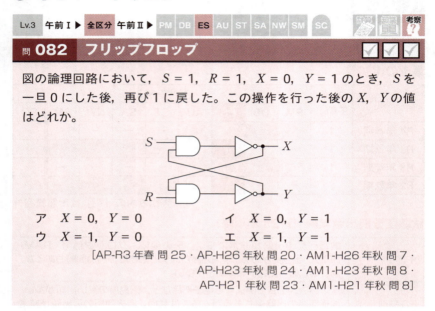

　ア　$X=0$，$Y=0$　　　　　イ　$X=0$，$Y=1$
　ウ　$X=1$，$Y=0$　　　　　エ　$X=1$，$Y=1$

[AP-R3 年春 問 25・AP-H26 年秋 問 20・AM1-H26 年秋 問 7・
AP-H23 年秋 問 24・AM1-H23 年秋 問 8・
AP-H21 年秋 問 23・AM1-H21 年秋 問 8]

■ 解説 ■

　この論理回路は，NAND 回路（AND 回路と NOT 回路）を使用した**セット・リセット・フリップフロップ**（**RS-FF**）である。過去に入力した 1 ビットの情報を保存できる回路で，SRAM やレジスタを構成する基本的な記憶回路として利用される。S がセット入力，R がリセット入力で，次の性質がある。

- X と Y の初期状態にかかわらず，S を 1 から 0 に変える（セット入力する）と，$X=1$，$Y=0$（**セット状態**）となる。
- X と Y の初期状態にかかわらず，R を 1 から 0 に変える（リセット入力する）と，$X=0$，$Y=1$（**リセット状態**）となる。
- S 又は R を 0 から 1 に変えても，X と Y は変化しない。
- X と Y は常に反転した値（一方が 0 で，他方が 1）になる。

　この回路はループになっているが，初期状態の $S=1$，$R=1$，$X=0$，

$Y = 1$ は，次のようにリセット状態になっている。

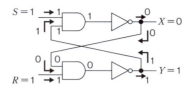

S を 1 から 0 に変えると，回路は次のように変化して，$S = 0$，$R = 1$，$X = 1$，$Y = 0$ となり，セット状態になる。

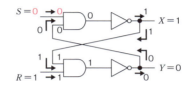

ここで S を 0 から 1 に戻しても，S がつながった AND 回路の出力は 0 のままなので，これ以上変化せずセット状態を維持する。したがって，操作を行った後は，$S = 1$，$R = 1$，$X =$ **1**，$Y =$ **0** となる。

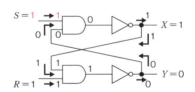

《答：ウ》

問 083　NAND素子を用いた組合せ回路

NAND素子を用いた次の組合せ回路の出力 Z を表す式はどれか。ここで，論理式中の"・"は論理積，"＋"は論理和，$\overline{X}$ は X の否定を表す。

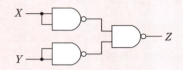

ア　$X \cdot Y$　　　イ　$X + Y$　　　ウ　$\overline{X \cdot Y}$　　　エ　$\overline{X + Y}$

[ES-H30年春 問12・ES-H28年春 問14・AP-H26年春 問20・
AM1-H26年春 問7・AP-H23年特 問24・AM1-H23年特 問8]

■解説■

否定論理積（NAND）素子を組み合わせた論理回路である。中間のNANDの出力を A，B として，真理値表を書くと次のようになる。したがって，Z は **XとYの論理和**（**$Z = X + Y$**）であることが分かる。

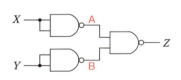

X	Y	A	B	Z
0	0	1	1	0
0	1	1	0	1
1	0	0	1	1
1	1	0	0	1

また，組合せ回路を論理式で表して変形しても，同じ結果が得られる。

$Z = (X \text{ NAND } X) \text{ NAND } (Y \text{ NAND } Y)$
　$= (\overline{X \text{ AND } X}) \text{ NAND } (\overline{Y \text{ AND } Y})$
　$= \overline{X} \text{ NAND } \overline{Y}$
　$= \overline{\overline{X} \cdot \overline{Y}} = X + Y$　（∵ ド・モルガンの法則）

なお，否定（NOT），論理和（OR），論理積（AND），排他的論理和（XOR）

の各回路は，NAND 素子のみの組合せで作ることができる。そのため，あらゆる論理回路は NAND 素子のみで作ることができる。

《答：イ》

問 084　3入力 AND 回路

TTL レベルの 2 入力 AND 回路を 3 入力 AND 回路にするために入力部に回路を追加した。3 入力 AND 回路として適切なものはどれか。

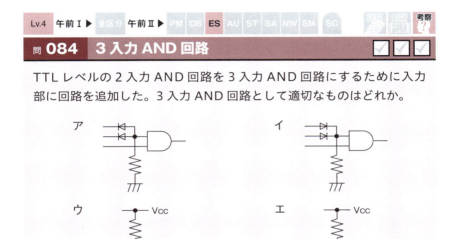

[ES-R3年秋 問13・ES-H31年春 問16・ES-H25年春 問15]

■ 解説 ■

　各選択肢の三つの入力を上から X1，X2，X3，出力を Y とする。各選択肢の X3 はいずれも AND ゲートに直接つながっているので，X1 と X2 がともに High のときに，もう一方の AND ゲートへの入力が High になる回路を選べばよい。

　ウが適切である。図のように，X1 と X2 のいずれか一方でも Low であれば，Vcc から抵抗とダイオードを通じて左向きに電流が流れ，AND ゲートの上側端子も Low 入力となる。X1 と X2 の両方を High にすると，ダイオードを電流が流れなくなり，AND ゲートの上側端子は抵抗を挟んで接続された High がそのまま入力される。その結果，X1 と X2 に加えて，X3 も High のときだけ，Y に High が出力される。

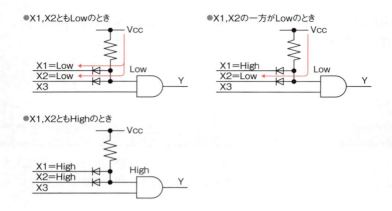

　アは適切でない。ダイオードが左向きであるため，X1 と X2 を High にしても右へ電流が流れない。また，AND ゲートの上側端子は抵抗を挟んでグランドに接続されているため，上側端子の入力は常に Low となり，出力 Y も Low になる。

　イは適切でない。X1 と X2 が両方とも Low であれば，AND ゲートの上側端子は Low 入力となっている。しかし，X1 と X2 のいずれか一方でも High にすれば，ダイオードが右向きなので，そのまま上側端子に High 入力され，AND 回路ではなく OR 回路になる。

　エは適切でない。AND ゲートの上側端子は抵抗を挟んで Vcc に接続されているため，上側端子の入力は常に High となる。X1 と X2 の一方，又は両方を High にしても同じである。結局，出力 Y は入力 X3 と同じになる。

《答：ウ》

問 085　ランプ回路

マイコンの出力ポートに接続されたランプ回路を図に示す。ランプが点灯するのはどの場合か。

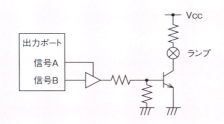

	信号 A	信号 B
ア	High	High
イ	High	Low
ウ	Low	High
エ	Low	Low

[ES-H30 年春 問 16・ES-H28 年春 問 16・ES-H23 年特 問 16]

■ 解説 ■

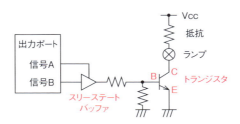

　この回路には **NPN 型トランジスタ**が用いられており，ベース（B）→エミッタ（E）に少しの電流を流せば，コレクタ（C）→エミッタ（E）に増幅された電流が流れてランプが点灯する。ベース→エミッタに電流を流すには，ベースに電圧をかける必要がある。つまり，スリーステートバッファをハイインピーダンスでない状態とした（すなわち信号 A から **High** を入力した）上で，信号 B から **High** を入力すればよい。

それ以外ではベースとエミッタの間に電流が流れないため，ランプは点灯しない。

なお，トランジスタの左側にある二つの抵抗は回路を安定させるためのもので，この抵抗とトランジスタを一体化した抵抗内蔵トランジスタが市販されている。

《答：ア》

問086 アドレスバスとチップセレクト信号の接続

プログラムと定数を ROM から読み出すために，アドレスバスとチップセレクト信号（$\overline{CS}$）を図のように接続した。アドレスバスは A_0 が LSB である。この ROM にアクセスできるメモリアドレスの範囲はどれか。ここで，解答群の数値は 16 進数で表記してある。

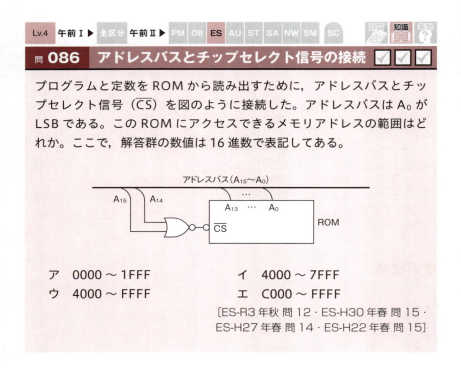

ア　0000 ～ 1FFF　　　イ　4000 ～ 7FFF
ウ　4000 ～ FFFF　　　エ　C000 ～ FFFF

[ES-R3 年秋 問 12・ES-H30 年春 問 15・
ES-H27 年春 問 14・ES-H22 年春 問 15]

■ 解説 ■

バスに複数のメモリが接続されている場合，MPU がどのメモリを読み書きしたいか指定する必要がある。メモリにはチップセレクト（$\overline{CS}$）入力の信号線があり，$\overline{CS}$ に Low が入力されると（CS は負論理であるのが一般的），そのメモリが読み書きの対象として選択される。

A_0 が LSB（Least Significant Bit：最下位ビット）なので，$\overline{CS}$ が Low になるのは，上位ビットの A_{15} と A_{14} の少なくとも一方が High になったときである。つまり，メモリアドレスが 2 進数で，01xx xxxx xxxx xxxx，

10xx xxxx xxxx xxxx，11xx xxxx xxxx xxxx（x は 0 又は 1 の任意の値）のいずれかであればよい。言い換えると，0100 0000 0000 0000 〜 1111 1111 1111 1111 の範囲にあるときであり，これを 16 進数で表せば，**4000 〜 FFFF** となる。

《答：ウ》

問 087　クロック信号の供給と分周器の値

ワンチップマイコンにおける内部クロック発生器のブロック図を示す。15MHz の発振器と，内部の PLL1，PLL2 及び分周器の組合せで CPU に 240MHz，シリアル通信 (SIO) に 115kHz のクロック信号を供給する場合の分周器の値は幾らか。ここで，シリアル通信のクロック精度は ± 5％以内に収まればよいものとする。

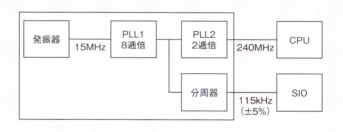

ア　$1/2^4$　　　イ　$1/2^6$　　　ウ　$1/2^8$　　　エ　$1/2^{10}$

[AP-H30 年春 問 23・AM1-H30 年春 問 7・AP-H27 年秋 問 23・
　AM1-H27 年秋 問 7・AP-H26 年春 問 23・
　AP-H24 年春 問 24・AP-H22 年春 問 25]

■ 解説 ■

　発振器からの 15MHz の信号を PLL1 に通すと，8 逓倍されて 120MHz の信号が得られる。これを PLL2 に通すと，2 逓倍されて 240MHz のクロック信号が CPU に供給される。
　一方，SIO には，PLL1 から出力された 120MHz の信号を分周して，115kHz のクロック信号を供給する必要がある。115kHz ÷ 120MHz ≒

1/1,043 であるから，**エ**の **$1/2^{10}$** すなわち 1/1,024 を分周器の値とすれば，誤差は ± 5 % 以内となる。

《答：エ》

問 088　タイマ割込み

表のインターバルタイマを用いて約 20 ミリ秒ごとにタイマ割込みを発生させたいとき，16 ビットタイマコンペアレジスタに設定する値は 10 進数で幾つか。ここで，システムクロックは 32MHz とする。

項目	説明
タイマクロック	システムクロックを 32 分周したもの
16 ビットタイマカウンタ	タイマクロックの立ち上がりに同期してインクリメントされる。16 ビットタイマコンペアレジスタからの初期化指示があると 0 で初期化される。
16 ビットタイマコンペアレジスタ	設定された値と 16 ビットタイマカウンタ値が一致するとタイマ割込みを発生し，16 ビットタイマカウンタに初期化指示を出す。

ア　1　　イ　19　　ウ　1,999　　エ　19,999

[ES-H31 年春 問 15・ES-H26 年春 問 15・ES-H22 年春 問 4]

■ **解説** ■

分周は周波数を下げることであり，32MHz のシステムクロックを 32 分周すると，周波数は 1MHz となる。つまり，タイマクロックは 1MHz である。

16 ビットタイマカウンタは，タイマクロック（1MHz）の立ち上がりに同期して，1 マイクロ秒ごとにインクリメント（1 加算）される。この値が，16 ビットタイマコンペアレジスタの値と一致すると，タイマ割込みを発生して 0 に初期化される。

20 ミリ秒ごとにタイマ割込みを発生させるには，16 ビットタイマカウンタが 20,000 回（= 20 ミリ秒 ÷ 1 マイクロ秒）インクリメントされるごとに，16 ビットタイマコンペアレジスタの値と一致すればよい。16 ビットタイマカウンタの初期値は 0 だから，**エ**の **19,999** を 16 ビットタイマコンペアレジスタに設定すればよい。

《答：エ》

| Lv.4 | 午前Ⅰ ▶ | 全区分 | 午前Ⅱ ▶ | PM | DB | ES | AU | ST | SA | NW | SM | SC | | | 考察 |

問 089　LiDAR

車の自動運転に使われるセンサの一つである LiDAR の説明として，適切なものはどれか。

ア　超音波を送出し，その反射波を測定することによって，対象物の有無の検知及び対象物までの距離の計測を行う。

イ　道路の幅及び車線は無限遠の地平線で一点（消失点）に収束する，という遠近法の原理を利用して，対象物までの距離を計測する。

ウ　ミリ波帯の電磁波を送出し，その反射波を測定することによって，対象物の有無の検知及び対象物までの距離の計測を行う。

エ　レーザ光をパルス状に照射し，その反射光を測定することによって，対象物の方向，距離及び形状を計測する。

[ES-R2 年秋 問 13]

■ 解説 ■

エが **LiDAR**（Light Detection and Ranging）の説明である。様々な方向へレーザ光を照射して，反射光が届いた方向や，届くまでの時間から，対象物の方向や距離を求める。レーザ光には電波より波長の短い紫外線，可視光線，赤外線などを用いるため，小さな対象物でも検出できる反面，雨や霧などの影響を受けやすい。

アは，**超音波センサ**の説明である。音波は速度が遅いため検出範囲は狭いが，音波を反射すればよいので透明な物体でも検出できる。

イは，センサではなく，画像認識による距離計測である。

ウは，**ミリ波レーダ**の説明である。ミリ波は周波数 30 ～ 300GHz 帯の電波で，直進性が強く，雨や霧など気象条件の悪いときでも利用できる長所がある。

《答：エ》

テーマ 06　**ハードウェア**　　**109**

| Lv.3 | 午前Ⅰ ▶ | 全区分 午前Ⅱ ▶ | PM | DB | **ES** | AU | ST | SA | NW | SM | SC |

問 090　SRAM と DRAM

☑ ☑ ☑

SRAM と比較した場合の DRAM の特徴はどれか。

ア　主にキャッシュメモリとして使用される。

イ　データを保持するためのリフレッシュ又はアクセス動作が不要である。

ウ　メモリセル構成が単純なので，ビット当たりの単価が安くなる。

エ　メモリセルにフリップフロップを用いてデータを保存する。

[AP-R2 年秋 問 20・AM1-R2 年秋 問 7・AP-H29 年秋 問 20・
AP-H25 年秋 問 22・AM1-H25 年秋 問 8]

■ 解説 ■

SRAM（Static RAM）と **DRAM**（Dynamic RAM）の特徴を比較してまとめると，次のようになる。

■ SRAM と DRAM の比較

	SRAM	DRAM
主な用途	キャッシュメモリ	主記憶
メモリセルの回路	フリップフロップ	キャパシタ（コンデンサ）
メモリセルの複雑度	複雑	◎単純
ビット当たり単価	高い	◎安い
ビット当たり集積度	低い	◎高い
メモリ容量	少ない	◎多い
アクセス速度	◎速い	遅い
リフレッシュ動作	◎不要	必要
消費電力	◎少ない	多い

したがって，**ウ**が DRAM の特徴で，**ア**，**イ**，**エ**は SRAM の特徴である。

《答：ウ》

110　Chapter 02　コンピュータシステム

Lv.4 午前Ⅰ ▶ 全区分 午前Ⅱ ▶ PM DB **ES** AU ST SA NW SM SC   計算

問 **091** DRAM のリフレッシュ周期 ☑ ☑ ☑

アドレス線が 10 本で，1M ワードの容量をもつ DRAM がある。リフレッシュのために DRAM 内の全 ROW アドレスを 51.2 ミリ秒の間に少なくとも 1 回は選択する必要がある。このときの平均リフレッシュ周期は何マイクロ秒か。

　ア　0.049　　　イ　12.8　　　ウ　50　　　　エ　2,560

[ES-H31 年春 問 12・ES-H26 年春 問 12]

■ **解説** ■

　DRAM は，行（row）と列（column）からなる格子状のセルになっている。ある位置のデータの読書きは，まず行を指定し，続いてその行の中の列を指定することで行われる。その理由は，位置指定に使われるアドレス線は行と列で共用であり，行と列をまとめて同時に指定できないためである。

　この DRAM では，アドレス線が 10 本（10 ビット分）あるので，最大で $2^{10} = 1,024$ 本の行又は列から位置を指定できる。また，容量が 1M 語であることから，1,024 行× 1,024 列になっていることが分かる。

　DRAM のリフレッシュは行単位で行われ，全体をリフレッシュするには 1,024 行分の ROW アドレスを 1 回ずつ選択しなければならない。これを 51.2 ミリ秒の間に行うので，平均リフレッシュ周期は，51.2（ミリ秒）÷ 1,024 = 0.05（ミリ秒）= **50**（マイクロ秒）となる。

《答：ウ》

| Lv.3 | 午前Ⅰ ▶ | 全区分 | 午前Ⅱ ▶ | PM | DB | ES | AU | ST | | NW | SM | SC | 計算 | 知識 | 考察 |

問 092　D/A 変換器の出力

☑ ☑ ☑

8 ビット D/A 変換器を使って，電圧を発生させる。使用する D/A 変換器は，最下位の 1 ビットの変化で 10 ミリ V 変化する。データに 0 を与えたときの出力は 0 ミリ V である。データに 16 進数で 82 を与えたときの出力は何ミリ V か。

ア　820　　　　イ　1,024　　　　ウ　1,300　　　　エ　1,312

[AP-R2 年秋 問 24・AM1-R2 年秋 問 8・AP-H26 年秋 問 19・
AP-H24 年秋 問 21・AP-H22 年春 問 23]

■ 解説 ■

　D/A 変換（Digital to Analog Conversion）は，ディジタル値をアナログ電圧に変換することである。

　16 進数の 82 を 10 進数に変換すると，$8 \times 16 + 2 = 130$ である。データに 0 を与えたときの出力が 0 ミリ V で，最下位の 1 ビットの変化で 10 ミリ V 変化するから，データに 130 を与えたときの出力は **1,300** ミリ V である。

《答：ウ》

112　　Chapter 02　コンピュータシステム

問 093　PLLの出力周波数と基準周波数

図に示すPLLがロック状態の場合、出力周波数 f_{out} を基準周波数 f_{ref} で表したものはどれか。ここで、分周器の分周比は N とする。

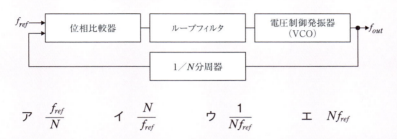

ア　$\dfrac{f_{ref}}{N}$　　イ　$\dfrac{N}{f_{ref}}$　　ウ　$\dfrac{1}{Nf_{ref}}$　　エ　Nf_{ref}

[ES-H29年春 問11・ES-H27年春 問13・
ES-H25年春 問12・ES-H22年春 問14]

■ 解説 ■

PLL（Phase Lock Loop：位相同期回路）は、交流の入力信号の位相に同期し、安定した新たな交流信号を出力する回路である。

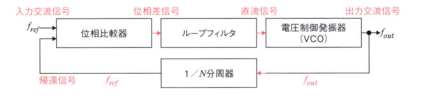

位相比較器は、二つの入力信号の位相差を出力する装置である。PLLでは、入力信号と帰還信号（分周器を経て戻ってきた信号）の位相差が出力される。**ループフィルタ**は、位相差信号に混ざっているリプル（直流以外の信号成分）を除去し、直流信号のみを取り出す役割を果たす。**電圧制御発振器**は、直流の入力電圧に応じた周期の交流信号を発振する装置である。

ロック状態にあるときは、位相比較器に入力される二つの信号の周波数が一致している。帰還回路に何も入れなければ、入力と出力は同じ周波数の交流信号である。分周器を入れると、分周器への入力信号の周波数が $1/N$ になって出力され、$f_{ref} = f_{out}/N$ すなわち、$f_{out} = Nf_{ref}$ となる。

《答：エ》

| Lv.3 | 午前Ⅰ ▶ | 全区分 午前Ⅱ ▶ | PM | DB | ES | AU | ST | SA | NW | SM | SC |

問 094　パッシブ方式 RF タグ

RFID のパッシブ方式の RF タグの説明として，適切なものはどれか。

　ア　アンテナで受け取った電力を用いて通信する。
　イ　可視光でデータ通信する。
　ウ　静電容量の変化を捉えて位置を検出する。
　エ　赤外線でデータ通信する。

[AP-R3 年秋 問 20・AP-H28 年秋 問 20・
AP-H25 年春 問 22・AM1-H25 年春 問 8]

■ 解説 ■

　アが適切である。**RFID** は，RF タグ（個々の識別情報を持つ小型電子回路）と，リーダ／ライタ（RF タグと無線通信して情報を読み書きする機器）から成るシステム及びその技術である。

　パッシブ方式 RF タグは，電源を持たず，リーダ／ライタが発する電波を，アンテナで受信して電力源として動作する。小型化，低コスト化でき，半永久的に利用できる利点がある。

　これに対して，**アクティブ方式 RF タグ**は，電源を持ち，自ら電波を発してリーダ／ライタと通信する。通信距離を長くでき，センサなど他の機器を内蔵又は接続できる。その反面，コストが大きいことや，電池交換が必要となることが短所である。

　イは可視光通信，**ウ**は静電容量方式タッチパネル，**エ**は赤外線通信の説明である。

《答：ア》

114　　Chapter 02　コンピュータシステム

Lv.3 午前Ⅰ ▶ 全区分 午前Ⅱ ▶ PM DB **ES** AU ST SA NW SM SC 　考察

問 **095** エネルギーハーベスティングの適用例 ☑ ☑ ☑

エネルギーハーベスティングの適用例として，適切なものはどれか。

ア　AC 電源で充電したバッテリで駆動される携帯電話機
イ　インバータ制御を用いるエアーコンディショナの室外機
ウ　スイッチを押す力を電力に変換して作動する RF リモコン
エ　無停電電源装置を備えたデータサーバ

[AP-R1 年秋 問 22・AM1-R1 年秋 問 8・AP-H29 年春 問 20]

■ **解説** ■

ウが，**エネルギーハーベスティング**（**環境発電**）の適用例である。これは自然界や人間活動等，環境中から自然に生じる微小なエネルギーを利用する発電である。IoT 機器やセンサを商用電源や電池なしで，永続的に稼働でき，通信できるメリットがある。

ア，**イ**，**エ**は，通常の電源や電池を用いるものである。

《答：ウ》

Chapter 03
技術要素

テーマ		
07	**ヒューマンインタフェース**	
		問 096 〜問 100
08	**マルチメディア**	
		問 101 〜問 105
09	**データベース**	
		問 106 〜問 147
10	**ネットワーク**	
		問 148 〜問 189
11	**セキュリティ**	
		問 190 〜問 247

アクセスキー　Ｑ
（大文字のキュー）

テーマ

午前Ⅰ ▶ **全区分** 午前Ⅱ ▶ | PM | DB | ES | AU | ST | SA | NW | SM | SC |
Lv.3

07 ヒューマンインタフェース

問**096**～問**100** 全**5**問

最近の出題数

	高度 午前Ⅰ	高度午前Ⅱ								
		PM	DB	ES	AU	ST	SA	NW	SM	SC
R4 年春期	0					－	－	－	－	－
R3 年秋期	0	－	－	－	－					－
R3 年春期	0					－	－	－	－	－
R2 年秋期	0									－

※表組み内の「－」は出題範囲外

試験区分別出題傾向（H21年以降）

午前Ⅰ	H30 年春期以降，出題がない。それ以前の出題は 10 問で，"ヒューマンインタフェース技術"から 1 問，"インタフェース設計"から 9 問である。過去問題の再出題も少ない。

出題実績（H21年以降）

小分類	出題実績のある主な用語・キーワード
ヒューマンインタフェース技術	アクセシビリティ設計
インタフェース設計	フールプルーフ，コード設計，Web デザイン，ユーザビリティ評価

118 Chapter 03 技術要素

7-1 ヒューマンインタフェース技術

Lv.3 午前Ⅰ▶ 全区分 午前Ⅱ▶ PM DB ES AU ST SA NW SM SC

問 096　アクセシビリティ設計

アクセシビリティ設計に関する規格である JIS X 8341-1:2010（高齢者・障害者等配慮設計指針－情報通信における機器，ソフトウェア及びサービス－第1部：共通指針）を適用する目的のうち，適切なものはどれか。

- ア　全ての個人に対して，等しい水準のアクセシビリティを達成できるようにする。
- イ　多様な人々に対して，利用の状況を理解しながら，多くの個人のアクセシビリティ水準を改善できるようにする。
- ウ　人間工学に関する規格が要求する水準よりも高いアクセシビリティを，多くの人々に提供できるようにする。
- エ　平均的能力をもった人々に対して，標準的なアクセシビリティが達成できるようにする。

[AP-H29年秋 問24・AM1-H29年秋 問8]

■ 解説 ■

JIS X 8341-1:2010 には，次のようにある。

> 3　用語及び定義
> 3.1　アクセシビリティ（accessibility）
> 　様々な能力をもつ最も幅広い層の人々に対する製品，サービス，環境又は施設（のインタラクティブシステム）のユーザビリティ。
> 3.7　ユーザビリティ（usability）
> 　ある製品が，指定された利用者によって，指定された利用の状況下で，指定された目的を達成するために用いられる場合の，有効さ，効率及び利用者の満足度の度合い［JIS Z 8521:1999 の定義 3.1］。
> 4　適用
> 4.2　適用の枠組み
> 　アクセシビリティは，異なる能力をもつすべての人々が情報通信機器及びサービスを利用できるときに実現する。アクセシビリティを支援する設計による解決策は，<u>平均的能力の人々に対する設計ではなく，様々な障害をもつ人々を含む最も幅広い層の人々のための設計</u>である。これらの設計による解決策の目標は，最大限の能力差のある人々によって利用できる情報通信機器及びサービスを創出することである。特定の

情報通信機器及びサービスのユーザビリティが，利用者相互間で，また，利用の状況に依存して変わるであろうことは認識されている（JIS Z 8521 を参照）。したがってアクセシビリティとは，<u>等しい水準のユーザビリティをすべての個人について達成することではなく，少なくともある程度のユーザビリティをすべての個人について達成することである。</u>この規格の指針が支援できることは，<u>（一般的な）アクセシビリティを多様な人々に対して達成し，利用の状況を理解しながら，多くの個人のアクセシビリティ水準を改善することである。</u>

アクセシビリティを支援する設計による解決策は，特定の利用者の要求事項，つまりアクセシビリティに特化した利用者の要求事項を理解し適用することから始まる。<u>これらの設計による解決策は，人間工学に関する一連の規格を参考にすることができる。</u>

（以下略）

出典：JIS X 8341-1:2010（高齢者・障害者等配慮設計指針―情報通信における機器，
ソフトウェア及びサービス―第 1 部：共通指針）

アは適切でない。「等しい水準のアクセシビリティ」ではなく，「少なくともある程度のユーザビリティ」を全ての個人について達成することが目的である。

イは適切である。一般的なアクセシビリティを多様な人々に対して達成し，利用の状況を理解しながら，多くの個人のアクセシビリティ水準を改善することが目的である。

ウは適切でない。人間工学に関する規格を参考にできるとされているが，その要求水準より高いアクセシビリティを提供することまでは目的とされていない。

エは適切でない。平均的能力をもった人々ではなく，「様々な障害をもつ人々を含む最も幅広い層の人々」に対して標準的なアクセシビリティを達成することが目的である。

《答：イ》

7-2 ● インタフェース設計

Lv.3 午前Ⅰ ▶ 全区分 午前Ⅱ ▶ PM DB ES AU ST SA NW SM SC

問 097 データの対象物が連想できるコード ☑☑☑

コードの値からデータの対象物が連想できるものはどれか。

ア　シーケンスコード　　　　イ　デシマルコード
ウ　ニモニックコード　　　　エ　ブロックコード

[AP-H31 年春 問 24・AP-H29 年春 問 24・
AP-H27 年秋 問 24・AM1-H27 年秋 問 8]

■ 解説 ■

　アのシーケンスコードは，対象物に連続する数値やアルファベットを割り当てたコードである。都道府県コードがこの例で，北から順に北海道=01 ～沖縄県 =47 となっている。

　イのデシマルコード（10 進コード）は，数字の桁に階層の意味をもたせたコードである。図書の分類に用いられる日本十進分類法がこの例で，427 は 4= 自然科学→ 2= 物理学→ 7= 電磁気学となる。

　ウのニモニックコード（連想コード）は，意味のある文字列を利用したコードである。コードと対象物の対応が連想でき，覚えやすい利点がある。IATA 空港コードがこの例で, HND= 羽田空港, FUK= 福岡空港などである。

　エのブロックコードは，属性（グループ）によって値の範囲を区切ったコードである。統一金融機関コードがこの例で, 0001 ～ 0032 は都市銀行, 0116 ～ 0199 は地方銀行， 1001 ～ 1999 は信用金庫などと範囲が決められている。

《答：ウ》

テーマ 07　ヒューマンインタフェース　121

| Lv.3 | 午前Ⅰ▶ | 全区分 | 午前Ⅱ▶ | PM | DB | ES | AU | ST | SA | NW | SM | SC | | | | 考察 |

問 098　Web ページ設計におけるアクセシビリティ ☑ ☑ ☑

Web ページの設計の例のうち，アクセシビリティを高める観点から最も適切なものはどれか。

ア　音声を利用者に確実に聞かせるために，Web ページを表示すると同時に音声を自動的に再生する。

イ　体裁の良いレイアウトにするために，表組みを用いる。

ウ　入力が必須な項目は，色で強調するだけでなく，項目名の隣に"（必須）"などと明記する。

エ　ハイパリンク先の内容が推測できるように，ハイパリンク画像の alt 属性にリンク先の URL を付記する。

[AP-H30 年春 問 24・AP-H28 年秋 問 24・AP-H27 年春 問 24・
AP-H25 年春 問 25・AP-H23 年特 問 26・AM1-H23 年特 問 9]

■ 解説 ■

アクセシビリティは，「様々な能力をもつ幅広い層の人々に対する製品，サービス，環境又は施設（のインタラクティブシステム）のユーザビリティ。」(JIS X 8341-1:2010（高齢者・障害者等配慮設計指針―情報通信における機器，ソフトウェア及びサービス―第 1 部：共通指針））である。Web コンテンツの設計指針については，JIS X 8341-3:2010（同―第 3 部：ウェブコンテンツ）に規定がある。

アは適切でない。音声を自動再生すると，利用者を驚かせたり，公共の場所で迷惑になったりする。また，通信帯域や通信料金を浪費してしまう。

イは適切でない。表組み（table 要素）は表形式のデータを表示するために使用するべきである。レイアウトのために使用すると，スクリーンリーダ（視覚障害者などが利用する画面テキストの読上げソフト）で正しい順序で読み上げられないことがある。

ウは適切である。色で強調しただけでは，視覚・色覚障害者には判別しにくい。また，色で強調している目的が理解できないことがある。

エは適切でない。画像の alt 属性には，画像の表題や内容を端的に表したテキストを指定する。このテキストは，画像を表示できない環境で画像の代わりに表示されたり，スクリーンリーダで読み上げられたりする。

《答：ウ》

| Lv.3 | 午前Ⅰ ▶ | 全区分 午前Ⅱ ▶ | PM DB ES AU ST SA NW SM SC |

問 099　Web サイトの経路情報

利用者が現在閲覧している Web ページに表示する，Web サイトのトップページからそのページまでの経路情報を何と呼ぶか。

ア　サイトマップ　　　　　　　　イ　スクロールバー
ウ　ナビゲーションバー　　　　　エ　パンくずリスト

[AP-R3 年春 問 26・AP-H30 年秋 問 24]

■ 解説 ■

これは，**エ**の**パンくずリスト**（breadcrumbs list）である。英語では単に "breadcrumbs" ともいい，グリム童話『ヘンゼルとグレーテル』の逸話に由来する名称である。Web サイト内のページを階層構造化して，トップページからそのページに至る経路を表示したものである。現在表示しているページの階層上の位置が分かりやすくなり，上位階層のページにも移動しやすくなる。

例えば，IPA の Web サイトのプロジェクトマネージャ試験のページ（https://www.jitec.ipa.go.jp/1_11seido/pm.html）には，次のようなパンくずリストがある。

HOME ＞ 試験 ＞ 試験の概要 ＞ 試験区分一覧 ＞ PM

アのサイトマップは，Web サイト内にある全ページをテキストで一覧にして，ハイパリンクを張ったページである。

イのスクロールバーは，表示すべき情報がウィンドウに入りきらないとき，表示部分を左右及び上下に移動するための棒状のユーザインタフェースである。

ウのナビゲーションバーは，スマートフォンなどで，サイトやページ移動のボタン群を表示する画面下部の領域である。

《答：エ》

テーマ 07　ヒューマンインタフェース　**123**

| Lv.3 | 午前Ⅰ ▶ | 全区分 | 午前Ⅱ ▶ | PM | DB | ES | AU | ST | SA | NW | SM | SC | | 知識 | |

問100　利用者の満足度の評価法　☑☑☑

使用性（ユーザビリティ）の規格（JIS Z 8521:1999）では，使用性を，"ある製品が，指定された利用者によって，指定された利用の状況下で，指定された目的を達成するために用いられる際の，有効さ，効率及び利用者の満足度の度合い"と定義している。この定義中の"利用者の満足度"を評価するのに適した方法はどれか。

　ア　インタビュー法　　　　　　イ　ヒューリスティック評価
　ウ　ユーザビリティテスト　　　エ　ログデータ分析法

[AP-H28年春 問25・AM1-H28年春 問8]

■ 解説 ■

JIS Z 8521:1999 には次のようにある。

> 5　製品の使用性の指定及び測定
> 5.4　使用性の尺度
> 5.4.4　満足度 満足度とは，利用者に不快を感じさせない度合い，及び製品使用への利用者の態度を測るものとする。
> 　満足度は，感じられた不快さ，製品への好感度，製品利用における満足度，種々の仕事を行う際の作業負荷の受忍度，特定の使用性目標（効率又は学習性など）を満たす度合いなどについての主観的評定によって指定又は測定されるものとする。

出典：JIS Z 8521:1999（人間工学―視覚表示装置を用いるオフィス作業―
使用性についての手引）

※本規格は2020年に改訂され，JIS Z 8521:2020（人間工学―人とシステムとの
インタラクション―ユーザビリティの定義及び概念）となった。

　アは適した方法である。**インタビュー法**は，利用者から対象システムを使用した感想や意見を聞き取る方法であり，利用者の満足度を評価できる。

　イは適した方法でない。**ヒューリスティック評価**は，専門家が専門的知識や自身の経験に基づいて，対象システムの使用性を評価し，問題点の指摘や改善提案を行う方法である。利用者が参加しないので，利用者の満足度は評価できない。

　ウは適した方法でない。**ユーザビリティテスト**は，利用者に対象システ

ムを利用させて，その様子を観察して問題点（利用者の多くが操作を誤る箇所，操作に戸惑う箇所など）を明らかにする方法である。利用者の主観である満足度は評価できない。

エは適した方法でない。**ログデータ分析法**は，利用者が行った操作の履歴（ログ）を分析して，問題点を明らかにする方法である。利用者の主観である満足度は評価できない。

《答：ア》

テーマ07　**ヒューマンインタフェース**　　**125**

テーマ

08 マルチメディア

午前Ⅰ ▶ **全区分** 午前Ⅱ ▶ PM DB ES AU ST SA NW SM ｜ SC
Lv.3

問**101**～問**105** 全**5**問

最近の出題数

	高度午前Ⅰ	高度午前Ⅱ								
		PM	DB	ES	AU	ST	SA	NW	SM	SC
R4年春期	0					－	－	－	－	－
R3年秋期	0	－	－	－	－					－
R3年春期	1					－	－	－	－	－
R2年秋期	0	－	－	－	－					－

※表組み内の「－」は出題範囲外

試験区分別出題傾向（H21年以降）

午前Ⅰ	R4年春期までの出題は13問で、"マルチメディア技術"と"マルチメディア応用"から同程度に出題されている。過去問題の再出題は少ない。

出題実績（H21年以降）

小分類	出題実績のある主な用語・キーワード
マルチメディア技術	W3C勧告，PCM（パルス符号変調），MPEG
マルチメディア応用	画面表示処理（アンチエイリアシング，ジオメトリ処理，クリッピング，隠面・隠線処理），3次元モデリング（ワイヤフレーム，サーフェスモデル，ソリッドモデル），3次元描画処理（レンダリング，レイトレーシング，メタボール，テクスチャマッピング，ラジオシティ，シェーディング，シャドウイング）

8-1 ● マルチメディア技術

Lv.3 午前Ⅰ ▶ 全区分 午前Ⅱ ▶ PM DB ES AU ST SA NW SM SC | 知識

問 101 マルチメディアコンテンツの W3C 勧告

動画や音声などのマルチメディアコンテンツのレイアウトや再生のタイミングを XML フォーマットで記述するための W3C 勧告はどれか。

ア Ajax　　　イ CSS　　　ウ SMIL　　　エ SVG

[AP-H28 年秋 問 25・AM1-H28 年秋 問 8・AP-H25 年秋 問 26・
AP-H23 年特 問 27・AM1-H23 年特 問 10]

■ 解説 ■

これは**ウ**の **SMIL**（Synchronized Multimedia Integration Language）で，独立して作成されたマルチメディアコンテンツ（音声，画像，動画等）を，Web ページ上で組み合わせて一体的に表現するための XML ベースの言語である。

アの **Ajax** は，JavaScript に組み込まれた HTTP 通信機能を用いて，Web サーバとの間で XML データをやり取りし，画面遷移を伴わずに動的に表示内容を切り替える技術である。

イの **CSS**（Cascading Style Sheets）は，単にスタイルシートとも呼ばれ，HTML 文書や XML 文書の要素に対する修飾を指示する仕様である。

エの **SVG**（Scalable Vector Graphics）は，XML ベースのベクタ画像記述言語，及びそれによって作成された画像ファイルである。ベクタ画像は図形の要素を数学的に表現しているため，幾ら拡大しても曲線や境界線が滑らかな画像が得られる。

《答：ウ》

| Lv.3 | 午前Ⅰ ▶ | 全区分 午前Ⅱ ▶ | PM | DB | ES | AU | ST | SA | NW | SM | SC | | | |

問 102　PCM の処理

音声などのアナログデータをディジタル化するために用いられる PCM で，音の信号を一定の周期でアナログ値のまま切り出す処理はどれか。

　ア　逆量子化　　イ　標本化　　　ウ　符号化　　　エ　量子化

[AP-H25 年春 問 26・AM1-H25 年春 問 9・
AP-H22 年春 問 27・AM1-H22 年春 問 10]

■ 解説 ■

　これは，**イ**の**標本化**（サンプリング）である。**PCM**（Pulse Code Modulation）は，アナログ音声信号をディジタル化する方法である。まず，標本化によって，一定時間おきに音声信号の強さをそのまま取り出す。次に，**量子化**によって，音声信号の強さを適当なビット数のディジタル値に変換する。アナログ音声信号の強さは連続値であるが，ディジタル値は離散値（飛び飛びの整数値）であるため，変換時に差異が丸められて量子化誤差を生じる。

《答：イ》

| Lv.3 | 午前Ⅰ ▶ | 全区分 午前Ⅱ ▶ | PM | DB | ES | AU | ST | SA | NW | SM | SC | | | |

問 103　画像フォーマット

W3C で仕様が定義され，矩形や円，直線，文字列などの図形オブジェクトを XML 形式で記述し，Web ページでの図形描画にも使うことができる画像フォーマットはどれか。

　ア　OpenGL　　イ　PNG　　　ウ　SVG　　　エ　TIFF

[AP-R3 年春 問 27・AM1-R3 年春 問 8・
AP-H29 年秋 問 25・AP-H24 年秋 問 34]

■ 解説 ■

　これは，**ウ**の**SVG**（Scalable Vector Graphics）である。ベクタ画像フ

128　Chapter 03　技術要素

ォーマットの一種であり，図形要素を数学的に保持して描画するため，拡大しても滑らかな美しい画像が得られる。写真のような図形要素を数学的に表せない画像には使えない。

イの **PNG**（Portable Network Graphics）は，可逆圧縮のビットマップ画像フォーマットの一種である。Web ページのアイコンやイラストの画像に用いられることが多い。

エの **TIFF**（Tagged Image File Format）は，ビットマップ画像フォーマットの一種である。タグを用いて画像に関する種々の情報を内部に埋め込むことができる。写真などに用いられるが，最近は JPEG に取って代わられ，あまり用いられなくなっている。

アの **OpenGL**（Open Graphics Library）は，画像フォーマットではなく，画像を描画するための基本的なライブラリである。

《答：ウ》

8-2 ● マルチメディア応用

Lv.3　午前Ⅰ ▶　全区分　午前Ⅱ ▶　PM DB ES AU ST SA NW SM SC

問 **104**　**コンピュータグラフィックス**

コンピュータグラフィックスに関する記述のうち，適切なものはどれか。

ア　テクスチャマッピングは，全てのピクセルについて，視線と全ての物体との交点を計算し，その中から視点に最も近い交点を選択することによって，隠面消去を行う。

イ　メタボールは，反射・透過方向への視線追跡を行わず，与えられた空間中のデータから輝度を計算する。

ウ　ラジオシティ法は，拡散反射面間の相互反射による効果を考慮して拡散反射面の輝度を決める。

エ　レイトレーシングは，形状が定義された物体の表面に，別に定義された模様を張り付けて画像を作成する。

[AP-R3 年秋 問 25・AP-H22 年秋 問 27・AM1-H22 年秋 問 10]

■解説■

ウが適切である。**ラジオシティ法**は，物体間の光の相互反射（乱反射）も考慮して，物体表面や壁の明るさを計算して，微妙な明るさの変化やぼやけた影を表現する手法である。レイトレーシング法に比べて，現実に近い描画ができる。

アはテクスチャマッピングでなく，**隠面処理**に関する記述である。

イはメタボールでなく，**光線空間法**に関する記述である。メタボールは，3次元空間に多数の粒子が存在すると考えて，その粒子密度が閾値以上である点の集合として立体を表現する手法である。

エはレイトレーシング法でなく，**テクスチャマッピング**に関する記述である。レイトレーシング法は，観測者に入射する光線を逆向きに追跡することで，観測者からの物体の見え方を描画する手法である。

《答：ウ》

問105　レンダリング

コンピュータグラフィックスにおける，レンダリングに関する記述として，適切なものはどれか。

ア　異なる色のピクセルを混ぜて配置することによって，中間色を表現すること
イ　複数の静止画を1枚ずつ連続表示することによって，動画を作ること
ウ　物体の表面に陰影を付けたり，光を反射させたりして，画像を作ること
エ　物体をワイヤフレーム，ポリゴンなどを用いて，モデル化すること

[AP-H31年春 問25・AM1-H31年春 問8]

■解説■

ウが，**レンダリング**に関する記述である。コンピュータグラフィックスにおいて，物体，面，光源，視点等の数値データや数式データ（座標，形

状等）を入力として，実際に目で見たように画像や映像のデータを生成する処理をいう。

アは，**ハーフトーン処理**に関する記述である。

イは，**アニメーション**に関する記述である。

エは，3次元モデリングの手法の一つである。**ワイヤフレーム**は，頂点を結ぶ直線で3次元形状をモデル化する手法である。**ポリゴン**は，3次元形状の表面を多角形（多くの場合，三角形）の集まりとしてモデル化する手法である。

《答：ウ》

テーマ

09 データベース

| 午前 I ▶ | 全区分 | 午前 II ▶ | PM | DB | ES | AU | ST | SA | NW | SM | SC |
| | Lv.3 | | | Lv.4 | | Lv.3 | | Lv.3 | | Lv.3 | Lv.3 |

問**106**〜問**147** 全**42**問

最近の出題数

| | 高度午前 I | 高度午前 II | | | | | | | |
		PM	DB	ES	AU	ST	SA	NW	SM	SC
R4 年春期	2					−	1	−	1	1
R3 年秋期	2	−	18	−	1					1
R3 年春期	1					−	1	−	1	1
R2 年秋期	1	−	18	−	1					1

※表組み内の「−」は出題範囲外

試験区分別出題傾向（H21年以降）

午前 I	"データベース設計"（概念データモデル），"データ操作"（SQL，ストアドプロシージャ），"トランザクション処理"（障害回復，トランザクション管理），"データベース応用"（データマイニング，分散データベース）などがよく出題されている。
DB 午前 II	基本問題から難易度の高い応用問題まで，シラバス全体から幅広く出題されている。過去問題の再出題も非常に多い。
AU 午前 II	"データ操作"（SQL，関係代数）の出題が多い。"データベース設計"（参照制約，ビュー），"トランザクション処理"（障害回復）からの出題例もある。"データベース応用"の出題例はない。
SA 午前 II	データベースの基本的な仕組みから，応用的な利用技術まで，シラバス全体から均等に出題されている。
SM 午前 II	"トランザクション処理"，"データベース応用"からの出題例が多い。"データベース方式"，"データベース設計"，"データ操作"からの出題例は各 1 問のみである。
SC 午前 II	"トランザクション処理"（排他制御，障害回復，表のアクセス権限管理），"データベース応用"（データマイニング，分散データベース）などの出題が多い。

132 Chapter 03 技術要素

出題実績（H21年以降）

小分類	出題実績のある主な用語・キーワード
データベース方式	3層スキーマアーキテクチャ（外部スキーマ，概念スキーマ，内部スキーマ），データモデル，関数従属
データベース設計	概念データモデル，関係スキーマ，関係モデル，キー（候補キー，主キー，外部キー，非キー），制約（ユニーク制約，参照制約），正規形（非正規形，第1正規形，第2正規形，第3正規形）
データ操作	関係代数，SQL，副問合せ，相関副問合せ，ビュー，ストアドプロシージャ
トランザクション処理	排他制御，同時実行制御，デッドロック，隔離性水準，楽観的制御法，障害回復（ロールバック，ロールフォワード），セーブポイント，WAL，ACID特性（原子性，一貫性，独立性，耐久性），インデックス，表のアクセス権限（GRANT文）
データベース応用	データマイニング，データウェアハウス，OLAP，ビッグデータ，分散データベース，2相コミット，透過性，CAP定理，NoSQL，BASE特性，データディクショナリ，データレイク，データリネージ

9-1 ● データベース方式

Lv.3　午前Ⅰ▶　全区分　午前Ⅱ▶　PM　DB　ES　AU　ST　SA　NW　SM　SC　　知識

問106　3層スキーマアーキテクチャ　☑ ☑ ☑

データベースの3層スキーマアーキテクチャに関する記述として，適切なものはどれか。

- ア　概念スキーマは，内部スキーマと外部スキーマの間に位置し，エンティティやデータ項目相互の関係に関する情報をもつ。
- イ　外部スキーマは，概念スキーマをコンピュータ上に具体的に実現させるための記述であり，データベースに対して，ただ一つ存在する。
- ウ　サブスキーマは，複数のデータベースを結合した内部スキーマの一部を表す。
- エ　内部スキーマは，個々のプログラム又はユーザの立場から見たデータベースの記述である。

[DB-H29年春 問1・DB-H27年春 問1・DB-H24年春 問1]

テーマ09　データベース　133

■ 解説 ■

3層スキーマアーキテクチャは，1975年にANSI/X3/SPARC Study Groupが提唱したデータベース管理システムのアーキテクチャである。

概念スキーマは，対象世界（データベース化の対象とする現実の業務など）をモデル化したもので，データベースの基本となるデータの論理的関係を表現する。関係データベースでは，テーブルやデータ項目が該当する。

外部スキーマ（**サブスキーマ**）は，概念スキーマより利用者側にあって，利用者やアプリケーションから見えるデータベースの部分である。関係データベースでは，ビューが該当する。

内部スキーマは，概念スキーマよりハードウェア側にあって，データベースの物理的な格納方法など，データの物理的関係を表現する。ファイルやインデックスの編成法が該当する。

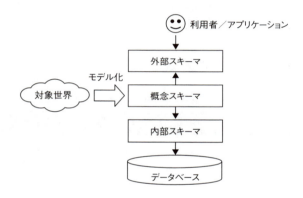

アは，概念スキーマの記述として適切である。
イは，外部スキーマでなく，内部スキーマの記述である。
ウは，サブスキーマは外部スキーマと同じ意味であり，適切でない。
エは，内部スキーマでなく，外部スキーマの記述である。

《答：ア》

| Lv.3 | 午前Ⅰ ▶ | 全区分 午前Ⅱ ▶ | PM | DB | ES | AU | ST | SA | NW | SM | SC |

| 問 **107** | **完全関数従属性** | ✓ ✓ ✓ |

関数従属 {A，B} → C が完全関数従属性を満たすための条件はどれか。

ア　{A，B} → B 又は {A，B} → A が成立していること
イ　A → B → C 又は B → A → C が成立していること
ウ　A → C 及び B → C のいずれも成立しないこと
エ　C → {A，B} が成立しないこと

[SA-R1 年秋 問 21]

■ 解説 ■

ウ が条件である。**完全関数従属** {A，B} → C の条件は，属性 A 及び属性 B の組を決めると，属性 C が一意に決まることであって，かつ，属性 A 又は属性 B の一方だけでは属性 C が一意に決まらないこと（A → C 及び B → C のいずれも成立しないこと）である。

例えば，次の関係では，学級名と出席番号（「○組の△番」）を決めれば，生徒名が一意（一人だけ）に決まる。しかし，学級名のみ，出席番号のみでは，生徒名は一意に決まらない。

学級名（A）	出席番号（B）	生徒名（C）
1 組	1	青山 □□
1 組	2	伊藤 □□
1 組	3	上田 □□
2 組	1	秋山 □□
2 組	2	井上 □□
2 組	3	牛島 □□

なお，単に関数従属 {A，B} → C という場合には，属性 A 又は属性 B の一方のみで属性 C が一意に決まる場合（部分関数従属）が含まれる。

ア は条件でない。関係の属性 A は属性集合 {A, B} の部分集合であり，{A, B} を決めれば A は当然に一意に決まるので，常に {A，B} → A が成立する（反射律，自明な関数従属）。同様に，{A，B} → B も常に成立する。

イ は条件でない。A → B → C は推移的関数従属で，A を決めれば B が一

意に決まり，さらにBからCが一意に決まることを表す（結果として，Aを決めればCも一意に決まる）。B→A→Cも同様である。

エは条件でない。C→{A，B}の成否は無関係である。上の例では，同姓同名の生徒がいない限り，生徒名を決めると，学級名と出席番号の組は一意に決まるので，C→{A，B}が成立する。

《答：ウ》

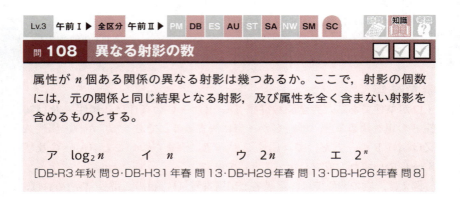

属性が n 個ある関係の異なる射影は幾つあるか。ここで，射影の個数には，元の関係と同じ結果となる射影，及び属性を全く含まない射影を含めるものとする。

　ア　$\log_2 n$　　イ　n　　ウ　$2n$　　エ　2^n

[DB-R3年秋 問9・DB-H31年春 問13・DB-H29年春 問13・DB-H26年春 問8]

■解説■

関係に三つの属性A，B，Cがあるとすれば，各属性を射影に含めるか含めないかの二択であり，あらゆる組合せを考えると $2 \times 2 \times 2 = 2^3 = 8$ 個の射影がある。具体的に示すと，{A，B，C}，{A，B}，{A，C}，{B，C}，{A}，{B}，{C}，{φ} である（φは空集合）。

したがって，一般に属性が n 個の関係においては，射影は 2^n 個ある。

《答：エ》

問 109　データモデルを基に設計したテーブル

UMLを用いて表した図のデータモデルを基にして設計したテーブルのうち，適切なものはどれか。ここで，"担当委員会ID"と"所属委員会ID"は"委員会ID"を参照する外部キーである。"役員ID"と"委員ID"は"生徒ID"を参照する外部キーである。実線の下線は主キー，破線の下線は外部キーを表す。

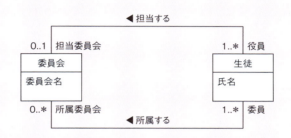

- ア　委員会（<u>委員会ID</u>，委員会名）
  所属関連（<u>所属委員会ID</u>，<u>委員ID</u>）
  生徒（<u>生徒ID</u>，氏名，担当委員会ID）
- イ　委員会（<u>委員会ID</u>，委員会名）
  役員関連（<u>担当委員会ID</u>，<u>役員ID</u>）
  生徒（<u>生徒ID</u>，氏名，所属委員会ID）
- ウ　委員会（<u>委員会ID</u>，委員会名，委員ID）
  生徒（<u>生徒ID</u>，氏名，所属委員会ID，担当委員会ID）
- エ　委員会（<u>委員会ID</u>，委員会名，役員ID）
  生徒（<u>生徒ID</u>，氏名，所属委員会ID）

[SA-H29年秋 問21]

■ 解説 ■

このUMLのクラス図は，次のように解釈される。

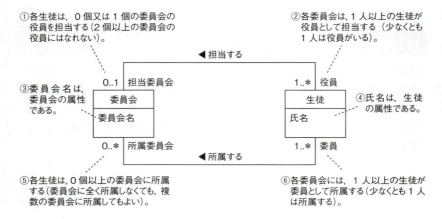

　"委員会"テーブルについては，②，③，⑥より，委員会 ID から一意に決まるのは委員会名だけであり，委員会 ID を主キーとして，(委員会 ID，委員会名) となる。

　"生徒"テーブルについては，①，④，⑤より，生徒 ID から一意に決まるのは氏名と担当委員会 ID であり，生徒 ID を主キーとして，(生徒 ID，氏名，担当委員会 ID) となる。

　"所属関連"テーブルについては，⑤，⑥より，委員会と委員の関係は多対多であり，一方を決めても他方は一意に決まらないので，双方の ID を主キーとして，(所属委員会 ID，委員 ID) となる。

　"役員関連"テーブルについては，①，②より，役員 ID からその役員が担当する委員会 ID が決まるが，これは"生徒"テーブル中に (生徒 ID，担当委員会 ID) として内包されており，別途作成しなくてよい。

　以上から，**ア**が適切なテーブル設計である。

《答：ア》

9-2 データベース設計

問 110 組織のデータモデル

部,課,係の階層関係から成る組織のデータモデルとして,モデルA～Cの三つの案が提出された。これらに対する解釈として,適切なものはどれか。組織階層における組織の位置を組織レベルと呼ぶ。組織間の階層関係は,親子として記述している。

親と子は循環しないものとする。ここで,モデルの表記にはUMLを用い,{階層}は組織の親と子の関連が循環しないことを指定する制約記述である。

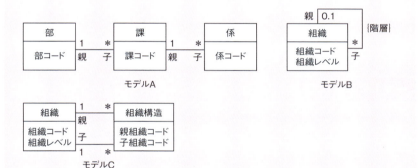

- ア 新しい組織レベルを設ける場合,どのモデルも変更する必要はない。
- イ どのモデルも,一つの子組織が複数の親組織から管轄される状況を記述できない。
- ウ モデルBを関係データベース上に実装する場合,親は子の組織コードを外部キーとする。
- エ モデルCでは,組織の親子関係が循環しないように制約を課す必要がある。

[DB-R3年秋 問2・DB-H31年春 問3・DB-H28年春 問4]

■ 解説 ■

エが適切である。組織X,Y,Zがあるとき,組織構造(親組織コード,

子組織構造）のレコードとして，(X, Y)，(Y, Z)，(Z, X) を登録すると，X，Y，Z の親子関係が循環してしまう。モデル B のように，{階層} の制約記述が必要である。

アは適切でない。モデル A は組織レベルが部，課，係で固定されているので，新しい組織レベルを設けるには，モデルを変更する必要がある。

イは適切でない。モデル C は，子組織と組織構造が 1 対多の関係にあるので，一つの子組織が複数の親組織を持つことができる。

ウは適切でない。モデル B は親と子が 1 対多の関係にあるので，自身の組織コードを主キーとして，親の組織コードを外部キーとする。すなわち，"組織" 表の属性は（組織コード，組織名，親組織コード）となる。ただし，最上位の組織には親組織がないので，その親組織コードの値は NULL となる。

《答：エ》

問111　表の設計

関係データベースの表を設計する過程で，A 表と B 表が抽出された。主キーはそれぞれ列 a と列 b である。この二つの表の対応関係を実装する表の設計に関する記述のうち，適切なものはどれか。

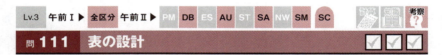

ア　A 表と B 表の対応関係が 1 対 1 の場合，列 a を B 表に追加して外部キーとしてもよいし，列 b を A 表に追加して外部キーとしてもよい。

イ　A 表と B 表の対応関係が 1 対多の場合，列 b を A 表に追加して外部キーとする。

ウ　A 表と B 表の対応関係が多対多の場合，新しい表を作成し，その表に列 a か列 b のどちらかを外部キーとして設定する。

エ　A 表と B 表の対応関係が多対多の場合，列 a を B 表に，列 b を A 表にそれぞれ追加して外部キーとする。

[DB-R2 年秋 問 6・DB-H30 年春 問 2・DB-H28 年春 問 5・
DB-H26 年春 問 3・DB-H24 年春 問 2]

■ 解説 ■

アが適切である。A表とB表が1対1の対応関係で，A表の主キーとB表の主キーが異なっている場合，両者を対応付ける必要がある。そのためには，A表の主キーである列aをB表に外部キーとして追加してもよいし，逆にB表の主キーである列bをA表に外部キーとして追加してもよい。

例えば，ある会社の社員全員が社員番号と年金番号を一つずつもっているとすれば，次のいずれかの方法で，"社員"表と"年金加入"表を対応付けることができる。

（方法1）

"社員"表

社員番号	社員氏名	年金番号

"年金加入"表

年金番号	加入者氏名

（方法2）

"社員"表

社員番号	社員氏名

"年金加入"表

年金番号	加入者氏名	社員番号

イは適切でない。1対多の場合は，"1"側の主キーの列を，"多"側に追加して外部キーとする。つまり，列aをB表に追加して外部キーとする必要がある。

ウ，エは適切でない。多対多の場合は，両方の表の主キーの列からなる新しい表を作成し，全ての列の組を主キーとする。つまり，{列a，列b}のみからなり，それを主キーとする新しい表を作成する必要がある。

《答：ア》

午前Ⅱ

テーマ09 データベース　**141**

問 112　データモデルの解釈

UMLを用いて表した図のデータモデルから，"部品"表，"納入"表及び"メーカ"表を関係データベース上に定義するときの解釈のうち，適切なものはどれか。

- ア　同一の部品を同一のメーカから複数回納入することは許されない。
- イ　"納入"表に外部キーは必要ない。
- ウ　部品番号とメーカ番号の組みを"納入"表の候補キーの一部にできる。
- エ　"メーカ"表は，外部キーとして部品番号をもつことになる。

[AP-R2年秋 問27・AM1-R2年秋 問9]

解説

ウが適切である。同一のメーカが同一の部品を1日に複数回納入しないとすれば，{納入日，部品番号，メーカ番号}で1件の納入を特定できるので，部品番号とメーカ番号の組みは候補キーの一部になる。

アは適切でない。"納入"表に納品日があるので，少なくとも納入日が異なれば，同一の部品を同一のメーカが複数回納入できる。

イは適切でない。納入された部品とメーカを特定する必要があるので，部品番号とメーカ番号を"納入"表の外部キーにする必要がある。

エは適切でない。"部品"と"納入"，"部品"と"メーカ"は1対多の関

係であるから，"部品"と"メーカ"は多対多の関係である。一つのメーカは複数の部品を納入するので，部品番号は外部キーにならない。

《答：ウ》

Lv.4 午前Ⅰ ▶ 全区分 午前Ⅱ ▶ PM **DB** ES AU ST SA NW SM SC 考察

問 **113** 　**関数従属から決定できる候補キー**　　☑ ☑ ☑

関係 R は属性 A，B，C，D，E から成り，関数従属 A → {B，C}，{C，D} → E が成立するとき，R の候補キーはどれか。

ア　{A，C}　　　イ　{A，C，D}　　　ウ　{A，D}　　　エ　{C，D}

[DB-R2 年秋 問 3・DB-H30 年春 問 3・
DB-H27 年春 問 3・DB-H21 年春 問 2]

■ 解説 ■

関数従属性に関する推論則を適用すると，

- **増加律**により，題意の A → {B，C} から，{A，D} → {B，C，D}
- **分解律**により，{A，D} → {B，C，D} から，<u>{A，D} → B</u>，<u>{A，D} → C</u>，{A，D} → {C，D}
- **推移律**により，{A，D} → {C，D} 及び題意の {C，D} → E から，<u>{A，D} → E</u>

が導かれる。これで，属性 B，C，E はいずれも，{A，D} に関数従属することが示された。また，属性 A 及び D はいずれも，他の属性に関数従属していない。したがって候補キーは**ウ**の **{A，D}** である。

なお，**イ**の {A，C，D} は，候補キー {A，D} に非キー属性 C を加えたものであるから，スーパキーである。

《答：ウ》

午前Ⅱ

PM
DB
ES
AU
ST
SA
NW
SM
SC

テーマ 09 **データベース**　　**143**

| Lv.3 | 午前Ⅰ ▶ | 全区分 | 午前Ⅱ ▶ | PM | DB | ES | AU | ST | SA | NW | SM | SC | | 試験知識 | 考察 |

問114　参照制約によって拒否される操作　☑ ☑ ☑

次の表において，"在庫"表の製品番号に参照制約が定義されているとき，その参照制約によって拒否される可能性がある操作はどれか。ここで，実線の下線は主キーを，破線の下線は外部キーを表す。

在庫（<u>在庫管理番号</u>，製品番号，在庫量）
製品（<u>製品番号</u>，製品名，型，単価）

　ア　"在庫"表の行削除　　　　イ　"在庫"表の表削除
　ウ　"在庫"表への行追加　　　エ　"製品"表への行追加

[SC-R3年秋問21・AU-H31年春問17・SC-H31年春問21・
AP-H28年春問29・AM1-H28年春問9・
AP-H22年秋問32・AM1-H22年秋問11]

■ 解説 ■

　参照制約は，ある表の主キーを，別の表から外部キーとして参照するときの依存性を保証するための制約条件である。ここでは，"製品"表の主キー「製造番号」を，"在庫"表が外部キーとして参照している。
　参照制約によって拒否される操作は，次の2つのケースである。

①"製品"表に存在しない製品番号を用いて，"在庫"表へ行追加（在庫登録）する。
　参照すべき製品番号があらかじめ存在しないと不都合なので，行追加を拒否される。この場合は，"製品"表に行追加（製品番号，製品名，型，単価を登録）してから，"在庫"表へ行追加する必要がある。
②"在庫"表に存在する製品番号を，"製品"表から行削除（製品削除）する。
　参照される製品番号が消滅すると不都合なので，行削除を拒否される。この場合は，"在庫"表のその製品番号を含む行を全て削除してから，"製品"表の行削除をする必要がある。

　よって，**ウ**の「"在庫"表への行追加」が拒否される可能性がある操作である。

《答：ウ》

144　Chapter 03　技術要素

Lv.3　午前Ⅰ▶　全区分 午前Ⅱ▶　PM　DB　ES　AU　ST　SA　NW　SM　SC

問 115　関係データベースのビュー

関係データベースのビューに関する記述のうち，適切なものはどれか。

- ア　ビューの列は，基の表の列名と異なる名称で定義することができる。
- イ　ビューは，基の表から指定した列を抜き出すように定義するものであり，行を抜き出すように定義することはできない。
- ウ　二つ以上の表の結合によって定義されたビューは，結合の仕方によらず更新操作ができる。
- エ　和両立な二つの表に対し，和集合演算を用いてビューを定義することはできない。

[AU-R3 年秋 問 21・SM-H25 年秋 問 22]

■ 解説 ■

ビューは，一つ又は複数の表（実表，基底表）を対象とする SELECT 操作の結果を，仮想的な表として定義したものである。ビューを基にして，さらに別のビューを定義することもできる。

アが適切である。通常の SELECT 文と同じように，AS を用いて元の表の列名と異なるビューの列名を定義できる。

イは適切でない。SELECT 文に WHERE 句を用いて，検索条件に合致する行のみを取り出したビューを定義できる。

ウは適切でない。ビューにデータの実体はなく，元の表のデータの一部や，それに対する演算結果を仮想的に見ているにすぎない。ビューの更新は，実質的には元の表のデータに対する更新である。このため，元の表のデータを結合処理や集合関数で加工してビューを定義している場合などは，ビューの更新操作ができない。

エは適切でない。二つの SELECT 文を UNION でつなげることで，二つの表の和集合演算の結果をビューとして定義できる。

《答：ア》

午前Ⅱ

PM
DB
ES
AU
ST
SA
NW
SM
SC

テーマ 09　データベース　**145**

| Lv.4 | 午前Ⅰ ▶ | 全区分 午前Ⅱ ▶ | PM | DB | ES | AU | ST | SA | NW | SM | SC |

問116　第3正規形に存在し得る関数従属

第3正規形において存在する可能性のある関数従属はどれか。

- ア　候補キーから繰返し属性への関数従属
- イ　候補キーの真部分集合から他の候補キーの真部分集合への関数従属
- ウ　候補キーの真部分集合から非キー属性への関数従属
- エ　非キー属性から他の非キー属性への関数従属

[DB-H31年春 問8・DB-H26年春 問6]

■ 解説 ■

　アは，繰返し属性があることから，非正規形において存在し得る関数従属である。

　イは，候補キーが複数ある状態で，第3正規形まで正規化を進めた場合に存在し得る関数従属である。さらに正規化を進めて，この関数従属を排除すると，ボイス・コッド正規形が得られる。

　ウは，部分関数従属の説明であり，第1正規形（及び非正規形）において存在し得る関数従属である。

　エは，推移的関数従属の説明であり，第2正規形（及び第1正規形，非正規形）において存在し得る関数従属である。

《答：イ》

| Lv.3 | 午前Ⅰ ▶ | 全区分 午前Ⅱ ▶ | PM | DB | ES | AU | ST | SA | NW | SM | SC | | | 考察 ? |

問 117　表の正規形

☑ ☑ ☑

第 2 正規形であるが第 3 正規形でない表はどれか。ここで，講義名に対して担当教員は一意に決まり，所属コードに対して勤務地は一意に決まるものとする。また，{　} は繰返し項目を表し，実線の下線は主キーを表す。

ア

学生番号	講義名	担当教員	成績
2122	経済学	山田教授	優

イ

社員番号	氏名	入社年月日	電話番号
71235	山田 太郎	2001-04-01	03-1234-5678

ウ

社員番号	社員名	所属コード	勤務地
15547	小林 明	75T	東京

エ

社員番号	身長	体重	趣味
71234	170	62	{テニス , ゴルフ}

[DB-R2 年秋 問 5・DB-H29 年春 問 7・DB-H24 年春 問 8]

■ 解説 ■

アは，**第 1 正規形**であるが第 2 正規形でない表である。繰返し項目がないので，第 1 正規形を満たす。しかし，非キー"担当教員"が，主キー {学生番号, 講義名} の真部分集合である"講義名"に部分関数従属しているので，第 2 正規形を満たさない。

イは，**第 3 正規形**の表である。繰返し項目がなく，非キー"氏名"，"入社年月日"，"電話番号"が，主キー"社員番号"に完全関数従属し，推移的関数従属もない。

ウは，**第 2 正規形**であるが第 3 正規形でない表である。繰返し項目がなく，非キー {社員名, 所属コード，勤務地} が，主キー"社員番号"に完全関数従属しているので，第 2 正規形を満たす。しかし，"社員番号"→"所属コード"→"勤務地"という推移的関数従属があるので，第 3 正規形を満たさない。

エは，**非正規形**の表である。"趣味"が複数の値をもつ繰返し項目となっ

テーマ 09　データベース　**147**

ているので，第1正規形を満たさない。

《答：ウ》

| Lv.4 | 午前Ⅰ ▶ | 全区分 | 午前Ⅱ ▶ | PM | **DB** | ES | AU | ST | SA | NW | SM | SC | | | | 考察 |

問118 ハッシュ方式によるデータ格納方法 ☑ ☑ ☑

ハッシュ方式によるデータ格納方法の説明はどれか。

ア　レコードの特定のデータ項目の値が論理的に関連したレコード
　　を，同一ブロック又はできる限り隣接したブロックに格納する。

イ　レコードの特定のデータ項目の値に対応した子レコード同士を，
　　ポインタで鎖状に連結して格納する。

ウ　レコードの特定のデータ項目の値の順序を保持して，中間ノー
　　ドとリーフノードの平衡木構造のブロックを作り，リーフブロ
　　ックにレコード格納位置へのポインタを格納する。

エ　レコードの特定のデータ項目の値を引数とした関数の結果に従
　　って決められたレコード格納場所に格納する。

[DB-R2 年秋 問 13]

■ 解説 ■

エが，**ハッシュ方式**の説明である。ハッシュ関数に引数としてデータを
与えると，所定の演算を施した結果が得られるので，これを基にレコード
格納場所を決定する。格納済みデータを探索したいときも，同じハッシュ
関数による演算結果から，その格納場所が即座に分かる。ハッシュ関数に
望まれる性質の一つとして，多数の引数を与えたときに得られる演算結果
に偏りがなく，均等に分散することがある。

アは，区分編成ファイルの説明である。

イは，階層型データベースの説明である。

ウは，B^+ 木の説明である。

《答：エ》

148　Chapter 03　技術要素

9-3 ● データ操作

Lv.3　午前Ⅰ ▶　全区分 午前Ⅱ ▶　PM　DB　ES　AU　ST　SA　NW　SM　SC

問 119　関係演算

関係 R と関係 S に対して，関係 X を求める関係演算はどれか。

R

ID	A	B
0001	a	100
0002	b	200
0003	d	300

S

ID	A	B
0001	a	100
0002	a	200

X

ID	A	B
0001	a	100
0002	a	200
0002	b	200
0003	d	300

　ア　ID で結合　イ　差　　　ウ　直積　　　エ　和

[AP-R3 年秋 問 26・AM1-R3 年秋 問 8・
AP-H30 年春 問 27・AP-H25 年秋 問 30]

■ 解説 ■

　これは，**エ**の**和**である。関係 R と関係 S の少なくとも一方に含まれるタプル（行）を求めたもので，重複するタプルは一つを残して除かれる。

　アの ID で**結合**は，関係 R と関係 S で一致する ID のタプルの組合せを求める演算である。

R.ID	R.A	R.B	S.ID	S.A	S.B
0001	a	100	0001	a	100
0002	b	200	0002	a	200

　イの**差**は，一方の関係だけに含まれるタプルを求める演算である。R － S は，関係 R に含まれ，関係 S に含まれないタプルを求める。S － R は，関係 S に含まれ，関係 R に含まれないタプルを求める。

R － S

ID	A	B
0002	b	200
0003	d	300

S － R

ID	A	B
0002	a	200

テーマ 09　データベース　149

ウの**直積**は，関係Rと関係Sの全てのタプルの組み合わせを求める演算である。

R.ID	R.A	R.B	S.ID	S.A	S.B
0001	a	100	0001	a	100
0001	a	100	0002	a	200
0002	b	200	0001	a	100
0002	b	200	0002	a	200
0003	d	300	0001	a	100
0003	d	300	0002	a	200

《答：エ》

Lv.3　午前Ⅰ▶　全区分　午前Ⅱ▶　PM　DB　ES　AU　ST　SA　NW　SM　SC

問120　等結合演算

関係R，Sの等結合演算はどの演算によって表すことができるか。

ア　共通　　　　　　　　　イ　差
ウ　直積と射影と差　　　　エ　直積と選択

[DB-H30年春 問9・DB-H26年春 問9]

■ **解説** ■

等結合は，次の例のように，直積と選択によって表すことができる。

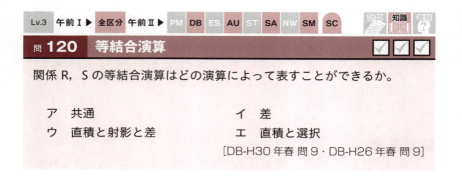

直積演算により，関係R，Sの各タプルの全ての組合せからなる，新たな関係を作る。

R.社員コード	R.社員氏名	R.部署コード	S.部署コード	S.部署名
1001	佐藤太郎	30	10	総務部
1001	佐藤太郎	30	20	営業部
1001	佐藤太郎	30	30	開発部
1002	鈴木花子	10	10	総務部
1002	鈴木花子	10	20	営業部
1002	鈴木花子	10	30	開発部

　直積で得られた関係から，R.部署コードとS.部署コードが一致するタプル（網掛け部分）を**選択**演算によって取り出すと，次のように等結合演算の結果が得られる。

R.社員コード	R.社員氏名	R.部署コード	S.部署コード	S.部署名
1001	佐藤太郎	30	30	開発部
1002	鈴木花子	10	10	総務部

　なお，等結合演算の結果には部署コードの属性が二つあるが，射影演算でいずれか一つに絞ると，次のように**自然結合**演算の結果となる。

R.社員コード	R.社員氏名	R.部署コード	S.部署名
1001	佐藤太郎	30	開発部
1002	鈴木花子	10	総務部

《答：エ》

問121 導出表

導出表に関する記述として，適切なものはどれか。

- ア　算術演算によって得られた属性の組である。
- イ　実表を冗長にして利用しやすくする。
- ウ　導出表は名前をもつことができない。
- エ　ビューは導出表の一つの形態である。

[DB-H30年春 問12]

解説

エが適切である。**実表**は，データベース管理システム（DBMS）上にデータの実体をもつ表である。これに対して**導出表**は，それ自身はデータの実体を持たない仮想的な表である。実表に対してSQLのSELECT操作を行って得られた結果は表形式であるから，導出表の一形態である。**ビュー**はDBMS上で定義した導出表で，実表と同じように参照できる表である。実表中の必要な行や列のみを参照するビューを定義すると，SELECT文の記述が簡単になったり，不必要なデータへのアクセスを制限できたりする利点がある。

アは適切でない。導出表は表の一形態であって，属性や属性の組ではない。

イは適切でない。導出表にはデータの実体はなく，実表を冗長化したものではない。

ウは適切でない。SQLのSELECT操作で得られた結果の表に別名を付けたり，DBMS上で定義した導出表（ビュー）に名前を付けたりできる。

《答：エ》

| Lv.3 | 午前Ⅰ ▶ | 全区分 午前Ⅱ ▶ | PM | DB | ES | AU | ST | SA | NW | SM | SC |

問122　射影の結果と SQL 文で求めた結果

関係 R（ID，A，B，C）の A，C への射影の結果と SQL 文で求めた結果が同じになるように，a に入れるべき字句はどれか。ここで，関係 R を表 T で実現し，表 T に各行を格納したものを次に示す。

T

ID	A	B	C
001	a1	b1	c1
002	a1	b1	c2
003	a1	b2	c1
004	a2	b1	c2
005	a2	b2	c2

〔SQL 文〕

SELECT 　a　 A，C FROM T

ア　ALL
ウ　ORDER BY

イ　DISTINCT
エ　REFERENCES

[AP-H29 年秋 問 28・AM1- H29 年秋 問 9]

■ 解説 ■

　関係演算では，すべての属性（列）の値が一致するタプル（行）があれば，重複を除いた結果が得られる。

　一方，SQL で「SELECT　A，C　FROM　T」を実行すると，すべての列の値が一致する重複行もそのまま結果として得られる。そこで，重複行を除く **DISTINCT** を付けて「SELECT　DISTINCT　A，C　FROM　T」とすれば，関係演算の結果と一致させることができる。

「SELECT　A，C　FROM　T」

A	C
a1	c1
a1	c2
a1	c1
a2	c2
a2	c2

A，C への射影

A	C
a1	c1
a1	c2
a2	c2

《答：イ》

問 123 "社員資格取得"表に対するSQL文の実行結果

"社員取得資格"表に対し，SQL文を実行して結果を得た。SQL文のaに入れる字句はどれか。

社員取得資格

社員コード	資格
S001	FE
S001	AP
S001	DB
S002	FE
S002	SM
S003	FE
S004	AP
S005	NULL

〔結果〕

社員コード	資格1	資格2
S001	FE	AP
S002	FE	NULL
S003	FE	NULL

〔SQL文〕

```
SELECT C1.社員コード, C1.資格 AS 資格1, C2.資格 AS 資格2
    FROM 社員取得資格 C1 LEFT OUTER JOIN 社員取得資格 C2
        a
```

ア　ON C1.社員コード = C2.社員コード
　　　　AND C1.資格 = 'FE' AND C2.資格 = 'AP'
　　WHERE C1.資格 = 'FE'

イ　ON C1.社員コード = C2.社員コード
　　　　AND C1.資格 = 'FE' AND C2.資格 = 'AP'
　　WHERE C1.資格 IS NOT NULL

ウ　ON C1.社員コード = C2.社員コード
　　　　AND C1.資格 = 'FE' AND C2.資格 = 'AP'
　　WHERE C2.資格 = 'AP'

エ　ON C1.社員コード = C2.社員コード
　　WHERE C1.資格 = 'FE' AND C2.資格 = 'AP'

[DB-R3年秋 問8・DB-H31年春 問11・DB-H27年春 問8]

■ 解説 ■

この SQL 文の結果は，資格 FE を持っている社員について，その社員コードと資格 FE 取得（"FE"）及び AP 取得有無（"AP" 又は NULL）を表している。

"社員資格取得"表に FE 及び AP を含む取得資格の情報があるので，結合処理に当たって，FROM 句で表に二つの別名 C1，C2 を付ける。左外部結合（LEFT OUTER JOIN）を行うのは，AP の取得有無にかかわらず，FE の取得者は全て表示するためである。**ア**，**イ**，**ウ** の ON 句までの（WHERE 句を除いた）SQL 文を実行すると，結果は次のようになる。解説のため，そのときの C2. 社員コードの値も示す。

(C1.) 社員コード	C2. 社員コード	資格 1	資格 2	
S001	S001	FE	AP	…①
S001	NULL	AP	NULL	…②
S001	NULL	DB	NULL	…③
S002	NULL	FE	NULL	…④
S002	NULL	SM	NULL	…⑤
S003	NULL	FE	NULL	…⑥
S004	NULL	AP	NULL	…⑦
S005	NULL	NULL	NULL	…⑧

①は，ON 句に含まれる三つの条件を全て満たす行である。②〜⑦は，三つの条件のうち少なくとも一つの結果が不定となる（NULL と比較演算した）行である。

これに**ア**の WHERE 句を付けると，資格 1 が FE である①，④，⑥の 3 行が選択されて，目的の結果が得られる。

イは，資格 1 が NULL である⑧を除いた，①〜⑦の 7 行が選択される。

ウは，資格 2 が AP である，①の 1 行のみが選択される。

エは，**ウ**と同じ結果になる。これは，ON 句までで社員ごとに外部結合が行われて 16 行（S001 が 3 × 3 = 9 行，S002 が 2 × 2 = 4 行，S003，S004，S005 がそれぞれ 1 × 1 = 1 行）が得られ，WHERE 句で 1 行だけ選択されるためである。

《答：ア》

テーマ 09 データベース　155

| Lv.4 | 午前Ⅰ ▶ | 全区分 午前Ⅱ ▶ | PM | DB | ES | AU | ST | SA | NW | SM | SC |

問 124　相関副問合せ

☑ ☑ ☑

"社員"表から，男女それぞれの最年長社員を除く全ての社員を取り出す SQL 文とするために，a に入れる字句はどれか。ここで，"社員"表の構造は次のとおりであり，実線の下線は主キーを表す。

社員 (<u>社員番号</u>, 社員名, 性別, 生年月日)

〔SQL 文〕
```
SELECT 社員番号, 社員名 FROM 社員 AS S1
        WHERE 生年月日 > (        a        )
```

ア　SELECT MIN(生年月日) FROM 社員 AS S2
　　　　　　　　　　　GROUP BY S2.性別
イ　SELECT MIN(生年月日) FROM 社員 AS S2
　　　　　　　　　　　WHERE S1.生年月日 > S2.生年月日
　　　　　　　　　　　OR S1.性別 = S2.性別
ウ　SELECT MIN(生年月日) FROM 社員 AS S2
　　　　　　　　　　　WHERE S1.性別 = S2.性別
エ　SELECT MIN(生年月日) FROM 社員
　　　　　　　　　　　GROUP BY S2.性別

[DB-R2 年秋 問 10・DB-H30 年春 問 10・
DB-H26 年春 問 10・DB-H23 年特 問 11]

■ 解説 ■

イ及び**ウ**は，主問合せで"社員"表の別名として定義された S1 が，副問合せに用いられており，**相関副問合せ**と解釈して実行される。

ウでは，まず主問合せ「SELECT 社員番号, 社員名 FROM 社員 AS S1」が実行され，"社員"表の 1 行ずつに着目して，副問合せに代入しながら実行する。そして，その社員の生年月日が同性社員の生年月日が最小値より大きければ，同性社員の中では最年長（生年月日が最小値）でないと判断して取り出されるので，目的の結果が得られる。

イでは，ある社員に着目して，その社員より年長であるか，その社員と

156　Chapter 03　技術要素

同性の社員の中から，最年長の社員を選んで比較の基準としている。そのため，男性の最年長以外の社員，女性の最年長以外の社員だけでなく，男性の最年長社員と女性の最年長社員のうち年長でない方も取り出される（全社員の中から最年長社員だけを除外したのと同じである）。

アは単独で実行できる副問合せで，男女それぞれの生年月日の最小値（すなわち，最年長社員の生年月日）が得られるので，結果は2行になる。一方，主問合せのWHERE句では大小比較しており，2行の結果を入れると文法的に正しくなくなり，エラーとなる。

エは"S2"が定義されずに使われているので，文法的に誤りである。

《答：ウ》

Lv.3	午前Ⅰ ▶	全区分 午前Ⅱ ▶	PM	DB	ES	AU	ST	SA	NW	SM	SC	計算	

問 125　ビューに SQL 文を実行した結果　☑ ☑ ☑

ある月の "月末商品在庫" 表と "当月商品出荷実績" 表を使って、ビュー "商品別出荷実績" を定義した。このビューに SQL 文を実行した結果の値はどれか。

月末商品在庫

商品コード	商品名	在庫数
S001	A	100
S002	B	250
S003	C	300
S004	D	450
S005	E	200

当月商品出荷実績

商品コード	商品出荷日	出荷数
S001	2021-03-01	50
S003	2021-03-05	150
S001	2021-03-10	100
S005	2021-03-15	100
S005	2021-03-20	250
S003	2021-03-25	150

〔ビュー "商品別出荷実績" の定義〕

```
CREATE VIEW 商品別出荷実績 （商品コード，出荷実績数，月末在庫数）
    AS SELECT 月末商品在庫.商品コード，SUM （出荷数），在庫数
        FROM 月末商品在庫 LEFT OUTER JOIN 当月商品出荷実績
        ON 月末商品在庫.商品コード ＝ 当月商品出荷実績.商品コード
        GROUP BY 月末商品在庫.商品コード，在庫数
```

〔SQL 文〕

```
SELECT SUM （月末在庫数） AS 出荷商品在庫合計
    FROM 商品別出荷実績 WHERE 出荷実績数 <= 300
```

　ア　400　　　　イ　500　　　　ウ　600　　　　エ　700

[SA-R3 年春 問 24・DB-H29 年春 問 10・DB-H24 年春 問 9]

■ 解説 ■

このビュー "商品別出荷実績" は，商品コードごとに，当月の出荷実績数（出荷日ごとの出荷数の合計）及び月末の在庫数を表にするものである。当月に出荷実績がない商品も，左外部結合によって対象とするが，SUM で合計すべき出荷数がないので，出荷実績数は NULL となる。そうすると，"商品別出荷実績" の内容は次のようになる。

158　Chapter 03　技術要素

ビュー"商品別出荷実績"

商品コード	出荷実績数	月末在庫数
S001	150	100
S002	NULL	250
S003	300	300
S004	NULL	450
S005	350	200

このビューにSQL文を実行すると，出荷実績数が300以下である商品コード"S001"及び"S003"を対象として，月末在庫数の合計を計算するので，100 + 300 = **400** となる。

《答：ア》

問 126　カーソルのデータ操作

次のSQL文は，A表に対するカーソルBのデータ操作である。aに入れる字句はどれか。

```
UPDATE A
    SET A2=1, A3=2
    WHERE         a
```

ここで，A表の構造は次のとおりであり，実線の下線は主キーを表す。

A (<u>A1</u>, A2, A3)

ア　CURRENT OF A1　　　イ　CURRENT OF B
ウ　CURSOR B OF A　　　エ　CURSOR B OF A1

[DB-H30年春 問6・DB-H26年春 問7]

■ **解説** ■

　通常は，DBMSに対してSQL文を実行すると，条件に合致する全ての行に対して処理が行われ，結果もまとめてクライアント（ユーザやプロ

グラム）に渡される。SELECT 文なら条件に合致する全ての行が得られ，UPDATE 文なら条件に合致する全ての行が更新される。

カーソルは，クライアントからの指示によって，SQL 文で対象となる行を 1 行ずつ処理する機能である。1 行ごとの処理結果に応じて，次の処理を決めたい場合などに用いられる。FETCH 文で 1 行を取り出し，UPDATE 又は DELETE 文に「WHERE CURRENT OF カーソル名」を付けると，その行を更新又は削除できる。具体的には，次のように実行する。

カーソルを定義	DECLARE カーソル名 CURSOR FOR
	SELECT 列名 1, 列名 2, … FROM 表名 WHERE 検索条件
カーソルをオープン	OPEN カーソル名
1 行取出し	FETCH カーソル名 INTO : 列名 1, : 列名 2, …
その行を更新	UPDATE 表名 SET 列名 1= 値 1, 列名 2= 値 2, …
	WHERE CURRENT OF カーソル名
その行を削除	DELETE FROM 表名
	WHERE CURRENT OF カーソル名
カーソルをクローズ	CLOSE カーソル名

《答：イ》

| Lv.3 | 午前Ⅰ ▶ | 全区分 午前Ⅱ ▶ | PM | DB | ES | AU | ST | SA | NW | SM | SC |

問127 ストアドプロシージャの利点 ☑ ☑ ☑

ストアドプロシージャの利点はどれか。

ア　アプリケーションプログラムからネットワークを介して DBMS にアクセスする場合，両者間の通信量を減少させる。

イ　アプリケーションプログラムからの一連の要求を一括して処理することによって，DBMS 内の実行計画の数を減少させる。

ウ　アプリケーションプログラムからの一連の要求を一括して処理することによって，DBMS 内の必要バッファ数を減少させる。

エ　データが格納されているディスク装置への I/O 回数を減少させる。

[AP-H29 年秋 問 26・AP-H24 年秋 問 25・AM1- H24 年秋 問 9]

■ 解説 ■

　ストアドプロシージャは，データベースに対する複数の処理（SQL 文によるクエリなど）をひとまとめにして，サーバ（DBMS）側に登録したものである。クライアントから呼び出すだけで，サーバ上で複数のクエリを次々と実行できるほか，途中のクエリの結果に応じた分岐処理などもできる。クライアントは処理の最終結果だけをサーバから受け取る。

　アは利点である。ストアドプロシージャを利用しない場合，SQL 文ごとに，クライアントがサーバにクエリを送信し，サーバがクライアントにその結果を返すことを繰り返すため，通信量を増加させる。ストアドプロシージャを利用すると，この途中のクエリと結果のやり取りが発生しないので，通信量を減少させることができる。

　イ，**ウ**，**エ**は利点でない。ストアドプロシージャを利用すると，サーバ内で連続的に多くのクエリが実行されるため，実行計画，必要バッファ数，ディスク装置への I/O 回数とも増加させると考えられる。実行計画は，DBMS がクエリの処理のため，内部に一時的に生成する情報である。

《答：ア》

テーマ 09　**データベース**　　**161**

問 128　SQL の 3 値論理

SQL が提供する 3 値論理において，A に 5，B に 4，C に NULL を代入したとき，次の論理式の評価結果はどれか。

（A > C）or（B > A）or（C = A）

ア　φ（空）
イ　false（偽）
ウ　true（真）
エ　unknown（不定）

[DB-H29 年春 問 9]

■ 解説 ■

2 値論理は，論理演算の結果が true（真）か false（偽）になる体系である。データベースの SQL では NULL（空値）を扱うため，**3 値論理**が採用されており，論理演算の結果として，true（真），false（偽）に加えて，unknown（不定）がある。NULL と他の値を比較すると，その結果は unknown となる。

3 値論理で和演算（OR 演算）を行う場合，true，unknown，false の順に強いと考える。すなわち，

①一つでも true があれば和演算の結果は true

② true がないときは，一つでも unknown があれば和演算の結果は unknown

③ true も unknown もなく，すべて false なら，和演算の結果は false

である。
- （A>C）は，（5>NULL）なので，結果は unknown
- （B>A）は，（4>5）なので，結果は false
- （C=A）は，（NULL=5）なので，結果は unknown

であるから，unknown or false or unknown となり，②により結果は unknown となる。

なお，3 値論理で積演算（AND 演算）を行う場合は，false，unknown，true の順に強いと考える。また，unknown に対する否定演算（NOT 演算）の結果は，unknown である。

《答：エ》

9-4 ● トランザクション処理

Lv.4 午前Ⅰ▶ 全区分 午前Ⅱ▶ PM DB ES AU ST SA NW SM SC 　　知識

問 129 　 2 相ロック方式による同時実行制御 　☑☑☑

2 相ロック方式を用いたトランザクションの同時実行制御に関する記述のうち，適切なものはどれか。

ア　全てのトランザクションが直列に制御され，デッドロックが発生することはない。

イ　トランザクションのコミット順序は，トランザクション開始の時刻順となるように制御される。

ウ　トランザクションは，自分が獲得したロックを全て解除した後にだけ，コミット操作を実行できる。

エ　トランザクションは，必要な全てのロックを獲得した後にだけ，ロックを解除できる。

[DB-R3 年秋 問 13・DB-H27 年春 問 13・DB-H22 年春 問 15]

■ 解説 ■

トランザクションが資源を使用するときは，排他制御の目的で使用前に資源のロックを獲得し，使用後に資源のロックを解除する。

エが適切である。**2 相ロック方式**は，トランザクションが複数の資源を使用するとき，次のように必要な全ての資源のロック獲得を進め，各資源を用いる処理を行った後，全ての資源のロック解除を進める方法である。

> ①資源 A のロック獲得 → ②資源 B のロック獲得 → ③各資源を用いる処理
> → ④資源 B のロック解除 → ⑤資源 A のロック解除

もし資源ごとにロックの獲得と解除を行って

> ①資源 A のロック獲得 → ②資源 A を用いる処理 → ③資源 A のロック解除
> → ④資源 B のロック獲得 → ⑤資源 B を用いる処理 → ⑥資源 B のロック解除

とすると，資源 A 及び B に対する処理結果の間で不整合を生じる可能性がある。

午前Ⅱ

PM **DB** ES AU ST SA NW SM SC

テーマ 09　データベース　**163**

アは適切でない。2相ロック方式だけで，デッドロックは防げない。別のトランザクションが2相ロック方式で資源B，資源Aの順にロック獲得を行うとすると，2つのトランザクションが資源を1つずつ獲得した状態で先に進めないデッドロックが生じる。

イは適切でない。これは時刻印方式（タイムスタンプ方式）の説明である。各トランザクションの発生時に時刻印を付与し，その順序でトランザクションを処理することにより，同時実行制御を実現する。

ウは適切でない。トランザクションのデータ更新を確定させるコミットは，一般的にロック解除前に行う。コミットせずにロック解除すると，コミット前に他のトランザクションがロック獲得する可能性があるためである。

《答：エ》

問 130　RDBMSのロック

RDBMSのロックに関する記述のうち，適切なものはどれか。ここで，X，Yはトランザクションとする。

ア　XがA表内の特定行aに対して共有ロックを獲得しているときは，YはA表内の別の特定行bに対して専有ロックを獲得することができない。

イ　XがA表内の特定行aに対して共有ロックを獲得しているときは，YはA表に対して専有ロックを獲得することができない。

ウ　XがA表に対して共有ロックを獲得しているときでも，YはA表に対して専有ロックを獲得することができる。

エ　XがA表に対して専有ロックを獲得しているときでも，YはA表内の特定行aに対して専有ロックを獲得することができる。

[DB-R3年秋 問14・AP-R1年秋 問28・
DB-H27年春 問18・SA-H24年秋 問22]

■解説■

共有ロックはデータベースの参照時に，**専有ロック**はデータベースの更新時に用いられる排他制御の方法である。ロックを獲得する対象は指定す

ることができ，特定の行だけに対してロックを獲得することや，表全体に
対してロックを獲得することができる。

- 複数のトランザクションによる共有ロックは，いつでも獲得できる。
- ロック対象が重複しなければ，共有ロックと専有ロック，又は複数の
  専有ロックはいずれも獲得できる。
- ロック対象が一部でも重複するときは，共有ロックと専有ロック，又
  は複数の専有ロックは両立できず，2番目以降のロックは獲得できな
  い。

アは適切でない。XがA表内の特定行a，YがA表内の特定行bを対象
にするときは，ロック対象が重複しないので，共有ロック，専有ロックに
かかわらず獲得できる。

イは適切である。XがA表内の特定行aに対する共有ロックを獲得して
いれば，特定行aはA表に含まれてロック対象が重複するため，Yは専有
ロックを獲得できない。

ウは適切でない。XがA表に対する共有ロックを獲得していれば，Yは
同じロック対象A表に対する専有ロックは獲得できない。

エは適切でない。XがA表に対する専有ロックを獲得していれば，特定
行aはA表に含まれてロック対象が重複するため，Yは専有ロックを獲得
できない。

《答：イ》

Lv.4　午前Ⅰ ▶　全区分 午前Ⅱ ▶ PM **DB** ES AU ST SA NW SM SC　　知識

問 **131**　**デッドロック検出のためのデータ構造**　☑ ☑ ☑

DBMSにおいて，デッドロックを検出するために使われるデータ構造
はどれか。

ア　資源割当表　　　　　　　　　　イ　時刻印順管理表
ウ　トランザクションの優先順管理表　エ　待ちグラフ

[DB-H30年春 問16・DB-H26年春 問15・DB-H22年春 問17]

■解説■

これは，**エ**の**待ちグラフ**である。資源を占有（ロック）しているトランザクションと，資源の解放（アンロック）を待っているトランザクションの情報を有向グラフで表して，論理的にデッドロックを検出する。次の図は，その例である。

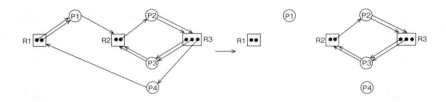

- Rn は資源で，黒丸は同時に割当て可能な資源の個数を表す。
- Pn はトランザクションを表す。
- Pn が Rn の占有に成功したら，Rn の黒丸から Pn へ矢線を引く。
- Pn が Rn を解放したら，Rn の黒丸から Pn への矢線を消す。
- Pn が Rn の占有に失敗して待ち状態になったら，Pn から Rn の外枠へ矢線を引く。

可能な限り，資源割当てとトランザクション実行をして，最終的に循環経路が残れば，デッドロックの可能性がある（デッドロックでない場合もある）。この図では，左の状態から，P1 と P4 は必要な資源を獲得して実行完了し，右の状態になる。P2 → R3 → P3 → R2 → P2 の循環経路が残ることから，P2 と P3 がデッドロックになる可能性があることが分かる。

ア，**イ**，**ウ**は，トランザクションの同時実行制御の管理に用いられる表であるが，デッドロックの検出はできない。

《答：エ》

Lv.4 午前Ⅰ ▶ 全区分 午前Ⅱ ▶ PM DB ES AU ST SA NW SM SC

問 132 トランザクションの直列化可能性

トランザクションの直列化可能性（serializability）の説明はどれか。

ア 2相コミットが可能であり，複数のトランザクションを同時実行できる。

イ 隔離性水準が低い状態であり，トランザクション間の干渉が起こり得る。

ウ 複数のトランザクションが，一つずつ順にスケジュールされて実行される。

エ 複数のトランザクションが同時実行された結果と，逐次実行された結果とが同じになる。

[DB-R2 年秋 問 11・DB-H30 年春 問 11・DB-H26 年春 問 11]

■ 解説 ■

エが**直列化可能性**の説明である。これは，複数のトランザクションについて，それらを同時実行した結果と，任意の順序で一つずつ逐次実行した結果が一致する性質をいう。直列化可能性が保証されていれば，同時実行によりシステムのスループット向上を図れる。

アの**2相コミット**は，分散データベースの処理であり，複数のトランザクションの直列化可能性とは関連がない。

イは，複数のトランザクションを同時実行したときに，正しい結果が得られるとは限らず，直列化可能性が保証されていない。

ウは，複数のトランザクションを逐次実行しているもので，同時実行していないので直列化可能性の有無を判断できない。

《答：エ》

午前Ⅱ
PM
DB
ES
AU
ST
SA
NW
SM
SC

テーマ 09 データベース **167**

| Lv.4 | 午前Ⅰ ▶ | 全区分 午前Ⅱ ▶ | PM | DB | ES | AU | ST | SA | NW | SM | SC |

問133　トランザクションの隔離性水準

次の（1），（2）に該当するトランザクションの隔離性水準はどれか。

（1）対象の表のダーティリードは回避できる。

（2）一つのトランザクション中で，対象の表のある行を2回以上参照する場合，1回目の読込みの列値と2回目以降の読込みの列値が同じであることが保証されない。

ア　READ COMMITTED　　　イ　READ UNCOMMITTED
ウ　REPEATABLE READ　　　エ　SERIALIZABLE

[DB-R3年秋 問7・DB-H31年春 問9・DB-H25年春 問9]

■ 解説 ■

一般にトランザクションは，その実行結果が他のトランザクションに影響を与えないよう，隔離性（独立性）を保つことが求められる。その一方で，厳密に隔離性を保とうとすれば，排他制御による待ち時間が増えて処理性能が低下する欠点がある。

そこで，処理性能を向上させるため，隔離性を多少損なうことを承知の上で，**隔離性水準**を下げて処理することができる。隔離性水準（隔離性の低い順）と，発生し得る隔離性を損なう現象の対応は次のとおりである。

発生し得る現象 隔離性水準	ダーティ リード	ノンリピータブル リード	ファントム
READ UNCOMMITTED	発生し得る	発生し得る	発生し得る
READ COMMITTED	発生し得ない	発生し得る	発生し得る
REPEATABLE READ	発生し得ない	発生し得ない	発生し得る
SERIALIZABLE	発生し得ない	発生し得ない	発生し得ない

出典：JIS X 3005-2:2015（データベース言語SQL 第2部：基本機能（SQL/Foundation））

- **ダーティリード**…更新してまだコミット（確定）されていない段階のデータを参照した場合，ロールバック（更新取消）されると，存在しない更新後データを参照したことになる現象。
- **ノンリピータブルリード**…あるトランザクションがデータを参照中に，

168　Chapter 03　技術要素

他のトランザクションがそのデータを更新した場合，再度同じデータを参照すると食い違いを生じる現象。

- **ファントム**…あるトランザクションがデータを参照中に，他のトランザクションが参照条件に合致する行を挿入した場合，最初の参照時に存在しなかったデータがその後の参照時に出現する現象。

SQLでは「SET TRANSACTION ISOLATION LEVEL」を用いて，隔離性水準を指定できる。（1）はダーティリードが発生しないこと，（2）はノンリピータブルリードが発生し得ることを示している。これに該当する隔離性水準の指定は，**ア**のREAD COMMITTEDである。

《答：ア》

問 134　コミット処理完了のタイミング

DBMSがトランザクションのコミット処理を完了するタイミングはどれか。

ア　アプリケーションプログラムの更新命令完了時点
イ　チェックポイント処理完了時点
ウ　ログバッファへのコミット情報書込み完了時点
エ　ログファイルへのコミット情報書込み完了時点

[SC-R2年秋 問21・SC-H30年春 問21・SA-H28年秋 問21・
SM-H28年秋 問21・SC-H28年秋 問21・DB-H26年春 問13・
DB-H24年春 問14・DB-H22年春 問16]

■ 解説 ■

DBMSで一般的に用いられるWAL（Write Ahead Log）では，**エ**のログファイル（更新前ログ及び更新後ログ）に，データベースのコミット（更新確定）情報を書き込んだ時点でコミット処理完了とされる。その後で，テーブルを実際に更新する手順がとられる。

テーブルは内部構造が複雑で更新処理の負荷が高いのに対し，ログファイルへの書込みは末尾への追記で済むため負荷が低い。そこで，多数のト

ランザクションを並行実行する場合，個々のトランザクションのコミット時にはログファイルへの書込みだけを済ませておき，DBMSの処理に余裕ができたときにテーブル更新を行う。もしテーブル更新前にDBMSに障害が発生しても，ログファイルに更新内容が保存されているので，復旧後に更新することができる。

《答：エ》

問 135　データベースを回復するときに使用するデータ

媒体障害により停止したデータベースを回復するときに使用するデータとして，適切なものはどれか。

- ア　異常終了したトランザクションのログデータ
- イ　障害発生時点でコミットもロールバックもしていなかった全てのトランザクションのログデータ
- ウ　データベースのバックアップコピーと，バックアップ取得以降に発生した全てのトランザクションのログデータ
- エ　データベースバッファの内容と，チェックポイントレコード

[SM-R3年春 問23]

■解説■

ウが適切である。**バックアップコピー**は，ある時点でデータベース全体をコピーしたものである。また，**ログファイル**は，データベースの更新履歴を時系列に保存したものである。

運用中のデータベースの媒体（ハードディスク）に障害が発生したら，正常な媒体に交換して直近のバックアップコピーからデータベースを復元する。さらにバックアップ取得以降に発生したトランザクションについて，ログファイルを参照してデータベースへ更新内容を反映させていく（ロールフォワード）。これで媒体障害発生直前の状態に回復できる。

アは適切でない。異常終了したトランザクションは回復する必要がなく，ログデータは使用しない。

イは適切でない。コミット（確定）もロールバック（取消）もしていな

いトランザクションは再実行すればよく，そのログデータは使用しない。

エは適切でない。データベースバッファはメモリ上で処理中のテーブルなどのデータである。チェックポイントレコードは適当なタイミングでハードディスクに書き戻したレコードで，媒体障害があると読み出せなくなる。

《答：ウ》

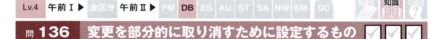

問 136　変更を部分的に取り消すために設定するもの

SQLトランザクション内で変更を部分的に取り消すために設定するものはどれか。

　ア　コミットポイント　　　　イ　セーブポイント
　ウ　制約モード　　　　　　　エ　チェックポイント

[DB-R2年秋 問12]

■ 解説 ■

　これは，**イ**の**セーブポイント**である。トランザクションは複数のSQL文から成る一連の処理単位で，全てのSQL文の実行が完了すれば，実行結果を確定する（コミット）。途中でエラーが起こると，原則としてそれまでの実行結果を破棄して，トランザクション開始前の状態に戻す（ロールバック）。しかし，複雑なトランザクションでは，エラー時にロールバックして，最初から再実行すると効率が悪い。そこでトランザクションの途中にセーブポイントを設定しておくと，全部ロールバックせず，セーブポイント以降の実行結果だけ破棄して，セーブポイントまでロールバックして，途中から再実行できるようになる。

　アのコミットポイントという用語はない。

　ウの**制約モード**は，データ更新に対する制約（ユニーク制約，主キー制約，外部キー制約など）チェックの動作モードである。「SET CONSTRAINTS」によって，SQL文の実行ごとにチェックするか，トランザクションのコミット時にチェックするかを設定できる。

　エの**チェックポイント**は，コミットされたトランザクションの実行結果

を，メモリからハードディスクに書き込むタイミングである。

《答：イ》

問 137 トランザクションの一貫性

トランザクションの ACID 特性のうち，一貫性（consistency）の説明はどれか。

ア 整合性の取れたデータベースに対して，トランザクション実行後も整合性が取れている性質である。
イ 同時実行される複数のトランザクションは互いに干渉しないという性質である。
ウ トランザクションは，完全に実行が完了するか，全く実行されなかったかの状態しかとらない性質である。
エ ひとたびコミットすれば，その後どのような障害が起こっても状態の変更が保たれるという性質である。

[AP-H31年春 問30・AM1-H31年春 問9・DB-H23年特 問14]

■ 解説 ■

トランザクションは，利用者やアプリケーションから見て意味のある処理の単位である。一つのトランザクションを実行するには，一般に多数の内部処理が行われる。トランザクションは，**ACID 特性**と呼ばれる四つの要件を満たしていなければならない。

原子性（atomicity）	一つのトランザクションでは，一連の内部処理が全て行われるか，全く行われていないか，どちらかであることを保証する性質。処理が中途半端で完結していない状態のまま放置されることは許されない。
一貫性（consistency）	トランザクションの実行後も，結果に矛盾がなく一貫性が保たれることを保証する性質。
独立性（isolation）	複数のトランザクションは互いに独立しており，並行実行してもほかのトランザクションに影響を及ぼさないことを保証する性質。
耐久性（durability）	完了したトランザクションについて，その後に故障発生しても実行結果が維持されることを保証する性質。

よって，**ア**は一貫性，**イ**は独立性，**ウ**は原子性，**エ**は耐久性の説明である。

《答：ア》

| Lv.4 | 午前Ⅰ ▶ | 全区分 午前Ⅱ ▶ | PM | **DB** | ES | AU | ST | SA | NW | SM | SC | | | 考察 ? |

問 138　B⁺ 木インデックスとビットマップインデックス ☑☑☑

B⁺木インデックスとビットマップインデックスを比較した説明のうち，適切なものはどれか。

- ア　AND 操作や OR 操作だけで行える検索は，B⁺木インデックスの方が有効である。
- イ　BETWEEN を用いた範囲指定検索は，ビットマップインデックスの方が有効である。
- ウ　NOT を用いた否定検索は，B⁺木インデックスの方が有効である。
- エ　少数の異なる値をもつ列への検索は，ビットマップインデックスの方が有効である。

[DB-H30 年春 問 15・DB-H27 年春 問 15・
DB-H25 年春 問 15・DB-H23 年特 問 16]

■ 解説 ■

B⁺木インデックスは，B⁺木のリーフ（最下位のノードリーフ）にデータの格納位置を記録し，リーフ以外のノード（節）をインデックスとして用いるものである。キー値の大小比較によって，ノードに記録されたインデックスをたどって，リーフに記録されたデータ格納位置を知ることができる。このため，キー値の大小比較によって条件に合う行を検索するのに向いている。また，B⁺木の性質上，キー値が分散していて重複の少ない列又は列の組を検索するのに向いている。特に，主キーのようにキー値の重複がないことが保証されている列又は列の組に対して有効である。

ビットマップインデックスは，キー値ごとにビット列を用意して，そのキー値の格納位置に対応するビット位置を 1 として，検索に利用する方法である。キー値の取り得る値が少ない列に設定すると有効である。ある値に一致するか一致しないかという条件で検索するのに向いており，大小比

午前Ⅱ
PM
DB
ES
AU
ST
SA
NW
SM
SC

テーマ 09　データベース　**173**

較や範囲指定での検索には向かない。また，AND や OR による複合条件での検索は，インデックスのビット演算で行える利点がある。

例えば次の 8 行からなる"患者"表では，性別インデックスは 8 行 × 2 ビット = 16 ビット，血液型インデックスは 8 行 × 4 ビット = 32 ビットで済む。特定の性別や血液型の患者を検索するには，インデックスを見てビットが「1」の行を選べばよい。

"患者"表　　　　　　　　　　　　　　性別インデックス　　血液型インデックス

患者番号	氏名	性別	血液型	男	女	A	B	O	AB
1001	○○	男	A	1	0	1	0	0	0
1002	○○	男	O	1	0	0	0	1	0
1003	○○	女	AB	0	1	0	0	0	1
1004	○○	女	A	0	1	1	0	0	0
1005	○○	男	B	1	0	0	1	0	0
1006	○○	女	O	0	1	0	0	1	0
1007	○○	女	B	0	1	0	1	0	0
1008	○○	男	A	1	0	1	0	0	0

以上から，**ア**，**ウ** は B^+ 木インデックスでなく，ビットマップインデックスの方が有効である。

イ はビットマップインデックスでなく，B^+ 木インデックスの方が有効である。

エ はこの説明どおり，ビットマップインデックスの方が有効である。

《答：エ》

Lv.3　午前Ⅰ ▶　全区分 午前Ⅱ ▶　PM　DB　ES　AU　ST　SA　NW　SM　SC　　　　知識

問139　**表に対する SQL の GRANT 文**　☑ ☑ ☑

表に対する SQL の GRANT 文の説明として，適切なものはどれか。

ア　パスワードを設定してデータベースへの接続を制限する。
イ　ビューを作成して，ビューの基となる表のアクセスできる行や
　　列を制限する。
ウ　表のデータを暗号化して，第三者がアクセスしてもデータの内
　　容が分からないようにする。
エ　表の利用者に対し，表への問合せ，更新，追加，削除などの操
　　作権限を付与する。

[AP-R2 年秋 問 26・AP-H26 年秋 問 25・
AP-H23 年秋 問 28・DB-H22 年春 問 2]

■ **解説** ■

　エが適切である。**GRANT 文**は「GRANT 権限 ON 表 TO 利用者」の形
式で実行して，表又はビューに対する操作権限をデータベースの利用者（利
用者 ID 又は利用者グループ）に付与する。操作権限として，SELECT（参照），
INSERT（挿入），UPDATE（更新）などを指定できる。なお，付与した権
限を剥奪するには，REVOKE 文を実行する。

　アは，データベース管理システム（DBMS）における利用者 ID の役割
である。利用者 ID とパスワードを用いて DBMS に接続した上で，その利
用者 ID に付与されている権限の範囲で SQL 文を実行できる。

　イのビューは，CREATE VIEW によって定義される。

　ウの暗号化は，DBMS の機能として実装されているものが多いが，SQL
とは関係ない。

《答：エ》

午前Ⅱ

PM
DB
ES
AU
ST
SA
NW
SM
SC

テーマ 09　データベース　**175**

9-5 ● データベース応用

| Lv.4 | 午前Ⅰ ▶ | 全区分 | 午前Ⅱ ▶ | PM | DB | ES | AU | ST | SA | NW | SM | SC | | 知識 | |

問 140　ビッグデータの複合イベント処理　☑☑☑

ビッグデータの処理に使用される CEP（複合イベント処理）に関する記述として，適切なものはどれか。

ア　多次元データベースを構築することによって，集計及び分析を行う方式である。

イ　データ更新時に更新前のデータを保持することによって，同時実行制御を行う方式である。

ウ　分散データベースシステムにおけるトランザクションを実現する方式である。

エ　連続して発生するデータに対し，あらかじめ規定した条件に合致する場合に実行される処理を実装する方式である。

[DB-R2 年秋 問 15]

■ 解説 ■

エが，**CEP**（Complex Event Processing）の記述である。例えば，クレジットカードの不正使用を防ぐため，不審な決済と判断する条件を設定しておき，それに合致する決済要求が発生したら決済の保留や拒否を行う仕組みである。

アは，データウェアハウスの記述である。データを蓄積して事後的に分析する点で，処理の即時性を必要とする CEP とは異なる。

イは，楽観的排他制御の記述である。

ウは，2 相コミットの記述である。

《答：エ》

176　Chapter 03　技術要素

Lv.3 午前Ⅰ ▶ 全区分 午前Ⅱ ▶ PM DB ES AU ST SA NW SM SC

問 141 商品の販売状況分析

OLAPによって，商品の販売状況分析を商品軸，販売チャネル軸，時間軸，顧客タイプ軸で行う。データ集計の観点を，商品，販売チャネルごとから，商品，顧客タイプごとに切り替える操作はどれか。

　ア　ダイス　　　　　　　　　イ　データクレンジング
　ウ　ドリルダウン　　　　　　エ　ロールアップ

[DB-R2年秋 問17・DB-H30年春 問19・SA-H27年秋 問21・
SM-H27年秋 問21・SA-H22年秋 問22・SM-H22年秋 問22]

■ 解説 ■

　一般に販売データには，商品，販売チャネル，時間帯，顧客タイプなど，多くの属性が含まれている。これを **OLAP**（Online Analytical Processing）で集計，分析すれば様々な傾向や知見が得られる。このとき集計や分析の基準に用いる属性を**分析軸**といい，具体的な属性名を付けて○○軸（商品軸，販売チャネル軸，時間帯軸，顧客タイプ軸など）という。商品軸のような単一軸で分析するだけでなく，時間帯軸と顧客タイプ軸のように複数軸を組み合わせて分析することもできる。

　アの**ダイス**（**ダイシング**）は，分析軸を切り替えて分析する操作である。

　イの**データクレンジング**は，分析に先立ってデータの表現不統一（表記ゆれ），欠落，変更，誤字などを補正して，データの品質を高める作業をいう。

　ウの**ドリルダウン**（**ロールダウン**）は，分析軸の分析単位を小さくする操作である。例えば，顧客住所を分析軸とする場合，都道府県ごとから市区町村ごとにする操作である。

　エの**ロールアップ**（**ドリルアップ**）は，ロールダウン（ドリルダウン）の逆で分析軸の分析単位を大きくする操作である。

《答：ア》

テーマ09 データベース　**177**

| Lv.4 | 午前Ⅰ ▶ | 全区分 | 午前Ⅱ ▶ | PM | **DB** | ES | AU | ST | SA | NW | SM | SC | | 計算 |

| 問 **142** | **入れ子ループ法による結合操作の計算量** | ☑ ☑ ☑ |

関係データベースにおいて，タプル数 n の表二つに対する結合操作を，入れ子ループ法によって実行する場合の計算量はどれか。

ア　$O(\log n)$ 　　　　　　　　イ　$O(n)$

ウ　$O(n \log n)$ 　　　　　　　エ　$O(n^2)$

[DB-R3年秋 問15・DB-H31年春 問16・DB-H29年春 問19・
DB-H27年春 問17・DB-H24年春 問18]

■ **解説** ■

　入れ子ループ法は，一方の表からタプル（行）を1つずつ取り出し，他方の表の全てのタプルと結合する方法である。したがって結合操作の回数は，二つの表のタプル数の積になる。ここでは二つの表ともタプル数が n なので，計算量は $O(n^2)$ になる。

　なお，O はオーダ記法で，n を大きくしたとき，計算量が n の式でどのように評価されるかを表す手法である。

《答：エ》

178　　Chapter 03　技術要素

| Lv.4 | 午前Ⅰ ▶ | 全区分 | 午前Ⅱ ▶ | PM | **DB** | ES | AU | ST | SA | NW | SM | SC | | | 考察 |

問 **143**　分散データベースのトランザクションの コミット制御　☑ ☑ ☑

分散データベースのトランザクションが複数のサブトランザクションに分割され，複数のサイトで実行されるとき，トランザクションのコミット制御に関する記述のうち，適切なものはどれか。

ア　2 相コミットでは，サブトランザクションが実行される全ての
　　サイトからコミット了承応答が主サイトに届いても，主サイト
　　はサブトランザクションごとにコミット又はロールバックの異
　　なる指示を出す場合がある。

イ　2 相コミットを用いても，サブトランザクションが実行される
　　サイトに主サイトの指示が届かず，サブトランザクションをコ
　　ミットすべきかロールバックすべきか分からない場合がある。

ウ　2 相コミットを用いると，サブトランザクションがロールバッ
　　クされてもトランザクションがコミットされる場合がある。

エ　集中型データベースのコミット制御である 1 相コミットで，分
　　散データベースを構成する個々のサイトが独自にコミットを行
　　っても，サイト間のデータベースの一貫性は保証できる。

[DB-R3 年秋 問 12・DB-H30 年春 問 13・
DB-H27 年春 問 12・DB-H24 年春 問 12]

■ **解説** ■

　分散データベースの **2 相コミット**は，フェーズ 1 とフェーズ 2 に分けてコミット（更新の確定）又はロールバック（更新の取消）を行う方式である。

　フェーズ 1 では，主サイトは更新要求を発行し，各サブトランザクションは更新処理を実行する。次に，主サイトはコミット準備要求を発行し，各サブトランザクションは，問題なければコミット了承，問題があればコミット停止を応答する。主サイトは，全てのサブトランザクションからの応答が出揃うまで待つ。

　フェーズ 2 では，主サイトはコミット要求を発行する。全てのサブトランザクションがコミットを行い，コミット完了を応答すると，処理完了となる。もし一つでもコミット停止の応答があったら，主サイトはロールバック要求を発行する。全てのサブトランザクションがロールバックを行い，

午前Ⅱ

PM

DB

ES

AU

ST

SA

NW

SM

SC

テーマ 09　データベース　**179**

完了を応答すると，処理完了となる。

イが適切である。フェーズ1の全てのサイトからの応答が出揃わないと，主サイトはフェーズ2に進めず，コミットすべきかロールバックすべきか判断できない。

アは適切でない。フェーズ1の全てのサイトからコミット了承応答が出揃ったら，フェーズ2で主サイトは全てのサイトにコミット要求を発行する。

ウは適切でない。フェーズ2で一つでもコミット停止の応答があれば，主サイトは全てのサイトにロールバック要求を発行し，トランザクションはコミットされない。

エは適切でない。1相コミットは，2相コミットのフェーズ1からコミット準備要求の発行を省略した手順である。フェーズ2の手順は2相コミットと同様であり，個々のサイトが独自にコミットを行うことはない。

《答：イ》

問 144　CAP 定理

CAP 定理に関する記述として，適切なものはどれか。

- ア　システムの可用性は基本的に高く，サービスは利用可能であるが，整合性については厳密ではない。しかし，最終的には整合性が取れた状態となる。
- イ　トランザクション処理は，データの整合性を保証するので，実行結果が矛盾した状態になることはない。
- ウ　複数のトランザクションを並列に処理したときの実行結果と，直列で逐次処理したときの実行結果は一致する。
- エ　分散システムにおいて，整合性，可用性，分断耐性の三つを同時に満たすことはできない。

[DB-R3 年秋 問 1]

■ **解説** ■

エが適切である。**CAP 定理**は，分散システムの次の三つの性質のうち二

つは同時に満たせるが，全ては同時に満たせないとする定理である。

- **整合性**（Consistency）…全てのノードでデータの矛盾が生じないようにする性質
- **可用性**（Availability）…一部のノードが停止しても，システムを利用できる性質
- **分断耐性**（Partition-tolerance）…ノード間の接続が失われても，システムを利用できる性質

整合性と可用性を満たすには，ノード間の接続を常に維持する必要があり，分断耐性を維持できない。整合性と分断耐性を満たすには，障害のあるノードを使用停止する必要があり，可用性を維持できない。可用性と分断耐性を満たすには，ノード間の接続が切れたまま各ノードを稼働させる必要があり，整合性を維持できない。

アは，**BASE 特性**の説明である。

イは，**ACID 特性**の記述である。

ウは，**直列化可能性**の記述である。

《答：エ》

| Lv.4 | 午前Ⅰ ▶ | 全区分 | 午前Ⅱ ▶ | PM | DB | ES | AU | ST | SA | NW | SM | SC |

問145　BASE 特性を満たす NoSQL データベースシステム ☑ ☑ ☑

BASE 特性を満たし，次の特徴をもつ NoSQL データベースシステムに
関する記述のうち，適切なものはどれか。

〔NoSQL データベースシステムの特徴〕
・ネットワーク上に分散した複数のノードから構成される。
・一つのノードでデータを更新した後，他の全てのノードにその更新を
　反映する。

　ア　クライアントからの更新要求を 2 相コミットによって全てのノー
　　　ドに反映する。
　イ　データの更新結果は，システムに障害がなければ，いつかは全
　　　てのノードに反映される。
　ウ　同一の主キーの値による同時の参照要求に対し，全てのノード
　　　は同じ結果を返す。
　エ　ノード間のネットワークが分断されると，クライアントからの
　　　処理要求を受け付けなくなる。

[DB-R2 年秋 問 2]

■ 解説 ■

イが適切である。**BASE 特性**は，可用性が基本（Basically Available），
厳密でない状態遷移（Soft-State），最終的に整合性が取れる（Eventual
Consistency）の頭字語である。クラウドサービスのような非常に多数の
ノードから成る分散システムでは，あるノードへの更新を即時に他の全ノー
ドに反映するには負荷が大きい。そこで，ノード間の整合性が一時的に
失われることは承知の上で，時間差で全ノードへの反映を行うことがある。

アは適切でない。2 相コミットは，分散データベースのノード間の整合
性を厳密に維持する方法である。

ウは適切でない。一つのノードでのデータ更新は，即時に他のノードに
反映されるとは限らないので，一時的にノードによって返す結果が異なる
ことがある。

エは適切でない。ノード間のネットワークが分断されても，クライアン

182　Chapter 03　技術要素

トからの処理要求は受け付け，更新したデータは復旧後に他のノードに反映する。

《答：イ》

問 146　データディクショナリ

関係データベース管理システム（RDBMS）のデータディクショナリに格納されるものはどれか。

ア　OS が管理するファイルの定義情報
イ　スキーマの定義情報
ウ　表に格納された列データの組
エ　表の列に付けられたインデックスの値

[AP-H30 年春 問 29・DB-H22 年春 問 20]

■ 解説 ■

イが，**データディクショナリ**（データ辞書）に格納されるものである。これはデータベース自身に関する情報（スキーマやメタデータ）を集めたもので，それ自身もデータベース上の表に格納して管理される。

アのファイルの定義情報は，OS が管理するので，データディクショナリには格納されない。

ウの列データの組，**エ**のインデックスの値は，データベースの表領域に格納される。

《答：イ》

| Lv.3 | 午前Ⅰ ▶ | 全区分 午前Ⅱ ▶ | PM | DB | ES | AU | ST | SA | NW | SM | SC | | 知識 | |

問 147 　データレイクの特徴 ☑ ☑ ☑

データレイクの特徴はどれか。

　ア　大量のデータを分析し，単なる検索だけでは分からない隠れた
　　　規則や相関関係を見つけ出す。
　イ　データウェアハウスに格納されたデータから特定の用途に必要
　　　なデータだけを取り出し，構築する。
　ウ　データウェアハウスやデータマートからデータを取り出し，多
　　　次元分析を行う。
　エ　必要に応じて加工するために，データを発生したままの形で格
　　　納する。

[AP-R3 年春 問 31・AM1-R3 年春 問 9]

■ 解説 ■

　エが，**データレイク**の特徴である。データウェアハウスは分析に適する
ようにデータを構造化して格納するのに対し，データレイクは発生した多
種多様なデータをそのまま格納する点で異なる。
　アは，**データマイニング**の特徴である。
　イは，**データマート**の特徴である。
　ウは，**多次元 OLAP**（Online Analytical Processing）の特徴である。

《答：エ》

184　　Chapter 03　技術要素

テーマ 10 ネットワーク

午前Ⅰ ▶ 全区分 Lv.3 午前Ⅱ ▶ PM DB ES AU ST SA NW SM SC
Lv.3 Lv.3 Lv.3 Lv.4 Lv.3 Lv.4

問148〜問189 全42問

最近の出題数

	高度午前Ⅰ	高度午前Ⅱ							
		PM	DB	ES	AU	ST	SA	NW	SM	SC
R4年春期	2					−	1	15	1	3
R3年秋期	2	−	−	1	1					3
R3年春期	2					−	1	15	1	3
R2年秋期	2	−	−	1	1					3

※表組み内の「−」は出題範囲外

試験区分別出題傾向（H21年以降）

午前Ⅰ	シラバス全体から出題されているが，"データ通信と制御"，"通信プロトコル"からの出題が多い。
ES午前Ⅱ	"ネットワーク方式"，"データ通信と制御"，"通信プロトコル"から出題されており，組込みシステムに関連の深い内容の出題例もある。"ネットワーク管理"，"ネットワーク応用"からの出題例はない。
AU午前Ⅱ	"ネットワーク方式"，"通信プロトコル"からの出題が多く，LANの基本的な内容が多い。"データ通信と制御"，"ネットワーク応用"からの出題例もある。"ネットワーク管理"からの出題例はない。
SA午前Ⅱ	LANの基本的な出題と，ネットワークの応用的な利用技術に関する出題が多く，過去問題の再出題が多い。
NW午前Ⅱ	シラバス全体から幅広く，難易度の高い問題が多く出題されている。過去問題の再出題が非常に多い。
SM午前Ⅱ	"ネットワーク方式"，"データ通信と制御"，"通信プロトコル"からの出題例があり，LANの基本的な内容が多い。"ネットワーク管理"，"ネットワーク応用"のからの出題例はない。
SC午前Ⅱ	シラバス全体から幅広く出題されており，比較的，難易度の高いIPとTCPに関する出題が多い。過去問題の再出題も目立つ。

出題実績（H21年以降）

小分類	出題実績のある主な用語・キーワード
ネットワーク方式	SAN，有線LAN，無線LAN，伝送速度，呼量，IP，DNS，NAT，NAPT，RADIUS
データ通信と制御	OSI基本参照モデル，ZigBee，NFC，ネットワーク機器（ルータ，スイッチ），プロキシ，CSMA/CD，ルーティングプロトコル（RIP，OSPF，BGP）

小分類	出題実績のある主な用語・キーワード
通信プロトコル	ARP, PPP, PPPoE, ICMP, DHCP, VLAN, VXLAN, ブロードキャスト, マルチキャスト, サブネットマスク, ホストアドレス, ネットワークアドレス, IPv6, TCP, UDP, Web (HTTP, WebDAV, SOAP), 電子メール (POP3, IMAP4, SMTP), FTP
ネットワーク管理	SNMP, SDN, OpenFlow, NFV
ネットワーク応用	IP電話, VPN, Wi-SUN, MQTT

10-1 ● ネットワーク方式

問148　外部記憶装置の専用ネットワーク

磁気ディスク装置や磁気テープ装置などの外部記憶装置とサーバを，通常のLANとは別の高速な専用ネットワークで接続してシステムを構成するものはどれか。

ア　DAFS　　イ　DAS　　ウ　NAS　　エ　SAN

[SM-R3年春 問24・SA-H30年秋 問22・SA-H28年秋 問22・
SA-H25年秋 問23・SM-H25年秋 問23・
SA-H23年秋 問22・NW-H23年秋 問7]

■ 解説 ■

　これは**エ**の**SAN**（Storage Area Network）で，通常のLANとは別にストレージデバイス共有のために構築したネットワークである。ブロック単位でのファイルアクセスを行うため，高速にファイル転送ができる長所がある。

　アの**DAFS**（Direct Access File System）は，NFSv4をベースとするネットワークファイルシステムのプロトコルである。

　イの**DAS**（Direct Attached Storage）は，コンピュータ本体に内蔵又は接続されたストレージである。

　ウの**NAS**（Network Attached Storage）は，イーサネット等の一般的なLANに接続したストレージで，複数のコンピュータから共有できるよ

うにしたものである。ファイルレベルの共有であるため、通信のオーバヘッドが大きい等の短所がある。

《答：エ》

問149　無線LANの隠れ端末問題

無線LANの隠れ端末問題の説明として，適切なものはどれか。

- ア　アクセスポイントがSSIDステルス機能を用いてビーコン信号を止めることによって，端末から利用可能なSSIDが分からなくなる問題
- イ　端末がアクセスポイントとは通信できるが，他の端末のキャリアを検出できない状況にあり，送信フレームが衝突を起こしやすくなる問題
- ウ　端末が別のアクセスポイントとアソシエーションを確立することによって，その端末が元のアクセスポイントからは見えなくなる問題
- エ　複数の端末が同時にフレームを送信したとき，送信した端末が送信フレームの衝突を検出できない問題

[SC-H31年春 問18]

■ 解説 ■

イが適切である。無線LANで利用されるCSMA/CA（搬送波検知多重アクセス／衝突回避方式）では，端末は他のホストが送出する電波の有無を確認し，通信中でなければ，少し間を置いて自身の通信を開始する。

図のように，端末Bがアクセスポイントと通信中であるとする。端末Cには端末Bの電波が届くので，端末Bの通信が終わるまで，端末Cは通信を開始しない。しかし，端末Aは端末Bが通信中であると分からないため，送信を開始しようとして，両者の電波が衝突する可能性が高まる。

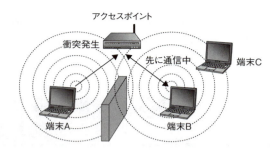

アは適切でない。SSIDのステルス機能は，SSIDの存在を分かりにくくして，部外者が無線LANに不正接続するリスクを減らすために利用される。

ウは適切でない。端末が別のアクセスポイントとアソシエーション（接続）を確立すれば，他のアクセスポイントから見えなくなることは正常である。

エは適切でない。有線LANと異なり，電波を用いる無線LANでは，複数の端末が送出したフレームの衝突を直接的に検出する仕組みがない。受信側がACK(肯定応答)を返すことになっており，ACKが返ってこなければ，送信失敗（衝突以外の原因も含む）と判断する。

《答：イ》

問 150　伝送時間

図のようなネットワーク構成のシステムにおいて，同じメッセージ長のデータをホストコンピュータとの間で送受信した場合のターンアラウンドタイムは，端末 A では 100 ミリ秒，端末 B では 820 ミリ秒であった。上り，下りのメッセージ長は同じ長さで，ホストコンピュータでの処理時間は端末 A，端末 B のどちらから利用しても同じとするとき，端末 A からホストコンピュータへの片道の伝送時間は何ミリ秒か。ここで，ターンアラウンドタイムは，端末がデータを回線に送信し始めてから応答データを受信し終わるまでの時間とし，伝送時間は回線速度だけに依存するものとする。

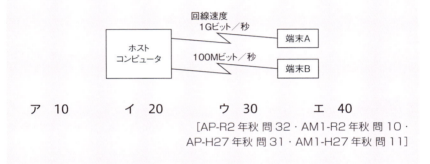

ア　10　　　イ　20　　　ウ　30　　　エ　40

[AP-R2 年秋 問 32・AM1-R2 年秋 問 10・
AP-H27 年秋 問 31・AM1-H27 年秋 問 11]

解説

端末 A を接続している回線速度は，端末 B を接続している回線速度の 10 倍である。そのため，端末 B の片道の伝送時間は，端末 A の片道の伝送時間の 10 倍である。

そこで，端末 A の片道の伝送時間を x ミリ秒，ホストコンピュータでの処理時間を y ミリ秒とすると，連立方程式 $\begin{cases} 2x + y = 100 \\ 20x + y = 820 \end{cases}$ が成り立つ。これを解くと，$x = 40$，$y = 20$ となる。したがって，端末 A の片道の伝送時間は **40** ミリ秒である。

《答：エ》

問 151　論理回線の多重度

図のネットワークで，数字は二つの地点間で同時に使用できる論理回線の多重度を示している。X 地点から Y 地点までには同時に最大幾つの論理回線を使用することができるか。

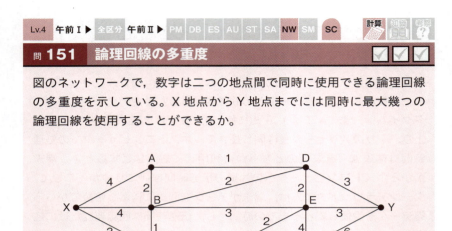

ア　8　　　イ　9　　　ウ　10　　　エ　11

[NW-R3 年春 問 4・NW-H28 年秋 問 3・NW-H24 年秋 問 4・NW-H22 年秋 問 2]

■ 解説 ■

n 本の論理回線を同時に使用するには，X・Y 間の任意の断面における多重度の合計が，n 以上であることが必要である。

A－B－C のすぐ右側で断面を取ると，多重度の合計は 1 + 2 + 3 + 4 = 10 である。つまり，同時に 11 回線を使用することは不可能である。

次に，実際に 10 回線を使用できるかどうか確かめる。X－A－D－Y で 1 回線，X－A－B－D－Y で 2 回線，X－B－E－Y で 3 回線，X－B－C－F－E－G－Y で 1 回線，X－C－F－G－Y で 3 回線の同時使用ができるから，最大で合計 **10** 回線が使用できることが分かる。

《答：ウ》

Lv.3 午前Ⅰ ▶ 全区分 午前Ⅱ ▶ PM DB ES AU ST SA NW SM SC

問 152 IPv6 がもつ特徴

IPv6 がもつ特徴のうち，既に IPv4 でもっているものはどれか。

ア 128 ビットの IP アドレスをサポートしている。

イ IP アドレスの表記において，0 が連続する場合は簡略化することができる。

ウ パケットが無限に中継されることを防ぐことができる。

エ フローラベルによって，動画などのリアルタイムトラフィックの転送を行うことができる。

[AU-H31 年春 問 18]

■ 解説 ■

ウが，既に IPv4 でもっている特徴である。パケットには転送回数の上限を設定するフィールド（IPv4 は TTL（Time To Live），IPv6 は Hop Limit）がある。これに適当な値を設定してパケットを送信すると，ルータで中継されるごとに 1 減算されていく。パケットがループして無限に中継されないよう，値が 0 になったら破棄される。

アは，IPv6 だけの特徴である。IP アドレスの長さは，IPv4 は 32 ビット，IPv6 は 128 ビットである。

イは，IPv6 だけの特徴である。IPv6 の IP アドレスは，16 ビットごとに区切り，16 進数で 8 個の値をコロンで区切る表記が推奨されている。このとき連続する 1 個以上の 0 は 1 箇所に限って「::」と簡略化できる。例えば，「fe80:0:0:0:f:acff:fea9:18」は「fe80::f:acff:fea9:18」，「0:0:0:0:0:0:0:1」は「::1」と書ける。

エは，IPv6 だけの特徴である。フローラベルフィールドに 0 以外の値を設定すると，ルータは同じ値のパケットを同じ経路で転送する。パケットの到着順序が入れ替わる事態が減って，リアルタイム性の確保に寄与する。

《答：ウ》

Lv.4 　午前Ⅰ ▶ 全区分 午前Ⅱ ▶ | PM | DB | ES | AU | ST | SA | **NW** | SM | **SC** 　　知識

問 **153** 　DNS でのホスト名と IP アドレスの対応付け ☑ ☑ ☑

DNS でのホスト名と IP アドレスの対応付けに関する記述のうち，適切なものはどれか。

ア　一つのホスト名に複数の IP アドレスを対応させることはできるが，複数のホスト名に同一の IP アドレスを対応させることはできない。

イ　一つのホスト名に複数の IP アドレスを対応させることも，複数のホスト名に同一の IP アドレスを対応させることもできる。

ウ　複数のホスト名に同一の IP アドレスを対応させることはできるが，一つのホスト名に複数の IP アドレスを対応させることはできない。

エ　ホスト名と IP アドレスの対応は全て 1 対 1 である。

[NW-R3 年春 問 9・NW-H30 年秋 問 7・
NW-H26 年秋 問 8・NW-H22 年秋 問 10]

■ **解説** ■

　DNS で一つのホスト名を複数の IP アドレスに対応させることは可能である。一つのホスト名に対応するサーバを複数台設置して，アクセス負荷分散を図る目的等で用いられる。

　逆に，一つの IP アドレスを複数のホスト名に対応させることも可能である。複数のドメインのウェブサイトやメールサーバを，1 台のサーバに収容して運用する場合等に用いられる。また，単にホスト名の別名（エイリアス）を付ける場合もある。

　よって，**イ** が適切である。

《答：イ》

192　Chapter 03 　技術要素

問 154　DNS の MX レコード

DNS の MX レコードで指定するものはどれか。

ア　エラーが発生したときの通知先のメールアドレス
イ　管理するドメインへの電子メールを受け付けるメールサーバ
ウ　複数の DNS サーバが動作しているときのマスタ DNS サーバ
エ　メーリングリストを管理しているサーバ

[NW-R3 年春 問 2・SC-H27 年秋 問 18・SC-H23 年秋 問 17]

■ 解説 ■

イが，DNS の **MX**（Mail Exchanger）**レコード**で指定するもので，メールアドレスのドメイン名(@ の右側部分)に対応するメールサーバ(SMTPサーバ) のホスト名を指定する。DNS に登録されているホスト情報をリソースレコードといい，用途に応じて様々なレコードタイプがあり，MX レコードもその一つである。

ア，**ウ**，**エ**は DNS で指定するものではない。

《答：イ》

問 155　グローバル IP アドレスを共有する仕組み

TCP，UDP のポート番号を識別し，プライベート IP アドレスとグローバル IP アドレスとの対応関係を管理することによって，プライベートIP アドレスを使用する LAN 上の複数の端末が，一つのグローバル IP アドレスを共有してインターネットにアクセスする仕組みはどれか。

ア　IP スプーフィング　　　　イ　IP マルチキャスト
ウ　NAPT　　　　　　　　　　エ　NTP

[AP-R2 年秋 問 34・AM1-R2 年秋 問 11・AP-H28 年秋 問 34・
SM-H23 年秋 問 23・ES-H21 年春 問 18・AU-H21 年春 問 18]

■ 解説 ■

これは**ウ**の **NAPT**（Network Address Port Translation）で，IPマスカレードともいう。IPアドレスとポート番号の組をインターネット側とLAN側で付け替えることで，グローバルIPアドレスの個数より多い台数のLAN側端末が，同時にインターネット側にアクセスできる。グローバルIPアドレスの個数を節約するために利用される。

IPアドレスのみ変換してポート番号を変換しない，NAT（Network Address Translation）もある。NATでは，同時にインターネットにアクセスできるLAN側端末数は，グローバルIPアドレスの個数が上限となる。

アの **IPスプーフィング**は，パケットの送信元IPアドレスを偽装することである。

イの **IPマルチキャスト**は，IPネットワーク上で一つのパケットを複数の相手に一度に送信することである。

エの **NTP**（Network Time Protocol）は，コンピュータが時刻の正確性を保証されたタイムサーバと通信して，時刻の同期をとるためのプロトコルである。

《答：ウ》

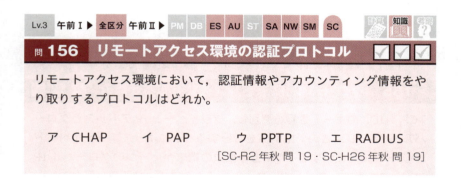

問 156　リモートアクセス環境の認証プロトコル

リモートアクセス環境において，認証情報やアカウンティング情報をやり取りするプロトコルはどれか。

ア　CHAP　　イ　PAP　　ウ　PPTP　　エ　RADIUS

[SC-R2年秋 問19・SC-H26年秋 問19]

■ 解説 ■

これは**エ**の **RADIUS**（Remote Authentication Dial In User Service）で，リモートアクセス環境でのユーザ認証を一元管理するプロトコルである。公衆無線LANなどの会員制接続サービスで，ユーザ認証に広く利用されている。多数のアクセスポイントがあっても，アクセスポイントごとにユーザ情報を登録，管理する必要がなくなる。

アの **CHAP**（Challenge Handshake Authentication Protocol）は，PPP や PPPoE による 2 点間のリンク確立後，チャレンジ・レスポンス方式でユーザ認証するプロトコルである。パスワードそのものをネットワークに流さないので，セキュリティに優れている。

イの **PAP**（Password Authentication Protocol）は，PPP や PPPoE による 2 点間のリンク確立後，ID とパスワードをサーバに送ってユーザ認証するプロトコルである。パスワードが平文のままネットワークを流れるので，セキュリティは劣る。

ウの **PPTP**（Point-to-Point Tunneling Protocol）は，TCP/IP による 2 者間の通信において，仮想的な専用通信路（VPN）を設定して暗号通信を行うプロトコルである。

《答：エ》

10-2 ● データ通信と制御

Lv.4　午前Ⅰ▶　全区分 午前Ⅱ▶ PM DB ES AU ST SA **NW** SM **SC**

知識

問 157　高速無線通信の多重化方式

高速無線通信で使われている多重化方式であり，データ信号を複数のサブキャリアに分割し，各サブキャリアが互いに干渉しないように配置する方式はどれか。

　　ア　CCK　　　　イ　CDM　　　　ウ　OFDM　　　エ　TDM

[NW-H30 年秋 問 1・NW-H28 年秋 問 2・
NW-H24 年秋 問 2・NW-H22 年秋 問 3]

■ 解説 ■

これは**ウ**の **OFDM**（Orthogonal Frequency Division Multiplexing：直交周波数分割多重）である。図のように一つのチャネルを複数の周波数の電波（サブキャリア）で構成し，データをサブキャリアに乗せることで高速通信を実現する。異なるサブキャリアの中心周波数を近接させて帯域をオーバラップさせながら，干渉せずに識別できるよう配置して周波数帯域の節約を図っている。IEEE 802.11a/g/n/ac/ad 規格の無線 LAN 等に

用いられている。

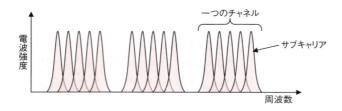

　アの **CCK**（Complementary Code Keying：相補型符号変調）は，IEEE 802.11b 規格の無線 LAN で用いられる変調方式である。

　イの **CDM**（Code Division Multiplexing：符号分割多重）は，複数の信号に数学的処理を施してひとまとめにして，一つの周波数の電波に乗せて送る方式である。

　エの **TDM**（Time Division Multiplexing：時分割多重）は，電波をごく短い時間で区切って，複数の信号を送る方式である。

《答：ウ》

問158　無線 LAN の周波数帯域

日本国内において，無線 LAN の規格 IEEE 802.11n 及び IEEE 802.11ac で使用される周波数帯の組合せとして，適切なものはどれか。

	IEEE 802.11n	IEEE 802.11ac
ア	2.4GHz 帯	5GHz 帯
イ	2.4GHz 帯，5GHz 帯	2.4GHz 帯
ウ	2.4GHz 帯，5GHz 帯	5GHz 帯
エ	5GHz 帯	2.4GHz 帯，5GHz 帯

[NW-R3 年春 問 15・SC-H30 年秋 問 20]

■ 解説 ■

　無線 LAN の主な規格と周波数帯は次のとおりである。同じ周波数帯でも，規格によって周波数の厳密な範囲は多少異なる。

規格	2.4GHz帯	5GHz帯
IEEE 802.11	○	
IEEE 802.11a		○
IEEE 802.11b	○	
IEEE 802.11g	○	
IEEE 802.11j		○
IEEE 802.11n（Wi-Fi 4）	○	○
IEEE 802.11ac（Wi-Fi 5）		○
IEEE 802.11ax（Wi-Fi 6）	○	○

《答：ウ》

問159 ZigBee

ZigBeeの特徴はどれか。

ア　2.4GHz帯を使用する無線通信方式であり，一つのマスタと最大七つのスレーブから成るスター型ネットワークを構成する。

イ　5.8GHz帯を使用する近距離の無線通信方式であり，有料道路の料金所のETCなどで利用されている。

ウ　下位層にIEEE 802.15.4を使用する低消費電力の無線通信方式であり，センサネットワークやスマートメータなどへの応用が進められている。

エ　広い周波数帯にデータを拡散することによって高速な伝送を行う無線通信方式であり，近距離での映像や音楽配信に利用されている。

[AU-R3年秋 問22・NW-H29年秋 問1・
NW-H27年秋 問2・NW-H22年秋 問1]

■ 解説 ■

　ウが ZigBee の特徴である。これは，物理層のプロトコルにIEEE 802.15.4を用いる，低消費電力，近距離の無線通信規格である。伝送速度は20～250kビット／秒で低速であり，数か月から数年の電池寿命をもたせることができ，理論上は最大65,535個の端末を用いてZigBeeネッ

トワークを構成できる。この特徴から，多数のセンサを配置してデータを収集するセンサネットワークに用いることができる。

アは Bluetooth，**イ**は DSRC（Dedicated Short Range Communication），**エ**は UWB（Ultra Wide Band）の特徴である。

《答：ウ》

| Lv.3 | 午前Ⅰ ▶ | 全区分 午前Ⅱ ▶ | PM | DB | ES | AU | ST | SA | NW | SM | SC | 知識 |

問 160　スイッチングハブと同等の機能をもつ装置 ✓ ✓ ✓

CSMA/CD 方式の LAN で使用されるスイッチングハブ（レイヤ 2 スイッチ）は，フレームの蓄積機能，速度変換機能や交換機能をもっている。このようなスイッチングハブと同等の機能をもち，同じプロトコル階層で動作する装置はどれか。

ア　ゲートウェイ	イ　ブリッジ
ウ　リピータ	エ　ルータ

[AP-H30 年秋 問 32・AM1-H30 年秋 問 11・AP-H28 年春 問 33・
AM1-H28 年春 問 11・AP-H24 年春 問 32・AM1-H24 年春 問 12]

■ 解説 ■

　これは**イ**の**ブリッジ**である。**スイッチングハブ**は，OSI 基本参照モデルの第 2 層（データリンク層）で動作するネットワーク中継装置である。ブリッジもデータリンク層でフレームの中継を行う。

　アの**ゲートウェイ**は，主に第 4 層（トランスポート層）以上の階層で，プロトコル変換を伴う中継を行う装置である。

　ウの**リピータ**は，第 1 層（物理層）で動作し，電気信号を整形，増幅した上で中継する装置である。

　エの**ルータ**は，第 3 層（ネットワーク層）で動作し，パケットの宛先（TCP/IP ネットワークでは IP アドレス）を参照して，適切な方向へ転送を行う装置である。

《答：イ》

198　Chapter 03　技術要素

Lv.3 午前Ⅰ ▶ 全区分 午前Ⅱ ▶ PM DB ES AU ST SA NW SM SC 知識

問 **161**　複数のポートを束ねて一つの論理ポートとして扱う技術 ☑☑☑

スイッチングハブ同士を接続する際に，複数のポートを束ねて一つの論理ポートとして扱う技術はどれか。

　ア　MIME　　　　　　　　　　イ　MIMO
　ウ　マルチパート　　　　　　　エ　リンクアグリゲーション

[SC-R3 年春 問 19・SM-H30 年秋 問 22・
SM-H28 年秋 問 22・NW-H22 年秋 問 7]

■ **解説** ■

　これは，**エ**の**リンクアグリゲーション**で，IEEE 802.3ad として規格化されている。スイッチングハブのほか，レイヤ 2 スイッチ，レイヤ 3 スイッチ，ルータ等で，リンクアグリゲーションに対応したネットワーク機器で利用できる。利点として，複数の物理回線を論理的に 1 本の回線として使用することで，通信速度を上げることができること，物理回線が冗長化され，一部の回線に障害が発生しても残りの回線で通信を継続できることが挙げられる。

　アの**MIME**（Multipurpose Internet Mail Extensions）は，本来テキストデータしか扱えない電子メールで，様々なデータを交換可能とするための規格である。

　イの**MIMO**（Multiple Input Multiple Output）は，無線通信において複数のアンテナを並列に装備して通信することで，全体として伝送速度を向上させる技術である。

　ウの**マルチパート**は，1 通の電子メールに複数個のテキストやデータを入れるための規格である。

《答：エ》

テーマ 10　ネットワーク　**199**

問 162　IP アドレスと MAC アドレスの対応付け

図のような 2 台のレイヤ 2 スイッチ，1 台のルータ，4 台の端末から成る IP ネットワークで，端末 A から端末 C に通信を行う際に，送付されるパケットの宛先 IP アドレスである端末 C の IP アドレスと，端末 C の MAC アドレスとを対応付けるのはどの機器か。ここで，ルータ Z においてプロキシ ARP は設定されていないものとする。

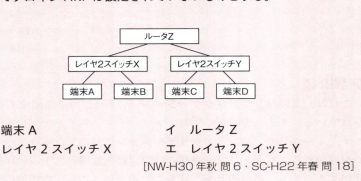

ア　端末 A　　　　　　　　　イ　ルータ Z
ウ　レイヤ 2 スイッチ X　　　エ　レイヤ 2 スイッチ Y

[NW-H30 年秋 問 6・SC-H22 年春 問 18]

■ 解説 ■

端末 A，端末 C，ルータ Z（左側，右側）について，IP アドレスと MAC アドレスを図のように仮定する（実際は数値であるが，文字で代用している）。

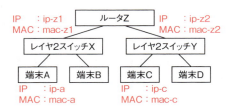

端末 A から端末 C へパケットを送る際の動作は，次のようになる。

①端末 A が端末 C への IP パケットを作る。

送信元 IP = ip-a	送信先 IP = ip-c	データ

②端末 A は，端末 C が自身と同一のサブネットにないので，IP パケットをデフォルトゲートウェイであるルータ Z へ送ることとする。送信元 MAC アドレスを mac-a，送信先 MAC アドレスを mac-z1 とするイーサネットフレームを作り，IP パケットをその中に入れる。

送信元 MAC = mac-a	送信先 MAC = mac-z1	送信元 IP = ip-a	送信先 IP = ip-c	データ

③端末 A はこのイーサネットフレームをルータ Z へ送り，ルータ Z が受け取る。ルータ Z は IP パケットを取り出して，送信先 IP アドレス（ip-c）とルーティングテーブルから，右側のサブネットへ転送すべきであると判断する。

④ルータ Z は，端末 C が右側のサブネットにあるので，IP パケットを端末 C へ送ることとする。送信元 MAC アドレスを mac-z2，送信先 MAC アドレスを mac-c とするイーサネットフレームを作り，IP パケットをその中に入れる。

送信元 MAC = mac-z2	送信先 MAC = mac-c	送信元 IP = ip-a	送信先 IP = ip-c	データ

⑤ルータ Z はこのイーサネットフレームを端末 C へ送り，端末 C が受け取って IP パケットを取り出し，データを取り出す。

よって，**ルータ Z** が端末 C の IP アドレス（ip-c）と MAC アドレス（mac-c）を対応付けて，イーサネットフレームを作っている。

《答：イ》

| Lv.3 | 午前 I ▶ | 全区分 | 午前 II ▶ | PM | DB | ES | AU | ST | SA | NW | SM | SC |

問163　コリジョンの伝搬とブロードキャストフレームの中継 ☑ ☑ ☑

イーサネットにおいて，ルータで接続された二つのセグメント間でのコリジョンの伝搬と，宛先 MAC アドレスの全てのビットが 1 であるブロードキャストフレームの中継について，適切な組合せはどれか。

	コリジョンの伝搬	ブロードキャストフレームの中継
ア	伝搬しない	中継しない
イ	伝搬しない	中継する
ウ	伝搬する	中継しない
エ	伝搬する	中継する

[SC-R3 年秋 問 19・SC-H29 年秋 問 18・SC-H23 年特 問 16]

■ 解説 ■

フレームは，セグメント（ルータを境界として区切られる LAN の範囲）内で伝送されるデータのまとまりであり，ルータを越えて中継されない。フレーム中のデータを他のセグメントに送るには，ルータがフレームを受け取り，送信元 MAC アドレスや送信先 MAC アドレスを付け替えて新たなフレームとして転送する。

コリジョン（衝突）は，二つのセグメント間で伝搬しない。これはセグメント内の複数のホストが，ほぼ同時にフレームを送出したときに生じる信号の混信である。ホストがコリジョン発生を検知したら，フレーム送出を停止する。さらにジャム信号を送出してコリジョン発生をセグメント内に通知し，他のホストにもフレーム送出の停止を求める。

ブロードキャストフレームは，二つのセグメント間で中継されない。これはセグメント内の全てのホストに受信させることを意図して送出されるフレームで，ルータを越えて中継されないことは，ユニキャストフレーム（特定の一つのホストに宛てて送出されるフレーム）と同様である。

《答：ア》

202　Chapter 03　技術要素

Lv.3 午前Ⅰ ▶ 全区分 午前Ⅱ ▶ PM DB ES AU ST SA NW SM SC

問 164　Automatic MDI/MDI-X

ネットワーク機器のイーサネットポートがもつ機能である Automatic MDI/MDI-X の説明として，適切なものはどれか。

ア　接続先ポートの受信不可状態を自動判別して，それを基に自装置からの送信を止める機能

イ　接続先ポートの全二重・半二重を自動判別して，それを基に自装置の全二重・半二重を変更する機能

ウ　接続先ポートの速度を自動判別して，それを基に自装置のポートの速度を変更する機能

エ　接続先ポートのピン割当てを自動判別して，ストレートケーブル又はクロスケーブルのいずれでも接続できる機能

[NW-R3 年春 問 1・NW-H28 年秋 問 1]

■ 解説 ■

エが，**Automatic MDI/MDI-X** の説明である。MDI と MDI-X は，PC やネットワーク機器（ハブ等）のイーサネットポート（LAN ケーブルの差込み口）にある，8 個のピンの送受信の割当て方式である。MDI は PC などに用いられ，1，2 番ピンが送信，3，6 番ピンが受信である。MDI-X はハブなどに用いられ，1，2 番ピンが受信，3，6 番ピンが送信である（100Base-TX の場合で，4，5，7，8 番ピンは通信に使用しない）。

送信ピンと受信ピンを対応させるため，MDI と MDI-X（PC とハブ）を接続するときは，ストレートケーブルを使用する。MDI 同士（PC 同士）又は MDI-X 同士（ハブ同士）を接続するときは，交差するように配線したクロスケーブルを使用する。用いるケーブルを間違えると，本来は通信できない。

しかし，Automatic MDI/MDI-X 機能を備えた PC やネットワーク機器は，ポートのピン割当てを自動判別でき，本来と異なるケーブルを接続しても，内部的に信号を入れ替えて正常に通信できる仕組みになっている。

テーマ 10　ネットワーク　　203

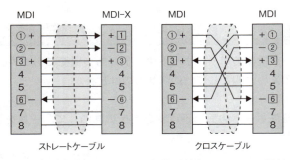

○は送信，□は受信のピンで，＋と－は極性を表す（100Base-TX の場合）

アは，ネットワーク機器が一般的にもつ機能であり，特に名称はないと考えられる。

イ，ウは，オートネゴシエーションの説明である。

《答：エ》

問 165　ネットワークの制御

ネットワークの制御に関する記述のうち，適切なものはどれか。

ア　TCP では，ウィンドウサイズが固定で輻輳(ふくそう)回避ができないので，輻輳が起きると，データに対してタイムアウト処理が必要になる。

イ　誤り制御方式の一つであるフォワード誤り訂正方式は，受信側で誤りを検出し，送信側にデータの再送を要求する方式である。

ウ　ウィンドウによるフロー制御では，応答確認があったブロック数だけウィンドウをずらすことによって，複数のデータをまとめて送ることができる。

エ　データグラム方式では，両端を結ぶ仮想の通信路を確立し，以降は全てその経路を通すことによって，経路選択のオーバヘッドを小さくしている。

[NW-R1 年秋 問 11・NW-H29 年秋 問 11・
NW-H26 年秋 問 14・NW-H21 年秋 問 15]

■ 解説 ■

アは適切ではなく，**ウ**は適切である。TCP では信頼性の高いデータ通信を実現するため，パケットの応答（到達）確認を行っている。しかし，パケット 1 個ごとに応答確認して次のパケットを送ると，通信速度が低下する問題がある。**ウィンドウ制御**は，この問題の解決のため，幾らか連続してパケットを送り，まとめて応答確認できる仕組みである。ただし，大量のデータを一気に送ると輻輳が起こるので，フロー制御によって受信側ホストがデータ流入量を制御できる。**ウィンドウサイズ**は，連続して送れるデータ量の上限値で，送信側と受信側の間に TCP コネクションを確立するときに受信側ホストが指定する。

イは適切でない。**フォワード誤り訂正**（前方誤り訂正，自己誤り訂正）は，送信側がデータに冗長データを付加して送信することで，受信側で誤り訂正を可能とする方式である。**バックワード誤り訂正**（後方誤り訂正，再送誤り訂正）は，受信側で誤りを検出して，再送要求する方式である。

エは適切でない。**データグラム方式**は，送信側と受信側の間に通信路を確立せず，到達確認せずに一方的にパケットを送る方式である。

《答：ウ》

| Lv.4 | 午前Ⅰ ▶ | 全区分 | 午前Ⅱ ▶ | PM | DB | ES | AU | ST | SA | NW | SM | SC | | 知識 | |

問 166　トラフィック制御方式

ネットワークの QoS を実現するために使用されるトラフィック制御方式に関する説明のうち，適切なものはどれか。

ア　通信を開始する前にネットワークに対して帯域などのリソースを要求し，確保の状況に応じて通信を制御することを，アドミッション制御という。

イ　入力されたトラフィックが規定された最大速度を超過しないか監視し，超過分のパケットを破棄するか優先度を下げる制御を，シェーピングという。

ウ　パケットの送出間隔を調整することによって，規定された最大速度を超過しないようにトラフィックを平準化する制御を，ポリシングという。

エ　フレームの種類や宛先に応じて優先度を変えて中継することを，ベストエフォートという。

[NW-R3 年春 問 6・NW-H30 年秋 問 3・NW-H28 年秋 問 5・
NW-H23 年秋 問 6・NW-H21 年秋 問 5・SC-H21 年秋 問 16]

■ 解説 ■

インターネットの基盤プロトコルである IP などは，元来，フレーム（パケット）の到達順序や到達時間を保証していない。ネットワークの **QoS**（Quality of Service）は，動画のストリーミング配信や IP 電話のように，データ量が多く，リアルタイム性を要求される通信において，一定以上の通信速度を確保し，品質を保証するための技術である。

アはアドミッション制御の説明として適切である。

イと**ウ**は逆で，**イ**がポリシング，**ウ**がシェーピングの説明である。いずれも帯域制御の方法で，中継装置において入力トラフィックを適切に処理して，出力トラフィックを調整する技術である。

エは優先制御の説明である。一般的には，リアルタイム性を要求される通信のフレームに，高い優先度を設定することになる。これは通信の種類による相対的な制御を行うもので，高い優先度を設定しても，必要な通信速度が得られるとは限らない。

《答：ア》

206　Chapter 03　技術要素

Lv.4 午前Ⅰ ▶ 全区分 午前Ⅱ ▶ PM DB ES AU ST SA **NW** SM **SC**

問 **167** 自律システム間の経路制御プロトコル ☑ ☑ ☑

自律システム間の経路制御に使用されるプロトコルはどれか。

ア　BGP-4　　イ　OSPF　　ウ　RIP　　エ　RIP-2

[NW-R3 年春 問 8]

■ **解説** ■

　これは，**ア**の **BGP-4**（Border Gateway Protocol 4）で，**自律システム**（AS：Autonomous System）間の経路制御プロトコルの事実上の標準である。AS は ISP などの組織が一定のルーティングポリシーに基づいて運営する IP ネットワークの単位で，AS が相互に接続してインターネットが構成されている。

　イ，**ウ**，**エ**は，AS 内部で用いられる経路制御プロトコルである。

　イの **OSPF**（Open Shortest Path First）は，ノード間のリンクに設定されたコストの合計値が最小となる経路を選択するリンクステート方式のルーティングプロトコルである。

　ウの **RIP**（Routing Information Protocol）は，経由ルータ数が最小となる経路を選択する距離ベクトル方式のルーティングプロトコルである。

　エの **RIP-2** は，RIP を改良したプロトコルである。

《答：ア》

午前Ⅱ

PM
DB
ES
AU
ST
SA
NW
SM
SC

テーマ 10　ネットワーク　**207**

問168　OSPF

図は、OSPFを使用するルータa～iのネットワーク構成を示す。拠点1と拠点3の間の通信はWAN1を、拠点2と拠点3の間の通信はWAN2を通過するようにしたい。xとyに設定するコストとして、適切な組合せはどれか。ここで、図中の数字はOSPFコストを示す。

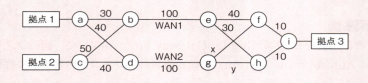

	x	y
ア	20	20
イ	30	30
ウ	40	40
エ	50	50

[NW-R1年秋 問2・NW-H28年秋 問4・NW-H25年秋 問4・
NW-H23年秋 問5・NW-H21年秋 問4]

■ 解説 ■

OSPF（Open Shortest Path First）は、自律システム（AS）内部で用いられる経路選択プロトコルである。リンクステート方式のアルゴリズムを採用しており、なるべく帯域幅の大きな経路で通信しようとする考え方である。帯域幅は、隣接ノードごとにコストとして設定され、値が小さいほど帯域幅が大きいことを示す。経路上のコスト合計が最小となるよう、経路が選択されることになる。

そこで、拠点1～拠点3、拠点2～拠点3について、考え得る経路ごとにコストを計算する。経路の一部については、その部分のコストを考えることで、候補から外すことができる。

- aからb, aからd, cからb, cからdへの各経路は、直結路を採用する。直結路のコストが、迂回路のコストより小さいためである（aからb

への経路であれば，その迂回路は a ～ d ～ c ～ b である）。

- e から i への経路には，四つがある。e ～ f ～ i（コスト = 50），e ～ f ～ g ～ h ～ i（コスト = x + y + 50），e ～ h ～ i（コスト = 40），e ～ h ～ g ～ f ～ i（コスト = x + y + 40）である。このうちコストが最小である経路 e ～ h ～ i を採用する。

- g から i への経路には，四つがある。g ～ h ～ i（コスト = y + 10），g ～ h ～ e ～ f ～ i（コスト = y + 80），g ～ f ～ i（コスト = x + 10），g ～ f ～ e ～ h ～ i（コスト = x + 80）である。このうち，コストが最小となる可能性がある経路 g ～ h ～ i 及び g ～ f ～ i を候補として残す。

■ 拠点 1 と拠点 3 の間の通信

経　路	コスト
拠点 1 ～ a ～ b ～（WAN1）～ e ～ h ～ i ～拠点 3	30 + 100 + 30 + 10 = 170
拠点 1 ～ a ～ d ～（WAN2）～ g ～ h ～ i ～拠点 3	40 + 100 + y + 10 = y + 150
拠点 1 ～ a ～ d ～（WAN2）～ g ～ f ～ i ～拠点 3	40 + 100 + x + 10 = x + 150

通信が WAN1 を経由するための条件は，170 < y + 150 かつ 170 < x + 150 である。

■ 拠点 2 と拠点 3 の間の通信

経　路	コスト
拠点 2 ～ c ～ b ～（WAN1）～ e ～ h ～ i ～拠点 3	50 + 100 + 30 + 10 = 190
拠点 2 ～ c ～ d ～（WAN2）～ g ～ h ～ i ～拠点 3	40 + 100 + y + 10 = y + 150
拠点 2 ～ c ～ d ～（WAN2）～ g ～ f ～ i ～拠点 3	40 + 100 + x + 10 = x + 150

通信が WAN2 を経由するための条件は，y + 150 < 190 又は x + 150 < 190 である。

選択肢のうち，以上の条件を満たすのは，x = **30**，y = **30** としている**イ**である。

《答：イ》

テーマ 10 ネットワーク　**209**

Lv.3　午前Ⅰ▶　全区分 午前Ⅱ▶　PM　DB　ES　AU　ST　SA　NW　SM　SC　　知識

問169　距離ベクトル方式を用いる経路制御プロトコル

ネットワークの経路制御プロトコルのうち，IPv6 ネットワークに使用され，距離ベクトル方式を用いているものはどれか。

ア　BGP-4　　イ　OSPFv3　　ウ　RIP-2　　エ　RIPng

[AU-H28 年春 問 18]

■ 解説 ■

経路制御プロトコル（ルーティングプロトコル）は，IP ネットワークで自ホストから相手ホストまでの通信経路の選択方法を定めたプロトコルで，様々なものがある。

アの **BGP-4**（Border Gateway Protocol version 4）は，AS（自律システム：一つの管理主体の配下にある IP ネットワーク）相互間の経路制御に用いられるプロトコルである。

イの **OSPFv3**（Open Shortest Path First version 3）は，IPv4 ネットワークで用いられる OSPFv2 を拡張して，IPv6 ネットワークに対応したリンクステート方式の経路制御プロトコルである。AS 内部において，隣接ノード間の帯域幅に応じてコストを設定し（帯域幅が大きいほどコストを小さくする），コストの合計が最小となる経路を選択する。

ウの **RIP-2**（RIPv2：Routing Information Protocol version 2）は，RIP（RIPv1）を拡張した，IPv4 ネットワークで用いられる距離ベクトル方式の経路制御プロトコルである。ホップ数（経由するルータの数）が最小となる経路を選択する。

エの **RIPng**（RIP next generation）は，RIP-2 を拡張した，IPv6 ネットワークで用いられる距離ベクトル方式のルーティングプロトコルである。

《答：エ》

Lv.3　午前Ⅰ ▶　全区分 午前Ⅱ ▶　PM　DB　ES　AU　ST　SA　NW　SM　SC

問 170　CSMA 方式の LAN 制御

CSMA/CA や CSMA/CD の LAN の制御に共通している CSMA 方式に関する記述として，適切なものはどれか。

- ア　キャリア信号を検出し，データの送信を制御する。
- イ　送信権をもつメッセージ（トークン）を得た端末がデータを送信する。
- ウ　データ送信中に衝突が起こった場合は，直ちに再送を行う。
- エ　伝送路が使用中でもデータの送信はできる。

[NW-R3 年春 問 5・NW-H30 年秋 問 2・SA-H27 年秋 問 22・
NW-H24 年秋 問 6・NW-H21 年秋 問 3]

■ 解説 ■

　CSMA/CA（搬送波検知多重アクセス／衝突回避）は IEEE 802.11 シリーズの無線 LAN，**CSMA/CD**（搬送波検知多重アクセス／衝突検知）はイーサネット LAN のアクセス制御方式である。

　アは適切で，**エ**は適切でない。CSMA（搬送波検知多重アクセス）の仕組みは次のとおりである。データを送信しようとするホストは，伝送路でデータを載せるキャリア信号（搬送波）を検出する。そこに他のデータが載っていれば，しばらく待つ。そうでなければ，自身のデータを載せて送信を開始する。なお，キャリア信号は，無線 LAN では電波であり，イーサネット LAN では電気的な信号である。

　イは適切でない。送信権によってアクセス制御を行うのは，トークンパッシング方式である。

　ウは適切でない。CSMA/CD 方式のイーサネット LAN では，LAN ケーブル上で他のホストが送出した信号と衝突（混信）する可能性がある。衝突を検出したらデータの送信を中断し，再度の衝突を避けるため，乱数で決めた時間だけ待ってから再送する。電波を使用する CSMA/CA 方式の無線 LAN では，直接的に衝突を検知する方法がないため，相手方から ACK（肯定応答）が届かなければデータが届かなかったとみなして再送する。

《答：ア》

テーマ 10　ネットワーク　**211**

10-3 通信プロトコル

問171 パケットのあて先

図のようなIPネットワークのLAN環境で,ホストAからホストBにパケットを送信する。LAN1において,パケット内のイーサネットフレームの宛先とIPデータグラムの宛先の組合せとして,適切なものはどれか。ここで,図中のMACn/IPmはホスト又はルータがもつインタフェースのMACアドレスとIPアドレスを示す。

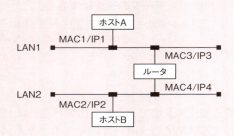

	イーサネットフレームの宛先	IPデータグラムの宛先
ア	MAC2	IP2
イ	MAC2	IP3
ウ	MAC3	IP2
エ	MAC3	IP3

[AP-H31年春 問33・AM1-H31年春 問11・AP-H26年秋 問31・AP-H22年秋 問34・AM1-H22年秋 問12]

■ 解説 ■

IPデータグラム(IPパケット)は,ホストAからホストBに届くまで不変であり,送信元IPアドレスはIP1(ホストAのIPアドレス),あて先IPアドレスはIP2(ホストBのIPアドレス)である。

IPデータグラムはイーサネットフレームのデータ部分に格納される。イーサネットフレームはLANごとに作成され,ルータを越えるときに送信元MACアドレス及びあて先MACアドレスが付け替えられる。

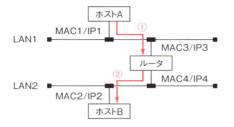

①のイーサネットフレーム

送信元 MAC アドレス = MAC1	あて先 MAC アドレス = MAC3	イーサネットフレームのデータ（＝IP データグラム）		
		送信元 IP アドレス＝ IP1	あて先 IP アドレス＝ IP2	IP データグラムのデータ

②のイーサネットフレーム

送信元 MAC アドレス = MAC4	あて先 MAC アドレス = MAC2	イーサネットフレームのデータ（＝IP データグラム）		
		送信元 IP アドレス＝ IP1	あて先 IP アドレス＝ IP2	IP データグラムのデータ

したがって，LAN1 におけるイーサネットフレームのあて先 MAC アドレスはルータの **MAC3** で，IP データグラムのあて先 IP アドレスはホスト B の **IP2** である。

《答：ウ》

| Lv.3 | 午前Ⅰ ▶ | 全区分 午前Ⅱ ▶ | PM | DB | ES | AU | ST | SA | NW | SM | SC |

問 172　ARP ☑☑☑

TCP/IP ネットワークにおける ARP の説明として，適切なものはどれか。

ア　IP アドレスから MAC アドレスを得るプロトコルである。

イ　IP ネットワークにおける誤り制御のためのプロトコルである。

ウ　ゲートウェイ間のホップ数によって経路を制御するプロトコルである。

エ　端末に対して動的に IP アドレスを割り当てるためのプロトコルである。

[AP-R3 年秋 問 32・AM1-R3 年秋 問 10・AP-H28 年秋 問 32・AM1-H28 年秋 問 11・AP-H24 年春 問 33・AM1-H24 年春 問 13]

■ 解説 ■

アが **ARP**（Address Resolution Protocol）の説明である。ARP は，IP アドレスから MAC アドレスを知るためのプロトコルである。MAC アドレスは，PC や通信機器のネットワークインタフェースに製造時に書き込まれた，48 ビットの固有の数値である。同一データリンク内でフレームを転送するのに先立って，ARP によって送信先 IP アドレスに対応する送信先 MAC アドレスを調べ，フレームの送信先 MAC アドレスを設定する。

イは ICMP，**ウ**は RIP，**エ**は DHCP の説明である。

《答：ア》

214　Chapter 03　技術要素

問 173　送信できるデータの最大長

IPv4 ネットワークで TCP を使用するとき，フラグメント化されることなく送信できるデータの最大長は何オクテットか。ここで TCP パケットのフレーム構成は図のとおりであり，ネットワークの MTU は 1,500 オクテットとする。また，（　）内はフィールド長をオクテットで表したものである。

| MACヘッダ (14) | IPヘッダ (20) | TCPヘッダ (20) | データ | FCS (4) |

ア　1,446　　　イ　1,456　　　ウ　1,460　　　エ　1,480

[NW-R3年春 問7]

■ 解説 ■

イーサネットフレーム，IP パケット（IP データグラム），TCP パケット（TCP セグメント）の構造は次のとおりである。

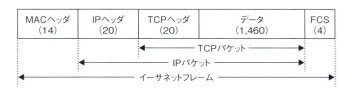

MTU（Maximum Transmission Unit）は IP パケットの最大長で，一般に 1,500 オクテット（バイト）である。フラグメント化（複数のパケットに分割）されることなく送信できるデータの最大長は，IP ヘッダと TCP ヘッダを除いて，1,500 − (20+20) = **1,460** オクテットとなる。

なお，イーサネットフレームの最大フレーム長は，MAC ヘッダと FCS（フレームチェックシーケンス）を加えて，1,518 オクテットとなる。

《答：ウ》

| Lv.4 | 午前Ⅰ ▶ | 全区分 午前Ⅱ ▶ | PM | DB | ES | AU | ST | SA | NW | SM | SC |

問 174　論理的なレイヤ 2 ネットワークを構築するプロトコル ☑ ☑ ☑

レイヤ 3 ネットワーク内に論理的なレイヤ 2 ネットワークをカプセル化によって構築するプロトコルはどれか。

ア　IEEE 802.1ad（QinQ）　　イ　IPsec
ウ　PPPoE　　　　　　　　　　エ　VXLAN

[SC-R3 年秋 問 18]

■ 解説 ■

　これは，**エ**の **VXLAN**（Virtual Extensible LAN）である。イーサネットフレームを UDP パケットとしてカプセル化して，異なるネットワーク（ルータ越しに存在するネットワーク）間をトンネリングすることで，仮想的な共通のレイヤ 2 ネットワークを構築できる。IEEE 802.1Q 規格のタグVLAN に比べて，多数の仮想ネットワークを作成でき，拡張性が高い。

　アの **IEEE 802.1ad**（**QinQ**）は，IEEE 802.1Q の拡張規格で，タグVLAN のタグを二重化したものである。一方を顧客やグループを識別するタグとして用いることで，VLAN タグの衝突や不足を避けられる。

　イの **IPsec** は，インターネット VPN で用いられる標準的な通信暗号化のプロトコルである。

　ウの **PPPoE**（Point to Point Protocol over Ethernet）は，常時接続環境でユーザ認証を行ってネットワーク接続を確立するデータリンク層のプロトコルである。

《答：エ》

Lv.3 午前Ⅰ▶ 全区分 午前Ⅱ▶ PM DB ES AU ST SA NW SM SC 計算

問 175　利用可能なホスト数　☑☑☑

クラス B の IP アドレスで，サブネットマスクが 16 進数の FFFFFF80 である場合，利用可能なホスト数は最大幾つか。

　ア　126　　　　イ　127　　　　ウ　254　　　　エ　255

[SC-R3 年秋 問 20・NW-H30 年秋 問 10・NW-H26 年秋 問 13]

■ 解説 ■

16 進表記のサブネットマスク FFFFFF80 を 2 進表記すると，11111111 11111111 11111111 10000000 であるから，ネットワーク部 25 ビット，ホスト部 7 ビットのサブネットであることが分かる。

ホスト部の全ビットが 0 はネットワークアドレス，全ビットが 1 はブロードキャストアドレスとして予約されていて，ホストに割当てできない。したがって，利用可能なホスト数は，$2^7 - 2 = 126$ である。

《答：ア》

Lv.3 午前Ⅰ▶ 全区分 午前Ⅱ▶ PM DB ES AU ST SA NW SM SC 知識

問 176　クラスにとらわれずに IP アドレスを割り当てる方式　☑☑☑

IPv4 のアドレス割当てを行う際に，クラス A ～ C といった区分にとらわれずに，ネットワークアドレス部とホストアドレス部を任意のブロック単位に区切り，IP アドレスを無駄なく効率的に割り当てる方式はどれか。

　ア　CIDR　　　イ　DHCP　　　ウ　DNS　　　エ　NAPT

[NW-R1 年秋 問 6]

■ 解説 ■

これは，アの CIDR（Classless Inter-Domain Routing）である。旧来のクラスによる区分では，クラス A は約 1,677 万台（$=2^{24} - 2$），クラス B は 65,534 台（$=2^{16} - 2$），クラス C は 254 台（$=2^8 - 2$）の LAN 内の

テーマ 10　ネットワーク　**217**

ホスト（PC などの端末）に IPv4 アドレスを割り当てられる。しかし，ホスト 10 台の LAN では，クラス C でも 244 個の IPv4 アドレスが使えないままになる。また，ホスト 255 台の LAN ではクラス B を使わざるを得ず，65,000 個以上の IPv4 アドレスが使えないままになる。CIDR によって，この問題を解消できる。

イ の DHCP は，LAN に接続したホストに対し，通信に必要な IP アドレスなどを自動設定するプロトコルである。

ウ の DNS は，ホスト名と IP アドレスの対応関係を保持し，両者を相互変換するためのプロトコルである。

エ の NAPT は，IP アドレスとポート番号の組をインターネット側と LAN 側で付け替えるプロトコルである。グローバル IP アドレスの個数より多い台数のホストが，同時にインターネットへアクセスできるようになる。

《答：ア》

問 177　割り当てるサブネットワークアドレス

可変長サブネットマスクを利用できるルータを用いた図のネットワークにおいて，全てのセグメント間で通信可能としたい。セグメント A に割り当てるサブネットワークアドレスとして，適切なものはどれか。ここで，図中の各セグメントの数値は，上段がネットワークアドレス，下段がサブネットマスクを表す。

	ネットワークアドレス	サブネットマスク
ア	172.16.1.0	255.255.255.128
イ	172.16.1.128	255.255.255.128
ウ	172.16.1.128	255.255.255.192
エ	172.16.1.192	255.255.255.192

[NW-R3 年春 問 10・NW-H26 年秋 問 10]

解説

サブネットマスクに対応するホスト部のビット数とホストアドレス数（ネットワークアドレス及びブロードキャストアドレスを含む）から，セグメント B～D で使用できる IP アドレスの範囲は次のようになる。

セグメント	ホスト部の ビット数	ホスト アドレス数	IP アドレスの範囲
B	5	32	172.16.1.32 ～ 172.16.1.63
C	2	4	172.16.1.224 ～ 172.16.1.227
D	6	64	172.16.1.64 ～ 172.16.1.127

次に，各選択肢で使用できる IP アドレスの範囲は次のようになる。

	ホスト部の ビット数	ホスト アドレス数	IPアドレスの範囲
ア	7	128	172.16.1.0 ～ 172.16.1.127
イ	7	128	172.16.1.128 ～ 172.16.1.255
ウ	6	64	172.16.1.128 ～ 172.16.1.191
エ	6	64	172.16.1.192 ～ 172.16.1.255

ウが，IPアドレスの範囲がセグメントB～Dと重複しないので，セグメントAに割り当てるIPアドレスとして適切である。

ア，イ，エは，IPアドレスの範囲がセグメントB～Dのいずれかと重複するので，適切でない。

《答：ウ》

問178 ブロードキャストストーム

ブロードキャストストームの説明として，適切なものはどれか。

ア 1台のブロードバンドルータに接続するPCの数が多過ぎることによって，インターネットへのアクセスが遅くなること
イ IPアドレスを重複して割り当ててしまうことによって，通信パケットが正しい相手に到達せずに，再送が頻繁に発生すること
ウ イーサネットフレームの宛先MACアドレスがFF-FF-FF-FF-FF-FFで送信され，LANに接続した全てのPCが受信してしまうこと
エ ネットワークスイッチ間にループとなる経路ができることによって，特定のイーサネットフレームが大量に複製されて，通信が極端に遅くなったり通信できなくなったりすること

[AU-R2年秋 問22・AP-H29年春 問35]

■ 解説 ■

エが，**ブロードキャストストーム**の説明である。LAN内の全ての端末宛てに送られるブロードキャストフレームは，ネットワークスイッチの全てのポートから送出される。ループ（環状経路）があるとフレームが転送さ

れ続けて大量発生することを，嵐（ストーム）になぞらえたものである。スイッチによっては，ループを検知して該当するポートをリンクダウンさせる機能をもつものもある。

アは適切でない。これは単に通信量が多いことによる現象である。

イは適切でない。OSの仕様によるが，端末がIPアドレスの重複（自身と同じIPアドレスをもつ端末の存在）を検知すると，通信を自ら遮断することが多い。

ウは適切でない。宛先MACアドレスがFF-FF-FF-FF-FF-FF（48ビット全てが1）であるのはブロードキャストフレームであり，全てのPCが受信するのは正常な動作である。

《答：エ》

問179　IPv6のセキュリティ機能

IPv6において，拡張ヘッダを利用することによって実現できるセキュリティ機能はどれか。

　ア　URLフィルタリング機能　　イ　暗号化通信機能
　ウ　情報漏えい検知機能　　　　エ　マルウェア検知機能

[AP-R3年秋 問36・AP-R1年秋 問36・AP-H28年秋 問36・AM1-H28年秋 問12・AU-H26年春 問16]

解説

IPv6では，ルータがハードウェア処理によってパケットを高速転送できるよう，ヘッダが40バイトの固定長となっている（IPv4ヘッダは可変長である）。追加で必要な情報は拡張ヘッダに入れて，ネクストヘッダフィールドを用いて数珠つなぎにする。

IPv6では，IPsecによるパケットの認証と**イ**の**暗号化通信機能**の実装が必須とされている。これは，拡張ヘッダに認証ヘッダ（AH）と暗号化ヘッダ（ESP）を組み込むことで実現される。

ア，**ウ**，**エ**はいずれも，ネットワーク層のプロトコルであるIPでは実現できず，アプリケーション層など上位層のプロトコルやアプリケーション

で実現すべき機能である。

《答：イ》

問180 3ウェイハンドシェイク

TCPのコネクション確立方式である3ウェイハンドシェイクを表す図はどれか。

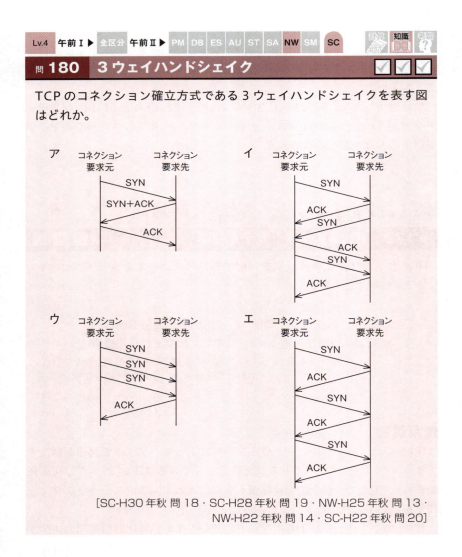

[SC-H30年秋 問18・SC-H28年秋 問19・NW-H25年秋 問13・NW-H22年秋 問14・SC-H22年秋 問20]

■ 解説 ■

　TCPセグメント（TCPパケット）には，URG（緊急処理），ACK（肯定応答），PSH（即時転送），RST（強制切断），SYN（コネクション確立），FIN（コ

ネクション切断）の6ビットからなるコントロールフラグフィールドがあり，動作制御に用いられる。ビットが立っている（値が1である）と，そのフラグが有効になる。

TCPにおける**3ウェイハンドシェイク**は，次のように行われる。

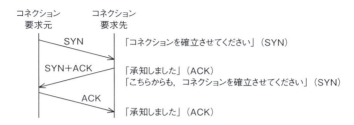

《答：ア》

Lv.3 午前Ⅰ▶ 全区分 午前Ⅱ▶ PM DB ES AU ST SA NW SM SC 知識

問181 TCPとUDP両方のヘッダに存在するもの

インターネットプロトコルのTCPとUDP両方のヘッダに存在するものはどれか。

　ア　宛先IPアドレス　　　　　イ　宛先MACアドレス
　ウ　生存時間（TTL）　　　　　エ　送信元ポート番号

[NW-R3年春 問13・NW-H28年秋 問10]

■ 解説 ■

イーサネットフレーム，IPパケット（IPデータグラム），TCPパケット（TCPセグメント）／UDPパケット（UDPデータグラム）の構造は次のとおりである。

アの宛先 IP アドレスは，送信元 IP アドレスとともに，IP パケットの IP ヘッダに存在する。

イの宛先 MAC アドレスは，送信元 MAC アドレスとともに，イーサネットフレームの MAC ヘッダに存在する。

ウの生存時間（TTL：Time To Live）は，IP パケットの最大転送回数であり，IP ヘッダに存在する。

エの送信元ポート番号は，送信先ポート番号とともに，TCP ヘッダ及び UDP ヘッダに存在する。

《答：エ》

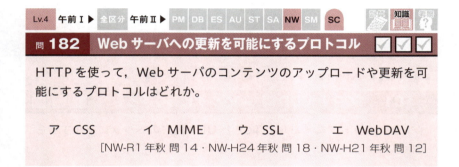

問 182　Web サーバへの更新を可能にするプロトコル

HTTP を使って，Web サーバのコンテンツのアップロードや更新を可能にするプロトコルはどれか。

　ア　CSS　　　イ　MIME　　　ウ　SSL　　　エ　WebDAV

[NW-R1 年秋 問 14・NW-H24 年秋 問 18・NW-H21 年秋 問 12]

■解説■

これは，**エ**の **WebDAV**（Web Distributed Authoring and Versioning）で，HTTP 1.1 の拡張仕様のプロトコルである。多くのサーバプログラムや Web ブラウザが WebDAV に対応しており，様々な Web アプリケーション（情報共有システム，ストレージサービス等）が提供されている。

アの **CSS**（Cascading Style Sheets）は，単にスタイルシートとも呼ばれ，HTML 文書や XML 文書の要素に対する修飾を指示する仕様である。

イの **MIME**（Multipurpose Internet Mail Extensions）は，電子メールでテキスト以外の情報も送受信できるようにするための拡張仕様である。

ウの **SSL**（Secure Socket Layer）は，かつて用いられた，TCP の上位側で暗号化通信を行うプロトコルである。現在では，後継のプロトコルである TLS（Transport Layer Security）に置き換えられている。

《答：エ》

Lv.4 　午前Ⅰ ▶ 　全区分　午前Ⅱ ▶ 　PM　DB　ES　AU　ST　SA　NW　SM　SC

問 183　FTP のコマンド

FTP を使ったファイル転送でクライアントが使用するコマンドのうち，データ転送用コネクションをクライアント側から接続するために，サーバ側のデータ転送ポートを要求するものはどれか。

　　ア　ACCT　　　イ　MODE　　　ウ　PASV　　　エ　PORT

[NW-R1 年秋 問 13]

■ 解説 ■

　これは，**ウ の PASV**（Passive の略）である。FTP では，サーバとクライアント間で，制御用コネクションとデータ転送用コネクションの二つを確立する。FTP の動作方式には，アクティブモードとパッシブモードがある。

　パッシブモードでは，クライアントがサーバに対して，PASV コマンドを送って制御用コネクション確立を要求する。サーバが要求を許可すると，データ転送用コネクションで使用するサーバ側の IP アドレスとポート番号をクライアントに通知する。クライアントはこの IP アドレスとポート番号に対して，データ転送用コネクション確立を要求する。

　ア の ACCT（Account の略）は，ユーザの課金情報を指定するコマンドである。

　イ の MODE は，転送モード（ストリーム，ブロック，圧縮）を指定するコマンドである。

　エ の PORT は，アクティブモードで用いるコマンドである。クライアントは，サーバに対して制御用コネクション確立を要求する。続いて PORT コマンドによって，データ転送用コネクションで使用するクライアントの IP アドレスとポート番号をサーバに通知する。サーバは，この IP アドレスとポート番号に対して，データ転送用コネクション確立を要求する。

《答：ウ》

テーマ 10　ネットワーク　　**225**

10-4 ● ネットワーク管理

| Lv.3 | 午前Ⅰ▶ | 全区分 午前Ⅱ | PM | DB | ES | AU | ST | SA | NW | SM | SC | | 知識 | |

問184　ポート番号を調べるコマンド　☑☑☑

PC から Web ブラウザを使用して Web サーバにアクセスしているときに，PC 側で使用している TCP のポート番号を調べるコマンドはどれか。

　ア　ipconfig 又は ifconfig 　　イ　netstat
　ウ　nslookup 又は dig 　　　　エ　tracert 又は traceroute

[SA-R3 年春 問25]

■ 解説 ■

これは，**イ**の **netstat** である。実行すると，次のような情報が表示される。

プロトコル	ローカルアドレス	外部アドレス	状態
TCP	127.0.0.1:52288	PCname:52289	ESTABLISHED
TCP	127.0.0.1:52289	PCname:52288	ESTABLISHED
TCP	192.168.1.2:50945	example.jp:https	ESTABLISHED
TCP	192.168.1.2:53616	example.com:https	CLOSE_WAIT

アは，PC に設定された IP アドレス，サブネットマスク，デフォルトゲートウェイなどを調べるコマンドである（Windows では ipconfig，Linux では ifconfig）。

ウは，ホスト名と IP アドレスの対応などを調べるコマンドである（Windows では nslookup，Linux では nslookup 及び dig）。

エは，PC から指定するホストまでの通信経路（経由するルータ）を調べるコマンドである（Windows では tracert，Linux では traceroute）。

《答：イ》

Lv.4 午前Ⅰ▶ 全区分 午前Ⅱ▶ PM DB ES AU ST SA NW SM SC 知識

問 185 SNMPv3 で使われる PDU ☑☑☑

ネットワーク管理プロトコルである SNMPv3 で使われる PDU のうち，事象の発生をエージェントが自発的にマネージャに知らせるために使用するものはどれか。ここで，エージェントとはエージェント相当のエンティティ，マネージャとはマネージャ相当のエンティティを指す。

ア GetRequest-PDU   イ Response-PDU
ウ SetRequest-PDU   エ SNMPv2-Trap-PDU

[SC-H31 年春 問 20・SC-H24 年春 問 19・NW-H22 年秋 問 17]

■ 解説 ■

SNMP（Simple Network Management Protocol）は，ネットワーク機器を遠隔管理するためのプロトコルである。マネージャは管理する側，エージェントは管理対象となる機器である。ネットワークが大規模で，管理対象となる機器が多いほど，SNMP を用いる効果が大きい。**SNMPv3**（SNMP バージョン 3）では，旧バージョンの SNMPv1 及び SNMPv2c に比べて，セキュリティ機能が強化されている。

エの **SNMPv2-Trap-PDU** が，エージェントが自発的にマネージャに情報を伝えるメッセージである。なお，PDU（Protocol Data Units）は，送受信されるひとまとまりのデータを指す。

アの GetRequest-PDU は，マネージャからエージェントに情報送信を要求するメッセージである。

イの Response-PDU は，エージェントがマネージャからの要求に応答するメッセージである。自発的に送るものでない点で，SNMPv2-Trap-PDU とは異なる。

ウの SetRequest-PDU は，マネージャがエージェントに情報更新を要求するメッセージである。

《答：エ》

テーマ 10 **ネットワーク** **227**

Lv.3	午前Ⅰ▶	全区分	午前Ⅱ▶	PM	DB	ES	AU	ST	SA	NW	SM	SC

問186 OpenFlow プロトコルを用いた SDN

ONF（Open Networking Foundation）が標準化を進めている Open Flow プロトコルを用いた SDN（Software-Defined Networking）の説明として，適切なものはどれか。

ア　管理ステーションから定期的にネットワーク機器の MIB（Management Information Base）情報を取得して，稼働監視や性能管理を行うためのネットワーク管理手法

イ　データ転送機能をもつネットワーク機器同士が経路情報を交換して，ネットワーク全体のデータ転送経路を決定する方式

ウ　ネットワーク制御機能とデータ転送機能を実装したソフトウェアを，仮想環境で利用するための技術

エ　ネットワーク制御機能とデータ転送機能を論理的に分離し，コントローラと呼ばれるソフトウェアで，データ転送機能をもつネットワーク機器の集中制御を可能とするアーキテクチャ

[AP-R3 年春 問 35・AM1-R3 年春 問 11・AP-H29 年秋 問 35]

■ 解説 ■

エが適切である。**SDN** は "ソフトウェアで定義されるネットワーク" の意味で，ネットワークを構成する多数の機器（ルータ，スイッチ等）全体を，外部のコントローラからソフトウェアで集中制御するアーキテクチャである。

OpenFlow は，コントローラから機器を制御するプロトコルの一種である。機器を制御するための通信には信頼性と安全性が求められるので，下位層のプロトコルに TCP や TLS を使用する。TCP はトランスポート層のプロトコルで，誤り制御などの機能を備えており，通信の信頼性を確保する。TLS は TCP の上位層のプロトコルで，通信を暗号化して安全性を確保する。

アは，SNMP の説明である。

イは，ダイナミックルーティングの説明である。

ウは，NFV（ネットワーク仮想化）の説明である。

《答：エ》

228　Chapter 03　技術要素

| Lv.3 | 午前Ⅰ ▶ | 全区分 午前Ⅱ ▶ | PM | DB | ES | AU | ST | SA | NW | SM | SC |

問 187　NFV

ETSI（欧州電気通信標準化機構）が提唱するNFV（Network Functions Virtualisation）に関する記述のうち，適切なものはどれか。

ア　ONF（Open Networking Foundation）が提唱する SDN（Software-Defined Networking）を用いて，仮想化を実現する。

イ　OpenFlow コントローラや OpenFlow スイッチなどの OpenFlow プロトコルの専用機器だけを使ってネットワークを構築する。

ウ　ルータ，ファイアウォールなどのネットワーク機能を，汎用サーバを使った仮想マシン上のソフトウェアで実現する。

エ　ロードバランサ，スイッチ，ルータなどの専用機器を使って，VLAN，VPN などの仮想ネットワークを実現する。

[SC-R3 年春 問 18]

■ 解説 ■

ウが適切である。**NFV**（ネットワーク仮想化）は，汎用サーバ上で仮想化ソフトウェアによって仮想的なネットワーク機器を作成するものである。これは，汎用サーバ上で仮想化ソフトウェアによって，仮想サーバや仮想 PC を作成するのと同様である。

ア，イは，NFV でない。SDN では物理的なネットワーク機器が存在し，データ転送機能と制御機能を分離して，OpenFlow コントローラによって一括して設定管理できる。

エは，NFV でない。VLAN や VPN は，物理的なネットワーク機器に必要な設定を行うことによって，物理的なネットワークとは異なる論理的なネットワークを構築する技術で，ネットワーク機器の設定は個別に実施する必要がある。

《答：ウ》

テーマ 10　ネットワーク　　**229**

10-5 ● ネットワーク応用

Lv.3	午前Ⅰ ▶	全区分 午前Ⅱ ▶	PM	DB	ES	AU	ST	SA	NW	SM	SC

問 188　Web ブラウザが接続するポート番号　☑ ☑ ☑

Web ブラウザで URL に https://ftp.example.jp/index.cgi?port=123
と指定したときに，Web ブラウザが接続しにいくサーバの TCP ポート
番号はどれか。

　ア　21　　　　イ　80　　　　ウ　123　　　　エ　443

[NW-H30 年秋 問 14・NW-H25 年秋 問 15・NW-H23 年秋 問 17]

■ 解説 ■

　ネットワーク上のホストにアクセスする際の URL の形式は，"スキーム
:// ホスト名 [: ポート番号] / サブディレクトリ名 / ファイル名"である
（この他，ユーザ名とパスワードも入れられる）。": ポート番号"が省略さ
れたときは，スキームに対応した通常使用されるポート番号（well-known
port number）が指定されたものとみなす。

　この URL はスキームが https であることを示しているので，通信に用い
られるプロトコルは HTTP を TLS で暗号化する HTTPS である。HTTPS
の well-known port number は TCP/443 であるから，Web ブラウザ（ク
ライアント）は Web サーバの TCP ポート番号 **443** に接続する。

　アの **21** は，FTP の well-known port number である。ftp.example.
jp はサーバに付けられたホスト名であり，FTP でサーバに接続する意味で
はない。FTP 接続するときの URL は，"ftp:// ～"になる。

　イの **80** は，暗号化しない HTTP の well-known port number である。
この場合，URL は "http:// ～"になる。

　HTTP で TCP/80，HTTPS で TCP/443 以外の任意のポート番号を使
用したいときは，Web サーバ側でそのポート番号で接続を受け入れるよ
う設定する必要がある。その上で，Web ブラウザで URL を "http://ftp.
example.jp:123/ ～"のように，ホスト名の後ろにコロンとポート番号
を入れてアクセスする。URL 中に "index.cgi?port=123" とあるのは，
index.cgi という CGI プログラムが使用する変数 port に値 123 を渡すと
いう意味で，ポート番号とは関係ない。

《答：エ》

230　　Chapter 03　**技術要素**

| Lv.4 | 午前Ⅰ ▶ | 全区分 午前Ⅱ ▶ | PM | DB | ES | AU | ST | SA | NW | SM | SC |

問189 無線機器で使用される無線通信

IoT 向けの小電力の無線機器で使用される無線通信に関する記述として，適切なものはどれか。

ア　BLE（Bluetooth Low Energy）は従来の Bluetooth との互換性を維持しながら，低消費電力での動作を可能にするために 5GHz 帯を使用する拡張がなされている。

イ　IEEE 802.11ac では IoT 向けに 920MHz 帯が割り当てられている。

ウ　Wi-SUN ではマルチホップを使用して 500m を超える通信が可能である。

エ　ZigBee では一つの親ノードに対して最大 7 個の子ノードをスター型に配置したネットワークを使用する。

[NW-R1 年秋 問 15]

■ 解説 ■

ウが適切である。**Wi-SUN**（Wireless Smart Utility Network）は，スマートメータ（電気，水道，ガスなどの検針データを自動収集するシステム）に用いられている無線通信規格である。端末間の直接の到達距離は最大 500m 程度であるが，マルチホップ（多数の端末でリレーして通信すること）を使用して到達距離を伸ばすことができる。

アは適切でない。BLE と従来の Bluetooth には互換性がないが，割り当てられている周波数帯はともに 2.4GHz 帯である。

イは適切でない。IEEE 802.11ac は高速無線 LAN の規格で，5GHz 帯が割り当てられている。IoT ネットワークに用いられる IEEE 802.11ah や Wi-SUN には，920MHz 帯が割り当てられている。

エは適切でない。ZigBee は，センサネットワークに用いられる近距離無線通信の規格である。一つの親ノードに対して，理論上は最大 65,535 個の子ノードにアドレスを付与できる。ただし，実用的な通信ができる子ノードの個数は，機器の機能や性能に依存する。

《答：ウ》

テーマ 10　ネットワーク　　**231**

テーマ 11 セキュリティ

午前Ⅰ ▶ 全区分 午前Ⅱ ▶ PM DB ES AU ST SA NW SM SC
Lv.3 　 Lv.3 Lv.4 Lv.4 Lv.4 Lv.4 Lv.4 Lv.4 Lv.4 Lv.4

問190～問247　全58問

最近の出題数

	高度午前Ⅰ	高度午前Ⅱ								
		PM	DB	ES	AU	ST	SA	NW	SM	SC
R4年春期	4					3	5	6	3	17
R3年秋期	4	3	3	3	4					17
R3年春期	4					3	4	6	3	17
R2年秋期	4	3	3	3	4					17

試験区分別出題傾向（H21年以降）

午前Ⅰ	シラバス全体から出題されているが，暗号方式，脅威と脆弱性に関する出題が多い。過去問題の再出題も多い。
PM午前Ⅱ	シラバス全体から出題されており，特に目立った傾向はない。他の試験区分の過去問題からの再出題が多い。
DB/ES/AU/ST/SA/SM午前Ⅱ	シラバス全体から出題されており，特に目立った傾向はない。R2年度から，レベル4に引き上げられ，重点出題分野となって出題数が増えている。
NW午前Ⅱ	シラバス全体から幅広く出題されているが，ネットワークに関連する技術的セキュリティの出題が多く，過去問題の再出題も多い。
SC午前Ⅱ	シラバス全体から幅広く出題され，難しい問題が多い。過去問題の再出題が非常に多い。セキュリティに関する新たな話題も積極的に取り入れられている。

232　Chapter 03　技術要素

出題実績 (H21年以降)

小分類	出題実績のある主な用語・キーワード
情報セキュリティ	脅威 (マルウェア，ルートキット，エクスプロイトコード，ソーシャルエンジニアリング，C&C サーバ)，不正のトライアングル，割れ窓理論，サイバーキルチェーン，攻撃手法 (ブルートフォース攻撃，パスワードリスト攻撃，レインボー攻撃，クロスサイトスクリプティング，クリックジャッキング，ドライブバイダウンロード，中間者攻撃，IP スプーフィング，DNS キャッシュポイズニング，DNS 水責め攻撃，SEO ポイズニング，DoS 攻撃，Smurf 攻撃，ICMP Flood 攻撃，NTP リフレクション攻撃，APT 攻撃，水飲み場型攻撃，ゼロデイ攻撃，サイドチャネル攻撃，テンペスト攻撃，タイミング攻撃，TLS ダウングレード攻撃)，暗号技術 (公開鍵暗号，共通鍵暗号，前方秘匿性，セキュリティチップ，ハッシュ関数，ディジタル証明書，ディジタル署名，電子メールの暗号化，リスクベース認証，シングルサインオン，認証局，CRL，OCSP)
情報セキュリティ管理	リスク対策，コンティンジェンシープラン，情報セキュリティ基本方針，クラウドサービスの区分，CSIRT，CRYPTREC，CVE 識別子，サイバーレスキュー隊，NOTICE，NISC，NICT，JPCERT/CC
セキュリティ技術評価	FIPS PUB 140-3，PCI データセキュリティ基準，CVSS，CWE，ISMAP，ペネトレーションテスト，コモンクライテリア
情報セキュリティ対策	耐タンパ性，マルウェア対策，ビヘイビア法，無線 LAN，スパムメール対策 (第三者中継禁止，OP25B，DKIM，SPF，SMTP-AUTH，ベイジアンフィルタリング)，ディジタルフォレンジックス，サンドボックス，ファジング，3D セキュア，CASB
セキュリティ実装技術	IPsec，TLS，SSH，DNSSEC，IEEE 802.1X，RADIUS，VLAN，ファイアウォール，WAF，ブロックチェーン，アプリケーションセキュリティ (cookie，クロスサイトスクリプティング対策，ディレクトリトラバーサル対策，セッションハイジャック対策，MITB，SQL インジェクション対策，クロスサイトリクエストフォージェリ対策，HSTS)

午前II

PM

DB

ES

AU

ST

SA

NW

SM

SC

テーマ11　セキュリティ　　**233**

11-1 ● 情報セキュリティ

Lv.3 午前Ⅰ▶ 全区分 午前Ⅱ▶ PM DB ES AU ST SA NW SM SC

問 190 ポリモーフィック型マルウェア

ポリモーフィック型マルウェアの説明として，適切なものはどれか。

ア　インターネットを介して，攻撃者から遠隔操作される。
イ　感染ごとにマルウェアのコードを異なる鍵で暗号化するなどの
手法によって，過去に発見されたマルウェアのパターンでは検
知されないようにする。
ウ　複数の OS 上で利用できるプログラム言語でマルウェアを作成
することによって，複数の OS 上でマルウェアが動作する。
エ　ルートキットを利用してマルウェアを隠蔽し，マルウェア感染
はおきていないように見せかける。

［NW-R3 年春 問 16・AP-H30 年春 問 39・SC-H27 年秋 問 5・
SC-H26 年春 問 7・SC-H24 年秋 問 7］

■ 解説 ■

　イが適切である。**ポリモーフィック型マルウェア**は，感染エンジンの機
能で分類したマルウェア（不正プログラム）の一形態で，多形態型マルウ
ェア，ミューテーション型マルウェアともいう。暗号化された状態ではマ
ルウェア対策ソフトのパターンマッチング法による検出が難しくなるが，
復号すると一定パターンがあるので検出は可能である。
　アは，ボットの説明である。
　ウは，実装言語環境による分類で，中間言語型マルウェアやスクリプト
型マルウェアがある。
　エは，マルウェアの隠蔽手段の一つであり，マルウェアの形態ではない。

《答：イ》

234　Chapter 03　技術要素

| Lv.4 | 午前Ⅰ ▶ | 全区分 | 午前Ⅱ ▶ | PM | DB | ES | AU | ST | SA | NW | SM | | SC | | 知識 | |

問 191　ルートキットの特徴

ルートキットの特徴はどれか。

- ア　OS などに不正に組み込んだツールの存在を隠す。
- イ　OS の中核であるカーネル部分の脆弱性を分析する。
- ウ　コンピュータがマルウェアに感染していないことをチェックする。
- エ　コンピュータやルータのアクセス可能な通信ポートを外部から調査する。

[SC-R3 年秋 問 14・NW-R1 年秋 問 20・
SC-H30 年春 問 15・SC-H28 年秋 問 12]

■ 解説 ■

アが**ルートキット**（rootkit）の特徴である。不正侵入先のコンピュータにおいて，侵入を検知されにくくする目的で使われるツール（ソフトウェア）群であり，悪意のある者によって作成されたものがパッケージ化されて流布している。

例えば，ファイル一覧表示ツール（Windows のエクスプローラや，Linux の ls コマンド）や，動作プロセス表示ツール（Windows のタスクマネージャや，Linux の ps コマンド）を改造して，マルウェアのファイルやプロセスだけ表示しないツールがルートキットに含まれるとする。攻撃者が侵入先コンピュータにおいて，密かに本来のツールを改造したツールで置き換えてしまえば，利用者がそのツールを利用してもマルウェアの感染や動作に気付くことができなくなる。

イは，脆弱性解析ツールの特徴である。これは正当な目的で利用される点で，ルートキットとは異なる。

ウは，マルウェアスキャナの特徴である。一般に，セキュリティ対策ソフトウェアの機能に含まれている。

エは，ポートスキャナの特徴である。本来はセキュリティ対策など正当な目的で利用するものだが，不正侵入の糸口を見つける目的に悪用されることがある。

《答：ア》

テーマ 11　セキュリティ

Lv.3　午前Ⅰ ▶ 全区分　午前Ⅱ ▶ PM　DB　ES　AU　ST　SA　NW　SM　SC

問192　エクスプロイトコード

エクスプロイトコードの説明はどれか。

ア　攻撃コードとも呼ばれ，ソフトウェアの脆弱性を悪用するコードのことであり，使い方によっては脆弱性の検証に役立つこともある。
イ　マルウェア定義ファイルとも呼ばれ，マルウェアを特定するための特徴的なコードのことであり，マルウェア対策ソフトによるマルウェアの検知に用いられる。
ウ　メッセージとシークレットデータから計算されるハッシュコードのことであり，メッセージの改ざん検知に用いられる。
エ　ログインのたびに変化する認証コードのことであり，窃取されても再利用できないので不正アクセスを防ぐ。

[DB-R2年秋 問19・SC-R2年秋 問3・SC-H30年春 問4]

■ 解説 ■

　アが，**エクスプロイトコード**の説明である。これを作成するには高度な知識が必要であるが，作成されたものを利用するだけなら，そこまでの知識は必要ない。このため，脆弱性対策が講じられるより先に，何者かが作成したエクスプロイトコードが流布すると，悪用されて実害を生じる危険性が高まる。

　イは，**パターンファイル**の説明である。
　ウは，**ディジタル署名**の説明である。
　エは，**ワンタイムパスワード**の説明である。

《答：ア》

Lv.3 午前Ⅰ ▶ 全区分 午前Ⅱ ▶ PM DB ES AU ST SA NW SM SC 考察

問 193 格納型クロスサイトスクリプティング攻撃 ☑ ☑ ☑

格納型クロスサイトスクリプティング（Stored XSS 又は Persistent XSS）攻撃に該当するものはどれか。

ア　Web サイト上の掲示板に攻撃用スクリプトを忍ばせた書込みを攻撃者が行うことによって，その後に当該掲示板を閲覧した利用者の Web ブラウザで，攻撃用スクリプトが実行された。

イ　Web ブラウザへの応答を生成する処理に脆弱性のある Web サイトに向けて，不正な JavaScript コードを含むリクエストを送信するリンクを攻撃者が用意し，そのリンクを利用者がクリックするように仕向けた。

ウ　攻撃者が，乗っ取った複数の PC 上でスクリプトを実行して大量のリクエストを攻撃対象の Web サイトに送り付け，攻撃対象の Web サイトをサービス不能状態にした。

エ　攻撃者がスクリプトを使って，送信元 IP アドレスを攻撃対象の Web サイトの IP アドレスに偽装した大量の DNS リクエストを多数の DNS サーバに送信することによって，大量の DNS レスポンスが攻撃対象の Web サイトに送り付けられた。

[ST-R3 年春 問 23・SA-R3 年春 問 17・
ST-H30 年秋 問 24・SA-H30 年秋 問 23]

■ 解説 ■

アが，**格納型クロスサイトスクリプティング攻撃**（格納型 XSS 攻撃）に該当する。XSS 攻撃は，Web サイトからの入力文字列を使用して，動的にページを生成する Web サイトの脆弱性を悪用する攻撃である。格納型 XSS 攻撃はその一種で，脆弱性のある Web サイト上に，攻撃者が攻撃用スクリプトを仕込んでおき，利用者がその Web サイトにアクセスしてくるのを待つ方法である。仕込む方法としては，攻撃者がその Web サイトの掲示板等に書き込む方法や，不正アクセスによって HTML ファイルを直接書き換える方法もある。

イは，**反射型 XSS 攻撃**に該当する。攻撃者は，脆弱性のある Web サイト自体ではなく，他の Web サイトやメールに攻撃用スクリプトを含むハ

午前Ⅱ
PM
DB
ES
AU
ST
SA
NW
SM
SC

テーマ 11 **セキュリティ** 237

イパーリンクを張っておく。利用者がそのハイパーリンクにアクセスすると，脆弱性のある Web サイトに誘導されて攻撃を受ける。

ウは，**DDoS 攻撃**に該当する。
エは，**DNS リフレクション攻撃**に該当する。

《答：ア》

問 194　Man-in-the-Browser 攻撃

Man-in-the-Browser 攻撃に該当するものはどれか。

ア　DNS サーバのキャッシュを不正に書き換えて，インターネットバンキングに見せかけた偽サイトを Web ブラウザに表示させる。

イ　PC に侵入したマルウェアが，利用者のインターネットバンキングへのログインを検知して，Web ブラウザから送信される振込先などのデータを改ざんする。

ウ　インターネットバンキングから送信されたように見せかけた電子メールに偽サイトの URL を記載しておき，その偽サイトに接続させて，Web ブラウザから口座番号やクレジットカード番号を入力させることで情報を盗み出す。

エ　インターネットバンキングの正規サイトに見せかけた中継サイトに Web ブラウザを接続させ，入力された利用者 ID とパスワードを使って利用者になりすまし，正規サイトにログインする。

[ST-H29 年秋 問 24・AP-H28 年春 問 45]

■ 解説 ■

イが，**Man-in-the-Browser 攻撃**に該当する。攻撃者があらかじめ利用者の PC にマルウェアを仕掛けておき，マルウェアは Web ブラウザの通信内容を監視する動作を行う。Web ブラウザが何らかのデータを送信しようとした瞬間に，マルウェアがデータを改ざんして送出する攻撃である。典型例として，Web ブラウザがインターネットバンキングでの振込（送金）を行おうとした瞬間に，マルウェアが通信内容に含まれる振込先口座番号

や振込金額などを改ざんし，他人の口座（攻撃者が用意した口座）に振り込ませて振込金を横取りする手口がある。利用者は，正規のサイトから振込を行っているため，被害に気付きにくい。銀行側でも，正規の振込依頼を受信したように見えるため，対策が難しい。

アは，DNSサーバのキャッシュを不正に書き換えて，利用者を偽サイトに誘導する点で，DNSキャッシュポイズニング攻撃に該当する。誘導先の偽サイトが，インターネットバンキングかどうかは無関係である。

ウ，エは，利用者を偽サイトに誘導して，ログイン情報や個人情報を入力させて詐取する点で，フィッシングに該当する。偽サイトへの誘導手段，誘導先の偽サイトの種類，詐取しようとする情報の内容等は多様であり，インターネットバンキングかどうかは無関係である。

《答：イ》

問195　DNSキャッシュポイズニング攻撃に有効な対策

DNSキャッシュポイズニング攻撃に対して有効な対策はどれか。

　ア　DNSサーバにおいて，侵入したマルウェアをリアルタイムに隔離する。
　イ　DNS問合せに使用するDNSヘッダ内のIDを固定せずにランダムに変更する。
　ウ　DNS問合せに使用する送信元ポート番号を53番に固定する。
　エ　外部からのDNS問合せに対しては，宛先ポート番号53のものだけに応答する。

[SC-H31年春 問11・SC-H28年春 問12]

■ **解説** ■

DNSには，コンテンツサーバとキャッシュサーバがある。コンテンツサーバは，自ドメインのホスト名とIPアドレスの対応関係を登録したもので，外部ネットワークに対して公開し，問合せに応答できるよう設定する必要がある。

キャッシュサーバは，コンテンツサーバで名前解決できない場合に，外

部ネットワーク上のDNSに再帰的に問合せを行う。得られた問合せ結果は，それ以降に同じ問合せを受ける場合に備えて，一定期間キャッシュに保存しておく。

DNSキャッシュポイズニング攻撃は，このキャッシュを不正に書き換えることにより，ホスト名に対して誤ったIPアドレスを応答させ，利用者のアクセスを偽サーバに誘導する攻撃である。

イが有効な対策である。DNSヘッダ内にはトランザクションIDがあり，問合せの際に指定した値が応答パケットに付加される。このIDをいつも同じ値にしていると，そのIDを格納した偽の応答パケットを送り付けられる危険性が高まる。そこで，IDを問合せのたびにランダムに変更すれば，偽の応答パケットに付加されたIDは一致せず，見破ることができる。

アは対策にならない。マルウェアの動作は，DNSの動作とは無関係である。

ウは対策にならない。問合せに使用する送信元ポート番号には，OSによってランダムな値が割り当てられる。DNSには不特定多数のホストから問合せが届くので，送信元ポート番号を固定させることも不可能である。

エは対策にならない。DNSサーバが問合せを受けるポート番号は53であり，そもそも宛先ポート番号が53のものだけに応答している。

《答：イ》

240 Chapter 03 **技術要素**

問 196 DNS 水責め攻撃

DNS 水責め攻撃（ランダムサブドメイン攻撃）はどれか。

ア　標的の DNS キャッシュサーバに，ランダムかつ大量に生成した偽のサブドメインの DNS 情報を注入する。
イ　標的の権威 DNS サーバに，ランダムかつ大量に生成した存在しないサブドメイン名を問い合わせる。
ウ　標的のサーバに，ランダムに生成したサブドメインの DNS 情報を格納した，大量の DNS レスポンスを送り付ける。
エ　標的のサーバに，ランダムに生成したサブドメインの DNS 情報を格納した，データサイズが大きい DNS レスポンスを送り付ける。

[ST-R1 年秋 問 24・SM-R1 年秋 問 23・DB-H30 年春 問 20]

■ 解説 ■

イが，**DNS 水責め攻撃**の方法である。例えば，bqzwg.example.jp，zrfya.exmple.jp，shgzd.example.jp のように，実在しないサブドメインの文字列を大量に生成して，example.jp の権威 DNS サーバに IP アドレスの問合せを行い，負荷を掛けることを狙った攻撃である。実在しないサブドメインは過去に問合せが行われたことがなく，DNS キャッシュサーバにも履歴がないため，ほぼ確実に権威 DNS サーバに問合せが行われることを悪用した手法である。

アは，**DNS キャッシュポイズニング攻撃**である。ただし，注入される DNS 情報は偽のサブドメインのものである必要はなく，むしろ実在のドメインやホスト名であることが多い。

ウ，エは，**DNS リフレクタ攻撃（DNS amp 攻撃）**である。ただし，正規に登録されていないサブドメインの DNS 情報をレスポンスとして送り付けるには，権威 DNS サーバの改ざんも必要となる。

《答：イ》

Lv.3　午前Ⅰ ▶ 全区分　午前Ⅱ ▶ PM　DB　ES　AU　ST　SA　NW　SM　SC

問 197　SEO ポイズニング

SEO ポイズニングの説明はどれか。

ア　Web 検索サイトの順位付けアルゴリズムを悪用して，検索結果の上位に，悪意のある Web サイトを意図的に表示させる。
イ　車などで移動しながら，無線 LAN のアクセスポイントを探し出して，ネットワークに侵入する。
ウ　ネットワークを流れるパケットから，侵入のパターンに合致するものを検出して，管理者への通知や，検出した内容の記録を行う。
エ　マルウェア対策ソフトのセキュリティ上の脆弱性を悪用して，システム権限で不正な処理を実行させる。

［AP-R2 年秋 問 39・AP-H29 年秋 問 37・SC-H24 年秋 問 3］

■解説■

アが，**SEO ポイズニング**の説明である。SEO（Search Engine Optimization）は，Web サイトの構成を工夫して内容を充実させるなど，正当な方法で検索サイトでの検索時に上位に表示させる手法である。SEO ポイズニングは SEO を悪用して，悪意のある Web サイト（マルウェアを仕込むなどして，実害を生じさせるサイト）を不正に上位に表示させ，利用者のアクセスを誘引して被害を与えようとする行為である。

これに対して，**SEO スパム**は，アクセス数や広告掲載料を稼ぐ目的で，キーワードとの関連性や内容の薄いサイト（閲覧しても実害のないサイト）を不正に上位に表示させる行為である。

イは，ウォードライビングの説明である。
ウは，シグネチャ型 IDS（侵入検知システム）の説明である。
エは，実際に事例もあるが，決まった名称はないと考えられる。

《答：ア》

| Lv.4 | 午前Ⅰ ▶ | 全区分 午前Ⅱ ▶ | PM | DB | ES | AU | ST | SA | NW | SM | SC |

問 198　Smurf 攻撃

DoS 攻撃の一つである Smurf 攻撃はどれか。

- ア　ICMP の応答パケットを大量に発生させ，それが攻撃対象に送られるようにする。
- イ　TCP 接続要求である SYN パケットを攻撃対象に大量に送り付ける。
- ウ　サイズが大きい UDP パケットを攻撃対象に大量に送り付ける。
- エ　サイズが大きい電子メールや大量の電子メールを攻撃対象に送り付ける。

[SC-R3 年春 問 4・SC-H31 年春 問 6・SC-H29 年秋 問 7・
SC-H28 年春 問 7・SC-H26 年秋 問 12・SC-H25 年春 問 14・SC-H23 年秋 問 9]

■ 解説 ■

　アが **Smurf 攻撃**の特徴である。ICMP（Internet Control Message Protocol）はネットワーク制御用のプロトコルであり，これを利用したツールとして ping や traceroute がある。

　送信元 IP アドレスを偽装（IP スプーフィング）した上で，他のコンピュータに向けて ping コマンドを実行（ICMP Echo Request パケットを送信）すると，ping 応答（ICMP Echo Reply パケット）は偽装された IP アドレス宛てに届いてしまう。そこで，攻撃者は攻撃対象とするコンピュータの IP アドレスを送信元として偽装し，ブロードキャストアドレスや多数のコンピュータに向けて ping コマンドを実行する。その結果，多数のコンピュータからの ping 応答が，攻撃対象のコンピュータへ殺到するため，トラフィック増加やサーバダウンを招いてサービスが妨害される。この攻撃を行うためのプログラム名が Smurf だったことから，この名がある。

　イは SYN Flood 攻撃，**ウ**は UDP Flood 攻撃，**エ**はメールボム（メール爆弾）の特徴である。

《答：ア》

午前Ⅱ
PM
DB
ES
AU
ST
SA
NW
SM
SC

テーマ 11　セキュリティ　**243**

Lv.3 午前Ⅰ ▶ 全区分 午前Ⅱ ▶ PM DB ES AU ST SA NW SM SC

問199　ダークネット宛てのパケットで推定できる攻撃

送信元 IP アドレスが A，送信元ポート番号が 80/tcp の SYN/ACK パケットを，未使用の IP アドレス空間であるダークネットにおいて大量に観測した場合，推定できる攻撃はどれか。

　ア　IP アドレス A を攻撃先とするサービス妨害攻撃
　イ　IP アドレス A を攻撃先とするパスワードリスト攻撃
　ウ　IP アドレス A を攻撃元とするサービス妨害攻撃
　エ　IP アドレス A を攻撃元とするパスワードリスト攻撃

[NW-R1 年秋 問 18・NW-H29 年秋 問 17]

■ 解説 ■

これは**ア**で，**SYN Flood 攻撃**である。TCP コネクションは，次のように 3 ウェイハンドシェイクの手順で確立される。

① 要求元から要求先へ，コネクション確立を要求する SYN パケットを送る。
② 要求先から要求元へ，①の要求に応じるとともに，コネクション確立を要求する SYN/ACK パケットを送る。
③ 要求元から要求先へ，②の要求に応じる ACK パケットを送る。これで，コネクションが確立される（この後，必要な通信を行ったら，コネクションは切断される）。

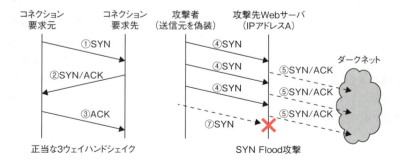

SYN Flood 攻撃は，3 ウェイハンドシェイクを次のように悪用する攻撃

244　Chapter 03　技術要素

である。
④ 攻撃者は，送信元を様々なIPアドレスに偽装した大量のSYNパケットを，攻撃先Webサーバ宛て（送信先IPアドレスA，送信先ポート番号80/tcp）に送信する。
⑤ Webサーバは，偽装された送信元IPアドレスへSYN/ACKパケットを送る。このSYN/ACKパケットの多くはどこにも届かず，ダークネット上で観測される。
⑥ ACKパケットは返ってこないが，Webサーバはタイムアウトになるまで待ち続ける。Webサーバが同時に受入れ可能なコネクション要求の個数には上限（上図では3個）があり，これが全て塞がれてしまう。
⑦ 正当な利用者からのコネクション要求も受入れ不能となり，Webサーバを利用できないので，サービス妨害攻撃となる。

よって，IPアドレスAはSYN Flood攻撃の攻撃先であるから，**ア**が適切で，**ウ**は適切でない。

イ，**エ**のパスワードリスト攻撃は，流出した多数のログインIDとパスワードの組を用いて，別のサービスへのログインを試みる攻撃である。

《答：ア》

問200 サイドチャネル攻撃

サイドチャネル攻撃はどれか。

ア 暗号化装置における暗号化処理時の消費電力などの測定や統計処理によって，当該装置内部の秘密情報を推定する攻撃
イ 攻撃者が任意に選択した平文とその平文に対応した暗号文から数学的手法を用いて暗号鍵を推測し，同じ暗号鍵を用いて作成された暗号文を解読する攻撃
ウ 操作中の人の横から，入力操作の内容を観察することによって，利用者IDとパスワードを盗み取る攻撃
エ 無線LANのアクセスポイントを不正に設置し，チャネル間の干渉を発生させることによって，通信を妨害する攻撃

［SC-R3年春 問5・SC-H31年春 問7・SC-H26年秋 問13］

■ 解説 ■

アが，**サイドチャネル攻撃**である。非破壊攻撃の一種で，LSI（集積回路）などの電子回路を物理的に破壊することなく，挙動を観察して内部情報を解析する手法である。暗号プログラムでは，入力データや暗号鍵によって処理時間が変動したり，不適切なデータを入力するとエラーを生じたりするので，様々なデータに対する挙動を観察すると暗号解読の手掛かりが得られることがある。

イは，選択平文攻撃である。
ウは，ソーシャルエンジニアリングである。
エは，決まった名称はないと考えられる。

《答：ア》

問 201　テンペスト攻撃とその対策

テンペスト攻撃の説明とその対策として，適切なものはどれか。

　ア　通信路の途中でパケットの内容を改ざんする攻撃であり，その対策としては，ディジタル署名を利用して改ざんを検知する。
　イ　ディスプレイなどから放射される電磁波を傍受し，表示内容を解析する攻撃であり，その対策としては，電磁波を遮断する。
　ウ　マクロマルウェアを使う攻撃であり，その対策としては，マルウェア対策ソフトを導入し，最新のマルウェア定義ファイルを適用する。
　エ　無線 LAN の信号を傍受し，通信内容を解析する攻撃であり，その対策としては，通信パケットを暗号化する。

[PM-R3 年秋 問 24・PM-H30 年春 問 25・NW-H28 年秋 問 19・PM-H27 年春 問 25・ES-H27 年春 問 19・SC-H25 年秋 問 7]

■ 解説 ■

イが適切である。電子機器内部の電子部品からは微弱な電磁波（主に電波）が漏えいしており，動作や処理によって波長や強度が変化する。**テンペスト攻撃**は，これを受信して解析し，データを盗み見る手法である。デ

ィスプレイやケーブルの漏えい電磁波からは，画面の表示内容を再現できる可能性がある。近年は漏えい電磁波の低減技術が進んでいるほか，電磁波を遮断する素材も開発されている。

アは，中間者攻撃の説明と対策である。

ウは，マクロマルウェアは攻撃を実行させる手段であり，攻撃の内容によって名称は異なる。

エは，無線 LAN の盗聴の説明と対策である。

《答：イ》

問 202　AI の判定結果を誤らせる攻撃

AI による画像認識において，認識させる画像の中に人間には知覚できないノイズや微小な変化を含めることによって AI アルゴリズムの特性を悪用し，判定結果を誤らせる攻撃はどれか。

　ア　Adaptively Chosen Message 攻撃
　イ　Adversarial Examples 攻撃
　ウ　Distributed Reflection Denial of Service 攻撃
　エ　Model Inversion 攻撃

[SC-R3 年秋 問 1]

■ 解説 ■

これは，**イ**の **Adversarial Examples 攻撃**（敵対的サンプル攻撃）である。例えばパンダの画像に意図的に計算されたノイズ(perturbation：摂動)を乗せると，人間の目にはパンダのままに見えるが，AI がテナガザルの画像と誤認識したというものである（Szegedy，2013）。

アは，適応的選択文書攻撃である。攻撃者は，ある文書とそれに対するユーザのディジタル署名を入手して分析する。その結果を踏まえて選んだ第二の文書に対してユーザに署名させ，その情報から第三の文書への署名を偽造する攻撃である。

ウは，分散反射型サービス拒否攻撃である。送信元を攻撃対象の IP アドレスに偽装したパケットを多数のサーバへ送信し，大量の応答パケットが

攻撃対象に届くよう仕向けて，サービス妨害を狙う攻撃である。

エは，モデル反転攻撃である。AIの出力から入力を得ようとする攻撃で，例えばカメラに映った顔を認識して名前を表示できるAIに対して，名前から顔画像を復元しようとする攻撃である。

《答：イ》

問203　前方秘匿性の性質

前方秘匿性（Forward Secrecy）の性質として，適切なものはどれか。

ア　鍵交換に使った秘密鍵が漏えいしたとしても，過去の暗号文は解読されない。
イ　時系列データをチェーンの形で結び，かつ，ネットワーク上の複数のノードで共有するので，データを改ざんできない。
ウ　対となる二つの鍵の片方の鍵で暗号化したデータは，もう片方の鍵でだけ復号できる。
エ　データに非可逆処理をして生成される固定長のハッシュ値からは，元のデータを推測できない。

[NW-R3年春 問18]

■ 解説 ■

アが，**前方秘匿性**の性質である。データの送受信ごとに暗号鍵を生成，交換，使用した後，使い捨てにすれば，暗号鍵の交換に使った秘密鍵が漏えいしても，過去の暗号鍵を入手できず暗号文を解読できないので，前方秘匿性がある。一方，公開鍵自体でデータを暗号化していると，復号に用いる秘密鍵が漏えいした場合に，過去の暗号文も全て解読される恐れがあるので，前方秘匿性がない。

イは，ブロックチェーンの性質である。
ウは，公開鍵暗号方式の性質である。
エは，ハッシュ関数の原像計算困難性である。

《答：ア》

Lv.3 　午前Ⅰ ▶ 　全区分 午前Ⅱ ▶ 　PM　DB　ES　AU　ST　SA　NW　SM　SC 　　　計算

問 **204** 　**必要な公開鍵の総数** 　☑ ☑ ☑

公開鍵暗号方式を使った暗号通信を n 人が相互に行う場合，全部で何個の異なる鍵が必要になるか。ここで，一組の公開鍵と秘密鍵は 2 個と数える。

ア 　$n + 1$ 　　イ 　$2n$ 　　ウ 　$\dfrac{n(n-1)}{2}$ 　　エ 　$\log_2 n$

[ES-R2 年秋 問 16・PM-H30 年春 問 24・DB-H30 年春 問 21・
AP-H25 年春 問 39・AM1-H25 年春 問 13・AP-H22 年秋 問 41・
AM1-H22 年秋 問 14・AP-H21 年春 問 39]

■ **解説** ■

公開鍵暗号方式では，各自が公開鍵と秘密鍵の二つの鍵を生成し，公開鍵を他人に公開し，秘密鍵を秘密裏に管理する。したがって，n 人が相互に公開鍵暗号で通信するには，全体で **$2n$** 個の鍵が必要である。

なお，**共通鍵暗号方式**では，全ての 2 人の組合せごとに当事者間で 1 個の鍵を取り決める必要がある。全体で必要となる異なる鍵の個数は，n 人から順序を定めず 2 人を取り出す組合せに等しいので，$_nC_2 = \dfrac{n(n-1)}{2}$ 個となる。

《答：イ》

テーマ 11 セキュリティ 　**249**

| Lv.4 | 午前Ⅰ ▶ | 全区分 午前Ⅱ ▶ | PM | DB | ES | AU | ST | SA | NW | SM | **SC** | | | |

問205　AESの特徴

AESの特徴はどれか。

　ア　鍵長によって，段数が決まる。
　イ　段数は，6段以内の範囲で選択できる。
　ウ　データの暗号化，復号，暗号化の順に3回繰り返す。
　エ　同一の公開鍵を用いて暗号化を3回繰り返す。

[AU-R2年秋問17・SC-H30年秋問1・SC-H29年春問1・
SC-H27年秋問1・SC-H23年特問1]

■ 解説 ■

　AESは2001年にNIST（米国国立標準技術研究所）が制定した，共通鍵暗号方式の標準規格である。それ以前の標準規格は1977年に制定されたDESであったが，コンピュータの高性能化や効率的な解読法の発見により，十分な安全性を保証できなくなったため，AESに置き換えられた。

　アはAESの特徴で，**イ**は特徴でない。暗号化はデータにラウンド関数を適用して行われるが，AESではラウンド関数を複数回適用して解読の困難性を高める。この適用回数を段数（ラウンド数）といい，AESがサポートする3種類の鍵長ごとに規定されている。鍵長と段数の関係は，128ビットで10段，192ビットで12段，256ビットで14段であり，段数を自由に選択することはできない。

　ウは，トリプルDESの特徴である。DESを改良して強度を高めたものであるが，IPAによる使用推奨期間は2030年までとされている。

　エは，AESの特徴でない。AESは共通鍵暗号方式であり，公開鍵は用いない。また，同一の鍵で複数回暗号化しても，暗号強度は上がらない。

《答：ア》

問 206　楕円曲線暗号

楕円曲線暗号に関する記述のうち，適切なものはどれか。

ア　AES に代わる共通鍵暗号方式として NIST が標準化している。
イ　共通鍵暗号方式であり，ディジタル署名にも利用されている。
ウ　公開鍵暗号方式であり，TLS にも利用されている。
エ　素因数分解問題の困難性を利用している。

[ES-R2 年秋 問 17・AP-H30 年秋 問 37]

■ 解説 ■

ウが適切である。楕円曲線暗号は，楕円曲線上の離散対数問題を解くことの困難性を利用した公開鍵暗号方式の総称である。具体的な実装方式には様々なものがある。RSA に比べて，短い鍵長でも安全性が高く，処理速度も速い長所がある。

ア，**イ**は適切でない。楕円曲線暗号は，共通鍵暗号方式ではない。

エは，RSA に関する記述である。

《答：ウ》

Lv.3 午前Ⅰ ▶ 全区分 午前Ⅱ ▶ PM DB ES AU ST SA NW SM SC

問207　ハッシュ関数の原像計算困難性

暗号学的ハッシュ関数における原像計算困難性，つまり一方向性の性質はどれか。

ア　あるハッシュ値が与えられたとき，そのハッシュ値を出力するメッセージを見つけることが計算量的に困難であるという性質
イ　入力された可変長のメッセージに対して，固定長のハッシュ値を生成できるという性質
ウ　ハッシュ値が一致する二つの相異なるメッセージを見つけることが計算量的に困難であるという性質
エ　ハッシュの処理メカニズムに対して，外部からの不正な観測や改変を防御できるという性質

[AP-R3年春 問40・AM1-R3年春 問12]

解説

ハッシュ関数は，メッセージ（可変長の入力ビット列）に所定の演算を行って，ハッシュ値（固定長の文字列）を出力する関数である。元のメッセージが同一なら，常に同一のハッシュ値が出力される。

アが，**原像計算困難性**である。特定のハッシュ値が与えられたとき，元のメッセージの少なくとも一つを求めるには膨大な計算を要し，事実上困難である性質である。なお，同一のハッシュ値が得られるメッセージは多数あるので，元のメッセージを一つに特定することはできない。

イは，ハッシュ関数の基本的な性質である。

ウは，**衝突発見困難性**である。

エは，ハッシュ関数がもつことが望ましい性質である。例えば，入力メッセージを変えるとハッシュ値がどのように変化するか分析することで，原像計算や衝突発見が容易になってはならない。

《答：ア》

Lv.3　午前Ⅰ ▶ 全区分 午前Ⅱ ▶ PM DB ES AU ST SA NW SM SC

問 208　ディジタル証明書

ディジタル証明書に関する記述のうち，適切なものはどれか。

ア　S/MIME や TLS で利用するディジタル証明書の規格は，ITU-T X.400 で標準化されている。

イ　TLS において，ディジタル証明書は，通信データの暗号化のための鍵交換や通信相手の認証に利用されている。

ウ　認証局が発行するディジタル証明書は，申請者の秘密鍵に対して認証局がディジタル署名したものである。

エ　ルート認証局は，下位の認証局の公開鍵にルート認証局の公開鍵でディジタル署名したディジタル証明書を発行する。

[DB-R2 年秋 問 20・SC-H29 年秋 問 10・SC-H28 年春 問 8・
NW-H26 年秋 問 17・SC-H26 年秋 問 4・SC-H24 年春 問 3]

■ 解説 ■

アは適切でない。**ディジタル証明書**（公開鍵証明書）は公開鍵と所有者の正当性を証明する電子的な証明書で，その規格は ITU-T X.509 に定められている。ITU-T X.400 は，MHS（Message Handling System）の規格である。

イは適切である。ディジタル証明書は，TLS（SSL）などのプロトコルで，通信の暗号化や通信相手の認証に利用されている。

ウは適切でない。秘密鍵は所有者自身が秘密に管理するものであり，他人に公開するものではないから，第三者に対して正当性を証明する必要もない。

エは適切でない。ディジタル証明書は，認証局（CA）に申請して発行を受けることができ，認証局の秘密鍵によるディジタル署名が付される。当該認証局の正当性は，その認証局の公開鍵に，上位の認証局やルート認証局の秘密鍵によるディジタル署名を付すことで証明される。

《答：イ》

午前Ⅱ

PM
DB
ES
AU
ST
SA
NW
SM
SC

テーマ 11　セキュリティ　**253**

Lv.3　午前Ⅰ ▶　全区分 午前Ⅱ ▶　PM　DB　ES　AU　ST　SA　NW　SM　SC

問 209　文書ファイルとディジタル署名の受信者ができること

送信者 A からの文書ファイルと，その文書ファイルのディジタル署名を受信者 B が受信したとき，受信者 B ができることはどれか。ここで，受信者 B は送信者 A の署名検証鍵 X を保有しており，受信者 B と第三者は送信者 A の署名生成鍵 Y を知らないものとする。

　ア　ディジタル署名，文書ファイル及び署名検証鍵 X を比較することによって，文書ファイルに改ざんがあった場合，その部分を判別できる。
　イ　文書ファイルが改ざんされていないこと，及びディジタル署名が署名生成鍵 Y によって生成されたことを確認できる。
　ウ　文書ファイルがマルウェアに感染していないことを認証局に問い合わせて確認できる。
　エ　文書ファイルとディジタル署名のどちらかが改ざんされた場合，どちらが改ざんされたかを判別できる。

[AP-R2 年秋 問 40・AM1-R2 年秋 問 13]

■ 解説 ■

イができることである。送信者 A は，文書ファイルから既知のハッシュ関数でハッシュ値 H1 を生成し，署名生成鍵 Y（秘密鍵）を用いて H1 からディジタル署名を生成する。受信者 B は，ディジタル署名を署名検証鍵 X（公開鍵）で復号してハッシュ値 H2 を得る。さらに受信者 B も，受信した文書ファイルからハッシュ関数でハッシュ値 H3 を生成する。ハッシュ値 H2 と H3 が一致すれば，文書ファイルに改ざんがないことと，ディジタル署名が署名生成鍵 Y で生成されたことの証明になる。

アはできない。文書ファイルに改ざんがあった場合，H3 が H2（=H1）と異なるものになる。改ざんがあったことは検知できるが，改ざんされた部分は判別できない。

ウはできない。認証局は公開鍵の証明書を発行する機関であり，文書ファイルの正当性を確認する役割はない。なお，マルウェア感染も文書ファイルの改ざんに該当し，改ざんされたことは検知できる。

エはできない。H2 と H3 が一致しないと，文書ファイルとディジタル

署名の一方又は両方が改ざんされたことは検知できるが，どれが改ざんされたかは分からない。

《答：イ》

問 210　リスクベース認証の特徴

リスクベース認証の特徴はどれか。

ア　いかなる利用条件でのアクセスの要求においても，ハードウェアトークンとパスワードを併用するなど，常に二つの認証方式を併用することによって，不正アクセスに対する安全性を高める。

イ　いかなる利用条件でのアクセスの要求においても認証方法を変更せずに，同一の手順によって普段どおりにシステムにアクセスできるようにし，可用性を高める。

ウ　普段と異なる利用条件でのアクセスと判断した場合には，追加の本人認証をすることによって，不正アクセスに対する安全性を高める。

エ　利用者が認証情報を忘れ，かつ，Web ブラウザに保存しているパスワード情報を使用できないリスクを想定して，緊急と判断した場合には，認証情報を入力せずに，利用者は普段どおりにシステムを利用できるようにし，可用性を高める。

[AP-R3 年春 問 39・AP-H31 年春 問 37・AM1-H31 年春 問 12・AP-H28 年春 問 40]

■ 解説 ■

ウが，**リスクベース認証**の特徴である。インターネットサービスの利用者は毎回同じような利用環境（アクセス元 IP アドレス，OS，Web ブラウザ等）からアクセスすることが多い。サーバ側で毎回の利用環境を記録しておき，通常環境からのアクセスと判断すれば，ID とパスワードなど通常の認証でログインを完了する。通常と異なる環境（例えば，遠隔地の IP アドレス，初めて利用する Web ブラウザ等）からのアクセスと判断すれば，

不正アクセスが疑われるため，ワンタイムパスワード，携帯電話の SMS（ショートメッセージサービス）などによる追加認証を要求する。利用者の負担軽減と，安全性確保のバランスをとった認証方式である。

アは，**二要素認証**の特徴である。

イ，**エ**に該当する用語はないと考えられる。

《答：ウ》

問 211　シングルサインオン

シングルサインオンの実装方式に関する記述のうち，適切なものはどれか。

ア　cookie を使ったシングルサインオンの場合，サーバごとの認証情報を含んだ cookie をクライアントで生成し，各サーバ上で保存，管理する。

イ　cookie を使ったシングルサインオンの場合，認証対象のサーバを，異なるインターネットドメインに配置する必要がある。

ウ　リバースプロキシを使ったシングルサインオンの場合，認証対象の Web サーバを，異なるインターネットドメインに配置する必要がある。

エ　リバースプロキシを使ったシングルサインオンの場合，利用者認証においてパスワードの代わりにディジタル証明書を用いることができる。

[PM-R2 年秋 問 23・SC-H30 年春 問 5・ST-H28 年秋 問 24・ST-H26 年秋 問 25・SM-H26 年秋 問 23・AP-H24 年秋 問 36・AM1-H24 年秋 問 13・NW-H22 年秋 問 18・SC-H22 年秋 問 1・SC-H21 年春 問 3]

■ 解説 ■

シングルサインオン（SSO）は，最初に一度だけ認証を行えば，以後は許可された範囲の全てのリソース（基本的に Web アプリケーションが対象）にアクセスできる仕組みである。ユーザにとって，多数の ID 及びパスワ

ードを管理する手間が省け，リソースごとの認証が不要となる利点がある。実装方式として，エージェント型とリバースプロキシ型がある。

エージェント型では，認証サーバを設置し，Web サーバには認証代行のプラグインをインストールする。Web サーバは Web クライアントから接続要求を受けると，認証サーバに対して認証の代行を依頼する。ユーザの特定には Web クライアント上の暗号化された cookie（クッキー）を利用し，パスワードで認証する。

リバースプロキシ型では，認証サーバが Web クライアントと Web サーバの仲立ちをする。Web クライアントがまず認証サーバにアクセスして認証を受けると，以後は許可された各 Web サーバにアクセスできる。

アは適切でない。認証情報を含む cookie は，各サーバ上でなく，各クライアント上で保存，管理する。

イは適切でない。エージェント型では cookie の有効範囲（同一のインターネットドメイン内）を超える認証ができない。したがって，認証対象の各サーバを同一のインターネットドメインに配置する必要がある。

ウは適切でない。リバースプロキシ型では cookie を使用しないので，サーバを配置するインターネットドメインに制約はない。同一でも異なるインターネットドメインでもよい。

エは適切である。リバースプロキシ型では，認証サーバにおいて ID とパスワードによる認証以外に，ディジタル証明書による認証，IC カードによる認証などを用いることができる。

《答：エ》

テーマ11 **セキュリティ**　**257**

Lv.3 　午前Ⅰ ▶ 　全区分 　午前Ⅱ ▶ 　PM 　DB 　ES 　AU 　ST 　SA 　NW 　SM 　SC

問212　SAML認証

シングルサインオンの実装方式の一つであるSAML認証の特徴はどれか。

ア　IdP（Identity Provider）がSP（Service Provider）の認証要求によって利用者認証を行い，認証成功後に発行されるアサーションをSPが検証し，問題がなければクライアントがSPにアクセスする。

イ　Webサーバに導入されたエージェントが認証サーバと連携して利用者認証を行い，クライアントは認証成功後に利用者に発行されるcookieを使用してSPにアクセスする。

ウ　認証サーバはKerberosプロトコルを使って利用者認証を行い，クライアントは認証成功後に発行されるチケットを使用してSPにアクセスする。

エ　リバースプロキシで利用者認証が行われ，クライアントは認証成功後にリバースプロキシ経由でSPにアクセスする。

[SC-R3年秋 問4]

■ 解説 ■

シングルサインオン（SSO）は，本来なら個別に利用者認証を要する複数のシステムやサービスを，一度の利用者認証だけで全て利用できるようにする仕組みである。典型的には，認証機能のあるPCにログインすると，その認証情報を基に各種のシステムやアプリケーションを利用できる仕組みである。

アが，**SAML認証**の特徴である。SAML（Security Assertion Markup Language）は，XMLによる認証メッセージの形式を定めたプロトコルである。認証情報をもつIdP，サービスを提供するSP，サービスを利用するクライアントの三者間で，HTTPSやSOAPなどのプロトコルを利用して認証メッセージを送受信する。

イは，エージェント型のSSOの特徴である。

ウは，ケルベロス認証によるSSOの特徴である。

エは，リバースプロキシ型のSSOの特徴である。

《答：ア》

問 213　ソフトウェアの開発元又は発行元を確認する証明書

ディジタル署名のあるソフトウェアをインストールするときに，そのソフトウェアの発行元を確認するために使用する証明書はどれか。

　ア　EV SSL 証明書　　　　　　イ　クライアント証明書
　ウ　コードサイニング証明書　　エ　サーバ証明書

[AU-R3 年秋 問 17・SA-R1 年秋 問 23・
SA-H29 年秋 問 23・SM-H29 年秋 問 24]

■ 解説 ■

これは，**ウのコードサイニング証明書**である。最近はインターネット経由でのソフトウェア配布が一般化しており，偽のソフトウェアや改ざんされたソフトウェアが流布して，利用者が気付かずに導入するリスクがある。そこで，ソフトウェアにコードサイニング証明書を添付して配布すると，ソフトウェアの発行元が正当であり，プログラムに改ざんがないことを，利用者側で検証できる。

アの **EV**（Extended Validation）**SSL 証明書**は，Web サーバの正当性を証明する SSL/TLS サーバ証明書のうち，サーバ運営組織の正当性や実在性を厳格に調査して発行されるものである。公的機関，金融機関など，特に厳密に正当性を示す必要のある Web サイトで利用されることが多い。

イの**クライアント証明書**は，クライアント（PC 等）にインストールするディジタル証明書である。システムのサーバは，クライアント証明書を持つクライアントに限定してアクセスを許可し，それ以外のクライアントからのアクセスは拒否するので，高度な安全性を確保できる。

エの**サーバ証明書**は，何らかのサーバ（特に Web サーバ）が正当であることを証明するとともに，クライアントとの通信を暗号化する目的で，サーバにインストールするディジタル証明書である。ただし，サーバ証明書の発行に当たって，サーバ運営者の正当性や実在性をどのくらい厳密に確認するかは，サービスによって異なる。

《答：ウ》

問 214　CRL

認証局が発行する CRL に関する記述のうち，適切なものはどれか。

ア　CRL には，失効したディジタル証明書に対応する秘密鍵が登録される。
イ　CRL には，有効期限内のディジタル証明書のうち失効したディジタル証明書のシリアル番号と失効した日時の対応が提示される。
ウ　CRL は，鍵の漏えい，失効申請の状況をリアルタイムに反映するプロトコルである。
エ　有効期限切れで失効したディジタル証明書は，所有者が新たなディジタル証明書を取得するまでの間，CRL に登録される。

[AP-R2 年秋 問 36・AP-H29 年秋 問 36・SC-H27 年秋 問 2・SC-H26 年春 問 1・SC-H24 年秋 問 1]

■解説■

　認証局（CA）が発行するディジタル証明書には有効期限が設定されているが，何らかの理由で有効期限到来前に失効させることがある。しかし認証局は，個々の情報システムに取り込まれているディジタル証明書そのものを破棄することができない。そこで認証局は，破棄されたディジタル証明書を一覧にした **CRL**（Certificate Revocation List）を発行している。利用者はディジタル証明書の有効期限だけでなく，それが CRL に登録されていないかどうか確認して利用する必要がある。

　イが適切である。CRL には，失効したディジタル証明書のシリアル番号，失効の日時，失効理由等の一覧が載っている。

　アは適切でない。公開鍵に対応する秘密鍵は，その所有者が秘密に管理するものであるから，CRL に登録されることもない。

　ウは適切でない。CRL はプロトコルではなく，失効したディジタル証明書の一覧である。リアルタイムに失効状況を確認するためのプロトコルとして，OCSP がある。

　エは適切でない。ディジタル証明書自体に有効期限の情報が含まれ，有効期限到来による失効は利用者が容易に把握できるため，CRL には登録さ

れない。

《答：イ》

| Lv.4 | 午前Ⅰ ▶ | 全区分 | 午前Ⅱ ▶ | PM | DB | ES | AU | ST | SA | NW | SM | SC |

問 215　OCSP の利用目的

PKI を構成する OCSP を利用する目的はどれか。

ア　誤って破棄してしまった秘密鍵の再発行処理の進捗状況を問い合わせる。

イ　ディジタル証明書から生成した鍵情報の交換が OCSP クライアントと OCSP レスポンダの間で失敗した際，認証状態を確認する。

ウ　ディジタル証明書の失効情報を問い合わせる。

エ　有効期限が切れたディジタル証明書の更新処理の進捗状況を確認する。

[SC-R3 年春 問 2・SC-H31 年春 問 2・SC-H29 年秋 問 2・
SC-H28 年春 問 3・SC-H26 年秋 問 1・SC-H25 年春 問 3]

■ 解説 ■

ウが，**OCSP**（Online Certificate Status Protocol）を利用する目的である。認証局（CA）が発行するディジタル証明書には有効期限が設定されているが，何らかの理由で有効期限到来前に失効させることがある。そこで，OCSP クライアント（利用者）が OCSP レスポンダ（サーバ）に対して，指定するディジタル証明書の有効性を問い合わせると，有効又は無効の応答がリアルタイムに得られる。

ディジタル証明書の有効性は，CA が発行する証明書失効リスト（CRL：Certificate Revocation List）を利用者がダウンロードして確認することもできる。しかし，失効したディジタル証明書が CRL に掲載されるまでタイムラグがあったり，その都度 CRL 全体をダウンロードする手間がかかったりする短所がある。

ア，**イ**，**エ**のような OCSP の利用目的はない。

《答：ウ》

テーマ 11　セキュリティ　　261

11-2 情報セキュリティ管理

Lv.3　午前Ⅰ▶　全区分　午前Ⅱ▶　PM　DB　ES　AU　ST　SA　NW　SM　SC

問 216　情報セキュリティリスク

JIS Q 27000:2014（情報セキュリティマネジメントシステム―用語）におけるセキュリティリスクに関する記述のうち，適切なものはどれか。

ア　脅威とは，一つ以上の要因によって悪用される可能性がある，資産又は管理策の弱点のことである。
イ　脆弱性とは，システム又は組織に損害を与える可能性がある，望ましくないインシデントの潜在的な原因のことである。
ウ　リスク対応とは，リスクの大きさが，受容可能か又は許容可能かを決定するために，リスク分析の結果をリスク基準と比較するプロセスのことである。
エ　リスク特定とは，リスクを発見，認識及び記述するプロセスのことであり，リスク源，事象，それらの原因及び起こり得る結果の特定が含まれる。

［AU-H31年春 問20・SC-H29年秋 問12・SC-H28年春 問11］

■解説■

JIS Q 27000:2014から選択肢に関連する箇所を引用すると，次のとおりである。

> 2　用語及び定義
>   この規格で用いる主な用語及び定義は，次による。
> 2.74　リスク評価
>   リスク及び／又はその大きさが，受容可能か又は許容可能かを決定するために，リスク分析の結果をリスク基準と比較するプロセス。
> 2.75　リスク特定
>   リスクを発見，認識及び記述するプロセス。
>   注記1　リスク特定には，リスク源，事象，それらの原因及び起こり得る結果の特定が含まれる。
>   注記2　リスク特定には，過去のデータ，理論的分析，情報に基づいた意見，専門家の意見及びステークホルダのニーズを含むことがある。

2.79　リスク対応
　リスクを修正するプロセス。
2.83　脅威
　システム又は組織に損害を与える可能性がある，望ましくないインシデントの潜在的な原因。
2.89　脆弱性
　一つ以上の脅威によって付け込まれる可能性のある，資産又は管理策の弱点。

出典：JIS Q 27000:2014（情報セキュリティマネジメントシステム―用語）
本規格は 2019 年に改訂され，JIS Q 27000:2019 となった。

アは，脅威でなく，脆弱性の定義である。

イは，脆弱性でなく，脅威の定義である。

ウは，リスク対応でなく，リスク評価の定義である。

エは，リスク特定の定義として適切である。

《答：エ》

Lv.3　午前Ⅰ ▶　全区分 午前Ⅱ ▶　PM DB ES AU ST SA NW SM　SC　　　　知識

問 217　JIS Q 22301:2020 が要求事項を規定している対象　☑ ☑ ☑

JIS Q 22301:2020 が要求事項を規定している対象はどれか。

　　ア　IT サービスマネジメントシステム
　　イ　個人情報保護マネジメントシステム
　　ウ　事業継続マネジメントシステム
　　エ　情報セキュリティマネジメントシステム

[SM-R3 年春 問 17・SM-H30 年秋 問 24・
ST-H27 年秋 問 24・SM-H25 年秋 問 24]

■ **解説** ■

　これは，**ウの事業継続マネジメントシステム**を規定している。**JIS Q 22301:2020** は，事業の中断・阻害に関して，組織が許容できる又は許容できない影響の大きさ及び種類に対して適切な事業継続の能力を開発するための事業継続マネジメントシステム（BCMS）を実施及び維持するための体制及びその要求事項についての規格である。

　アの **IT サービスマネジメントシステム**は，**JIS Q 20000-1:2020** が規

定している。

　イの個人情報保護マネジメントシステムは，JIS Q 15001:2017 が規定している。

　エの情報セキュリティマネジメントシステムは，JIS Q 27001:2014 が規定している。

《答：ウ》

問218　否認防止の特性

JIS Q 27000:2019（情報セキュリティマネジメントシステム—用語）において定義されている情報セキュリティの特性に関する説明のうち，否認防止の特性に関するものはどれか。

ア　ある利用者があるシステムを利用したという事実が証明可能である。
イ　認可された利用者が要求したときにアクセスが可能である。
ウ　認可された利用者に対してだけ，情報を使用させる又は開示する。
エ　利用者の行動と意図した結果とが一貫性をもつ。

[AP-R3年秋 問39・AM1-R3年秋 問13・AP-H28年春 問39]

■ 解説 ■

JIS Q 27000:2019 から，選択肢に関連する箇所を引用すると，次のとおりである。

> 3.7　可用性[注1]
> 　認可されたエンティティが要求したときに，アクセス及び使用が可能である特性。
> 3.10　機密性[注2]
> 　認可されていない個人，エンティティ又はプロセス[注3] に対して，情報を使用させず，また，開示しない特性。
> 3.48　否認防止
> 　主張された事象又は処置の発生，及びそれらを引き起こしたエンティティを証明する能力。

> 3.55 信頼性
> 意図する行動と結果とが一貫しているという特性。

出典：JIS Q 27000:2019（情報セキュリティマネジメントシステム―用語）
※注は xvii ページにまとめて掲載。以降同様。

よって，**ア**が**否認防止**の特性である。例えば，利用者が電子商取引システムで購入申込みを行えば，その本人による申込みと証明できる記録が残り，「購入した覚えがない」と否認できなくする仕組みである。

イは**可用性**，**ウ**は**機密性**，**エ**は**信頼性**の特性である。

《答：ア》

問 219　CSIRT

CSIRT の説明として，適切なものはどれか。

- ア　企業や行政機関などに設置され，コンピュータセキュリティインシデントに対応する活動を行う組織
- イ　事業者が個人情報について適切な保護措置を講じる体制を整備・運用しており，かつ，JIS Q 15001:2017 に適合していることを認定する組織
- ウ　電子政府のセキュリティを確保するために，安全性及び実装性に優れると判断される暗号技術を選出する組織
- エ　内閣官房に設置され，サイバーセキュリティ政策に関する総合調整を行いつつ，"世界を率先する""強靭（じん）で""活力ある"サイバー空間の構築に向けた活動を行う組織

［SM-R3 年春 問 16・SM-H30 年秋 問 23・PM-H29 年春 問 24・DB-H29 年春 問 20・AU-H29 年春 問 19］

■ 解説 ■

アが適切である。**CSIRT**（Computer Security Incident Response Team）は，コンピュータやインターネットのセキュリティインシデントに関する情報収集や原因調査，対応活動を行う組織の総称である。公益目的で活動をする CSIRT のほか，特定組織や特定製品利用者のために活動す

る CSIRT もある。

イは，一般財団法人日本情報経済社会推進協会（JIPDEC）の説明である。JIS Q 15001:2017 への適合が認定されると，プライバシーマークが付与される。また，この認定は，JIPDEC から指定を受けた指定審査機関でも実施している。

ウは，CRYPTREC（Cryptography Research and Evaluation Committees）の説明である。

エは，内閣サイバーセキュリティセンター（NISC）の説明である。

《答：ア》

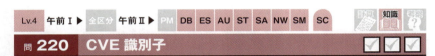

問220　CVE 識別子

JVN などの脆弱性対策情報ポータルサイトで採用されている CVE（Common Vulnerabilities and Exposures）識別子の説明はどれか。

ア　コンピュータで必要なセキュリティ設定項目を識別するための識別子
イ　脆弱性が悪用されて改ざんされた Web サイトのスクリーンショットを識別するための識別子
ウ　製品に含まれる脆弱性を識別するための識別子
エ　セキュリティ製品の種別を識別するための識別子

[SC-R3 年春 問 8・SC-H30 年秋 問 2・SC-H29 年春 問 10・SC-H27 年春 問 7・SC-H25 年秋 問 5]

■ 解説 ■

ウが，**CVE 識別子**（共通脆弱性識別子）の説明である。**ア**，**イ**，**エ**のような識別子はない。

脆弱性ポータルサイトは，ソフトウェアなどの脆弱性関連情報を集約して公開する Web サイトで，世界に多数存在している。サイトによって，脆弱性関連情報の収集対象範囲など，運営方針は異なる。JVN（Japan Vulnerability Notes）もその一つで，JPCERT/CC（JPCERT コーディネーションセンター）と IPA/ISEC（情報処理推進機構セキュリティセンター）

が共同運営し，主に日本国内に影響を与えそうな脆弱性関連情報を扱っている。

各サイトは，個々の脆弱性に対してサイト内で一意の識別番号を付与して，データベースで管理している。例えばJVNは，脆弱性に対してJVN-IDを付与している。

CVE識別子は，これとは別に米国MITRE社（非営利団体）が，世界中の脆弱性関連情報を収集して付与している一意の識別番号である。各サイトは，サイト内の識別番号とCVE識別子の対応関係を公開している。CVE識別子を用いると，一つの脆弱性について，複数サイトで情報を検索するのに便利である。

《答：ウ》

問221　NOTICE

2019年2月から総務省，情報通信研究機構（NICT）及びインターネットサービスプロバイダが連携して開始した"NOTICE"という取組はどれか。

ア　NICTが依頼のあった企業のイントラネット内のWebサービスに対して脆弱性診断を行い，脆弱性が見つかったWebサービスの管理者に対して注意喚起する。

イ　NICTがインターネット上のIoT機器を調査することによって，容易に推測されるパスワードなどを使っているIoT機器を特定し，インターネットサービスプロバイダを通じて利用者に注意喚起する。

ウ　スマートフォンにアイコンやメッセージダイアログを表示するなどし，緊急情報を通知する仕組みを利用して，スマートフォンのマルウェアに関してスマートフォン利用者に注意喚起する。

エ　量子暗号技術を使い，インターネットサービスプロバイダが緊急地震速報，津波警報などの緊急情報を安全かつ自動的に住民のスマートフォンに送信して注意喚起する。

[ST-R3年春 問25・SA-R3年春 問19]

■ 解説 ■

イが，"**NOTICE**"（National Operation Towards IoT Clean Environment）の記述である。インターネットからアクセス可能なIoT機器（ルータ，ウェブカメラ，センサなど）には，推測されやすいパスワードを設定しているものが多くある。これを放置すると，第三者に設定を不正に変更されたり，データをのぞき見られたりする恐れがある。NICT（国立研究開発法人情報通信研究機構）が調査を行い，問題がある機器のIPアドレスを管理するISP（インターネットサービスプロバイダ）に情報提供し，ISPから加入者（機器の設置者）に注意喚起する取組である。

ア，ウ，エは，NICTの業務として該当するものはないと考えられる。

《答：イ》

11-3 ● セキュリティ技術評価

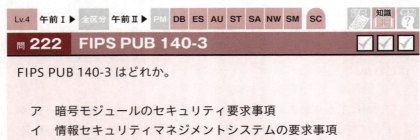

問 222　FIPS PUB 140-3

FIPS PUB 140-3 はどれか。

　ア　暗号モジュールのセキュリティ要求事項
　イ　情報セキュリティマネジメントシステムの要求事項
　ウ　ディジタル証明書や証明書失効リストの技術仕様
　エ　無線 LAN セキュリティの技術仕様

[SC-R3年秋 問7・SC-H30年秋 問5・SC-H29年春 問7・SC-H26年秋 問5・SC-H24年秋 問8・SC-H22年秋 問3]

■ 解説 ■

アが，**FIPS PUB 140-3** "Security Requirements for Cryptographic Modules"（暗号モジュールのセキュリティ要求事項）の記述内容である。FIPS（米国連邦政府情報処理標準）は，NIST（米国国立標準技術研究所）が発行し，米国政府（軍関係を除く）が使用する情報システムに関する標準群である。米国政府に暗号製品を納入する民間企業には，FIPS PUB 140-3 の認定が要求される。

イは，JIS Q 27001:2014（情報技術—セキュリティ技術—情報セキュリティマネジメントシステム—要求事項）の記述内容である。

ウは，RFC 5280 "Internet X.509 Public Key Infrastructure Certificate and Certificate Revocation List (CRL) Profile"（インターネット X.509 公開鍵暗号基盤証明書と証明書失効リスト（CRL）プロファイル）の記述内容である。

エは，IEEE 802.11iの記述内容である。無線LANセキュリティの仕様は，その他の多くの規格にも含まれている。

《答：ア》

Lv.3 | 午前Ⅰ ▶ **全区分** 午前Ⅱ ▶ PM DB ES AU ST SA NW SM **SC**

問 223 情報システムの脆弱性の深刻度の評価基準 ☑☑☑

基本評価基準，現状評価基準，環境評価基準の三つの基準で情報システムの脆弱性(ぜい)の深刻度を評価するものはどれか。

　ア　CVSS　　　イ　ISMS　　　ウ　PCI DSS　　エ　PMS

[AP-R3年秋 問41・SC-R1年秋 問9・SC-H29年秋 問13・
SC-H26年秋 問7・SC-H25年春 問10]

■ 解説 ■

これは，**ア**の **CVSS**（Common Vulnerability Scoring System; 共通脆弱性評価システム）である。情報システムの脆弱性に対するオープンで汎用的な評価手法で，ベンダに依存しない共通の評価方法を提供する。

- 基本評価基準…脆弱性そのものの特性を評価する基準。時間経過や利用環境によって変化しない。
- 現状評価基準…脆弱性の現在の深刻度を評価する基準。攻撃コードの出現や対策情報の提供によって変動する。
- 環境評価基準…製品利用者の利用環境も含め最終的な脆弱性の深刻度を評価する基準。製品利用者ごとに変化する。

イの ISMS（Information Security Management System）は，JIS Q

テーマ11 セキュリティ　**269**

27001:2014 に基づく情報システムのセキュリティ維持のためのマネジメントシステムである。

ウの PCI DSS（Payment Card Industry Data Security Standard）は，クレジットカードの取引情報を保護するためのセキュリティ基準である。

エの PMS（Personal information protection Management System）は，JIS Q 15001:2017 に基づく，個人情報保護のためのマネジメントシステムである。

《答：ア》

11-4 ● 情報セキュリティ対策

| Lv.3 | 午前Ⅰ▶ | 全区分 午前Ⅱ▶ | PM | DB | ES | AU | ST | SA | NW | SM | SC |

問 224　IC カードの耐タンパ性

IC カードの耐タンパ性を高める対策はどれか。

ア　IC カードと IC カードリーダとが非接触の状態で利用者を認証して，利用者の利便性を高めるようにする。

イ　故障に備えてあらかじめ作成した予備の IC カードを保管し，故障時に直ちに予備カードに交換して利用者が IC カードを使い続けられるようにする。

ウ　信号の読出し用プローブの取付けを検出すると IC チップ内の保存情報を消去する回路を設けて，IC チップ内の情報を容易には解析できないようにする。

エ　利用者認証に IC カードを利用している業務システムにおいて，退職者の IC カードは業務システム側で利用を停止して，他の利用者が使用できないようにする。

[AP-R3 年春 問 46・AP-H29 年秋 問 44・ES-H26 年春 問 25・
ES-H23 年特 問 19・SC-H23 年特 問 15]

■ 解説 ■

ウが，**耐タンパ性**を高める対策である。耐タンパ性は，ハードウェアやソフトウェアの第三者による解析に対する耐性である。ハードウェアの構

270 Chapter 03　技術要素

造やソフトウェアのアルゴリズムが第三者によって解析されると，不正利用の手掛かりを与えることになり，セキュリティも損なわれる。そこで，各種のハードウェアやソフトウェアには様々な技術的対策が施されている。IC カードでは，外装を取ろうとすれば内部も一緒に破壊されやすい構造にする，プログラムやデータを正規でない方法で読み出そうとすると消去される仕組みにするなどの対策がある。

アは，非接触型 IC カードの説明である。入退館カードなどとして利用される。

イは，冗長化によって信頼性を高める対策である。

エは，運用面で安全性を高める対策である。

《答：ウ》

Lv.4　午前Ⅰ ▶　全区分　午前Ⅱ ▶　PM　DB　ES　AU　ST　SA　NW　SM　SC　　考察

問 **225**　　**ダウンローダ型マルウェアの対策**　　☑ ☑ ☑

内部ネットワークの PC がダウンローダ型マルウェアに感染したとき，そのマルウェアがインターネット経由で他のマルウェアをダウンロードすることを防ぐ方策として，最も有効なものはどれか。

ア　インターネットから内部ネットワークに向けた要求パケットによる不正侵入行為を IPS で破棄する。

イ　インターネット上の危険な Web サイトの情報を保持する URL フィルタを用いて，危険な Web サイトとの接続を遮断する。

ウ　スパムメール対策サーバでインターネットからのスパムメールを拒否する。

エ　メールフィルタでインターネット上の他サイトへの不正な電子メールの発信を遮断する。

[SC-H30 年春 問 14・SC-H27 年秋 問 16・SC-H25 年春 問 15・SC-H23 年秋 問 12・SC-H22 年春 問 12]

■ **解説** ■

ダウンローダ型マルウェアは，攻撃者の設置したサーバにアクセスして，他のマルウェアをダウンロードする機能をもつマルウェア（不正プログラ

午前Ⅱ

PM

DB

ES

AU

ST

SA

NW

SM

SC

テーマ11 **セキュリティ**　　**271**

ム）である。後から新たなマルウェアをダウンロードできるので，様々な被害が発生しやすい。ダウンローダ自体は破壊活動などをしないこともあるので，感染が発覚しにくい。

イが，最も有効な方策である。内部ネットワークから不審なサイトへのアクセスを遮断すれば，感染しているPCによる他のマルウェアのダウンロードを食い止められる。

アは，有効な方策ではない。IPS（侵入防止システム）によって，内部のPCへの新たな感染を防ぐことはできる。

ウは有効な方策でない。スパムメールを媒介とする，内部のPCへの新たな感染を防ぐことはできる。

エは有効な方策ではない。メールを媒介とする，ダウンローダの他サイトへの感染拡大を防ぐことはできる。

《答：イ》

問226　ビヘイビア法

マルウェアの検出手法であるビヘイビア法を説明したものはどれか。

- ア　あらかじめ特徴的なコードをパターンとして登録したマルウェア定義ファイルを用いてマルウェア検査対象と比較し，同じパターンがあればマルウェアとして検出する。
- イ　マルウェアに感染していないことを保証する情報をあらかじめ検査対象に付加しておき，検査時に不整合があればマルウェアとして検出する。
- ウ　マルウェアの感染が疑わしい検査対象のハッシュ値と，安全な場所に保管されている原本のハッシュ値を比較し，マルウェアを検出する。
- エ　マルウェアの感染や発病によって生じるデータの読込みの動作，書込みの動作，通信などを監視して，マルウェアを検出する。

[SC-R3年春 問13・AU-R1年春 問21・NW-H29年秋 問16・
AU-H28年春 問20・SC-H25年春 問13・
SC-H23年特 問9・SC-H21年秋 問8]

■ 解説 ■

エが，**ビヘイビア法**である。

> ウイルスの実際の感染・発病動作を監視して検出する場合をこの手法に分類する。感染・発病動作として「書込み動作」「複製動作」「破壊動作」等の動作そのものの異常を検知する場合だけでなく，感染・発病動作によって起こる環境の様々な変化を検知することによる場合もこの手法に分類する。例えば，「例外ポート通信・不完パケット・通信量の異常増加・エラー量の異常増加」「送信時データと受信時データの量的変化・質的変化」等がそれにあたる。

出典：『未知ウイルス検出技術に関する調査 調査報告書』
（独立行政法人 情報処理推進機構，2004）

アは，**パターンマッチング法**である。新種マルウェアが発見されるたび，対策ソフトの提供元がマルウェア定義ファイルを作成して利用者に配布している。原理は簡単で実装が容易である反面，定義ファイルが作成・配布されるまでは，未知のマルウェアを検出できず感染を防ぎきれない欠点がある。

イは，**チェックサム法**または**インテグリティチェック法**である。代表的な保証方法には，チェックサムやディジタル署名がある。

ウは，**コンペア法**（比較法）である。

《答：エ》

テーマ 11 セキュリティ　**273**

Lv.3　午前Ⅰ ▶　全区分　午前Ⅱ ▶　PM　DB　ES　AU　ST　SA　NW　SM　SC

問 227　VDIシステムによるマルウェア侵入，データ流出防止

内部ネットワークにある PC からインターネット上の Web サイトを参照するときは，DMZ にある VDI（Virtual Desktop Infrastructure）サーバ上の仮想マシンに PC からログインし，仮想マシン上の Web ブラウザを必ず利用するシステムを導入する。インターネット上の Web サイトから内部ネットワークにある PC へのマルウェアの侵入，及びインターネット上の Web サイトへの PC 内のファイルの流出を防止する効果を得るために必要な条件はどれか。

　ア　PC と VDI サーバ間は，VDI の画面転送プロトコル及びファイル転送を利用する。
　イ　PC と VDI サーバ間は，VDI の画面転送プロトコルだけを利用する。
　ウ　VDI サーバが，プロキシサーバとして HTTP 通信を中継する。
　エ　VDI サーバが，プロキシサーバとして VDI の画面転送プロトコルだけを中継する。

[SC-R3 年春 問 16・SC-H31 年春 問 16・NW-H29 年秋 問 20]

■ 解説 ■

イが必要な条件である。このシステムを模式的に示すと，次のようになる。

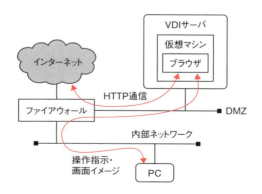

VDI サーバ上の仮想マシンでブラウザが動作しており，インターネット

上のWebサイトと通信する。VDIサーバとPCの間は，画面転送プロトコルだけを利用する。これによって，Webサイトからのデータ自体はPCに転送されず，画面イメージだけがPCに転送される。

キーボードやマウスからの入力はVDIサーバに送られて，Webブラウザを操作することができる。

Webサイトからのデータ自体をPCに転送しないので，PCにマルウェアが侵入するおそれがない。また，PC上のデータをVDIサーバに転送できないので，ファイルの流出を防げる。

《答：イ》

問228　無線LANの暗号化通信の規格

無線LANの暗号化通信を実装するための規格に関する記述のうち，適切なものはどれか。

ア　EAPは，クライアントPCとアクセスポイントとの間で，あらかじめ登録した共通鍵による暗号化通信を実装するための規格である。
イ　RADIUSは，クライアントPCとアクセスポイントとの間で公開鍵暗号方式による暗号化通信を実装するための規格である。
ウ　SSIDは，クライアントPCで利用する秘密鍵であり，公開鍵暗号方式による暗号化通信を実装するための規格で規定されている。
エ　WPA3-Enterpriseは，IEEE 802.1Xの規格に沿った利用者認証及び動的に配布される暗号化鍵を用いた暗号化通信を実装するための規格である。

[SC-R3年秋 問15・SC-H31年春 問13・SC-H29年秋 問17・
SC-H26年春 問13・NW-H24年秋 問21]

■ 解説 ■

エが適切である。**WPA3-Enterprise**（Wi-Fi Protected Access 3 Enterprise）は，IEEE 802.1X対応サーバによる利用者認証を行い，AES

による暗号化通信を実現する。

アは適切でない。これは EAP（Extensible Authentication Protocol）でなく，WEP（Wired Equivalent Privacy）に関する記述である。EAP は，データリンク層（イーサネット，無線 LAN など）の上位層で認証プロトコルを選択するためのプロトコルで，それ自体に暗号化の機能はない。

イは適切でない。RADIUS（Remote Authentication Dial In User Service）は，公衆無線 LAN などの会員制接続サービスで，リモートアクセスを一元管理するプロトコルである。

ウは適切でない。SSID（Service Set Identifier）は，無線 LAN のアクセスポイントを識別する名称である。

《答：エ》

問229　ISP が実施する OP25B の例

スパムメールの対策として，宛先ポート番号 25 への通信に対して ISP が実施する OP25B の例はどれか。

- ア　ISP 管理外のネットワークからの通信のうち，スパムメールのシグネチャに合致するものを遮断する。
- イ　ISP 管理下の動的 IP アドレスを割り当てたネットワークから ISP 管理外のネットワークへの直接の通信を遮断する。
- ウ　メール送信元のメールサーバについて DNS の逆引きができない場合，そのメールサーバからの通信を遮断する。
- エ　メール不正中継の脆弱性をもつメールサーバからの通信を遮断する。

[NW-R3 年春 問 20・SC-H29 年秋 問 15・SC-H28 年春 問 13・
SC-H26 年春 問 4・SC-H24 年秋 問 5・
ES-H21 年春 問 19・SC-H21 年春 問 4]

■ 解説 ■

イが，**OP25B**（Outbound Port 25 Blocking）の例である。ISP などの利用者（会員）がメールを送る場合，ISP が管理する SMTP サーバを利

用することが多い。しかし，ISP外のメール受信者側のSMTPサーバへ直接のSMTP接続（25番ポートを使用）を行って，メールを直接送り込むことも技術的には可能で，過去にはスパムメールの送信に多用されてきた。そこで，OP25Bを設定すると，利用者に割り当てられたISPの動的なIPアドレスから，ISP外のSMTPサーバへの直接のメール送信ができなくなる。もしISPが管理するSMTPサーバを使って大量送信を行えば，容易にISPに発覚するので，スパムメールを送信させない対策（抑止力）になる。

ア，ウ，エは，受信者側のISPなどがスパムメールを受信しないようにする対策である。

《答：イ》

問230　ベイジアンフィルタ

迷惑メールの検知手法であるベイジアンフィルタの説明はどれか。

ア　信頼できるメール送信元を許可リストに登録しておき，許可リストにないメール送信元からの電子メールは迷惑メールと判定する。

イ　電子メールが正規のメールサーバから送信されていることを検証し，迷惑メールであるかどうかを判定する。

ウ　電子メールの第三者中継を許可しているメールサーバを登録したデータベースの掲載情報を基に，迷惑メールであるかどうかを判定する。

エ　利用者が振り分けた迷惑メールと正規のメールから特徴を学習し，迷惑メールであるかどうかを統計的に判定する。

[DB-R3年秋 問20・DB-H31年春 問21・SC-H27年春 問13・SC-H25年秋 問13・SC-H24年春 問13]

■ 解説 ■

エが，ベイジアンフィルタの説明である。多くのメールを受信する過程で，迷惑メールの特徴と正規のメールの特徴を自動的に学習して，迷惑メールの判定精度を高めていく手法である。様々な要素を加味して，迷惑メール

である可能性を点数評価し，点数が設定した閾値を超えたら迷惑メールとして扱う（迷惑メールを表す文字列を件名に付加する，迷惑メールフォルダに振り分ける，受信拒否するなど）システムが多い。判定が誤っていれば，利用者が修正させることもできる。

アは，ホワイトリスト方式の説明である。

イは，SPF（Sender Policy Framework）の説明である。

ウは，DNSBL（DNS Blackhole List）の説明である。

《答：エ》

Lv.3 午前Ⅰ▶ 全区分 午前Ⅱ▶ PM DB ES AU ST SA NW SM SC

問231 ディジタルフォレンジックスの証拠保全の順序

外部から侵入されたサーバ及びそのサーバに接続されていた記憶媒体を調査対象としてディジタルフォレンジックスを行うことになった。このとき，稼働状態にある調査対象のサーバ，記憶媒体などから表に示すa～dを証拠として保全する。保全の順序のうち，揮発性の観点から最も適切なものはどれか。

証拠として保全するもの	
a	遠隔にあるログサーバに記録された調査対象サーバのアクセスログ
b	調査対象サーバにインストールされていた会計ソフトのインストール用CD
c	調査対象サーバのハードディスク上の表計算ファイル
d	調査対象サーバのルーティングテーブルの状態

ア　a→c→d→b

イ　b→c→a→d

ウ　c→a→d→b

エ　d→c→a→b

[ES-R3年秋 問17・SC-R3年秋 問12]

■ 解説 ■

「揮発性の観点から」とあるので，消失しやすいデータから順に保全する。

d（ルーティングテーブルの状態）は，動的に変化しうるネットワークの経路情報なので，最初に保全する。

c（表計算ファイル）は，現に侵入されたサーバ上にあり，攻撃者によって改ざんや削除される恐れがあるので，2番目に保全する。

a（アクセスログ）は，遠隔にあるログサーバにも侵入されない限り，改ざんや削除される恐れは低いので，3番目に保全する。

b（インストール用CD）は，書き換えできない記憶媒体であり，会計ソフトの販売元からも入手できるので，最後に保全する。

以上から，**エ**の**d → c → a → b**の順序で保全する。

《答：エ》

Lv.3 　午前Ⅰ ▶ 　全区分 午前Ⅱ ▶ PM DB ES AU ST SA NW SM **SC** 　　知識

問 **232**　ファジング

脆弱性検査手法の一つであるファジングはどれか。

ア　既知の脆弱性に対するシステムの対応状況に注目し，システムに導入されているソフトウェアのバージョン及びパッチの適用状況の検査を行う。

イ　ソフトウェアの，データの入出力に注目し，問題を引き起こしそうなデータを大量に多様なパターンで入力して挙動を観察し，脆弱性を見つける。

ウ　ベンダや情報セキュリティ関連機関が提供するセキュリティアドバイザリなどの最新のセキュリティ情報に注目し，ソフトウェアの脆弱性の検査を行う。

エ　ホワイトボックス検査の一つであり，ソフトウェアの内部構造に注目し，ソースコードの構文をチェックすることによって脆弱性を見つける。

[PM-R2年秋 問25・AP-H30年秋 問43・AM1-H30年秋 問15・
AP-H28年秋 問45・SA-H26年秋 問25]

テーマ11　セキュリティ　**279**

■解説■

イが**ファジング**である。ファジングとは，検査対象のソフトウェア製品にファズ（fuzz）と呼ばれる問題を引き起こしそうな様々なデータを大量に送り込み，その応答や挙動を監視することで脆弱性を検出する検査手法である。例えば，ソフトウェア製品に極端に長い文字列や通常用いないような制御コードを送り込んで状態を観察し，予期せぬ異常動作が発生したら，処理に何らかの脆弱性があると判断できる。多くの場合，この作業を自動的に行うファジングツールが利用される。

アはバージョンチェック，**エ**はソースコード静的検査である。

ウは特に名称はないと考えられる。

《答：イ》

Lv.3	午前Ⅰ ▶	全区分 午前Ⅱ ▶	PM	DB	ES	AU	ST	SA	NW	SM	SC

問 233　クレジットカードの不正利用を防ぐ仕組み ✓ ✓ ✓

盗まれたクレジットカードの不正利用を防ぐ仕組みのうち，オンラインショッピングサイトでの不正利用の防止に有効なものはどれか。

ア　3D セキュアによって本人確認する。

イ　クレジットカード内に保持された PIN との照合によって本人確認する。

ウ　クレジットカードの有効期限を確認する。

エ　セキュリティコードの入力によって券面認証する。

[AP-R3 年秋 問 42・AM1-R3 年秋 問 14]

■解説■

アが有効である。**3D セキュア**はオンラインショッピングサイトで決済しようとすると，クレジットカード会社のサイトに接続され，そこにあらかじめ登録しているパスワードを入力させて本人確認する仕組みである。クレジットカードが盗まれても，パスワードが漏えいしない限り，不正利用を防止できる。

イは有効でない。PIN は，クレジットカードの IC チップに登録された暗証番号である。決済端末にクレジットカードを挿入して PIN を入力する

ので，実店舗での不正利用防止に有効である。

ウは有効でない。有効期限はクレジットカードに印字されているので，盗まれると不正利用される。

エは有効でない。セキュリティコードはクレジットカードの署名欄などに印字された3桁の数字である。これを入力させるオンラインショッピングサイトも多いが，クレジットカードを盗まれると不正利用される。

《答：ア》

11-5 セキュリティ実装技術

問234　IPv6の暗号化

PCからサーバに対し，IPv6を利用した通信を行う場合，ネットワーク層で暗号化を行うときに利用するものはどれか。

　ア　IPsec　　イ　PPP　　ウ　SSH　　エ　TLS

[AP-R2年秋 問37・AM1-R2年秋 問12・AP-H25年秋 問37]

■ 解説 ■

これは，**ア**の **IPsec** である。従来のネットワーク層のプロトコルのIPv4ではIPsecはオプション機能で，特に暗号化を必要とする用途（VPNなど）で用いられてきた。IPv6ではIPsecが標準機能となっており，ネットワーク層の通信全般を暗号化できる。

イの **PPP**（Point to Point Protocol）は，2点間を接続するデータリンク層のプロトコルで，ユーザ認証機能や通信データの圧縮機能などを備えている。

ウの **SSH**（Secure Shell）は，サーバへリモートログインするためのアプリケーション層のプロトコルで，暗号化機能を備えている。

エの **TLS**（Transport Layer Security）は，TCPより上位層のプロトコルと組み合わせて，通信の暗号化と，クライアント及びサーバの認証を行うプロトコルである。

《答：ア》

問 235　DKIM（DomainKeys Identified Mail）

DKIM（DomainKeys Identified Mail）の説明はどれか。

ア　送信側メールサーバにおいてディジタル署名を電子メールのヘッダに付加し、受信側メールサーバにおいてそのディジタル署名を公開鍵によって検証する仕組み

イ　送信側メールサーバにおいて利用者が認証された場合、電子メールの送信が許可される仕組み

ウ　電子メールのヘッダや配送経路の情報から得られる送信元情報を用いて、メール送信元の IP アドレスを検証する仕組み

エ　ネットワーク機器において、内部ネットワークから外部のメールサーバの TCP ポート番号 25 への直接の通信を禁止する仕組み

[SC-R1 年秋 問 12・SC-H30 年春 問 12・SC-H26 年秋 問 15・SC-H25 年春 問 16・SC-H23 年秋 問 14・SC-H22 年春 問 14]

解説

アが **DKIM** の説明である。これは、メールの発信元がドメインの正規の所有者であることを証明する仕組みである。まず、メールサーバの管理者は、DNS サーバに公開鍵を設置しておく。そのメールサーバは、送信するメールのメールヘッダに、秘密鍵によるディジタル署名を付加する。受信側メールサーバはディジタル署名の正当性を、送信側の DNS に設置された公開鍵によって復号して確認する。受信側メールサーバも DKIM に対応している必要があるが、近年普及率が高まっている。これにより、差出人(From)アドレスを詐称したスパムメールを判別しやすくなる利点がある。

イは SMTP-AUTH、**ウ**は Sender ID、**エ**は OP25B（Outbound Port 25 Blocking）の説明である。

《答：ア》

Lv.4 午前Ⅰ ▶ 全区分 午前Ⅱ ▶ PM DB ES AU ST SA NW SM SC

知識

問 236　SMTP-AUTH の特徴

SMTP-AUTH の特徴はどれか。

ア　ISP 管理下の動的 IP アドレスから管理外ネットワークのメール
　　サーバへの SMTP 接続を禁止する。

イ　電子メール送信元のメールサーバが送信元ドメインの DNS に
　　登録されていることを確認してから，電子メールを受信する。

ウ　メールクライアントからメールサーバへの電子メール送信時に，
　　利用者 ID とパスワードによる利用者認証を行う。

エ　メールクライアントからメールサーバへの電子メール送信は，
　　POP 接続で利用者認証済みの場合にだけ許可する。

[SC-R2 年秋 問 16・SC-H30 年秋 問 14・SC-H28 年秋 問 16・
SC-H27 年春 問 16・SC-H24 年春 問 15・SC-H22 年春 問 15]

■ 解説 ■

ウが，**SMTP-AUTH**（SMTP Authentication）の特徴である。SMTP
はメール送信プロトコルであるが，本来は利用者認証機能がないため，あ
る組織の SMTP サーバを部外者が迷惑メール送信などに悪用するおそれが
ある。SMTP-AUTH はその対策として，SMTP に利用者 ID とパスワード
による利用者認証機能を追加したプロトコルである。

アは，**OP25B**（Outbound Port 25 Blocking）の特徴である。ISP 利
用者が，当該 ISP の管理外のメールサーバをスパムメール送信などに悪用
することを防ぐために設定される。

イは，**SPF**（Sender Policy Framework）の特徴である。差出人（From）
が詐称されたスパムメールへの対策として有効である。ただし，From を
詐称せずに送信されるスパムメールには効果がない。

エは，**POP before SMTP** の特徴である。POP 接続（メール受信のため
の利用者認証）の成功から一定時間内に限り，接続元 IP アドレスからのメ
ール送信を許可することで，SMTP サーバの悪用を防ぐ。

《答：ウ》

テーマ 11　セキュリティ　**283**

| Lv.4 | 午前Ⅰ ▶ | 全区分 | 午前Ⅱ ▶ | PM | DB | ES | AU | ST | SA | NW | SM | SC | | | | 考察 |

問237 DNSSEC

DNSSEC に関する記述として，適切なものはどれか。

ア　DNS サーバへの DoS 攻撃を防止できる。
イ　IPsec による暗号化通信が前提となっている。
ウ　代表的な DNS サーバの実装である BIND の代替として使用する。
エ　ディジタル署名によって DNS 応答の正当性を確認できる。

[SC-R1 年秋 問 18・SC-H26 年秋 問 18・
SC-H24 年秋 問 18・SC-H22 年秋 問 19]

■ 解説 ■

エが適切である。DNS は，IP アドレスとホスト名の対応関係を管理し，クライアントからの名前解決の要求に応答するためのプロトコルである。古くからある仕組みのためあまりセキュリティ対策が考慮されていなかったが，インターネットの普及とともに DNS の応答の正当性を損ねるような脅威（DNS キャッシュポイズニングなど）が増してきた。**DNSSEC**（DNS Security Extensions）は，ディジタル署名によって DNS の応答の正当性を検証できるようにしたプロトコルである。

アは適切でない。DNS サーバのダウンを狙った大量の問い合わせなどの DoS 攻撃は，DNSSEC では防げない。

イは適切でない。DNSSEC は DNS 応答の暗号化は行わない。

ウは適切でない。DNSSEC は BIND の拡張機能であり，代替ではない。

《答：エ》

284　Chapter 03　技術要素

Lv.4 　午前Ⅰ ▶　全区分　午前Ⅱ ▶　PM　DB　ES　AU　ST　SA　NW　SM　SC

問 238　EAP-TLS が行う認証

IEEE 802.1X で使われる EAP-TLS が行う認証はどれか。

ア　CHAP を用いたチャレンジレスポンスによる利用者認証
イ　あらかじめ登録した共通鍵によるサーバ認証と，時刻同期のワンタイムパスワードによる利用者認証
ウ　ディジタル証明書による認証サーバとクライアントの相互認証
エ　利用者 ID とパスワードによる利用者認証

[SC-R3 年秋 問 16・SC-H31 年秋 問 16・SC-H28 年秋 問 14・
SC-H27 年春 問 2・SC-H24 年秋 問 2・SC-H23 年特 問 2]

■ 解説 ■

IEEE 802.1X は，LAN におけるユーザ認証の規格である。特にセキュリティ上の脅威が多い無線 LAN でのユーザ認証に多く利用されるが，有線 LAN でも利用できる。認証の基本的な仕様は EAP（Extensible Authentication Protocol）であるが，様々な拡張方式が存在し，ネットワーク機器ベンダによる独自拡張もある。

ウが EAP-TLS が行う認証である。これは，公開鍵暗号によってクライアントとサーバの双方を認証する方式である。他の方式に比べて最もセキュリティに優れているが，認証局の構築や証明書の配布などが必要で，運用面での負荷が高い。

アは，EAP-MD5-Challenge が行う認証である。

イは，EAP-POTP（EAP Protected One-Time Password Protocol）が行う認証である。

エは，EAP-MD5 が行う認証である。

《答：ウ》

午前Ⅱ

PM
DB
ES
AU
ST
SA
NW
SM
SC

テーマ 11　セキュリティ　**285**

| Lv.4 | 午前Ⅰ ▶ | 全区分 午前Ⅱ ▶ | PM | DB | ES | AU | ST | SA | NW | SM | SC |

問 239　ステートフルパケットインスペクション方式

ステートフルパケットインスペクション方式のファイアウォールの特徴
はどれか。

ア　Web クライアントと Web サーバとの間に配置され，リバース
　　プロキシサーバとして動作する方式であり，Web クライアント
　　からの通信を目的の Web サーバに中継する際に，受け付けたパ
　　ケットに不正なデータがないかどうかを検査する。

イ　アプリケーションプロトコルごとにプロキシソフトウェアを用
　　意する方式であり，クライアントからの通信を目的のサーバに
　　中継する際に，通信に不正なデータがないかどうかを検査する。

ウ　特定のアプリケーションプロトコルだけを通過させるゲートウ
　　ェイソフトウェアを利用する方式であり，クライアントからの
　　コネクションの要求を受け付け，目的のサーバに改めてコネク
　　ションを要求することによって，アクセスを制御する。

エ　パケットフィルタリングを拡張した方式であり，過去に通過し
　　たパケットから通信セッションを認識し，受け付けたパケット
　　を通信セッションの状態に照らし合わせて通過させるか遮断す
　　るかを判断する。

[SC-R3 年春 問 6・SC-H31 年春 問 17・SC-H29 年秋 問 9・SC-H27 年秋 問 3]

■ 解説 ■

　エが，**ステートフルパケットインスペクション方式**のファイアウォール
の特徴である。この方式では，パケットのヘッダ情報（送信元及び宛先の
IP アドレスやポート番号）だけでなく，クライアントとサーバのやり取り
も考慮して通過許否を判断する。例えば，クライアントがサーバへ何も送
信していないのに，サーバからの応答を偽装するパケットが届いても，通
過を拒否できる。これに対し，パケットフィルタリング方式のファイアウ
ォールでは，ヘッダ情報だけで判断するので，応答を偽装するパケットを
通過させてしまう可能性がある。

　アは，Web アプリケーションファイアウォール（WAF）の特徴である。

　イは，アプリケーションゲートウェイ方式のファイアウォールの特徴で

286　Chapter 03　技術要素

ある。

ウは，トランスポートゲートウェイ方式のファイアウォールの特徴である。

《答：エ》

問240　WAFの設置場所

図のような構成と通信サービスのシステムにおいて，Webアプリケーションの脆弱性対策のためのWAFの設置場所として，最も適切な箇所はどこか。ここで，WAFには通信を暗号化したり，復号したりする機能はないものとする。

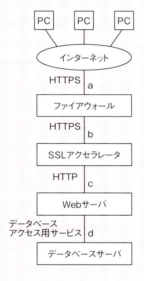

　ア　a　　　　イ　b　　　　ウ　c　　　　エ　d

[AP-H29年春 問43・AP-H27年秋 問41・SC-H25年春 問4]

■解説■

　Webアプリケーション関連のパケットはWebサーバとPCの間でやりとりされるので，**WAF**（Webアプリケーションファイアウォール）は

Webサーバよりインターネット側に設置する必要がある。このWAFはHTTPSによる暗号化通信は検査できないので，a及びbはWAFの設置場所として適切でない。つまり，暗号化しないHTTPで通信しているcがWAFの設置場所として適切である。

Webサーバとデータベースサーバの間ではSQL文とその実行結果がやりとりされており，その通信を検査してもWebアプリケーションの脆弱性対策にならないので，dはWAFの設置場所として適切でない。

《答：ウ》

問241　WAF

WAFの説明はどれか。

- ア　Webアプリケーションへの攻撃を検知し，阻止する。
- イ　Webブラウザの通信内容を改ざんする攻撃をPC内で監視し，検出する。
- ウ　サーバのOSへの不正なログインを監視する。
- エ　ファイルへのマルウェア感染を監視し，検出する。

[AP-H31年春 問45・AM1-H31年春 問15・AP-H29年秋 問45・AM1-H29年秋 問15・SA-H27年秋 問25]

■ 解説 ■

アが，**WAF**（Webアプリケーションファイアウォール）の説明である。WAFは，Webサーバのインターネット側に設置され，リバースプロキシとして動作する。クライアント（Webブラウザ）からWebサーバに宛てて送られたデータは，まずWAFが代わりに受け取り，ヘッダだけでなくデータの中身も検査する。その結果に問題がなければ，データをWebサーバで稼働するWebアプリケーションに引き渡す。これによって，Webアプリケーションの脆弱性を悪用する攻撃（クロスサイトスクリプティング，クロスサイトリクエストフォージェリ，SQLインジェクション，OSコマンドインジェクションなど）を阻止する。

イは，パーソナルファイアウォールの説明である。

ウは，IDS（侵入検知システム）の説明である。
エは，マルウェア対策ソフトの説明である。

《答：ア》

問 242　ブロックチェーン

ブロックチェーンに関する記述のうち，適切なものはどれか。

ア　RADIUSを必須の技術として，参加者の利用者認証を一元管理するために利用する。
イ　SPFを必須の技術として，参加者間で電子メールを送受信するときに送信元の正当性を確認するために利用する。
ウ　楕円曲線暗号を必須の技術として，参加者間のP2P（Peer to Peer）ネットワークを暗号化するために利用する。
エ　ハッシュ関数を必須の技術として，参加者がデータの改ざんを検出するために利用する。

[SC-R2年秋 問5・SC-H30年秋 問3]

■ 解説 ■

エが適切である。**ブロックチェーン**は，多数のユーザのコンピュータにデータをブロック単位で分散保存し，ブロック間に鎖のようなつながりを持たせて管理する仕組みである。新たに生成したブロックには，上流側のブロックにハッシュ関数を適用して求めたハッシュ値を付加することで，つながりを特定する。一度生成されたブロックは変更できず，上流側へブロックを遡っていけば，全てのつながりを把握できる。ブロックを改ざんしても，ハッシュ値が合わず，整合性が保てなくなるので検出できる。

アは適切でない。後半は，RADIUS（Remote Authentication Dial In User Service）の記述としては正しい。RADIUSは，公衆無線LANなどの会員制接続サービスで利用される。

イは適切でない。後半は，SPF（Sender Policy Framework）の記述としては正しい。SPFは，メール送信者のドメインが正当であることを認証する技術の一つである。

テーマ11　セキュリティ　289

ウは適切でない。後半は，楕円曲線暗号の記述としては正しい。P2P は，多数のコンピュータが対等な関係で相互に通信を行うネットワークアーキテクチャである。

《答：エ》

問 243　Cookie に secure 属性を設定したときの動作

cookie に Secure 属性を設定しなかったときと比較した，設定したときの動作として，適切なものはどれか。

- ア　cookie に設定された有効期間を過ぎると，cookie が無効化される。
- イ　JavaScript による cookie の読出しが禁止される。
- ウ　URL 内のスキームが https のときだけ，Web ブラウザから cookie が送出される。
- エ　Web ブラウザがアクセスする URL 内のパスと cookie に設定されたパスのプレフィックスが一致するときだけ，Web ブラウザから cookie が送出される。

[SC-R3 年秋 問 10・NW-R1 年秋 問 17・SC-R1 年秋 問 11・
SC-H30 年春 問 11・SC-H28 年秋 問 9]

■ **解説** ■

　cookie（**クッキー**）は，Web サーバが Web ブラウザに対して，セッション管理などの目的で発行するテキストデータである。Web サーバが HTTP レスポンスヘッダに含めて，「Set-Cookie: クッキー名＝値」の形式で Web ブラウザに送信する。このとき，cookie に必要な属性を付加することができる。Web ブラウザは，Web サーバから受け取った cookie を保存しておき，必要に応じて HTTP リクエストヘッダの「Cookie:」を用いて Web サーバに送出する。

　ウが，secure 属性を付けたときの動作である。cookie 自体は平文なので，暗号化されない http のページで送受信すると，盗聴される危険性がある。そこで，cookie に secure 属性を付けておくと，https のページのと

きだけ Web ブラウザから Web サーバへ cookie が送出されるようになり，http のページからは送出できないため盗聴を防げる。

アは expires 属性，**イ**は httponly 属性，**エ**は path 属性を付けたときの動作である。

《答：ウ》

Lv.3 午前Ⅰ ▶ 全区分 午前Ⅱ ▶ PM DB ES AU ST SA NW SM **SC**

問 **244**　**Web アプリケーションの脆弱性を悪用する攻撃** ☑ ☑ ☑

Web アプリケーションソフトウェアの脆弱性を悪用する攻撃手法のうち，入力した文字列が Perl の system 関数，PHP の exec 関数などに渡されることを利用し，不正にシェルスクリプトを実行させるものは，どれに分類されるか。

ア　HTTP ヘッダインジェクション
イ　OS コマンドインジェクション
ウ　クロスサイトリクエストフォージェリ
エ　セッションハイジャック

[NW-R3 年春 問 21・SC-H30 年秋 問 13・SC-H29 年春 問 12・
NW-H27 年秋 問 20・SC-H26 年春 問 15・SC-H23 年秋 問 16]

■ **解説** ■

　これは**イ**の **OS コマンドインジェクション**に分類される。Web サイトからユーザが入力した文字列を，CGI で OS のコマンドに引数などとして渡す場合に起こり得る。根本的な対策は，OS のコマンドを呼び出すことは避け，プログラム言語のライブラリを利用することである。

　アの **HTTP ヘッダインジェクション**は，Web サイトからの入力文字列を使用して，Web ページの HTTP ヘッダを生成する場合に起こり得る。例えば "Set-Cookie:" を含む文字列が渡されて HTTP ヘッダに埋め込まれると，ユーザの Web ブラウザに不正なクッキーを送り込まれる危険性がある。

　ウの**クロスサイトリクエストフォージェリ**は，事情を知らない利用者を悪意のあるフォームやスクリプトを含む Web サイトにアクセスさせて，

テーマ 11　セキュリティ　**291**

その利用者が認識しないまま，他のWebサイトに何らかの動作をさせる攻撃手法である。特にログイン状態を維持できる会員制サイトが標的になり，無断で掲示板に書込みが行われたり，設定を変更されたりする。

エの**セッションハイジャック**は，WebサーバとクライアントがセッションIDを何らかの手段で入手し，攻撃者が本来のユーザになりすましてWebサーバと通信を行う攻撃手法である。

《答：イ》

問245 SQLインジェクション対策

SQLインジェクション対策について，Webアプリケーションプログラムの実装における対策と，Webアプリケーションプログラムの実装以外の対策として，ともに適切なものはどれか。

	Webアプリケーションプログラムの実装における対策	Webアプリケーションプログラムの実装以外の対策
ア	Webアプリケーションプログラム中でシェルを起動しない。	chroot環境でWebサーバを稼働させる。
イ	セッションIDを乱数で生成する。	TLSによって通信内容を秘匿する。
ウ	パス名やファイル名をパラメタとして受け取らないようにする。	重要なファイルを公開領域に置かない。
エ	プレースホルダを利用する。	Webアプリケーションプログラムが利用するデータベースのアカウントがもつデータベースアクセス権限を必要最小限にする。

[SC-R1年秋 問17・SC-H30年春 問17・SC-H28年秋 問17・SC-H27年春 問17・SC-H25年秋 問15・SC-H24年春 問16・SC-H21年秋 問14]

■ 解説 ■

エが **SQL インジェクション対策**として適切である。プレースホルダ（プリペアドステートメント）は，プログラミング言語の SQL 文実行ライブラリが持つ機能である。あらかじめ SQL の構文を確定し，変数などの可変部分だけ空けておき，利用者の入力値をはめ込んで SQL 文を実行する。入力値に SQL で特殊な意味のある文字を含めても，入力文字列全体が変数値として扱われるため，不正な SQL 文の実行を防止できる。

アクセス権限の設定では，例えばデータ参照しか行わないなら，必要なテーブルだけに SELECT 権限のみ付与するなどの対策によって，データの不正な参照や更新を防止できる。

アは OS コマンドインジェクション，**イ**はセッションハイジャック，**ウ**はディレクトリトラバーサルを防ぐ対策である。

《答：エ》

Lv.4　午前Ⅰ ▶　全区分　午前Ⅱ ▶　PM　DB　ES　AU　ST　SA　NW　SM　SC　　考察

問 246　クロスサイトリクエストフォージェリ攻撃の対策　☑ ☑ ☑

クロスサイトリクエストフォージェリ攻撃の対策として，**効果がない**ものはどれか。

ア　Web サイトでの決済などの重要な操作の都度，利用者のパスワードを入力させる。

イ　Web サイトへのログイン後，毎回異なる値を HTTP レスポンスに含め，Web ブラウザからのリクエストごとに送付されるその値を，Web サーバ側で照合する。

ウ　Web ブラウザからのリクエスト中の Referer によって正しいリンク元からの遷移であることを確認する。

エ　Web ブラウザからのリクエストを Web サーバで受け付けた際に，リクエストに含まれる "<" や ">" などの特殊文字を，タグとして認識されない "<" や ">" などの文字列に置き換える。

[SC-H31 年春 問 10]

テーマ 11　セキュリティ　**293**

■ 解説 ■

クロスサイトリクエストフォージェリは，攻撃者が悪意のあるフォームやスクリプトを含む Web サイトを用意し，事情を知らない利用者がアクセスするよう仕向けて，他の Web サイトに利用者が意図しない操作をさせる攻撃手法である。特にログイン状態を維持できる会員制サイトが標的になりやすく，無断で掲示板に書き込まれたり，設定を変更されたりする恐れがある。

エが対策として効果がない。これはクロスサイトスクリプティング攻撃への対策である。

アは効果がある。ログイン中であっても，パスワードを再入力させることにより，意図しない操作を防げる。

イは効果がある。不正に送信されたリクエストには，直前の HTTP レスポンスに含まれる値が設定されないので，正当なリクエストでないと判断できる。

ウは効果がある。Referer は Web ページのリンク元を示す情報である。不正に送信されたリクエストには，これが正しく含まれないので，正当なリクエストでないと判断できる。

《答：エ》

Lv.4　午前Ⅰ ▶　全区分　午前Ⅱ ▶　PM　DB　ES　AU　ST　SA　NW　SM　SC　　知識

問 247　HSTS

HSTS（HTTP Strict Transport Security）の説明はどれか。

ア　HSTS を利用する Web サイトに Web ブラウザが HTTP でア
　　クセスした場合，Web ブラウザから当該サイトへのその後のア
　　クセスを強制的に HTTP over TLS（HTTPS）にする。

イ　HSTS を利用する Web サイトに Web ブラウザが HTTP でア
　　クセスした場合，Web ページの文書やスクリプトについて，あ
　　るオリジンから読み込まれたリソースから他のオリジンのリソ
　　ースにアクセスできないように制限する。

ウ　HTTPS で通信が保護されている場合にだけ，cookie の属性に
　　よらず強制的に cookie を送信する。

エ　信頼性が高いサーバ証明書を有する Web サイトとの HTTPS 通
　　信では，Web ブラウザに鍵マークを表示する。

[SC-R3 年春 問 15]

■ 解説 ■

アが，**HSTS** の説明である。Web サイトに HTTP（http:// ～）でア
クセスしてきたブラウザに対し，Web サーバはコンテンツを返さずに，
HTTPS（https:// ～）でアクセスするよう要求するレスポンスを返す。ブ
ラウザ側でもそのことを記録しておき，それ以後に再び HTTP でアクセス
しようとすれば，最初から HTTPS でアクセスする。

　HTTPS でのアクセスを強制する方法として，Web サーバ側で HTTP を
HTTPS にリダイレクトする手法もあるが，最初のアクセスは HTTP で行
われるため盗聴や改ざんの恐れがある。HSTS を用いると，この問題も回
避できる。

　イは，「Web ページの文書や」以降が同一オリジンポリシーの説明である。
二つのページのスキーム，ポート番号，ホストのいずれか一つでも異なれば，
オリジン（発行元）が異なると判断して，外部サイトからの攻撃を防ぐた
めアクセスを制限する。HSTS の利用有無や，HTTP でのアクセスかどう
かは無関係である。

　ウのような機能はない。なお，cookie に secure 属性を付ければ，

テーマ 11　セキュリティ　　**295**

HTTPS での通信時だけ cookie が送信され，HTTP での通信時には送信されない。

エは，HSTS とは無関係な機能である。

《答：ア》

Chapter 04
開発技術

テーマ		
12	**システム開発技術**	
		問 248 ～問 285
13	**ソフトウェア開発管理技術**	
		問 286 ～問 299

アクセスキー **c**
（小文字のシー）

テーマ

12 システム開発技術

午前Ⅰ ▶ 全区分 午前Ⅱ ▶ PM DB ES AU ST SA NW SM | SC
Lv.3 　　　　　　Lv.3 Lv.3 Lv.4 Lv.3 ST Lv.4 Lv.3 SM | Lv.3

問 **248**～問 **285** 全 **38** 問

最近の出題数

	高度午前Ⅰ	高度午前Ⅱ								
		PM	DB	ES	AU	ST	SA	NW	SM	SC
R4 年春期	2					—	11	1	—	1
R3 年秋期	1	1	1	4	1					1
R3 年春期	1					—	11	1	—	1
R2 年秋期	1			4	1					1

※表組み内の「—」は出題範囲外

試験区分別出題傾向（H21年以降）

午前Ⅰ	"要件定義"，"設計"，"実装・構築"の出題が多い。
PM 午前Ⅱ	シラバス全体から出題されているが，"要件定義"，"設計"の出題が多い。
DB 午前Ⅱ	"設計"の出題が多く，それ以外の出題は少ない。
ES 午前Ⅱ	組込みシステム特有の開発手法の出題がある。"導入・受入れ支援"，"保守・廃棄"の出題例はない。
AU 午前Ⅱ	"要件定義"，"設計"の出題が多いが，"保守・廃棄"の出題例もある。
SA 午前Ⅱ	シラバス全体から幅広く出題されている。難易度の高い問題が多く，過去問題の再出題も多い。
NW 午前Ⅱ	"設計"の出題が多く，それ以外の出題は少ない。オブジェクト指向に関する出題がやや多い。
SC 午前Ⅱ	"設計"の出題がやや多い。

出題実績（H21年以降）

小分類	出題実績のある主な用語・キーワード
システム要件定義・ソフトウェア要件定義	機能要件，非機能要件，アジャイル開発プロセス，システム要件の評価，論理データモデル作成，プロトタイピング，DFD，E-R 図，UML，CRUD マトリックス，決定表，BPMN，事象応答分析，SysML，ペトリネット
設計	システム結合テストの設計，機能要件，SoC，FPGA，ソフトウェア結合テストの設計，ソフトウェア品質特性，アシュアランスケース，フールプルーフ，フェールセーフ，データ中心アプローチ，オブジェクト指向，モジュール結合度，モジュール強度，デザインパターン，レビュー技法

298 　Chapter 04 　開発技術

小分類	出題実績のある主な用語・キーワード
実装・構築	ペアプログラミング，コーディング基準，デバッグ，ホワイトボックステスト（命令網羅，分岐網羅，条件網羅），ブラックボックステスト（同値分析，限界値分析，実験計画法），エラー埋込み法
結合・テスト	ドライバ，スタブ，トップダウンテスト，ボトムアップテスト，回帰テスト，全数検査，ファジング，探索的テスト
受入れ支援	教育訓練
保守・廃棄	保守作業，ソフトウェア廃棄

12-1 ● システム要件定義・ソフトウェア要件定義

Lv.4　午前Ⅰ ▶ 全区分 午前Ⅱ ▶ PM DB ES AU ST SA NW SM SC

問 248　CMMI のプロセス領域

開発のための CMMI 1.3 版のプロセス領域のうち，運用の考え方及び関連するシナリオを確立し保守するプラクティスを含むものはどれか。

ア　技術解　　　イ　検証　　　　ウ　成果物統合　エ　要件開発

[SA-H30 年秋 問 3]

■ 解説 ■

CMMI（能力成熟度モデル統合）のモデル群は，組織がそのプロセスを改善することに役立つベストプラクティスを集めたものである。

第2部　共通ゴールおよび共通プラクティス，およびプロセス領域
『成果物統合』
　　目的　『成果物統合』（PI）の目的は，成果物構成要素から成果物を組み立て，統合されたものとして成果物が適切に動く（必要とされる機能性および品質属性を備えている）ようにし，そしてその成果物を納入することである。
『要件開発』
　　目的　『要件開発』（RD）の目的は，顧客要件，成果物要件，および成果物構成要素の要件を引き出し，分析し，そして確立することである。
　　ゴール別の固有プラクティス
　　　SG 1 顧客要件を開発する
　　　SG 2 成果物要件を開発する

> SG 3 要件を分析し妥当性を確認する
> 　SP 3.1 運用の考え方とシナリオを確立する
> 　　運用の考え方および関連するシナリオを確立し保守する。
> 　　　シナリオとは，典型的には，成果物の開発，使用，または維持の際に発生するであろう一連のイベントのことで，機能および品質属性に関する利害関係者のニーズの一部を明確にするために使用される。それとは対照的に，成果物の運用の考え方は，通常，設計解とシナリオの両方に依存する。(後略)
> 『技術解』
> 　目的　『技術解』(TS) の目的は，要件に対する解を選定し，設計し，そして実装することである。解，設計，および実装は，単体の，または適宜組み合わせた成果物，成果物構成要素，および成果物関連のライフサイクルプロセスを網羅する。
> 『検証』
> 　目的　『検証』(VER) の目的は，選択された作業成果物が，指定された要件を満たすようにすることである。

出典：『開発のための CMMI® 1.3 版』(CMMI 成果物チーム，2010)

よって，**エ**の要件開発が，運用の考え方及び関連するシナリオを確立し保守するプラクティスを含むプロセス領域である。

《答：エ》

問249　マイクロサービスアーキテクチャ

マイクロサービスアーキテクチャを利用してシステムを構築する利点はどれか。

- ア　各サービスが使用する，プログラム言語，ライブラリ及びミドルウェアを統一しやすい。
- イ　各サービスが保有するデータの整合性を確保しやすい。
- ウ　各サービスの変更がしやすい。
- エ　各サービスを呼び出す回数が減るので，オーバヘッドを削減できる。

[SA-R3 年春 問 5]

■ 解説 ■

マイクロサービスアーキテクチャは，マイクロサービスと呼ばれる小規模な機能単位のサービスを個別に開発し，これを多数組み合わせて一つの大きなサービスやシステムを構築する手法である。

ウが利点である。各サービスは独立性が高いため，その変更や入替えがしやすい。

アは短所である。各サービスを独立して開発できるので，統制を取って開発しない限り，開発環境の統一が難しい。

イは短所である。各サービスが使用するデータも独立性が高いので，統制を取って開発しない限り，整合性を確保することが難しい。

エは短所である。各サービスが互いに呼出しを行う回数が多くなり，オーバヘッドが増加する。

《答：ウ》

問 250　ロバストネス分析

オブジェクト指向開発におけるロバストネス分析で行うことはどれか。

ア　オブジェクトの確定，構造の定義，サブジェクトの定義，属性の定義，及びサービスの定義という五つの作業項目を並行して実施する。
イ　オブジェクトモデル，動的モデル，機能モデルという三つのモデルをこの順に作成して図に表す。
ウ　ユースケースから抽出したクラスを，バウンダリクラス，コントロールクラス，エンティティクラスの三つに分類し，クラス間の関連を定義して図に表す。
エ　論理的な観点，物理的な観点，及び動的な観点の三つの観点で仕様の作成を行う。

[PM-R3年秋 問15]

■ 解説 ■

ウが，**ロバストネス分析**で行うことである。バウンダリクラスは，外部

とのインタフェースを定義する。コントロールクラスは，ソフトウェアが行う処理を定義する。エンティティクラスは，ソフトウェアのデータと操作を定義する。各クラス間の関連を図にしたものが，ロバストネス図である。

アは，サブジェクト指向開発で行うことである。

イは，オブジェクトモデル化技法（OMT）で行うことである。オブジェクトモデルではデータ辞書とオブジェクトモデル図，動的モデルでは自称トレース図と状態遷移図，機能モデルではDFD（データフロー図）を作成する。

エは，UMLによる分析で行うことである。論理的な観点ではクラス図など，物理的な観点ではコンポーネント図など，動的な観点ではユースケース図やアクティビティ図を作成する。

《答：ウ》

問251　垂直型プロトタイプ

勤怠管理システムのプロトタイプの作成例のうち，垂直型プロトタイプに該当するものはどれか。

ア　PC用の画面やスマートデバイス用の画面などの，システムの全ての画面を手書きで紙に描画する。

イ　システムの1機能である有給休暇取得申請機能について，実際に操作して申請できる画面と処理を開発する。

ウ　システムの全ての帳票のサンプルを，実際の従業員の勤怠データを用いて手作業で作成する。

エ　従業員の出退勤時に使用する，従業員カードの情報を読み取る直立した外付け機器の模型を，厚紙などの工作材料で作製する。

[SA-R3年春 問2]

■解説■

イが，**垂直型プロトタイプ**に該当する。システムの様々な機能を横軸，各機能の詳細度を縦軸として捉える。特定の機能を忠実に動作するよう試作することが，縦方向に深掘りするイメージであることから，このように

呼ばれる。

ウは，**水平型プロトタイプ**に該当する。多くの機能を広く浅く簡単に試作するイメージから，このように呼ばれる。

アは，**ペーパプロトタイプ**に該当する。

エは，**モックアップ**に該当する。

《答：イ》

問252 階層化されたDFD

図は，階層化されたDFDにおける，あるレベルのDFDの一部である。プロセス1を子プロセスに分割して詳細化したDFDのうち，適切なものはどれか。ここで，プロセス1の子プロセスは，プロセス1-1，1-2及び1-3とする。

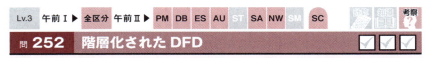

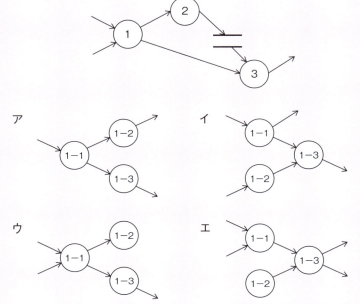

[SA-R1年秋 問1・ES-H28年春 問20・PM-H23年特 問17・
ES-H23年特 問20・SA-H21年秋 問2]

■ 解説 ■

プロセスは，他のプロセス又はデータストアからデータを受け取り，データを処理して他のプロセス又はデータストアに渡すものである。

プロセス1には二つの入力（外部から入る矢線）と二つの出力（外部に出る矢線）があるから，プロセス1を詳細化したDFD（データフロー図）にもそれと同数の入出力が必要である。

アは適切でない。外部からの入力がプロセス1-1への一つのみである。

イは適切である。外部からの入力が二つ（プロセス1-1及び1-2に入る矢線），外部への出力が二つ（プロセス1-1及び1-3から出る矢線）ある。

ウは適切でない。プロセス1-2からの出力がなく，DFDの記法として誤っている。

エは適切でない。プロセス1-2への入力がなく，DFDの記法として誤っている。

《答：イ》

問 253 UMLのクラス図

図は"顧客が商品を注文する"を表現した UML のクラス図である。"顧客が複数の商品をまとめて注文する"を表現したクラス図はどれか。ここで，"注文明細"は一つの注文に含まれる一つの商品に対応し，注文は一つ以上の注文明細を束ねたもので，一つの注文に対応する。

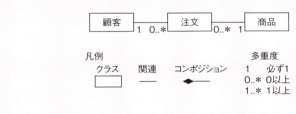

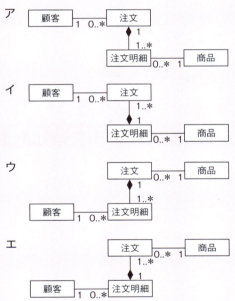

[SA-H29年秋 問3・AP-H25年春 問45・AM1-H25年春 問16・
AP-H23年特 問45・AM1-H23年特 問15]

■ 解説 ■

〔顧客と注文の多重度〕
　顧客は複数回の注文を行うことができる一方，顧客登録して一度も注文したことがない顧客も存在し得る。よって，その多重度は顧客が **1**，注文が **0 以上（0..*）** になる。

〔注文と注文明細の多重度〕
　一つの注文には 1 種類以上の商品が含まれ，1 種類の商品には一つの注文明細が対応する。よって，注文が **1**，注文明細が **1 以上（1..*）** の多重度になる。なお，コンポジションは単なる集約より，強い関連をもつクラス間の関係である。

〔注文明細と商品の多重度〕
　1 種類の商品は何度でも注文され得るので，複数の注文明細に現れる。一方，まだ一度も注文されたことがない商品も存在し得る。よって，商品が **1**，注文明細が **0 以上（0..*）** の多重度になる。

　以上を正しく表現したクラス図は，**ア**である。

《答：ア》

問 254　イベント処理のタイミング設計に有用な図

イベント駆動型のアプリケーションプログラムにおけるイベント処理のタイミングを設計するのに有用なものはどれか。

ア　DFD　　　　　　　　　　イ　E-R 図
ウ　シーケンス図　　　　　　エ　状態遷移図

[SA-R3 年春 問 4・SA-H29 年秋 問 7・SA-H25 年秋 問 3]

■ 解説 ■

　これは**ウのシーケンス図**で，UML のダイアグラムの一つである。次のようにオブジェクトを横に並べて描き，下へ破線を延ばして時間経過を示す。オブジェクトが何らかの操作を実行している時間は，破線上に長方形として表す。オブジェクト間の相互作用は，水平方向の矢線で表す。これによって，オブジェクト間のイベント処理のタイミングを設計できる。

　アの DFD（データフロー図）は，プロセス，データストア，源泉と吸収と，それらの間のデータの流れを表現する図である。データの流れるタイミングや順序は表現できない。

　イの E-R 図は，システム化の対象世界にある実体（エンティティ）と実体間の関連（リレーションシップ）を表現する図である。時間的な要素は含まれない。

　エの状態遷移図は，システムが取りうる状態及び，状態間の遷移の関係を表す図である。

《答：ウ》

Lv.3　午前Ⅰ ▶ 全区分 午前Ⅱ ▶ PM DB ES AU ST SA NW SM SC

問 255　アクティビティ図の特徴

UML のアクティビティ図の特徴はどれか。

ア　多くの並行処理を含むシステムの，オブジェクトの振る舞いが記述できる。
イ　オブジェクト群がどのようにコラボレーションを行うか記述できる。
ウ　クラスの仕様と，クラスの間の静的な関係が記述できる。
エ　システムのコンポーネント間の物理的な関係が記述できる。

[AP-R2 年秋 問 46・AM1-R2 年秋 問 16]

■ 解説 ■

　アが，**アクティビティ図**の特徴である。アクティビティ（業務や処理）の実行順序や条件分岐などの流れを表現する図である。フローチャートを

起源としており見た目も似ているが，同期バーを用いて並行処理を表現できる点が異なる。

イは，**コミュニケーション図**の特徴である。
ウは，**クラス図**の特徴である。
エは，**コンポーネント図**の特徴である。

《答：ア》

問 256　CRUD マトリクス

CRUD マトリクスの説明はどれか。

ア　ある問題に対して起こり得る全ての条件と，各条件に対する動作の関係を表形式で表現したものである。
イ　各機能が，どのエンティティに対して，どのような操作をするかを一覧化したものであり，操作の種類には生成，参照，更新及び削除がある。
ウ　システムやソフトウェアを構成する機能（又はプロセス）と入出力データとの関係を記述したものであり，データの流れを明確にすることができる。
エ　データをエンティティ，関連及び属性の三つの構成要素でモデル化したものであり，業務で扱うエンティティの相互関係を示すことができる。

[AP-R3年秋 問 46・SA-H30年秋 問 1]

■ 解説 ■

イが，**CRUD マトリクス**の説明である。横軸にエンティティ（実体で，例えばデータやデータベースのテーブル），縦軸に機能（処理やプロセス）をとって，エンティティに対して機能が行いうる処理を一覧表にしたものである。CRUD は，作成（Create），読取り（Read），更新（Update），削除（Delete）の頭字語である。

機能＼エンティティ	顧客	製品	受注	受注明細
顧客登録・更新	CRUD			
顧客検索	R			
製品登録・更新		CRU		
製品検索		R		
受注登録・更新	R	R	C U	C U
受注検索	R	R	R	R

CRUD マトリクスの例

出典：平成 29 年度 春期 システム監査技術者試験 午前 II 問 23

アは決定表，**ウ**は DFD（データフロー図），**エ**は E-R 図の説明である。

《答：イ》

Lv.3　午前 I ▶　全区分 午前 II ▶　PM DB ES AU ST SA NW SM **SC**　　知識

問 257　ソフトウェアの要件定義や分析・設計の技法　☑ ☑ ☑

ソフトウェアの要件定義や分析・設計で用いられる技法に関する記述のうち，適切なものはどれか。

ア　決定表は，条件と処理を組み合わせた表の形式で論理を表現したものであり，条件や処理の組合せが複雑な要件定義の記述手段として有効である。

イ　構造化チャートは，システムの"状態"の種別とその状態が遷移する"要因"との関係を分かりやすく表現する手段として有効である。

ウ　状態遷移図は，DFD に"コントロール変換とコントロールフロー"を付加したものであり，制御系システムに特有な処理を表現する手段として有効である。

エ　制御フロー図は，データの"源泉，吸収，流れ，処理，格納"を基本要素としており，システム内のデータの流れを表現する手段として有効である。

[SA-H30 年秋 問 7・SA-H26 年秋 問 7・
AP-H24 年秋 問 45・AM1-H24 年秋 問 16]

テーマ 12　システム開発技術　**309**

■ 解説 ■

アが，**決定表**の記述として適切である。複雑で多数の条件判定がある場合に，条件の組合せと期待する動作を表形式で整理して表現するものである。漏れのないように要件定義を行い，テストケースを設計するのに有用である。

イは，構造化チャートでなく，**状態遷移図**の記述である。

ウは，状態遷移図でなく，**制御フロー図**の記述である。

エは，制御フロー図でなく，**DFD**（データフロー図）の記述である。

《答：ア》

Lv.3	午前Ⅰ ▶	全区分	午前Ⅱ ▶	PM	DB	ES	AU	ST	SA	NW	SM	SC

問 258　BPMN を導入する効果

システム要求事項分析プロセスにおいて BPMN（Business Process Model and Notation）を導入する効果として，適切なものはどれか。

ア　業務の実施状況や実績を定量的に把握できる。
イ　業務の流れを統一的な表記方法で表現できる。
ウ　定義された業務要求事項からデータモデルを自動生成できる。
エ　要求事項を E-R 図によって明確に表現できる。

[DB-R2 年秋 問 24・SA-H23 年秋 問 3・
PM-H22 年春 問 15・AU-H22 年春 問 24]

■ 解説 ■

イが適切である。**BPMN**（業務プロセスモデリング表記法）は，ISO/IEC 19510:2013 で標準化された，業務プロセスを表記するための図法である。図形要素としてイベント（丸形），アクティビティ（長方形），分岐と合流（ひし形），処理のフロー（矢印）などがあり，イベントのタイプ，アクティビティの性質，メッセージのフロー，ドキュメントなども表記できる。

同種の図法として UML のアクティビティ図があるが，開発者の視点で描かれるため，システムの利用者には理解しやすいとは言えない。これに対して，BPMN は利用者にも直感的に理解できるよう工夫されている。

ア，ウ，エのような効果はない。

《答：イ》

Lv.3 午前Ⅰ ▶ 全区分 午前Ⅱ ▶ PM DB ES AU ST SA NW SM SC

問259 並列動作の同期を表現できる要求モデル

並列に生起する事象間の同期を表現することが可能な，ソフトウェアの要求モデルはどれか。

- ア　E-R モデル
- イ　データフローモデル
- ウ　ペトリネットモデル
- エ　有限状態機械モデル

[ES-R3年秋 問20・SA-R1年秋 問2・
SA-H28年秋 問4・ES-H26年春 問18]

■ 解説 ■

これは**ウ**の**ペトリネットモデル**で，分散システムに現れる並行プロセスの状態変化を分析する要求モデルである。その表現に用いるペトリネットには図形要素として，円：プレース（条件），棒又は長方形：トランジション（事象），黒丸：トークン（資源），矢線：アーク（事象間の関係）がある。プレースとトランジションが節点（ノード）となる。

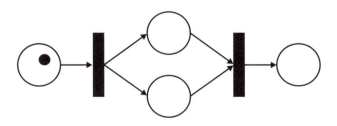

アの **E-R モデル**は，システム化の対象にある実体（エンティティ）と実体間の関連（リレーションシップ）を分析する要求モデルである。その表現に，**E-R 図**が用いられる。

イの**データフローモデル**は，システムのプロセス（処理），データストア，源泉と吸収及び，それらの相互間のデータの流れを分析する要求モデルである。その表現に，**DFD**（データフロー図）が用いられる。

エの**有限状態機械モデル**は，システムが取り得る有限個の状態と，状態間の遷移を分析する要求モデルである。その表現に，**状態遷移図**や**状態遷移表**が用いられる。

《答：ウ》

Lv.3	午前Ⅰ ▶	全区分 午前Ⅱ ▶	PM	DB	ES	AU	ST	SA	NW	SM	SC	知識

問 260　利用者の分析で活用される仮想の人物　☑ ☑ ☑

ソフトウェアの要件定義における利用者の分析で活用される，ソフトウェアの利用者を役割ごとに典型的な姿として描いた仮想の人物を何と呼ぶか。

ア　エピック　　　　　　　　イ　ステークホルダ
ウ　プロダクトオーナ　　　　エ　ペルソナ

[SC-R2年秋 問22]

■ 解説 ■

これは，**エ**の**ペルソナ**（persona）である。商品やサービスのマーケティングにおいて，典型的な顧客や利用者の人物像を詳しく定義したものである。ターゲットは「20代，男性，独身，会社員」のような顧客の大まかな分類である。ペルソナは「25歳，男性，東京在住，独身，システムエンジニア，趣味はスキー，…」のように，仮想的であるがリアルな人物像とする。

アの**エピック**は，アジャイル開発におけるユーザストーリ（エンドユーザの視点で要件をまとめたもの）の集まりである。

イの**ステークホルダ**は，利害関係者である。企業経営においては，株主，経営者，従業員，取引先，顧客，行政，地域社会などが該当する。プロジェクトマネジメントにおいては，プロジェクトメンバ，承認者，協力会社，クライアントなどである。

ウの**プロダクトオーナ**は，スクラム開発において，成果物（プロダクト）の開発に責任を負う者である。

《答：エ》

12-2 ● 設計

Lv.3 午前Ⅰ▶ 全区分 午前Ⅱ▶ PM DB ES AU ST SA NW SM SC

問 261 組込みシステムにおけるコデザイン

組込みシステムの開発における，ハードウェアとソフトウェアのコデザインを適用した開発手法の説明として，適切なものはどれか。

ア　ハードウェアとソフトウェアの切分けをシミュレーションによって十分に検証し，その後もシミュレーションを活用しながらハードウェアとソフトウェアを並行して開発していく手法

イ　ハードウェアの開発とソフトウェアの開発を独立して行い，それぞれの完了後に組み合わせて統合テストを行う手法

ウ　ハードウェアの開発をアウトソーシングし，ソフトウェアの開発に注力することによって，短期間に高機能の製品を市場に出す手法

エ　ハードウェアをプラットフォーム化し，主にソフトウェアで機能を差別化することによって，短期間に多数の製品ラインナップを構築する手法

[ES-R2 年秋 問 20・SA-H29 年秋 問 6・ES-H28 年春 問 21]

■ 解説 ■

業務システム開発では，動作が保証された汎用のハードウェア（コンピュータ）や OS の存在を前提として，ソフトウェア開発を行う。一方，組込みシステム開発では，ソフトウェアだけでなくハードウェアも開発対象となる。さらに開発期間の短縮のため，ソフトウェアとハードウェアを同時並行で開発することが多く，業務システム開発とは異なる工夫が必要である。

アが，**コデザイン**（協調設計）を適用した開発手法の説明である。ソフトウェアとハードウェアの機能分担を上流工程で明確にして検証してから，設計開発を進める手法である。下流工程での手戻り発生のリスクを減らすことができる。

イは，**コンカレント開発**の説明である。ハードウェアとソフトウェアを独立して開発してから組み合わせるため，下流工程で問題が発覚して手戻

午前Ⅱ

PM
DB
ES
AU
ST
SA
NW
SM
SC

テーマ 12 システム開発技術 **313**

りが発生するリスクが大きくなる。

ウは，該当する開発手法の名称はないと考えられる。ハードウェア開発をアウトソーシング（外部委託）するかどうかは問題でなく，ソフトウェアとの並行開発の進め方によってコンカレント開発にもコデザインにもなり得る。

エは，**プロダクトライン開発**の説明である。

《答：ア》

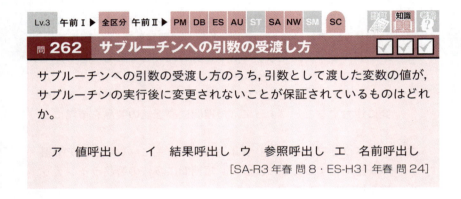

■ 解説 ■

これは，**ア**の**値呼出し**である。変数はメモリ上のいずれかの番地に格納されている。値呼出しでは，サブルーチンは引数として変数の値を受け取り，サブルーチンが使用する別の番地のメモリに格納する。すなわち，サブルーチンは変数のコピーを使用するので，サブルーチンの実行後も元の変数の値は変更されない。

ウの**参照呼出し**は，サブルーチンに対して，変数が格納されているメモリの番地を引数として渡す。すなわち，サブルーチンは元の変数自体を使用するので，サブルーチンの実行後に変数の値が変更されている可能性がある。

イ，**エ**のような受渡し方はない。

《答：ア》

Lv.4 午前Ⅰ ▶ 全区分 午前Ⅱ ▶ PM DB ES AU ST SA NW SM SC 考察

問 263　アシュアランスケースを導入する目的 ☑ ☑ ☑

システムやソフトウェアの品質に関する主張の正当性を裏付ける文書である"アシュアランスケース"を導入する目的として，適切なものはどれか。

ア　システムの構成品目の故障モードに着目してシステムの信頼性を定性的に分析することによって，故障の原因及び影響を明らかにする。

イ　システムやソフトウェアに関する主張と証拠を示して論理的に説明することによって，目標の品質が達成できることを示す。

ウ　システムやソフトウェアの振る舞いに対してガイドワードを用いて分析することによって，システムやソフトウェアが意図する振る舞いから逸脱するケースを明らかにする。

エ　障害とその中間的な原因から根源的な原因までの全てをゲート（論理を表す図記号）で関連付けた樹形図で表すことによって，原因又は原因の組合せを明らかにする。

[SA-R3 年春 問 1・SA-H30 年秋 問 4]

■ 解説 ■

イが，**アシュアランスケース**の導入目的である。JIS X 0134-2:2016 の附属書には，次のようにある。

> アシュアランス
> 　主張が達成したこと，又は達成することの根拠をもつ信用度の基礎。
> アシュアランスケース
> 　システム及びソフトウェアに関する主張，その証拠，及び証拠と主張とを結ぶ議論をもつ文書。主張の前提，語彙規定などの文脈情報，及びそのような主張を行うことの正当性の裏付けを含んでもよい。証拠がどのように主張を支えるのかを示す議論は，論理的であるばかりでなく，納得のいくもので，監査可能な形で記さなければならない。また，証拠は測定データ，専門家の所見，別のアシュアランスケース（この場合，証拠とするアシュアランスケースを部分アシュアランスケースと呼ぶ。）などである。

午前Ⅱ
PM
DB
ES
AU
ST
SA
NW
SM
SC

テーマ 12　システム開発技術　　**315**

アシュアランスケースの主張が，システムの安全性に関するものである場合には，安全ケースと呼ばれる。同様に，セキュリティケース，ディペンダビリティケースなどがある。

出典：JIS X 0134-2:2016（システム及びソフトウェア技術—システム及びソフトウェアアシュアランス—第2部：アシュアランスケース）
附属書JA（参考）用語集

　かつて日本企業は，利用者の要望に個々に応えることで品質を高めてきた。アシュアランスケース導入の背景として，グローバル市場では，品質について事実に基づく論理的な説明を求められることが挙げられる。

　アは，FMEA（Failure Mode and Effect Analysis）の導入目的である。

　ウは，HAZOP（Hazard and Operability Studies）の導入目的である。

　エは，FTA（Fault Tree Analysis）の導入目的である。

《答：イ》

| Lv.3 | 午前Ⅰ ▶ | 全区分 午前Ⅱ ▶ | PM | DB | ES | AU | ST | SA | NW | SM | SC |

問 264　システム・ソフトウェア製品の品質特性 ☑ ☑ ☑

JIS X 25010:2013（システム及びソフトウェア製品の品質要求及び評価（SQuaRE）－システム及びソフトウェア品質モデル）で定義されたシステム及び／又はソフトウェア製品の品質特性に関する説明のうち，適切なものはどれか。

ア　機能適合性とは，明示された状況下で使用するとき，明示的ニーズ及び暗黙のニーズを満足させる機能を，製品又はシステムが提供する度合いのことである。

イ　信頼性とは，明記された状態（条件）で使用する資源の量に関係する性能の度合いのことである。

ウ　性能効率性とは，明示された利用状況において，有効性，効率性及び満足性をもって明示された目標を達成するために，明示された利用者が製品又はシステムを利用することができる度合いのことである。

エ　保守性とは，明示された時間帯で，明示された条件下に，システム，製品又は構成要素が明示された機能を実行する度合いのことである。

[SC-R3 年春 問 22・SA-H30 年秋 問 6・DB-H29 年春 問 24・
AU-H29 年春 問 22・SC-H29 年春 問 22]

■ 解説 ■

JIS X 25010:2013 から，選択肢に関連する箇所を引用すると，次のとおりである。

4　用語及び定義
4.2　製品品質モデル
　製品品質モデルは，製品品質特徴を八つの特性（機能適合性，信頼性，性能効率性，使用性，セキュリティ，互換性，保守性及び移植性）に分類する。各特性は，関係する副特性の集合から構成される。
4.2.1　機能適合性[注4]
　明示された状況下で使用するとき，明示的ニーズ及び暗黙のニーズを満足させる機能を，製品又はシステムが提供する度合い。

午前Ⅱ

PM
DB
ES
AU
ST
SA
NW
SM
SC

テーマ 12　システム開発技術　**317**

4.2.2　性能効率性[注5]
　明記された状態（条件）で使用する資源の量に関係する性能の度合い。
4.2.4　使用性[注6]
　明示された利用状況において，有効性，効率性及び満足性をもって明示された目標を達成するために，明示された利用者が製品又はシステムを利用することができる度合い。
4.2.5　信頼性[注7]
　明示された時間帯で，明示された条件下に，システム，製品又は構成要素が明示された機能を実行する度合い。
4.2.7　保守性[注8]
　意図した保守者によって，製品又はシステムが修正することができる有効性及び効率性の度合い。

出典：JIS X 25010:2013（システム及びソフトウェア製品の品質要求及び評価
（SQuaRE）―システム及びソフトウェア品質モデル）

アは，機能適合性の説明として，適切である。
イは，信頼性でなく，性能効率性の説明である。
ウは，性能効率性でなく，使用性の説明である。
エは，保守性でなく，信頼性の説明である。

《答：ア》

| Lv.3 | 午前Ⅰ ▶ | 全区分 午前Ⅱ ▶ | PM | DB | ES | AU | ST | SA | NW | SM | SC | | | 考察 |

問 265　ソフトウェアの使用性を向上させる施策

ソフトウェアの使用性を向上させる施策として，適切なものはどれか。

　ア　オンラインヘルプを充実させ，利用方法を理解しやすくする。
　イ　外部インタフェースを見直し，連携できる他システムを増やす。
　ウ　機能を追加し，業務の遂行においてシステムを利用できる範囲を拡大する。
　エ　データの複製を分散して配置し，装置の故障によるデータ損失のリスクを減らす。

[DB-R3年秋 問24・SA-R1年秋 問6・NW-H29年秋 問24・
AP-H26年春 問47・AM1-H26年春 問16]

318　Chapter 04　開発技術

■ 解説 ■

JIS X 25010:2013 から，選択肢に関連する箇所を引用すると，次のとおりである。

> 4 用語及び定義
> 4.2 製品品質モデル
> 4.2.4 使用性[注6]
> 　明示された利用状況において，有効性，効率性及び満足性をもって明示された目標を達成するために，明示された利用者が製品又はシステムを利用することができる度合い。
> 4.2.5 信頼性[注7]
> 　明示された時間帯で，明示された条件下に，システム，製品又は構成要素が明示された機能を実行する度合い。
> 4.2.7 保守性[注8]
> 　意図した保守者によって，製品又はシステムが修正することができる有効性及び効率性の度合い。
> 4.2.8 移植性[注9]
> 　一つのハードウェア，ソフトウェア又は他の運用環境若しくは利用環境からその他の環境に，システム，製品又は構成要素を移すことができる有効性及び効率性の度合い。

出典：JIS X 25010:2013（システム及びソフトウェア製品の品質要求及び評価（SQuaRE）－システム及びソフトウェア品質モデル）

アが，**使用性**（副特性では，習得性）を向上させる施策である。
イは，移植性（副特性では，適応性）を向上させる施策である。
ウは，保守性（副特性では，修正性）を向上させる施策である。
エは，信頼性（副特性では，障害許容性）を向上させる施策である。

《答：ア》

問 266 保守作業者の利用時の品質

JIS X 25010:2013（システム及びソフトウェア製品の品質要求及び評価（SQuaRE）―システム及びソフトウェア品質モデル）によれば、システム又はソフトウェア製品の製品品質特性は、利害関係者の利用時の品質に影響を及ぼす。製品品質特性のうち、保守作業者の利用時の品質に大きな影響を及ぼすものはどれか。

　ア　機能適合性　イ　互換性　　ウ　使用性　　エ　性能効率性

[AU-R3 年秋 問 23]

■ 解説 ■

JIS X 25010:2013 から、該当する箇所を引用すると、次のとおりである。

> 3　品質モデルの枠組み
> 3.7　モデル間の関係
> 　ソフトウェア製品及びコンピュータシステムの特徴は、特別の利用状況において、製品品質を決定する。
> 　機能適合性、性能効率性、使用性、信頼性及びセキュリティは、一次利用者の利用時の品質に大きな影響を及ぼす。性能効率性、信頼性及びセキュリティは、これらの領域を専門とする他の利害関係者にも、特定の関係があることがある。
> 　互換性、保守性及び移植性は、システムを保守する二次利用者の利用時の品質に大きな影響を及ぼす。

出典：JIS X 25010:2013（システム及びソフトウェア製品の品質要求及び評価（SQuaRE）―システム及びソフトウェア品質モデル）

よって、**イ**の**互換性**である。互換性とは、「同じハードウェア環境又はソフトウェア環境を共有する間、製品、システム又は構成要素が他の製品、システム又は構成要素の情報を交換することができる度合い、及び／又はその要求された機能を実行することができる度合い」である。

ア、ウ、エは、一次利用者の利用時の品質に大きな影響を及ぼす。

《答：イ》

| Lv.3 | 午前Ⅰ ▶ | 全区分 | 午前Ⅱ ▶ | PM | DB | ES | AU | ST | SA | NW | SM | SC |

問 267　オブジェクト指向における汎化

オブジェクト指向における汎化の説明として，適切なものはどれか。

ア　あるクラスを基に，これに幾つかの性質を付加することによって，新しいクラスを定義する。

イ　幾つかのクラスに共通する性質をもつクラスを定義する。

ウ　オブジェクトのデータ構造から所有の関係を見つける。

エ　同一名称のメソッドをもつオブジェクトを抽象化してクラスを定義する。

[SA-R3 年春 問 6]

■ 解説 ■

　イが，**汎化**の説明である。例えば，社員クラス（属性：氏名，住所，生年月日，月給）と，アルバイトクラス（属性：氏名，住所，生年月日，時給）があるとして，両者に共通な属性を取り出して，従業員クラス（属性：氏名，住所，生年月日）を定義することである。

　アは，**特化**の説明で，汎化の逆の概念である。例えば，従業員クラスがあって，属性"月給"を付加して正社員クラス，"時給"を付加してアルバイトクラスを定義することである。

　ウは，**集約**の説明である。

　エは，**オーバロード**の説明である。

《答：イ》

テーマ 12　システム開発技術　**321**

| Lv.3 | 午前Ⅰ ▶ | 全区分 午前Ⅱ ▶ | PM | DB | ES | AU | ST | SA | NW | SM | SC |

問 268　メソッドの置換え

Java サーブレットを用いた Web アプリケーションソフトウェアの開発
では，例えば，doGet や doPost などのメソッドを，シグネチャ（メ
ソッド名，引数の型と個数）は変えずに，目的とする機能を実現するた
めの処理に置き換える。このメソッドの置き換えを何と呼ぶか。

ア　オーバーライド　　　　　イ　オーバーロード
ウ　カプセル化　　　　　　　エ　継承

[SA-R1 年秋 問 4]

解説

　これは，**ア**の**オーバーライド**である。オブジェクト指向プログラミング
言語において，スーパクラス（親クラス）で定義済みのメソッドを，サブ
クラス（子クラス）で再定義して置き換える（上書きする）ことである。
メソッド名は同一として，引数のデータ型及び個数も一致させておく必要
がある。

　イの**オーバーロード**（多重定義）は，同一のメソッド名で，引数のデー
タ型や個数の異なる複数のメソッドを定義することである。与える引数の
データ型及び個数が一致するメソッドが自動的に呼び出される。

　ウの**カプセル化**は，オブジェクト内のデータ構造や値を隠蔽して，外部
からは直接アクセスさせず，提供されるメソッドのみによって操作できる
ようにする考え方である。

　エの**継承**（インヘリタンス）は，スーパクラスで定義済みのメソッドを，
サブクラスで引き継いでそのまま使用することである。

《答：ア》

Lv.3 午前Ⅰ ▶ 全区分 午前Ⅱ ▶ PM DB ES AU ST SA NW SM SC

問 269 "良いプログラム"の特徴

あるプログラム言語によるプログラミングの解説書の中に次の記述がある。この記述中の"良いプログラム"が持っている特性はどれか。

このプログラム言語では，関数を呼び出すときに引数を保持するためにスタックが使用される。オプションの指定によって，引数で受け渡すデータをどの関数からでも参照できる共通域に移して，スタックの使用量を減らすことは可能だが，"良いプログラム"とはみなされないこともある。

ア 実行するときのメモリの使用量が，一定以下に必ず収まる。
イ 実行速度が高速になる。
ウ プログラムの一部（関数）を変更しても，他の関数への影響が少ない。
エ プログラムのステップ数が少なく，分かりやすい。

[SA-R1 年秋 問 5・SA-H21 年秋 問 5]

■ 解説 ■

この「解説書」は，複数の関数から参照する必要のあるデータの，プログラムでの扱い方を検討している。
(a) データを共通域に置いて，複数の関数から直接参照する方式
(b) データを関数の引数として受け渡す方式
を比較し，(b) のほうが"良いプログラム"であるとしている。

アは，(a) がもっている特性である。スタック領域を消費しないので，メモリの使用量が一定以下に収まる。(b) では関数を多重に呼び出すほど，メモリのスタック領域を消費する。

イは，(a) がもっている特性である。データを直接参照するので，実行速度は速い。(b) では関数呼び出しのオーバヘッドが発生するため，実行速度は遅くなる。

ウは，(b) がもっている特性である。モジュールの外部とのインタフェースが引数だけなので，内部処理を変更しても影響範囲を極小化できる。(a) では共通域のデータを直接操作するので，あるモジュールの処理を変

午前Ⅱ

PM
DB
ES
AU
ST
SA
NW
SM
SC

テーマ 12 **システム開発技術** **323**

更すると，他のモジュールに影響する可能性がある。

　エは，(a) がもっている特性である。データを直接参照すればよいので，プログラムは簡単になる。(b) では関数呼び出しによってデータを受け渡す必要があるので，ステップ数が増える。

《答：ウ》

問 270　モジュール強度

モジュール設計に関する記述のうち，モジュール強度（結束性）が最も強いものはどれか。

　ア　ある木構造データを扱う機能をこのデータとともに一つにまとめ，木構造データをモジュールの外から見えないようにした。
　イ　複数の機能のそれぞれに必要な初期設定の操作が，ある時点で一括して実行できるので，一つのモジュールにまとめた。
　ウ　二つの機能 A，B のコードは重複する部分が多いので，A，B を一つのモジュールとし，A，B の機能を使い分けるための引数を設けた。
　エ　二つの機能 A，B は必ず A，B の順番に実行され，しかも A で計算した結果を B で使うことがあるので，一つのモジュールにまとめた。

[AP-H29年秋 問46・AM1-H29年秋 問16・SA-H25年秋 問6・AP-H23年特 問47]

■ **解説** ■

　モジュール強度（結束性，凝集度）は，モジュールに含まれる機能の独立性を表す尺度で，一つのモジュールが単一の機能をもつか複数の機能をもつか，複数の機能をもつ場合は機能間の関連性を基準とする。一般にモジュール強度は強い方が望ましいとされ，弱い順に次の 7 段階に分類される。

モジュール強度	説明
① 暗合的強度	機能を定義することができない。複数の全く関係のない機能を実行している。
② 論理的強度	関連した幾つかの機能を含み，そのうちの一つが呼出しモジュールによって明確に選択され，実行される。
③ 時間的強度	複数の逐次的な機能を実行する。機能の全ての間には，ゼロではないが，ごく弱い関連性しか存在しない。
④ 手順的強度	複数の逐次的な機能を実行する。全ての機能間の逐次的な関連性は，問題仕様や適用業務仕様によって意味づけられる。
⑤ 連絡的強度	複数の逐次的な機能を実行する。全ての機能間の逐次的な関連性は，問題仕様や適用業務仕様によって意味づけられ，全ての機能間にデータの関連性が存在する。
⑥ 機能的強度	一つの固有の機能を実行する。
⑥ 情報的強度	多重入口点をもち，各入口点は単一の固有の機能を行う。これらの機能の全ては，そのモジュール内に収められた一つの概念，データ構造，資源に関連のあるものである。

※数字が大きいものほど，望ましい。機能的強度と情報的強度は，同順位である。

出典：『ソフトウェアの複合／構造化設計』(Glenford J. Myers，近代科学社，1979)
より作成

アが情報的強度で，モジュール強度が最も強い。

イは時間的強度，**ウ**は論理的強度，**エ**は連絡的強度である。

《答：ア》

Lv.3　午前Ⅰ ▶　全区分 午前Ⅱ ▶ PM DB ES AU ~~ST~~ SA NW ~~SM~~ SC

問 271　修正性や再利用性を向上させるアーキテクチャパターン

ヒューマンインタフェースをもつシステムにおいて，機能とヒューマンインタフェースの相互依存を弱めることによって，修正性や再利用性を向上させることを目的としたアーキテクチャパターンはどれか。

ア　MVC　　　　　　　　　　イ　イベントシステム
ウ　マイクロカーネル　　　　エ　レイヤ

[ES-R3 年秋 問 21・ES-H29 年春 問 22]

■ 解説 ■

アーキテクチャパターンは，ソフトウェアシステムの基礎的な構造組織

化スキーマを表現するもので，問題文に該当するものは，**ア**の **MVC** である。

> モデル - ビュー - コントローラ
> Model-View-Controller アーキテクチャパターン（MVC）は，対話型アプリケーションを 3 つのコンポーネントに分割する。モデルコンポーネントは，アプリケーションの中核機能とデータを含むコンポーネントである。ビューコンポーネントは，情報をユーザに表示するコンポーネントである。そして，コントローラは，ユーザの入力を取り扱うコンポーネントである。ユーザインタフェースを実現するのは，ビューコンポーネントとコントローラコンポーネントである。更新伝播のメカニズムによって，ユーザインタフェースとそのモデルとの一貫性を保証することができる。
>
> 出典：『ソフトウェアアーキテクチャ―ソフトウェア開発のためのパターン体系』
> （F. ブッシュマン他，近代科学社，2000）

　MVC においてコントローラは，ユーザと入力機器とのやりとりを受け持つ。モデルはコントローラから受けた入力に対する業務処理を行い，処理結果をビューに渡す。ビューは，表示内容のレイアウトとユーザへの出力を受け持つ。MVC は，GUI（グラフィカルユーザインタフェース）をもつ対話型アプリケーションを，プログラミング言語 Smalltalk-80 で開発するために考案されたアーキテクチャを起源とする。

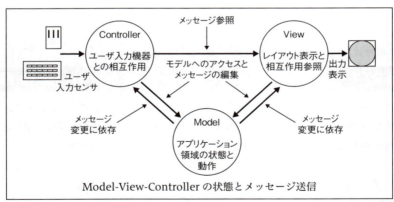

出典："A Cookbook for Using the Model-View-Controller User Interface Paradigm in Smalltalk-80"（Krasner & Pope, 1988）（日本語訳は筆者による）

　ウの**マイクロカーネル**，**エ**の**レイヤ**も，アーキテクチャパターンの一種である。
　イの**イベントシステム**は，MVC などのアーキテクチャパターンにおいて，

コンポーネント間で何らかの事象発生を通知する仕組みである。

《答：ア》

問272 プログラムのウォークスルー

プログラムのウォークスルーに関する記述として、適切なものはどれか。

ア　直接コーディングに携わったプログラマとは別のプログラマが机上でデバッグを行う。
イ　複数のプログラム開発者が集まり，テストで検出された誤りの原因を究明し，修正方法を決定する。
ウ　プログラマの主催によって複数の関係者が集まり，ソースプログラムを追跡し，プログラムの誤りを探す。
エ　レビュー対象となるプログラムの誤りの発見を第一目的とし，モデレータが会議を主催する。

[SA-R3年春 問3]

■ 解説 ■

ウが適切である。レビュー対象となるプログラムの作成者が，数人程度のレビュー参加者を集めて主催し，プログラムの内容をレビュー参加者に説明して指摘やコメントを求める。通常，作業チーム内での非公式な打合せとして行われる。

ア，イ，エは，プログラマが主催又は参加しないのでウォークスルーではない。

《答：ウ》

12-3 ● 実装・構築

| Lv.3 | 午前Ⅰ ▶ | 全区分 午前Ⅱ ▶ | PM | DB | ES | AU | ST | SA | NW | SM | SC |

問273　ペアプログラミング ☑ ☑ ☑

アジャイル開発などで導入されている"ペアプログラミング"の説明はどれか。

ア　開発工程の初期段階に要求仕様を確認するために，プログラマと利用者がペアとなり，試作した画面や帳票を見て，相談しながらプログラムの開発を行う。

イ　効率よく開発するために，2人のプログラマがペアとなり，メインプログラムとサブプログラムを分担して開発を行う。

ウ　短期間で開発するために，2人のプログラマがペアとなり，交互に作業と休憩を繰り返しながら長時間にわたって連続でプログラムの開発を行う。

エ　品質の向上や知識の共有を図るために，2人のプログラマがペアとなり，その場で相談したりレビューしたりしながら，一つのプログラムの開発を行う。

[AP-R3年春 問50・AP-H30年春 問49・AM1-H30年春 問17・
SC-H28年春 問23・AP-H26年秋 問49・
ES-H25年春 問25・SA-H23年秋 問10]

■ 解説 ■

エが，**ペアプログラミング**の説明である。2人1組になって1台のコンピュータの前でプログラムを作成する手法で，1人がキーボードでプログラムを入力し，もう1人はそれを隣で見ながら相談やチェックを行う。両者の役割は適当なタイミングで交替する。生産性や品質を向上させる効果があるとされる。

アジャイル開発は，要求事項への迅速な対応と品質向上を図ることを目指す開発手法である。ペアプログラミングは，アジャイル開発の一種であるエクストリームプログラミング (XP) において，特徴的なプラクティス (具体的な実践手段) の一つである。

ア，**イ**，**ウ**のような手法は，ペアプログラミングではない。

《答：エ》

Lv.3 　午前Ⅰ ▶ 　全区分 　午前Ⅱ ▶ 　PM 　DB 　ES 　AU 　ST 　SA 　NW 　SM 　SC

問 274　プログラムの正当性を検証する手法

プログラム実行中の特定の時点で成立していなければならない変数間の関係や条件を記述した論理式を埋め込んで，その論理式が成立していることを確認することによって，プログラムの処理の正当性を動的に検証する手法はどれか。

　ア　アサーションチェック　　　イ　コード追跡
　ウ　スナップショットダンプ　　エ　テストカバレッジ分析

[ES-R3 年秋 問 22・SA-R1 年秋 問 8・
AP-H22 年秋 問 44・AM1-H22 年秋 問 15]

■ 解説 ■

　これは**ア**の**アサーションチェック**である。例えば Java にはアサーション機能があり，プログラムソース中に “assert 条件式 ;” の形で，その時点で成立すべき条件式を書くことができる。プログラムを実行して，その条件式が真と評価されれば何も起こらないが，偽と評価されればアサーションエラーが発生する。

　イの**コード追跡**は，プログラム実行時にどの命令が実行されていったか，時系列に追うデバッグ手法である。

　ウの**スナップショットダンプ**は，プログラム実行時の指定したタイミングで，その時点の変数やレジスタの値を書き出す手法である。

　エの**テストカバレッジ分析**は，多くのテストケースについてプログラム内部における処理実行経路を解析し，テストの網羅率を分析する手法である。

《答：ア》

午前Ⅱ

PM
DB
ES
AU
ST
SA
NW
SM
SC

テーマ 12　システム開発技術　　**329**

問 275 流れ図の実行順序

次の流れ図において,
 ①→②→③→⑤→②→③→④→②→⑥
の順に実行させるために,①において m と n に与えるべき初期値 a と b の関係はどれか。ここで,a,b はともに正の整数とする。

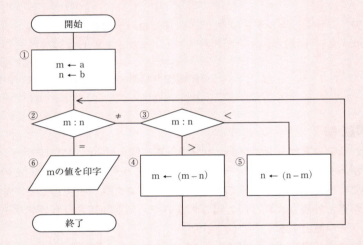

ア a = 2b　　イ 2a = b　　ウ 2a = 3b　　エ 3a = 2b

[AP-R2 年秋 問 47・SA-H30 年秋 問 11・
SA-H26 年秋 問 10・SA-H22 年秋 問 11]

■ 解説 ■

各選択肢の関係を満たす適当な a と b の値で考える。

アの例として (a,b) = (2,1) とすると,①で (m,n) = (2,1) となり,m > n で②→③→④に進むので,不適切である。

イの例として (a,b) = (1,2) とすると,①で (m,n) = (1,2) となり,m < n で②→③→⑤に進む。n − m = 2 − 1 = 1 を新たな n として,(m,n) = (1,1) となって②に戻り,m = n で⑥に進んで終了するので,不適切である。

ウの例として (a,b) = (3,2) とすると,①で (m,n) = (3,2) となり,m > n で②→③→④に進むので,不適切である。

エの例として（a, b）＝（2, 3）とすると，①で（m, n）＝（2, 3）となり，m ＜ n で②→③→⑤に進む。n － m ＝ 3 － 2 ＝ 1 を新たな n として，（m, n）＝（2, 1）となって②に戻り，m ＞ n で③→④に進む。m － n ＝ 2 － 1 ＝ 1 を新たな m として，（m, n）＝（1, 1）となって②に戻り，m ＝ n で⑥に進んで終了するので，適切である。

この流れ図は，**ユークリッドの互除法**によって 2 数 a，b の最大公約数 m を求めるものである。a と b の大小を比較して，大きい方から小さい方を引いて差を求める。以後，その差と小さかった方の大小を比較して同じことを繰り返し，両者が等しくなったときの値が最大公約数である。

《答：エ》

テーマ 12　システム開発技術　**331**

問 276 判定条件網羅のテストケースの組合せ

あるプログラムについて，流れ図で示される部分に関するテストケースを，判定条件網羅（分岐網羅）によって設定する。この場合のテストケースの組合せとして，適切なものはどれか。ここで，（　）で囲んだ部分は，一組みのテストケースを表すものとする。

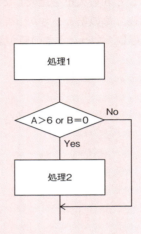

ア　(A = 1, B = 1), (A = 7, B = 1)
イ　(A = 4, B = 0), (A = 8, B = 1)
ウ　(A = 4, B = 1), (A = 6, B = 1)
エ　(A = 7, B = 1), (A = 1, B = 0)

[SA-R3年春 問7]

■解説■

プログラムの流れ図に基づく主なテストケースの設定方法には，次のものがある。

- **判定条件網羅（分岐網羅）**…モジュール内の全ての分岐方向に少なくとも一度は進むようにテストケースを設定する
- **条件網羅**…一つの分岐における判定条件が複数あるとき，それぞれの判定結果が真と偽になるテストケース（ここでは，A＞6が真と偽の場合，B＝0が真と偽の場合）を設定する

- **命令網羅**…モジュール内の全ての処理（ここでは処理1及び処理2）を少なくとも一度は実行するようにテストケースを設定する

（参考：『ソフトウェア・テストの技法』（Glenford J. Myers，近代科学社，1980））

アは，（A = 1，B = 1）のとき No へ，（A = 7，B = 1）のとき Yes へ進むので，判定条件網羅を満たす。条件網羅は満たさない（B = 0 が真となるテストケースがない）。命令網羅は満たす。

イは，いずれのテストケースも Yes へ進み，No へ進むテストケースがないので，判定条件網羅を満たさない。条件網羅及び命令網羅は満たしている。

ウは，いずれのテストケースも No へ進み，Yes へ進むテストケースがないので，判定条件網羅を満たさない。条件網羅と命令網羅も満たさない（処理2を実行するテストケースがない）。

エは，いずれのテストケースも Yes へ進み，No へ進むテストケースがないので，判定条件網羅を満たさない。条件網羅及び命令網羅は満たしている。

《答：ア》

| Lv.3 | 午前Ⅰ ▶ | 全区分 午前Ⅱ ▶ | PM | DB | ES | AU | ST | SA | NW | SM | SC |

問 277　テストケース設計技法　☑☑☑

プログラムの誤りの一つに，繰返し処理の終了条件として A ≧ a とすべきところを A > a とコーディングしたことに起因するものがある。このような誤りを見つけ出すために有効なテストケース設計技法はどれか。ここで，A は変数，a は定数とする。

　ア　限界値分析　　　　　　　　イ　条件網羅
　ウ　同値分割　　　　　　　　　エ　分岐網羅

[AP-H30年秋 問49・ES-H25年春 問21・
ES-H23年特 問24・AU-H23年特 問22]

テーマ12　システム開発技術　**333**

■ 解説 ■

　これは，**ア**の**限界値分析**で，ブラックボックステストの手法の一つである。限界値（境界値）は，それを境にプログラムの動作が変化するような変数値や入力値である。限界値はプログラム中で条件式に用いられるため，プログラムに誤りがあると限界値付近における動作が想定と異なったものとなりやすい。そこでプログラムのテストでは，限界値及びその近辺の値をテストケースとする。

　例えば，入力値Aに対してA ≧ 60なら「合格」，A < 60なら「不合格」と表示するプログラムでは，A = 60が限界値である。合格の条件としてA ≧ 60とすべきところをA > 60とコーディングすると，A = 60のとき「合格」でなく「不合格」と表示される。そのため，A = 59，60，61を限界値分析のテストケースとすればよい。

　ウの**同値分割**は，ブラックボックステストの手法の一つで，プログラムの外部仕様に基づき，同一の動作を起こす入力値の中から代表的な値を選んでテストケースとする。

　イの**条件網羅**及び**エ**の**分岐網羅**は，ホワイトボックステストの手法で，プログラムの内部構造に着目してテストケースを設計する。

　（参考：『ソフトウェア・テストの技法』（Glenford J.Myers，近代科学社，1980））

《答：ア》

| Lv.4 | 午前Ⅰ ▶ | 全区分 午前Ⅱ ▶ | PM DB **ES** AU ST **SA** NW SM SC | 考察 |

問 278 実験計画法

学生レコードを処理するプログラムをテストするために，実験計画法を用いてテストケースを決定する。学生レコード中のデータ項目（学生番号，科目コード，得点）はそれぞれ二つの状態をとる。テスト対象のデータ項目から任意に二つのデータ項目を選んだとき，二つのデータ項目がとる状態の全ての組合せが必ず同一回数ずつ出現するように基準を設けた場合に，次の 8 件のテストケースの候補から，最少で幾つを採択すればよいか。

テストケース No.	データ項目 学生番号	科目コード	得点
1	存在する	存在する	数字である
2	存在する	存在する	数字でない
3	存在する	存在しない	数字である
4	存在する	存在しない	数字でない
5	存在しない	存在する	数字である
6	存在しない	存在する	数字でない
7	存在しない	存在しない	数字である
8	存在しない	存在しない	数字でない

ア 2 　　　　イ 3 　　　　ウ 4 　　　　エ 6

[ES-H30 年春 問 23・SA-H27 年秋 問 10・SA-H25 年秋 問 10]

■ 解説 ■

実験計画法は，システム品質を維持しつつ効率的にテストを実施するための方法論である。テストすべき独立したデータ項目が複数あるとき，その全ての組合せをテストすると，テストケース数は各データ項目が取り得る状態の数の積になる。データ項目の個数や，取り得る状態の数が増えると，テストケース数が急激に増える。本問では，二つの状態を取り得る三つのデータ項目があるので，全ての組合せをテストすると，本来は $2^3 = 8$ 通りのテストデータが必要である。

テーマ 12 システム開発技術　　335

データ項目 テストケース No.	学生番号	科目コード	得点
1	存在する	存在する	数字である
4	存在する	存在しない	数字でない
6	存在しない	存在する	数字でない
7	存在しない	存在しない	数字である

　ここで，この**四つ**のテストケースに絞ってみると，二つのデータ項目の組（学生番号，科目コード）だけに着目すれば，（存在する，存在する），（存在する，存在しない），（存在しない，存在する），（存在しない，存在しない）の四つの組合せを網羅していることが分かる。データ項目の組（学生番号，得点），（科目コード，得点）に着目しても，四つの組合せを網羅している。

　これを**直交表**といい，データ項目数と状態数に応じたものが多数作られている。データ項目が三つで，取り得る状態が二つのものは，L4 直交表という。

《答：ウ》

12-4 ● 結合・テスト

Lv.3　午前Ⅰ ▶ 全区分 午前Ⅱ ▶ PM DB ES AU ST SA NW SM SC

問 279　ソフトウェア結合のテスト方法　☑ ☑ ☑

図のような階層構造で設計及び実装した組込みシステムがある。このシステムの開発プロジェクトにおいて，デバイスドライバ層の単体テスト工程が未終了で，アプリケーション層及びミドルウェア層の単体テストが先に終了した。この段階で行うソフトウェア結合テストの方式として，適切なものはどれか。

アプリケーション層
ミドルウェア層
デバイスドライバ層
ハードウェア

ア　サンドイッチテスト　　　　イ　トップダウンテスト
ウ　ビッグバンテスト　　　　　エ　ボトムアップテスト

[SC-H30 年秋 問 22・ES-H25 年春 問 23]

■ 解説 ■

　イの**トップダウンテスト**が適切である。これは，上位モジュールから順に結合テストを進める手法である。ここでは上位モジュールの単体テストが先に終了したので，トップダウンテストを行うことになる。下位モジュールが完成していない場合のほか，下位モジュールの影響を排除してテストしたい場合に行われる。このとき，本来の下位モジュールの代替として用いる，簡易なテスト用モジュールをスタブという。

　アの**サンドイッチテスト**は，最上位のモジュールからはトップダウンテスト，最下位のモジュールからはボトムアップテストを並行実施し，最後に上位側と下位側が出会ったところで全体を結合するテスト手法である。

　ウの**ビッグバンテスト**は，単体テストの終わった全モジュールを一気に結合してテストを行う手法である。スタブやドライバを用意する必要はないが，不具合箇所を特定しにくい欠点がある。

午前Ⅱ

PM
DB
ES
AU
ST
SA
NW
SM
SC

テーマ 12　システム開発技術　**337**

エの**ボトムアップテスト**は，下位モジュールから順に結合テストを進める手法である。上位モジュールが完成していない場合のほか，上位モジュールの影響を排除してテストしたい場合に用いられる。このとき，本来の上位モジュールの代替として用いる，簡易なテスト用モジュールをドライバという。

（参考：『ソフトウェア・テストの技法』（Glenford J.Myers，近代科学社，1980））

《答：イ》

問280　リグレッションテストの役割

組込みシステムのソフトウェア開発におけるリグレッションテストの役割として，適切なものはどれか。

　ア　実行タイミングや処理性能に対する要件が満たされていることを検証する。
　イ　ソフトウェアのユニットに不具合がないことを確認する。
　ウ　ハードウェアの入手が困難な場合に，シミュレータを用いて検証する。
　エ　プログラムの変更によって，想定外の影響が出ていないかどうかを確認する。

[SA-R1年秋 問9]

解説

エが適切である。例えば，システムXの機能Aの改良や修正のため，Xを構成するプログラムの一部であるモジュールMを変更したとする。もし，変更対象外の機能BもモジュールMを用いて処理しているとすれば，変更の影響を受けて機能Bに不具合が生じることがある。そこで，モジュールMを変更したら機能Aだけでなく，機能Bを含む他の機能についても，正常に動作するか確認する必要がある。これは組込みシステムに限らず，業務システムでも同様である。退行テスト，回帰テストともいう。

　アは，システムテストの役割である。

イは，ユニットテスト（単体テスト）の役割である。
ウは，シミュレータはテスト手段であり，テスト手法としての名称はないと考えられる。

《答：エ》

問 281　システム適格性確認テストで適合を評価する対象

共通フレーム 2013 において，システム適格性確認テストで適合を評価する対象となるのは，どのアクティビティで定義又は設計した内容か。

　ア　システム方式設計　　　　イ　システム要件定義
　ウ　ソフトウェア方式設計　　エ　ソフトウェア要件定義

[SA-R3 年春 問 9・SA-H30 年秋 問 12・ES-H26 年春 問 21・SA-H24 年秋 問 11]

■ 解説 ■

共通フレーム 2013 における定義又は設計と評価の対応は，次の図のとおりである。

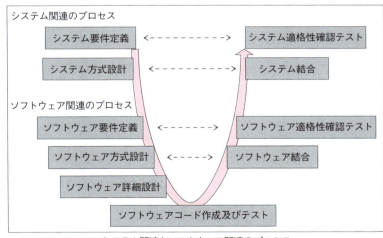

システム関連とソフトウェア関連のプロセス

システム適格性確認テストでは，エの**システム要件定義**で定義した内容を評価する。システム要件定義では，開発すべきシステムの意図された具体的用途を分析し，システム要件を明記する。システム適格性確認テストでは，各システム要件について実装の適合性をテストし，システムの納入準備ができていることを確実にする。

《答：エ》

問282 動的に計画して進めるテスト方法

テスト担当者が，ソフトウェアを動作させてその動きを学習しながら，自身の経験に基づいて以降のテストを動的に計画して進めるテストの方法はどれか。

ア　実験計画法　　　　　　　イ　状態遷移テスト
ウ　探索的テスト　　　　　　エ　モデルベースドテスト

[SC-R3年秋 問22・DB-H30年春 問24]

■解説■

　これは，**ウの探索的テスト**である。経験ベーステストの一種で，テスト実施時にテスト内容を決めながらテストを進める。エラーの可能性が低い箇所は簡単にテストを済ませ，不具合のありそうな箇所を重点的にテストするなど，メリハリを付けた対応ができる。そのためには，テスト担当者に十分な経験や知識が必要となる。

　ウォータフォールモデルなどに基づく旧来のテスト技法では，仕様書どおりに動くかという観点で，テスト項目書を事前に作成した上で，テストを網羅的に行う。この技法では，仕様書に明記されていないケースや，例外的なケースのテスト項目が漏れることがある。逆に，不具合のなさそうな箇所も丁寧にテストするので，無駄を生じることがある。

　アの**実験計画法**は，テストすべき独立したデータ項目が複数あるとき，データ項目の全ての組合せをテストするのでなく，適切にテストケースを絞り込むことで，システム品質を維持しつつ，効率的にテストを実施する

ための方法論である。

イの**状態遷移テスト**は，システムの現在の状態と，そこで発生する事象の組合せだけで，次の状態が決定されるシステムにおいて，状態遷移図や状態遷移表で記述される仕様どおりに状態遷移することを検証するテストである。

エの**モデルベースドテスト**は，対象とするシステムをモデル化して，モデルからテストケースを作成する手法である。その前提となるモデル化の手法には，様々なものがある。

《答：ウ》

12-5 ● 導入・受入れ支援

Lv.3　午前Ⅰ▶　全区分 午前Ⅱ▶ PM DB ES AU ST SA NW SM SC

問 283　カークパトリックモデルの 4 段階評価　☑ ☑ ☑

新システムの受入れ支援において，利用者への教育訓練に対する教育効果の測定を，カークパトリックモデルの 4 段階評価を用いて行う。レベル 1（Reaction），レベル 2（Learning），レベル 3（Behavior），レベル 4（Results）の各段階にそれぞれ対応した a ～ d の活動のうち，レベル 2 のものはどれか。

a　受講者にアンケートを実施し，教育訓練プログラムの改善に活用する。
b　受講者に行動計画を作成させ，後日，新システムの活用状況を確認する。
c　受講者の行動による組織業績の変化を分析し，ROI などを算出する。
d　理解度確認テストを実施し，テスト結果を受講者にフィードバックする。

　　　ア　a　　　イ　b　　　ウ　c　　　エ　d

[PM-R2 年秋 問 15・AU-R2 年秋 問 23・SA-H27 年秋 問 12]

テーマ 12　システム開発技術　**341**

■ 解説 ■

カークパトリックモデルの4段階評価は，経営学者カークパトリックが提唱した教育評価の測定手法である。

a がレベル1（Reaction，反応），d がレベル2（Learning，学習），b がレベル3（Behavior，行動），c がレベル4（Results，業績）の活動である。レベル1，2のアンケートや理解度確認テストは，教育訓練プログラムの実施中や終了直後に容易に実施できる。レベル3，4は中長期の活動で，継続的な取組みが必要であり，教育訓練プログラム以外の影響も受けるため評価が難しい面がある。

《答：エ》

12-6 保守・廃棄

問284 ソフトウェア廃棄のタスク

ソフトウェアライフサイクルプロセスにおいて，ソフトウェア廃棄の実行アクティビティで実施するタスクのうち，適切なものはどれか。

ア　ソフトウェア製品の廃止後は，ソフトウェア製品だけでなく，全ての関連開発文書，ログ及びコードを速やかに破棄する。
イ　ソフトウェア製品の廃止の計画及び活動を利用者に通知し，予定した廃止の時期が来れば，全ての関係者に廃止を通知する。
ウ　廃止したソフトウェア製品で使用されたデータは，速やかに破棄する。
エ　廃止対象のソフトウェア製品と後継のソフトウェア製品との並行運用は避け，廃止した直後に後継のソフトウェア製品の利用者を教育訓練して移行する。

[AU-H31年春 問23]

■ 解説 ■

「共通フレーム 2013」から，選択肢に関連する箇所を引用すると，次のとおりである。

---

3 運用・サービスプロセス
3.2 廃棄プロセス
3.2.2 廃棄の実行
3.2.2.1 廃棄計画の実行
　廃棄計画を実行する。
3.2.2.2 廃棄計画等の利用者への通知
　システム又はソフトウェア製品及びソフトウェアサービスの廃止のための計画及び活動について，利用者に通知する。
3.2.2.3 新旧環境の並行運用と利用者の教育訓練
　廃止するシステム又はソフトウェア製品及び新しいシステム又はソフトウェア製品の並行運用が，新システムへの円滑な移行のために行われることが望ましい。この期間に，契約の指定に従って，利用者の教育訓練を提供する。
3.2.2.4 関係者全員への廃棄の通知
　予定した廃止する時期が来れば，全ての関係者に通知する。適切な場合，全ての関連開発文書，ログ及びコードは，保管することが望ましい。
3.2.2.5 廃棄関連データの保持と安全性確保
　廃止したシステム又はソフトウェア製品で使用されたデータ又はそれに関連するデータは，データ保護及びデータに適用される監査のための契約要件に従って，アクセス可能とする。

出典：「共通フレーム 2013 ～経営者，業務部門とともに取組む「使える」
システムの実現」
（独立行政法人情報処理推進機構編著，独立行政法人情報処理推進機構，2013）

イが適切である。3.2.2.2 及び 3.2.2.4 のとおりである。

アは適切でない。3.2.2.4 のとおり，ソフトウェアの廃止後も全ての関連開発文書，ログ及びコードは保存する。

ウは適切でない。3.2.2.5 のとおり，ソフトウェアの廃止後もデータはアクセス可能とするため保存する。

エは適切でない。3.2.2.3 のとおり，新旧ソフトウェアの並行運用を行い，その間に利用者を教育訓練して移行する。

《答：イ》

| Lv.4 | 午前Ⅰ ▶ | 全区分 午前Ⅱ ▶ | PM | DB | ES | AU | ST | SA | NW | SM | SC |

問 285　修正を実施するために開始するプロセス ☑ ☑ ☑

共通フレーム 2013 によれば，保守プロセスの"修正の実施"アクティビティの中で，ソフトウェア製品の修正及びテストを実施するとき，修正を実施するために開始するプロセスはどれか。

　ア　構成管理プロセス
　イ　システム開発プロセス及びソフトウェア実装プロセス
　ウ　テーラリング（修整）プロセス
　エ　問題解決プロセス

[SA-R3 年春 問 11]

■ 解説 ■

共通フレーム 2013 から，該当する箇所を引用すると，次のとおりである。

2　テクニカルプロセス
2.6　保守プロセス
2.6.3　修正の実施
2.6.3.2　修正の実施
　保守者は，修正を実施するためにテクニカルプロセス（2.）を実行する。テクニカルプロセスの要件に次を補足する。
a) システムの修正した部分及び修正していない部分（ソフトウェアユニット，ソフトウェアコンポーネント及びソフトウェア構成品目）をテストして，評価するテスト及び評価基準を定義し，文書化する。
b) 新しい要件及び修正された要件が完全にかつ正しく実装されていることを確実にする。元の修正していない要件は，影響されていないことを確実にする。テスト結果を文書化する。
【ガイダンス】
2.6.3：保守者は，修正の実施アクティビティの中で，ソフトウェア製品の修正及びテストを実施する。修正には，システム開発プロセス（2.3）及びソフトウェア実装プロセス（2.4）を開始する。

出典：『共通フレーム 2013 ～経営者，業務部門とともに取組む「使える」
システムの実現』
（独立行政法人情報処理推進機構編著，独立行政法人情報処理推進機構，2013）

　よって，**イ**のシステム開発プロセス及びソフトウェア実装プロセスが開始するプロセスである。

《答：イ》

テーマ 13 ソフトウェア開発管理技術

午前Ⅰ ▶ 全区分 午前Ⅱ ▶ PM DB ES AU ST SA NW SM　SC
Lv.3　　　　　　　　Lv.3 Lv.3 Lv.3　　Lv.3 Lv.3　　Lv.3

問286～問299 全14問

最近の出題数

	高度午前Ⅰ	高度午前Ⅱ								
		PM	DB	ES	AU	ST	SA	NW	SM	SC
R4年春期	0					—	1	1	—	1
R3年秋期	1	2	1	1	—					1
R3年春期	1					—	1	1	—	1
R2年秋期	1	2	1	2	—					1

※表組み内の「—」は出題範囲外

試験区分別出題傾向（H21年以降）

午前Ⅰ	"開発プロセス・手法"からアジャイル開発の出題が増えている。以前はマッシュアップ，共通フレーム，CMMIの出題が多かったが，最近は少ない。"知的財産適用管理"からの出題も多い。過去問題の再出題が多い。
PM午前Ⅱ	"開発プロセス・手法"の出題が大部分で，過去問題の再出題が非常に多い。
DB/SA午前Ⅱ	"開発プロセス・手法"の出題が大部分であるが，アジャイル開発の出題例は少ない。
ES午前Ⅱ	"開発プロセス・手法"の出題が多い。"知的財産適用管理"から組込みシステムに関連する特許の出題例も目立つ。
NW午前Ⅱ	"開発プロセス・手法"からSOAの出題が多いが，アジャイル開発の出題もある。"知的財産適用管理"からは，特許やCPRMの出題例がある。
SC午前Ⅱ	シラバス全体から出題されているが，"開発プロセス・手法"からSOAやマッシュアップの出題が多く，過去問題の再出題も多い。アジャイル開発の出題例は少ない。"知的財産適用管理"からは，特許，DTCP-IPの出題例が多い。"開発環境管理"，"構成管理・変更管理"の出題例もある。

出題実績（H21年以降）

小分類	出題実績のある主な用語・キーワード
開発プロセス・手法	開発モデル，ユースケース駆動開発，テスト駆動開発，アジャイル開発，スクラム，リーンソフトウェア開発，エクストリームプログラミング，ペアプログラミング，リファクタリング，SOA，リバースエンジニアリング，マッシュアップ，共通フレーム2013，CMMI，SPA

午前Ⅱ
PM
DB
ES
AU
ST
SA
NW
SM
SC

テーマ13 ソフトウェア開発管理技術 345

小分類	出題実績のある主な用語・キーワード
知的財産適用管理	ソフトウェア・プログラムの著作権，特許権（取得，実施許諾，専用実施権），著作権保護技術（CPRM，DTCP-IP）
開発環境管理	ステージング環境，ソフトウェア管理ガイドライン
構成管理・変更管理	構成管理ツール，リポジトリ

13-1 開発プロセス・手法

問 286　開発方針と開発モデル

表はシステムの特性や制約に応じた開発方針と，開発方針に適した開発モデルの組みである。a～cに該当する開発モデルの組合せはどれか。

開発方針	開発モデル
最初にコア部分を開発し，順次機能を追加していく。	a
要求が明確なので，全機能を一斉に開発する。	b
要求に不明確な部分があるので，開発を繰り返しながら徐々に要求内容を洗練していく。	c

	a	b	c
ア	進化的モデル	ウォータフォールモデル	段階的モデル
イ	段階的モデル	ウォータフォールモデル	進化的モデル
ウ	ウォータフォールモデル	進化的モデル	段階的モデル
エ	進化的モデル	段階的モデル	ウォータフォールモデル

[SA-R3年春 問12・SC-H28年秋 問23・PM-H26年春 問18]

■ 解説 ■

aは，**段階的モデル**が適している。これは，独立性の高い機能ごとに，開発とリリースを繰り返す開発モデルである。システムの全機能を一斉に

開発しなくてもよく，重要度や優先度の高い機能から開発して早期にリリースできる利点がある。

b は，**ウォータフォールモデル**が適している。これは，工程を後戻りしない前提で，システム全体で要件定義，外部設計，内部設計，プログラミング，テストを順に実施する開発モデルである。最初に要件定義を行うので，初期段階で要求が明確であることが必要である。

c は，**進化的モデル**が適している。これは，初期段階でシステム全体の要求が明確でなくても，要求を明確にできる部分から順次開発を進めていく開発モデルである。開発を進めながら，システム全体の要求を明確にするとともに，要求内容を洗練していくことができる。

《答：イ》

問 287　ユースケース駆動開発

ユースケース駆動開発の利点はどれか。

ア　開発を反復するので，新しい要求やビジネス目標の変化に柔軟に対応しやすい。
イ　開発を反復するので，リスクが高い部分に対して初期段階で対処しやすく，プロジェクト全体のリスクを減らすことができる。
ウ　基本となるアーキテクチャをプロジェクトの初期に決定するので，コンポーネントを再利用しやすくなる。
エ　ひとまとまりの要件を 1 単位として設計からテストまでを実施するので，要件ごとに開発状況が把握できる。

[PM-R2 年秋 問 17・DB-R2 年秋 問 25・
SA-H28 年秋 問 13・SA-H26 年秋 問 13]

■ 解説 ■

エが**ユースケース駆動開発**の利点である。**ユースケース**とは，システムを外部から見たとき，そこに含まれる個々の機能要件である。ユースケース駆動開発ではユースケース単位で設計からテストを行うため，プロジェクト管理がしやすくなり，ユースケースごとに進捗状況を把握できるなど

の利点がある。

アはアジャイル開発，**イ**はスパイラルモデル，**ウ**はアーキテクチャ中心設計の利点である。

《答：エ》

問288 アジャイル開発におけるバーンダウンチャート

アジャイル開発におけるプラクティスの一つであるバーンダウンチャートはどれか。ここで，図中の破線は予定又は予想を，実線は実績を表す。

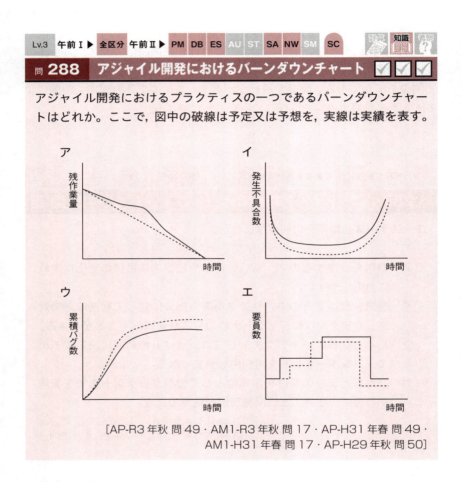

[AP-R3年秋 問49・AM1-R3年秋 問17・AP-H31年春 問49・AM1-H31年春 問17・AP-H29年秋 問50]

■解説■

アが，**バーンダウンチャート**である。プロジェクトの進行に伴う残作業量の変化を表す。実績の実線が予定の破線より下にあれば作業が進んでおり，上にあれば作業が遅れていることを示す。

イは，**故障率曲線**（バスタブ曲線）である。システムや機械の稼働当初

は初期不良による故障が多く，しばらくすると安定して故障が少なくなり，さらに時間がたつと老朽化によって故障が増加することを表す。

ウは，**信頼度成長曲線**である。テスト工程が終盤に近付くと，新たなバグの発見が減って，累積バグ数が一定値に収束することを表す。

エは，**要員負荷ヒストグラム**である。プロジェクトの進行に従って，必要な要員数がどのように増減するかを表す。

《答：ア》

Lv.3 午前Ⅰ ▶ 全区分 午前Ⅱ ▶ PM DB ES AU ST SA NW SM SC 　　知識

問 289 リーンソフトウェア開発

リーンソフトウェア開発の説明として，適切なものはどれか。

- ア 経験的プロセス制御の理論を基本としており，スプリントと呼ばれる周期で"検査と適応"を繰り返しながら開発を進める。
- イ 製造業の現場から生まれた考え方をアジャイル開発のプラクティスに適用したものであり，"ムダをなくす"，"品質を作り込む"といった，七つの原則を重視して，具体的な開発プロセスやプラクティスを策定する。
- ウ 比較的小規模な開発に適した，プログラミングに焦点を当てた開発アプローチであり，"コミュニケーション"などの五つの価値を定義し，それらを高めるように具体的な開発プロセスやプラクティスを策定する。
- エ 利用者から見て価値があるまとまりを一つの機能単位とし，その単位ごとに，設計や構築などの五つのプロセスを繰り返しながら開発を進める。

[PM-R3 年秋 問 16・PM-H30 年春 問 18・PM-H27 年春 問 17]

■ 解説 ■

選択肢はいずれも，アジャイル開発の様々な手法の説明である。

イが，**リーンソフトウェア開発**の説明である。これは製造業における生産管理手法であるリーン生産方式を，ソフトウェア開発に適用したものである。七つの原則とは"ムダを排除する"，"学習効果を高める"，"決定を

テーマ 13 **ソフトウェア開発管理技術** **349**

できるだけ遅らせる"，"できるだけ速く提供する"，"チームに権限を与える"，"統一性を作りこむ"，"全体を見る"である（出典：『リーンソフトウェア開発～アジャイル開発を実践する22の方法～』（メアリー・ポッペンディーク他，日経BP社，2004））。

アは，**スクラム**の説明である。少人数のチームで，スプリントという短い期間（一般に1か月以下で設定する）に，開発対象の決定，設計，テスト，稼働までを行う。これを繰り返してシステム全体の開発を進める。

ウは，**エクストリームプログラミング**の説明である。五つの価値とは"コミュニケーション"，"シンプルさ"，"フィードバック"，"勇気"，"尊敬"である。

エは，**ユーザ機能駆動開発**の説明である。五つのプロセスとは"全体モデルの作成"，"機能リストの構築"，"機能別の計画"，"機能別の設計"，"機能別の構築"である。

《答：イ》

問290 テスト駆動開発

エクストリームプログラミング（XP：eXtreme Programming）における"テスト駆動開発"の特徴はどれか。

ア　最初のテストで，なるべく多くのバグを摘出する。
イ　テストケースの改善を繰り返す。
ウ　テストでのカバレージを高めることを目的とする。
エ　プログラムを書く前にテストコードを記述する。

[SC-R3年春 問23・PM-H30年春 問17・DB-H30年春 問25・SC-H30年春 問23・AP-H28年春 問50]

■ 解説 ■

エが，**テスト駆動開発**（TDD）の特徴である。最初にテストを書いて，そのテストに通るプログラムを書いて，改善していく手法である。

一般的な TDD サイクルは，以下のように進む。
1.　テストを作成する。コード内に操作がどのように出現するかを頭の中で考える。ストーリーは書いてあるので，そこから必要なインタフェースを考案する。(以下略)
2.　テストをパスさせる。素早くバーをグリーンに変えることが，最優先となる。明確でシンプルな解決策が明らかに存在する場合，それをコードにする。(以下略)
3.　コードを正しくする。システムが動作しているのだから，ここ最近の過失は水に流そう。ソフトウェアのまっすぐで狭い正道へと戻る。持ち込んだ重複を取り除き，素早くグリーンになるようにする。

※グリーンとは，テストの成功をいう。テストツールの多くが，成功時に緑，失敗時に赤のバーを表示することに由来する。
　　出典：『テスト駆動開発入門』(ケント・ベック，ピアソン・エデュケーション，2003)

《答：エ》

| Lv.3 | 午前Ⅰ ▶ | 全区分 午前Ⅱ ▶ | PM DB ES | AU ST | SA NW | SM | SC | | | 考察 ? |

問 291　スクラムチームにおけるプロダクトオーナの役割 ☑☑☑

スクラムチームにおけるプロダクトオーナの役割はどれか。

ア　ゴールとミッションが達成できるように，プロダクトバックログのアイテムの優先順位を決定する。

イ　チームのコーチやファシリテータとして，スクラムが円滑に進むように支援する。

ウ　プロダクトを完成させるための具体的な作り方を決定する。

エ　リリース判断可能な，プロダクトのインクリメントを完成する。

[AP-R3 年春 問 49・AM1-R3 年春 問 17]

■ 解説 ■

アが，**プロダクトオーナ**の役割である。何を開発するか決める人で，開発への投資に対する効果を最大にすることに責任を負う。スクラムチーム外のステークホルダ(社内関係者や顧客)との折衝も行う。プロダクトバックログは，プロダクト(製品)へ追加する要求のリストである。

イは，**スクラムマスタ**の役割である。スクラムチーム全体を支援，マネ

テーマ 13　ソフトウェア開発管理技術　351

ジメントする責任者で，スクラム全体をうまく回すことに責任を負う。

ウ，**エ**は，**開発チーム**の役割である。実際に開発を行う開発者のチームで，明示的な役割分担はなく，貢献し合うことが期待される。

《答：ア》

銀行の勘定系システムなどのような特定の分野のシステムに対して，業務知識，再利用部品，ツールなどを体系的に整備し，再利用を促進することによって，ソフトウェア開発の効率向上を図る活動や手法はどれか。

　ア　コンカレントエンジニアリング
　イ　ドメインエンジニアリング
　ウ　フォワードエンジニアリング
　エ　リバースエンジニアリング

[ES-R2 年秋 問 23・SA-H29 年秋 問 13・
SA-H27 年秋 問 13・SA-H25 年秋 問 13]

■ 解説 ■

　これは**イ**の**ドメインエンジニアリング**である。同業種の企業には似た業務があるので，業務システムにも共通点が多くなるはずである。そこでドメイン（業務の分野や領域）を対象に，知識を蓄積するとともに，ソフトウェアの再利用を図ることにより，ソフトウェア開発効率を高める手法である。

　アの**コンカレントエンジニアリング**は，設計，開発，生産などの工程をできるだけ並行して進めることである。

　ウの**フォワードエンジニアリング**は，リバースエンジニアリングで得た既存ソフトウェアの仕様を生かして，新たなソフトウェアを開発することである。

　エの**リバースエンジニアリング**は，既存ソフトウェアのオブジェクトコードやソースプログラムを解析して，仕様やアルゴリズムを調べ，必要ならドキュメント化することである。

《答：イ》

| Lv.3 | 午前Ⅰ ▶ | 全区分 午前Ⅱ ▶ | PM | DB | ES | AU | ST | SA | NW | SM | SC | | | 考察 |

問 293 　SOA でサービスを設計する際の注意点　☑ ☑ ☑

SOA でシステムを設計する際の注意点のうち，適切なものはどれか。

ア　可用性を高めるために，ステートフルなインタフェースとする。

イ　業務からの独立性を確保するために，サービスの名称は抽象的
　なものとする。

ウ　業務の変化に対応しやすくするために，サービス間の関係は疎
　結合にする。

エ　セキュリティを高めるために，一度提供したサービスの設計は
　再利用しない。

[PM-R2 年秋 問 16・SC-H30 年秋 問 23・NW-H27 年秋 問 25・
PM-H25 年春 問 17・DB-H25 年春 問 25・SC-H25 年春 問 23・
NW-H22 年秋 問 25・SC-H22 年秋 問 23]

■ 解説 ■

　SOA（Service Oriented Architecture：サービス指向アーキテクチャ）
は，利用者から見た一機能を実現する処理を単位としてソフトウェア（サ
ービス）を作り，複数のサービスをネットワーク上で連携させてシステム
全体を構築する考え方である。

　ウが適切である。サービス間の連携を緩やか（疎結合）にすることで，
サービスの追加や削除が容易になるメリットがあるとされる。

　アは適切でない。ステートフルとは，一連の通信の開始から終了までク
ライアントとサーバの間でセッションを維持する方式である。セッション
を維持せず，細かい単位で通信をその都度完了させる方式は，ステートレ
スという。ステートフルかステートレスかは，可用性には直接影響しない。

　イは適切でない。サービスの名称は利用者にとって分かりやすいかどう
かであり，業務からの独立性とは関係がない。

　エは適切でない。新規開発したばかりのサービスには，セキュリティ上
の未知の問題が隠れている可能性がある。一度提供したサービスは運用す
る中で，既に問題が発見，除去されている可能性が高く，再利用に適して
いる。

《答：ウ》

Lv.3 午前Ⅰ ▶ 全区分 午前Ⅱ ▶ PM DB ES AU ST SA NW SM SC 知識

問 **294** マッシュアップの利用例

マッシュアップの説明はどれか。

ア 既存のプログラムから，そのプログラムの仕様を導き出す。

イ 既存のプログラムを部品化し，それらの部品を組み合わせて，新規プログラムを開発する。

ウ クラスライブラリを利用して，新規プログラムを開発する。

エ 公開されている複数のサービスを利用して，新たなサービスを提供する。

[PM-R3 年秋 問 17・DB-R3 年秋 問 25・PM-H31 年春 問 17・SC-H31 年春 問 23・AP-H26 年春 問 50・AM1-H26 年春 問 17・SA-H24 年秋 問 13・AP-H22 年秋 問 48・AM1-H22 年秋 問 16]

■ **解説** ■

エが，**マッシュアップ**の説明である。本来は音楽用語で，情報システムでは他の Web サイトが提供する API などを自身のサイトの一部に組み込むことや，API を利用して独自サイトを作ることをいう。

アは，リバースエンジニアリングの説明である。

イは，コンポーネント指向開発の説明である。

ウは，オブジェクト指向開発の説明である。

《答：エ》

354 Chapter 04 **開発技術**

Lv.3　午前Ⅰ▶　全区分　午前Ⅱ▶　**PM　DB　ES**　AU　ST　**SA　NW**　SM　**SC**　知識

問 **295**　**ソフトウェア検証プロセスの目的**　☑ ☑ ☑

ソフトウェアライフサイクルプロセスにおいて，ソフトウェア支援プロセスの一つであるソフトウェア検証プロセスの目的はどれか。

ア　選ばれた製品及びプロセスが，該当する要求事項，計画及び合意に対して，適合しているかどうかを独立に決定すること

イ　作業成果物及びプロセスがあらかじめ定義された条件及び計画に従っていることを保証すること

ウ　ソフトウェア作業成果物の特定の意図された用途に対する要求事項が満たされていることを確認すること

エ　プロセス又はプロジェクトのそれぞれのソフトウェア作業成果物及び／又はソフトウェアサービスが指定の要求事項を適切に反映していることを確認すること

[ES-H30 年春 問 24]

■ 解説 ■

JIS X 0160:2012 から，選択肢に関連する箇所を引用すると次のとおりである。

7.2.3　ソフトウェア品質保証プロセス
7.2.3.1　目的
　ソフトウェア品質保証プロセスは，作業成果物及びプロセスがあらかじめ定義された条件及び計画に従っていることを保証することを目的とする。
7.2.4　ソフトウェア検証プロセス
7.2.4.1　目的
　ソフトウェア検証プロセスは，プロセス又はプロジェクトのそれぞれのソフトウェア作業成果物及び／又はソフトウェアサービスが指定の要求事項を適切に反映していることの確認を目的とする。
7.2.5　ソフトウェア妥当性確認プロセス
7.2.5.1　目的
　ソフトウェア妥当性確認プロセスは，ソフトウェア作業成果物の特定の意図された用途に対する要求事項が満たされていることを確認することを目的とする。
7.2.7　ソフトウェア監査プロセス

午前Ⅱ

PM
DB
ES
AU
ST
SA
NW
SM
SC

テーマ 13　ソフトウェア開発管理技術　**355**

7.2.7.1　目的
ソフトウェア監査プロセスは，選ばれた製品及びプロセスが，該当する要求事項，計画及び合意に対して，適合しているかどうかを独立に決定することを目的とする。

出典：JIS X 0160:2012（ソフトウェアライフサイクルプロセス）

よって，**エ**がソフトウェア検証プロセスの目的である。

アはソフトウェア監査プロセス，**イ**はソフトウェア品質保証プロセス，**ウ**はソフトウェア妥当性確認プロセスの目的である。

《答：エ》

13-2 ● 知的財産適用管理

| Lv.3 | 午前Ⅰ ▶ | 全区分 午前Ⅱ ▶ | PM | DB | ES | AU | ST | SA | NW | SM | SC |

問 296　特許の専用実施権　☑ ☑ ☑

A 社は，保有する特許の専用実施権を，組込み機器システムを開発して販売する B 社に許諾した。A 社又は B 社が受ける制限に関する説明のうち，適切なものはどれか。ここで，B 社の専用実施権は特許原簿に設定登録されるものとする。

- ア　A 社は，許諾した権利の範囲において当該特許を使用できなくなる。
- イ　A 社は，B 社に許諾したものと同じ範囲でしか，B 社以外には専用実施権を許諾することができない。
- ウ　B 社は，A 社と競合する自社の組込み機器システムの販売を止めなくてはならない。
- エ　B 社は，A 社の特許を使う B 社の組込み機器システムの独占販売権を，A 社に対し与えなくてはならない。

[ES-H31 年春 問 25]

■ 解説 ■

特許権は，特許権者（ある発明について国から特許を受けた者）が，その特許発明を一定期間独占的に実施（生産，使用，譲渡等）できる権利で

356　Chapter 04　開発技術

ある。特許権者は，他者（実施権者）に対して特許発明の実施権を許諾することができ，必要に応じて実施権の範囲（実施する期間，地域，方法等）を限定できる。

実施権は，通常実施権と専用実施権に大別される。**通常実施権**は排他的権利ではなく，特許権者は複数の実施権者に対して通常実施権を許諾でき，同時に自ら実施することもできる。**専用実施権**は排他的権利で，特許庁の特許原簿に登録することで効力を生じる。

アが適切である。A 社が B 社に専用実施権を許諾すると，許諾した範囲と同じ又は重複する範囲では，A 社は B 社以外に対して実施権を許諾できず，A 社自身が実施することも許されない。

イは適切でない。B 社に許諾した範囲と同じ又は重複する範囲では，B 社以外に実施権（通常実施権及び専用実施権）を許諾できない。重複する範囲がなければ，複数の実施権者に専用実施権を許諾することができる。

ウは適切でない。B 社には，自社の組込み機器システムの販売を止める法律上の義務はない。販売を止めることについて，両者が合意して契約を結ぶことはあり得る。

エは適切でない。B 社には，A 社に独占販売権を与える法律上の義務はない。独占販売権を与えることについて，両者が合意して契約を結ぶことはあり得る。

《答：ア》

Lv.3 午前Ⅰ▶ 全区分 午前Ⅱ▶ PM DB ES AU ST SA NW SM SC 考察

問297 ソフトウェアの他社への使用許諾 ☑☑☑

自社開発したソフトウェアの他社への使用許諾に関する説明として，適切なものはどれか。

ア 使用許諾対象が特許で保護された技術を使っていないソフトウェアであっても，使用許諾することは可能である。

イ 既に自社の製品に搭載して販売していると，ソフトウェア単体では使用許諾対象にできない。

ウ 既にハードウェアと組み合わせて特許を取得していると，ソフトウェア単体では使用許諾対象にできない。

エ ソースコードを無償で使用許諾すると，無条件でオープンソースソフトウェアになる。

[AP-R1年秋 問50・AM1-R1年秋 問17・AP-H30年春 問50・
AP-H28年秋 問50・AM1-H28年秋 問17]

■ 解説 ■

アは適切である。特許で保護された技術を使っていなければ，特許権の問題が生じることはない。自社開発したソフトウェアの著作権は，一般に自社に帰属するから，使用許諾するかどうかは自社の判断で行うことができる。

イ，ウは適切でない。自社開発したソフトウェアであるから，それを他の製品やハードウェアに使用しているとしても，ソフトウェア単体で使用許諾することは自社の自由である。

エは適切でない。オープンソースソフトウェア（OSS）は，ソースコードが公開され，改変や再配布の自由が認められるなど，一定の条件を満たして流通しているソフトウェアである。しかしソースコードを無償で使用許諾しても，OSSの条件を全て満たすとは限らず，満たすとしてもOSSとして扱うかどうかは権利者の意向次第であり，無条件でOSSになるものではない。

《答：ア》

358 Chapter 04 開発技術

Lv.3 午前Ⅰ▶ 全区分 午前Ⅱ▶ PM DB ES AU ST SA NW SM SC

問 298　SDメモリカードの著作権保護技術

SDメモリカードに使用される著作権保護技術はどれか。

ア　CPPM（Content Protection for Pre-Recorded Media）
イ　CPRM（Content Protection for Recordable Media）
ウ　DTCP（Digital Transmission Content Protection）
エ　HDCP（High-bandwidth Digital Content Protection）

[NW-R1 年秋 問 25]

■ 解説 ■

　これは，**イ**の**CPRM**である。CPRMは，ディジタル放送の録画やコピーを制御する著作権保護技術で，ダビング（録画からのコピー）の禁止や回数制限（1 ～ 10 回）ができる。この映像を録画，コピー，再生するには，AV機器（レコーダやプレーヤ）及び，記録媒体（ユーザによって記録可能なSDメモリカード，DVD-RAM，DVD-RWなど）の両方がCPRMに対応している必要がある。

　アの**CPPM**は，CPRMと同様の技術であるが，再生専用メディア（映像作品として販売されるDVDなど）のコピー防止のために用いられる。

　ウの**DTCP**は，双方向ディジタルインタフェースで接続されたAV機器やコンピュータ同士が相互に認証を行い，著作権保護された映像や音声コンテンツを伝送する技術である。DTCP自体は特定の伝送プロトコルに依存しないが，IPネットワーク上で利用できるようにした規格としてDTCP-IPがある。

　エの**HDCP**は，AV機器のHDMI端子と表示機器の間を流れるディジタル信号を暗号化して伝送する技術である。伝送路上でのデータ盗聴や複製を防ぐことを目的とする。

《答：イ》

テーマ 13　ソフトウェア開発管理技術　　359

13-3 ● 構成管理・変更管理

| Lv.3 | 午前Ⅰ ▶ | 全区分 午前Ⅱ ▶ | PM | DB | ES | AU | ST | SA | NW | SM | SC |

問 299　リポジトリを構築する理由 ☑ ☑ ☑

ソフトウェア開発・保守において，リポジトリを構築する理由として，最も適切なものはどれか。

ア　各工程で検出した不良を管理することが可能になり，ソフトウェアの品質分析が容易になる。

イ　各工程での作業手順を定義することが容易になり，開発・保守時の作業ミスを防止することができる。

ウ　各工程での作業予定と実績を関連付けて管理することが可能になり，作業の進捗管理が容易になる。

エ　各工程での成果物を一元管理することによって，開発作業・保守作業の効率が良くなり，用語の統一もできる。

[ES-H29年春 問21・SC-H27年秋 問22・SC-H24年秋 問24・SM-H22年秋 問14・AP-H21年春 問57・AM1-H21年春 問21]

■ 解説 ■

エが，リポジトリを構築する理由として，最も適切である。**ア，イ，ウ**は，リポジトリによって得られる二次的な効果と考えられる。

ソフトウェア開発における**リポジトリ**とは，ソフトウェア開発で発生するあらゆる情報（組織，人，データ，仕様書，プログラム，テスト結果等）を一元的に管理する仕組みをいう。

プロジェクトには多人数が参画するので，情報を共有し，開発・保守作業の効率を高めるために，そういった情報を一元管理しておく。また，シノニム（異名同義語）やホモニム（同名異義語）の発生を防止し，用語やデータ名称を統一することもできる。

なお，リポジトリという用語は，場面や局面によって様々な使われ方があるので注意を要する。データベースのデータディクショナリを拡張して，管理対象や機能を拡大したものは，データベースのリポジトリと呼ばれる。

《答：エ》

Chapter **05**

プロジェクトマネジメント

テーマ		
14	**プロジェクトマネジメント**	
		問 300 ～問 332

アクセスキー **x**
（小文字のエックス）

テーマ

午前Ⅰ ▶ 全区分 午前Ⅱ ▶ PM DB ES AU ST SA NW SM SC
Lv.3　　　　　　　　Lv.4　　　　　　　　　　　　　Lv.4

14 プロジェクトマネジメント

問**300**〜問**332** 全**33**問

最近の出題数

| | 高度
午前Ⅰ | 高度午前Ⅱ | | | | | | | | |
		PM	DB	ES	AU	ST	SA	NW	SM	SC
R4 年春期	2					−	−	−	3	−
R3 年秋期	2	14	−	−	−					
R3 年春期	3					−	−	−	3	−
R2 年秋期	2	14	−	−	−					

※表組み内の「−」は出題範囲外

試験区分別出題傾向（H21年以降）

午前Ⅰ	"時間"，"コスト"からの出題が特に多く，過去問題の再出題も多い。"マネジメント"，"統合"，"スコープ"，"資源"，"リスク"，"品質"，"コミュニケーション"からの出題例もある。"ステークホルダ"，"調達"の出題例はない。
PM 午前Ⅱ	シラバス全体から幅広く，難易度の高い問題が多く出題されており，過去問題の再出題も非常に多い。PMBOK ガイド及び JIS Q 21500:2018 に基づく出題が多く，その知識が必要である。
SM 午前Ⅱ	"時間"，"コスト"からの出題が特に多い。"資源"の出題例はない。

出題実績（H21年以降）

小分類	出題実績のある主な用語・キーワード
プロジェクトマネジメント	プロジェクトライフサイクル，プロセス群，組織のプロセス資産，責任分担マトリックス，RACI チャート
プロジェクトの統合	プロジェクト憲章，統合変更管理プロセス，是正処置
プロジェクトのステークホルダ	ステークホルダ，ステークホルダエンゲージメント，プロジェクトマネジメントオフィス
プロジェクトのスコープ	プロジェクトスコープ記述書，スコープコントロール，WBS，ローリングウェーブ計画法，ワークパッケージ，ノミナル・グループ技法
プロジェクトの資源	要員計画，要員教育，タックマンモデル，コンフリクトマネジメント

小分類	出題実績のある主な用語・キーワード
プロジェクトの時間	アローダイアグラム，クリティカルパス，クリティカルチェーン法，ガントチャート，トレンドチャート，クラッシング，ファストトラッキング，資源カレンダー，EVM
プロジェクトのコスト	生産性，開発規模見積り，ファンクションポイント法，アーンドバリュー分析
プロジェクトのリスク	リスクマネジメント，リスク対応戦略，定性的リスク分析，定量的リスク分析，感度分析，EMV（期待金額価値）
プロジェクトの品質	品質マネジメント手法，品質保証活動，傾向分析，パレート図，適合コスト
プロジェクトの調達	レンタル費用，外部調達の契約形態，調達作業範囲記述書，インセンティブ
プロジェクトのコミュニケーション	コミュニケーションマネジメント計画書，グラフ，ストーリ構成法，文書の構成法

●プロジェクトマネジメント知識体系ガイド（PMBOK ガイド）の改訂について
　H31 年度春期試験から「第 6 版」に準拠して出題されています。2021 年には「第 7 版」が刊行されており，これに準拠した出題に移行する可能性があります。
●用語の表記揺れについて
　同じ用語でも，シラバス，PMBOK ガイド，JIS Q 21500:2018 などによって表記が異なるものがあるため，問題文と解説にも表記揺れがあります。（「ステークホルダ」と「ステークホルダー」，「プロジェクトスコープ」と「プロジェクト・スコープ」など）

14-1 ● プロジェクトマネジメント

Lv.4　午前Ⅰ ▶　全区分　午前Ⅱ ▶ **PM** DB ES AU ST SA NW **SM** SC　　知識

問 300　組織のプロセス資産に分類されるもの ☑ ☑ ☑

PMBOK ガイド第 6 版によれば，組織のプロセス資産に分類されるものはどれか。

　　ア　課題と欠陥のマネジメント上の手続き
　　イ　既存の施設や資本設備などのインフラストラクチャ
　　ウ　ステークホルダーのリスク許容度
　　エ　組織構造，組織の文化，マネジメントの実務，持続可能性

[PM-R3 年秋 問 3・PM-H29 年春 問 2・PM-H27 年春 問 3]

テーマ 14　プロジェクトマネジメント　**363**

■ 解説 ■

PMBOK ガイド第 6 版には，次のようにある。

2　プロジェクトの運営環境

2.2　組織体の環境要因

　組織体の環境要因（EEF）とは，プロジェクト・チームのコントロールは及ばないが，プロジェクトに対して影響，制約，もしくは指示を与える状況のことである。これは組織の内部の状況であることもあれば，外部の状況であることもある。（後略）

2.3　組織のプロセス資産

　組織のプロセス資産（OPA）には，母体組織によって使われる特有の計画，プロセス，方針，手続き，および知識ベースなどがある。これらの資産はプロジェクトのマネジメントに影響を及ぼす。（後略）

出典：『プロジェクトマネジメント知識体系ガイド（PMBOK ガイド）第 6 版』
(Project Management Institute, 2018)

よって，**ア**が，**組織のプロセス資産**に分類される。

イ，ウ，エは，**組織体の環境要因**に分類される。

《答：ア》

Lv.4　午前Ⅰ▶　全区分　午前Ⅱ▶　**PM**　DB　ES　AU　ST　SA　NW　**SM**　SC

問 301　責任分担マトリックス

表は，RACI チャートを用いた，あるプロジェクトの責任分担マトリックスである。設計アクティビティにおいて，説明責任をもつ要員は誰か。

アクティビティ	要員					
	阿部	伊藤	佐藤	鈴木	田中	野村
要件定義	C	A	I	I	I	R
設計	R	I	I	C	C	A
開発	A	－	R	－	R	I
テスト	I	I	C	R	A	C

ア　阿部　　　　　　　　　　イ　伊藤と佐藤
ウ　鈴木と田中　　　　　　　エ　野村

[PM-R3 年秋 問 2・PM-H31 年春 問 2・PM-H29 年春 問 6・
PM-H27 年春 問 5・PM-H25 年春 問 14]

■ **解説** ■

　RACI チャートは，二次元の表でアクティビティごとに要員に期待する役割を示したもので，R は実行責任（Responsible），A は説明責任（Accountable），C は相談対応（Consulted），I は情報提供（Informed）を表す。

　したがって，設計アクティビティに責任を持つ要員は，"設計"の行に"A"が書かれている**野村**となる。

《答：エ》

テーマ 14　**プロジェクトマネジメント**　　**365**

14-2 ● プロジェクトの統合

| Lv.3 | 午前Ⅰ ▶ | 全区分 午前Ⅱ ▶ | **PM** | DB | ES | AU | ST | SA | NW | **SM** | SC | | 知識 | |

問 302　プロジェクト憲章　　　☑ ☑ ☑

プロジェクトマネジメントにおけるプロジェクト憲章の説明として，適切なものはどれか。

- ア　組織のニーズ，目標ベネフィットなどを記述することによって，プロジェクトの目標について，またプロジェクトがどのように事業目的に貢献するかについて明確にした文書
- イ　どのようにプロジェクトを実施し，監視し，管理するのかを定めるために，プロジェクトを実施するためのベースライン，並びにプロジェクトの実行，管理，及び終結する方法を明確にした文書
- ウ　プロジェクトの最終状態を定義することによって，プロジェクトの目標，成果物，要求事項及び境界を含むプロジェクトスコープを明確にした文書
- エ　プロジェクトを正式に許可する文書であり，プロジェクトマネージャを特定して適切な責任と権限を明確にし，ビジネスニーズ，目標，期待される結果などを明確にした文書

[PM-R2年秋 問3・PM-H30年春 問2]

■ 解説 ■

JIS Q 21500:2018 には，次のようにある。

4　プロジェクトマネジメントのプロセス
4.3　プロセス
4.3.2　プロジェクト憲章の作成
　プロジェクト憲章を作成する目的は，次の点にある。
－　プロジェクト又は新規のプロジェクトフェーズを正式に許可する。
－　プロジェクトマネージャを特定し，適切な責任と権限を明確にする。
－　ビジネスニーズ，プロジェクトの目標，期待する成果物及びプロジェクトの経済面を文書化する。
　プロジェクト憲章は，プロジェクトを組織の目的に関連付けるものであり，あらゆる適切な委任事項，義務，前提及び制約を明らかにすることが望ましい。

出典：JIS Q 21500:2018（プロジェクトマネジメントの手引）

よって，**エ**がプロジェクト憲章の説明である。
アはプロジェクト・ベネフィット・マネジメント計画書，**イ**はプロジェクト計画書，**ウ**はプロジェクト・スコープ記述書の説明である。

《答：エ》

問303 プロセス群

JIS Q 21500:2018（プロジェクトマネジメントの手引）において，"変更要求"によって"管理のプロセス群"に作用し，その結果である"承認された変更"によって"管理のプロセス群"から作用されるプロセス群がある。図中のaに入れる適切な字句はどれか。

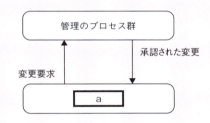

ア　計画のプロセス群　　　イ　実行のプロセス群
ウ　終結のプロセス群　　　エ　立ち上げのプロセス群

[SM-R1 年秋 問 17]

■ 解説 ■

aには**イ**の実行のプロセス群が入る。JIS Q 21500:2018 には，プロセス群について，次のようにある。

```
4  プロジェクトマネジメントのプロセス
4.2  プロセス群及び対象群
4.2.2  プロセス群
4.2.2.1  一般
  各プロセス群は，あらゆるプロジェクトフェーズ又はプロジェクトに適用するプロセスで構成する。（後略）
```

4.2.2.2　立ち上げのプロセス群
　立ち上げのプロセスは，プロジェクトフェーズ又はプロジェクトを開始するために使用し，プロジェクトフェーズ又はプロジェクトの目標を定義し，プロジェクトマネージャがプロジェクト作業を進める許可を得るために使用する。
4.2.2.3　計画のプロセス群
　計画のプロセスは，計画の詳細を作成するために使用される。（後略）
4.2.2.4　実行のプロセス群
　実行のプロセスは，プロジェクトマネジメントの活動を遂行し，プロジェクトの全体計画に従ってプロジェクトの成果物の提示を支援するために使用する。
4.2.2.5　管理のプロセス群
　管理のプロセスは，プロジェクトの計画に照らしてプロジェクトパフォーマンスを監視し，測定し，管理するために使用する。その結果，プロジェクトの目標を達成するために必要なときは，予防及び是正処置をとり，変更要求を行うことがある。
4.2.2.6　終結のプロセス群
　終結のプロセスは，プロジェクトフェーズ又はプロジェクトが完了したことを正式に確定するために使用し，必要に応じて考慮し，実行するように得た教訓を提供するために使用する。
4.2.2.7　プロジェクトマネジメントのプロセス群の相互関係及び相互作用
　プロジェクトのマネジメントは，立ち上げのプロセス群で始まり，終結のプロセス群で終わる。（後略）

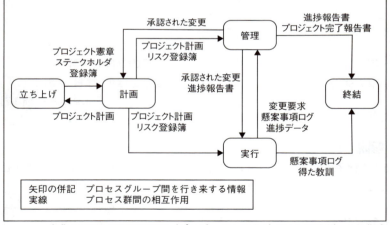

出典：JIS Q 21500:2018（プロジェクトマネジメントの手引）より作成

《答：イ》

14-3 ● プロジェクトのステークホルダ

Lv.3　午前Ⅰ▶　全区分 午前Ⅱ▶　PM　DB　ES　AU　ST　SA　NW　SM　SC

問 304　プロジェクトのステークホルダ ☑☑☑

あるプロジェクトのステークホルダとして，プロジェクトスポンサ，プロジェクトマネージャ，プロジェクトマネジメントオフィス及びプロジェクトマネジメントチームが存在する。ステークホルダのうち，JIS Q 21500:2018（プロジェクトマネジメントの手引）によれば，主として標準化，プロジェクトマネジメントの教育訓練及びプロジェクトの監視といった役割を担うのはどれか。

ア　プロジェクトスポンサ
イ　プロジェクトマネージャ
ウ　プロジェクトマネジメントオフィス
エ　プロジェクトマネジメントチーム

[PM-R3 年秋 問 1・PM-H31 年春 問 1・AP-H28 年春 問 51]

■ 解説 ■

JIS Q 21500:2018 から選択肢に関連する箇所を引用すると，次のとおりである。

3　プロジェクトマネジメントの概念
3.8　ステークホルダ及びプロジェクト組織
a) プロジェクトマネージャは，プロジェクトの活動を指揮し，マネジメントして，プロジェクトの完了に説明義務を負う。
b) プロジェクトマネジメントチームは，プロジェクトの活動を指揮し，マネジメントするプロジェクトマネージャを支援する。
　プロジェクトガバナンスには，次のものが関係することがある。
－ プロジェクトスポンサは，プロジェクトを許可し，経営的決定を下し，プロジェクトマネージャの権限を越える問題及び対立を解決する。
－ プロジェクトマネジメントオフィスは，ガバナンス，標準化，プロジェクトマネジメントの教育訓練，プロジェクトの計画及びプロジェクトの監視を含む多彩な活動を遂行することがある。

出典：JIS Q 21500:2018（プロジェクトマネジメントの手引）

よって，**ウ**のプロジェクトマネジメントオフィスが役割を担う。

《答：ウ》

| Lv.4 | 午前Ⅰ ▶ | 全区分 午前Ⅱ ▶ | **PM** | DB | ES | AU | ST | SA | NW | **SM** | SC | | 知識 | |

| 問 **305** | ステークホルダー・エンゲージメントのマネジメント | ✓ | ✓ | ✓ |

PMBOK ガイド第 6 版によれば，"ステークホルダー・エンゲージメントのマネジメント"で行う活動はどれか。

- ア　交渉やコミュニケーションを通してステークホルダーの期待をマネジメントする。
- イ　ステークホルダーの権限レベルとプロジェクト成果に関する懸念レベルに応じて，ステークホルダーを分類する。
- ウ　ステークホルダーのリスク選好を決めるためのステークホルダー分析をする。
- エ　プロジェクト・コミュニケーション活動のための適切な取組み方と計画を策定する。

[PM-H31 年春 問 7]

■ 解説 ■

PMBOK ガイド第 6 版には，次のようにある。

13　プロジェクト・ステークホルダー・マネジメント
13.3　ステークホルダー・エンゲージメントのマネジメント
　ステークホルダー・エンゲージメントのマネジメントには，次の活動が含まれる。
- ステークホルダーをプロジェクトの適切な段階で関与させ，プロジェクトの成功へのステークホルダーの継続的なコミットメントを獲得し，確認し，または維持する。
- 交渉やコミュニケーションを通してステークホルダーの期待をマネジメントする。
- ステークホルダー・マネジメントに関連するリスクや潜在的な懸念に対処し，ステークホルダーから提起され得る将来の課題を予測する。
- 特定された課題を明確にし，解決する。
　ステークホルダー・エンゲージメントのマネジメントは，ステークホルダーがプロジェクトの目的，目標，ベネフィット，およびプロジェクトのリスクとともに，その貢献がプロジェクトの成功をどう高めるのかを明確に理解することを確実にするのに役立つ。

出典：『プロジェクトマネジメント知識体系ガイド（PMBOK ガイド）第 6 版』
(Project Management Institute，2018)

よって**ア**が，プロジェクト・ステークホルダー・マネジメントの"ステークホルダー・エンゲージメントのマネジメント"で行う活動である。

イは，プロジェクト・ステークホルダー・マネジメントの"ステークホルダーの特定"で行う活動である。

ウは，プロジェクト・リスク・マネジメントの"リスク・マネジメントの計画"で行う活動である。

エは，プロジェクト・コミュニケーション・マネジメントの"コミュニケーション・マネジメントの計画"で行う活動である。

《答：ア》

14-4 ● プロジェクトのスコープ

Lv.4　午前Ⅰ▶　全区分　午前Ⅱ▶　PM　DB　ES　AU　ST　SA　NW　SM　SC　　　　考察

問306　プロジェクト・スコープ記述書　☑☑☑

PMBOKガイド第6版によれば，プロジェクト・スコープ・マネジメントにおいて作成するプロジェクト・スコープ記述書の説明のうち，適切なものはどれか。

　ア　インプット情報として与えられるWBSやスコープ・ベースラインを用いて，プロジェクトのスコープを記述する。

　イ　プロジェクトのスコープに含まれないものは，記述の対象外である。

　ウ　プロジェクトの成果物と，これらの成果物を生成するために必要な作業について記述する。

　エ　プロジェクトの予算見積りやスケジュール策定を実施して，これらをプロジェクトの前提条件として記述する。

[PM-H31年春 問15・PM-H25年春 問6・PM-H22年春 問3]

■ 解説 ■

PMBOKガイド第6版には，次のようにある。

午前Ⅱ

PM
DB
ES
AU
ST
SA
NW
SM
SC

テーマ14　プロジェクトマネジメント　**371**

> 5　プロジェクト・スコープ・マネジメント
> 5.3　スコープの定義
> 5.3.3　スコープの定義：アウトプット
> 5.3.3.1　プロジェクト・スコープ記述書
> 　プロジェクト・スコープ記述書は，プロジェクト・スコープ，主要な成果物，前提条件，および制約条件を記述したものである。（中略）プロジェクト・スコープ記述書には，スコープからの除外事項を明示する。（後略）
> 　プロジェクト・スコープ記述書に，実施予定の作業と除外する作業をどれだけ詳細に定義できるかということが，プロジェクトマネジメント・チームがプロジェクト・スコープ全体をいかにうまくコントロールできるかを決めることに役立つ。（後略）

出典：『プロジェクトマネジメント知識体系ガイド（PMBOK ガイド）第 6 版』
(Project Management Institute, 2018)

　よって，**ウ**が適切である。

　アは適切でない。WBS は，プロジェクト・スコープ記述書やスコープ・マネジメント計画書などを基に作成される。スコープ・ベースラインは，プロジェクト・スコープ記述書，WBS および関連する WBS 辞書を組み合わせた承認済み版である。

　イは適切でない。プロジェクトのスコープからの除外事項も記述する。

　エは適切でない。予算見積りとスケジュール策定はプロジェクト・スコープ記述書の作成より後のプロセスで実施するので，予算やスケジュールは記述の対象外である。

《答：ウ》

| Lv.4 | 午前Ⅰ ▶ | 全区分 午前Ⅱ ▶ | **PM** | DB | ES | AU | ST | SA | NW | **SM** | SC |

考察

問 307　ワーク・パッケージ　☑☑☑

PMBOK ガイド第6版によれば，WBS の構成要素であるワーク・パッケージに関する記述のうち，適切なものはどれか。

- ア　ワーク・パッケージとその一つ上位の成果物との関係は，1対1である。
- イ　ワーク・パッケージは，OBS（組織ブレークダウン・ストラクチャー）のチームに，担当する人員を割り当てたものである。
- ウ　ワーク・パッケージは，通常，アクティビティに分解される。
- エ　ワーク・パッケージは，プロジェクトに関連がある成果物をまとめたものである。

[PM-H31年春 問12・PM-H29年春 問5・PM-H25年春 問5・
AP-H22年秋 問50・AM1-H22年秋 問18]

■ 解説 ■

PMBOK ガイド第6版には，次のようにある。

> 5　プロジェクト・スコープ・マネジメント
> 5.4　WBS（ワークブレークダウンストラクチャ）作成
> 　WBS は，プロジェクト目標を達成し必要な成果物を生成するために，プロジェクトチームが実施する作業の全範囲を階層的に要素分解したものである。WBS は，プロジェクトのスコープ全体を系統立ててまとめ定義したものであり，承認された最新のプロジェクト・スコープ記述書に規定されている作業を表示するものである。
> 　計画の対象となる作業は，WBS 要素の最も低いレベルにあり，ワークパッケージと呼ばれる。ワークパッケージは，作業のスケジュールと見積り，監視，およびコントロールの対象となるアクティビティをグループ化するために使用できる。WBS を論じるとき，作業とはアクティビティの結果である作業プロダクトや成果物を意味しており，アクティビティそのものを指すものではない。

出典：『プロジェクトマネジメント知識体系ガイド（PMBOK ガイド）第6版』
（Project Management Institute，2018）

　ウが適切である。成果物はワークパッケージに分解され，さらにアクティビティに分解される。個々のアクティビティの工数やコストを積み上げて，ワークパッケージの工数やコストを見積もる。

テーマ14　プロジェクトマネジメント　373

アは適切でない。ワークパッケージと成果物の関係は，多対1になる。

イは適切でない。ワークパッケージは計画の対象となる作業であって，人員の割当てではない。OBSは，プロジェクト組織を階層表現したものである。

エは適切でない。ワークパッケージは，一つ以上のアクティビティをまとめたものである。

《答：ウ》

問308　要求事項の収集で使用できる技法

PMBOKガイド第6版によれば，プロジェクト・スコープ・マネジメントにおける"要求事項の収集"で使用できる技法であり，次のような手順で実施する，ブレーンストーミングを強化した技法はどれか。

〔手順〕
- 提起された問題に対して，参加者がアイデアを書き出す。
- モデレーターが参加者の全てのアイデアをフリップチャートに書き込む。
- 参加者が全てのアイデアを明確に理解するまで話し合う。
- 参加者が良いアイデアを5個選び，評価の高い順に5～1の点数を投票する。
- 合計点数が最も高いアイデアを選択する。

　ア　多基準意思決定分析　　イ　ノミナル・グループ技法
　ウ　フォーカス・グループ　　エ　マインド・マップ法

[SM-R3年春 問18]

■解説■

PMBOKガイド第6版から選択肢に関連する箇所を引用すると，次のとおりである。

5　プロジェクト・スコープ・マネジメント
5.2　要求事項の収集
5.2.2　要求事項の収集：ツールと技法
フォーカス・グループ
　　一定の条件を満たしたステークホルダーと当該分野専門家を一堂に集めて，提案されているプロダクト，サービス，または所産への期待や意見の聞き取り調査を行う。
多基準意思決定分析
　　意思決定マトリックスを利用して系統的な分析手法を提供する技法。リスク・レベル，不確実さ，および評価などの基準を確立して，さまざまなアイデアを評価しランクづけを行う。
マインド・マップ法
　　個別のブレーンストーミングから出てきたアイデアをひとつのマップにまとめ，理解の共通点や相違点を明らかにし，新しいアイデアを生み出す。
ノミナル・グループ技法
　　引き続き行うブレーンストーミングや優先順位づけに最も役に立つアイデアをランクづけするために用いられる投票プロセスを加えてブレーンストーミングを強化する方法である。ノミナル・グループ技法は次の四つのステップからなる構造化されたブレーンストーミングである。（後略）

出典：『プロジェクトマネジメント知識体系ガイド（PMBOK ガイド）第 6 版』
（Project Management Institute, 2018）

よって，**イ**の**ノミナル・グループ技法**である。

《答：イ》

テーマ 14　プロジェクトマネジメント　**375**

14-5 ● プロジェクトの資源マネジメント

| Lv.4 | 午前Ⅰ ▶ | 全区分 | 午前Ⅱ ▶ | PM | DB | ES | AU | ST | SA | NW | SM | SC |

問 309　資源のコントロールプロセスの目的

ISO 21500:2012（プロジェクトマネジメントの手引き（英和対訳版））によれば，資源サブジェクトグループのプロセスの目的のうち，資源のコントロールプロセスのものはどれか。

ア　アクティビティリストのアクティビティごとに必要な資源を決定する。

イ　継続的にプロジェクトチームメンバのパフォーマンス及び相互関係を改善する。

ウ　プロジェクト作業の実施に必要な資源を確保し，プロジェクト要求事項を満たせるように資源を配分する。

エ　プロジェクトの完遂に必要な人的資源を得る。

[PM-H30年春 問5]

■ 解説 ■

ISO 21500:2012 から，選択肢に関連する箇所を引用すると次のとおりである。

> 4　プロジェクトマネジメントのプロセス
> 4.3　プロセス
> 4.3.15　プロジェクトチームの結成
> 　プロジェクトチーム結成の目的は，プロジェクトの完遂に必要な人的資源を得ることである。
> 　プロジェクトマネージャは，いつ，どのようにプロジェクトチームのメンバを招集し，いつ，どのようにメンバをプロジェクトから解放するかを決定することが望ましい。（後略）
> 4.3.16　資源の見積もり
> 　資源の見積もりの目的は，アクティビティリストのアクティビティごとに必要な資源を決定することである。資源には，人，施設，機器，材料，インフラストラクチャ，ツールなどが含まれる。（後略）

376　Chapter 05　プロジェクトマネジメント

4.3.18　プロジェクトチームの育成

　　プロジェクトチームの育成の目的は，継続的にプロジェクトメンバのパフォーマンス及び相互関係を改善することである。このプロセスはチームの意欲及びパフォーマンスを引き上げるものであることが望ましい。（後略）

4.3.19　資源のコントロール

　　資源のコントロールの目的は，プロジェクト作業の実施に必要な資源を確保し，プロジェクト要求事項を満たせるように資源を配分することである。

　　資源の利用可能性の矛盾は，機器の故障，天候，労働不安又は技術的問題など，不可避の状況で発生することがある。この様な状況になると，アクティビティの再スケジューリングが必要となり，その結果，現在又は今後のアクティビティに関する資源要求事項が変わる可能性がある。このような不備を特定し，資源の再配分を行いやすくする手順を定めておくことが望ましい。

　　出典：ISO 21500:2012（プロジェクトマネジメントの手引き（英和対訳版））

よって，**ウ**が資源のコントロールプロセスの目的である。

　アは資源の見積もり，**イ**はプロジェクトチームの育成，**エ**はプロジェクトチームの結成の各プロセスの目的である。

《答：ウ》

| Lv.3 | 午前Ⅰ ▶ | 全区分 午前Ⅱ ▶ | PM | DB | ES | AU | ST | SA | NW | SM | SC | | 計算 | 知識 | 学案 |

問 310　要員割当て　☑ ☑ ☑

あるシステムの設計から結合テストまでの作業について，開発工程ごとの見積工数を表1に，開発工程ごとの上級技術者と初級技術者の要員割当てを表2に示す。上級技術者は，初級技術者に比べて，プログラム作成・単体テストにおいて2倍の生産性を有する。表1の見積工数は，上級技術者の生産性を基に算出している。

全ての開発工程に対して，上級技術者を1人追加して割り当てると，この作業に要する期間は何か月短縮できるか。ここで，開発工程の期間は重複させないものとし，要員全員が1か月当たり1人月の工数を投入するものとする。

表1

開発工程	見積工数（人月）
設計	6
プログラム作成・単体テスト	12
結合テスト	12
合計	30

表2

開発工程	要員割当て（人）	
	上級技術者	初級技術者
設計	2	0
プログラム作成・単体テスト	2	2
結合テスト	2	0

ア　1　　　　　イ　2　　　　　ウ　3　　　　　エ　4

[PM-H31年春 問8・AP-H27年春 問53・
AP-H23年特 問52・AM1-H23年特 問18]

■ 解説 ■

まず，元の要員割当てでの開発期間を計算する。初級技術者の1名は，上級技術者の0.5名に相当すると考えればよい。

- 設計には，6人月 ÷ 2人 = 3か月
- プログラム作成・単体テストには，12人月 ÷（2 + 2 × 0.5）人 = 4か月
- 結合テストには，12人月 ÷ 2人 = 6か月

Chapter 05　プロジェクトマネジメント

以上から，合計 13 か月を要する。
次に，上級技術者を 1 名追加した場合の開発期間を計算する。

- 設計には，6 人月 ÷ 3 人 = 2 か月
- プログラム作成・単体テストには，12 人月 ÷（3 + 2 × 0.5）人 = 3 か月
- 結合テストには，12 人月 ÷ 3 人 = 4 か月

以上から，合計 9 か月を要する。
よって，上級技術者を 1 名追加することで，開発期間を 13 − 9 = **4** か月短縮できる。

《答：エ》

問 311　タックマンモデル

チームの発展段階を五つに区分したタックマンモデルによれば，メンバの異なる考え方や価値観が明確になり，メンバがそれぞれの意見を主張し合う段階はどれか。

ア　安定期（Norming）
イ　遂行期（Performing）
ウ　成立期（Forming）
エ　動乱期（Storming）

[PM-H29 年春 問 7]

■ 解説 ■

タックマンモデルは，心理学者 B.W. タックマンが提唱した，5 段階から成るチーム（小人数グループ）の組織発展のモデルである。1965 年に 4 段階のモデルが提唱され，1977 年に解散期を加えた 5 段階のモデルが提唱された。

段階	概要
①成立期（Forming）	メンバが互いのことを知らず，互いの様子を探り合う段階であり，リーダがメンバに目標や課題を提示して共有する。
②動乱期（Storming）	メンバが個々に意見を主張して他者と衝突が起こる段階であり，メンバが話し合って課題解決の方法を模索する。
③安定期（Norming）	メンバが互いの考えを理解して関係性が安定する段階であり，メンバで役割分担が行われる。
④遂行期（Performing）	チームの結束力が生まれる段階であり，チームが目標や課題解決に向かって活動する。
⑤解散期（Adjourning）	プロジェクトが終了してチームが解散する段階であり，メンバはチームを離れていく。

出典："Developmental Sequence in Small Groups"（Bruce W. Tuckman，1965），
"Stage of Small-Group Development Revisited"
（Bruce W. Tuckman & Mary Ann C. Jensen，1977）より作成

よって，**エ**の動乱期が，メンバがそれぞれの意見を主張し合う段階である。

《答：エ》

14-6 ● プロジェクトの時間

Lv.3 午前Ⅰ ▶ 全区分 午前Ⅱ ▶ PM DB ES AU ST SA NW SM SC 計算

問 **312** プロジェクト完了までの日数 ☑ ☑ ☑

過去のプロジェクトの開発実績から構築した作業配分モデルがある。システム要件定義からシステム内部設計までをモデルどおりに進めて228日で完了し，プログラム開発を開始した。現在，200本のプログラムのうち100本のプログラムの開発を完了し，残りの100本は未着手の状況である。プログラム開発以降もモデルどおりに進捗すると仮定するとき，プロジェクトの完了まで，あと何日掛かるか。ここで，プログラムの開発に掛かる工数及び期間は，全てのプログラムで同一であるものとする。

〔作業配分モデル〕

	システム 要件定義	システム 外部設計	システム 内部設計	プログラム 開発	システム 結合	システム テスト
工数比	0.17	0.21	0.16	0.16	0.11	0.19
期間比	0.25	0.21	0.11	0.11	0.11	0.21

　ア　140　　　　イ　150　　　　ウ　161　　　　エ　172

[SM-R1年秋 問18・PM-H30年春 問7・AP-H28年秋 問53・
AM1-H28年秋 問20・PM-H27年春 問4・AP-H25年秋 問52・
AM1-H25年秋 問18・PM-H24年春 問7・PM-H22年春 問8]

■ 解説 ■

　要件定義～システム外部設計～システム内部設計の期間比は，0.25 + 0.21 + 0.11 = 0.57 である。ここまでモデルどおりに228日で完了したので，プロジェクト全体の予定日数は 228 ÷ 0.57 = 400 日である。

　プログラム開発は200本のうち半数の100本を完了したので，期間比では 0.11 ÷ 2 = 0.055 が未完了である。システム結合とシステムテストは未着手である。よって，未完了の作業の期間比は 0.055 + 0.11 + 0.21 = 0.375 である。これにプロジェクトの予定日数 400 日を掛ければ，400 × 0.375 = **150** 日が残りの所要日数である。

《答：イ》

問 313　プロジェクトにおける最遅開始日

あるプロジェクトの作業が図のとおり計画されているとき，最短日数で終了するためには，作業 H はプロジェクトの開始から遅くとも何日経過した後に開始しなければならないか。

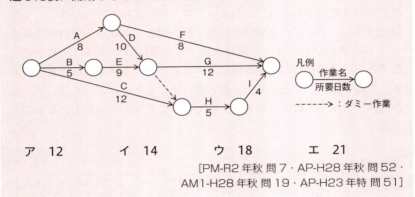

ア 12　　　イ 14　　　ウ 18　　　エ 21

[PM-R2 年秋 問 7・AP-H28 年秋 問 52・
AM1-H28 年秋 問 19・AP-H23 年特 問 51]

■ 解説 ■

このアローダイアグラムに最早開始日と最遅開始日を書き加えると，次のようになる。

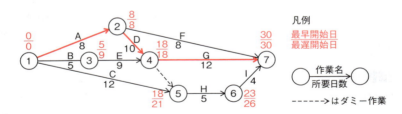

- 結合点②に至る先行作業は A のみなので，最早開始日は 8 日目になる。
- 結合点③に至る先行作業は B のみなので，最早開始日は 5 日目になる。
- ①→②→④の所要日数が 18 日，①→③→④の所要日数が 14 日なので，結合点④の最早開始日は 18 日目である。
- ①→②→④→⑤の所要日数が 18 日，①→⑤の所要日数が 12 日なので，結合点⑤の最早開始日は 18 日目である。
- 結合点⑥の最早開始日は，結合点⑤の 5 日後で 23 日目である。

- 結合点⑦の最早開始日は，結合点②から8日後，結合点④から12日後，結合点⑥から4日後のうち，最大の値となる結合点④から12日後の30日目である。

以上から，このプロジェクトのクリティカルパスは①→②→④→⑦で，全体の所要日数は30日である。作業Hの最遅開始日は，30日目から作業Iの所要日数4日，作業Hの所要日数5日を差し引いた **21** 日目となる。

《答：エ》

問 314　クリティカルチェーン法の実施例

プロジェクトのスケジュール管理で使用する"クリティカルチェーン法"の実施例はどれか。

ア　限りある資源とプロジェクトの不確実性に対応するために，合流バッファとプロジェクトバッファを設ける。
イ　クリティカルパス上の作業に，生産性を向上させるための開発ツールを導入する。
ウ　クリティカルパス上の作業に，要員を追加投入する。
エ　クリティカルパス上の先行作業の全てが終了する前に後続作業に着手し，一部を並行して実施する。

[PM-R3年秋 問7・PM-H31年春 問4・PM-H29年春 問1・SM-H27年秋 問18・PM-H26年春 問9・SM-H23年秋 問16]

■ 解説 ■

アが，**クリティカルチェーン法**の実施例である。まず，クリティカルパス法は，資源の制約条件を考慮せずに，プロジェクトの各作業の理論的な最早開始日と最早終了日，最遅開始日と最遅終了日を求める手法である。クリティカルパスは，最早開始日と最遅開始日に差がなく，日程に余裕のない作業を結ぶ経路である。

クリティカルチェーンは，資源の制約条件を考慮した場合，ある時点で必要な資源が投入可能な資源を上回るために，実際には最短日程で実行で

きないクリティカルパスである。クリティカルチェーン法では，資源不足による予期しない遅延を防ぐため，日程に余裕を持たせて計画を立てる。プロジェクトバッファ（所要期間バッファ）はクリティカルパスの最後に設ける余裕日数，合流バッファ（フィーディングバッファ）はクリティカルパスに合流する他の作業経路に追加する余裕日数である。

イ，ウは，クラッシングの実施例である。

エは，ファストトラッキングの実施例である。

《答：ア》

問 315　ガントチャート

工程管理図表の特徴に関する記述のうち，ガントチャートのものはどれか。

ア　計画と実績の時間的推移を表現するのに適し，進み具合及びその傾向がよく分かり，プロジェクト全体の費用と進捗の管理に利用される。

イ　作業の順序や作業相互の関係を表現したり，重要作業を把握したりするのに適しており，プロジェクトの作業計画などに利用される。

ウ　作業の相互関係の把握には適さないが，作業計画に対する実績を把握するのに適しており，個人やグループの進捗管理に利用される。

エ　進捗管理上のマイルストーンを把握するのに適しており，プロジェクト全体の進捗管理などに利用される。

[PM-R3年秋 問5・PM-H31年春 問3・PM-H29年春 問8・PM-H27年春 問8・PM-H24年春 問4・PM-H22年春 問4]

■ 解説 ■

ウが，ガントチャートの特徴である。これは，横軸に時間（日程），縦軸に作業を並べて，各作業の実施期間の予定を上段に，実績を下段に棒状に表示した図である。プロジェクトの作業計画に用いられ，作業ごとの予定

と実績の差異を容易に把握できる。

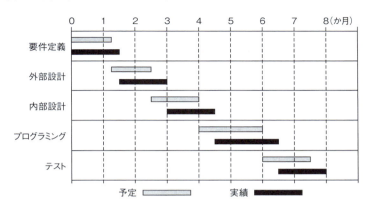

アは，**EVM**（アーンド・バリュー・マネジメント）の特徴である。
イは，**アローダイアグラム**の特徴である。
エは，**マイルストーンチャート**の特徴である。

《答：ウ》

問 316　クラッシングの例

プロジェクトマネジメントにおけるクラッシングの例として，適切なものはどれか。

ア　クリティカルパス上のアクティビティの開始が遅れたので，ここに人的資源を追加した。
イ　コストを削減するために，これまで承認されていた残業を禁止した。
ウ　仕様の確定が大幅に遅れたので，プロジェクトの完了予定日を延期した。
エ　設計が終わったモジュールから順にプログラム開発を実施するように，スケジュールを変更した。

[PM-R3年秋 問6・SM-H30年秋 問18・PM-H29年春 問9・
PM-H27年春 問9・PM-H25年春 問9]

■ 解説 ■

PMBOK ガイド第 6 版には，**クラッシング**について次のようにある。

6　プロジェクト・スケジュール・マネジメント
6.5　スケジュールの作成
6.5.2　スケジュールの作成：ツールと技法
6.5.2.6　スケジュール短縮
クラッシング
　　資源を追加することにより，コストの増大を最小限に抑えスケジュールの所要期間を短縮する技法。クラッシングの例としては，残業の承認，資源の追加投入，またはクリティカル・パス上のアクティビティの迅速な引渡しのための追加支出などがある。クラッシングは，資源の追加によりアクティビティの所要期間を短縮できるクリティカル・パス上のアクティビティについてのみ効果がある。クラッシングは必ずしも良い結果を生むとは限らず，リスクやコストあるいは両方の増加を招く場合もある。

出典：『プロジェクトマネジメント知識体系ガイド（PMBOK ガイド）第 6 版』
（Project Management Institute，2018）

　アは適切である。クリティカルパス上のアクティビティの所要期間短縮を図れば，全体のスケジュールの所要期間を短縮できる。

　イは適切でない。残業を禁止するのでなく，残業を承認するならクラッシングの例である。

　ウは適切でない。クラッシングは所要期間の短縮技法であり，完了予定日を延期してはクラッシングにならない。

　エは適切でない。これはファストトラッキングの例である。

《答：ア》

問 317　プロジェクトのスケジュール短縮

プロジェクトのスケジュールを短縮したい。当初の計画は図1のとおりである。作業Eを作業E1，E2，E3に分けて，図2のとおりに計画を変更すると，スケジュールは全体で何日短縮できるか。

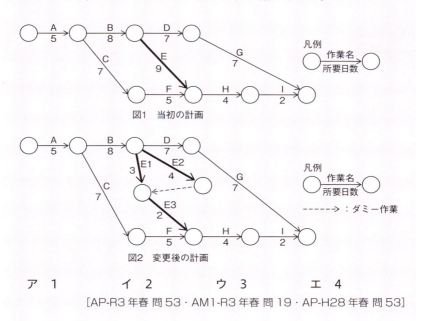

図1　当初の計画

図2　変更後の計画

ア　1　　　イ　2　　　ウ　3　　　エ　4

[AP-R3年春 問53・AM1-R3年春 問19・AP-H28年春 問53]

解説

　当初の計画の経路ごとの所要日数は，A→B→D→Gが27日，A→B→E→H→Iが28日，A→C→F→H→Iが23日である。したがって，クリティカルパスはA→B→E→H→Iで，全体の所要日数は28日である。

　クリティカルパス上の作業Eは，作業E1（3日），E2（4日），E3（2日）から成り，当初の計画ではE1→E2→E3の順に実施して9日を要する。変更後の計画では，ファストトラッキングの技法により，E1とE2を並行実施して，両方の完了後にE3を開始する。作業Eを含む経路の所要日数は，A→B→E1→E3→H→Iが24日，A→B→E2→E3→H→Iが25

日となる。このため，A → B → D → G が新たなクリティカルパスとなり，
全体の所要日数は 27 日となる。

　よって，スケジュールは全体で **1 日**短縮できる。

《答：ア》

Lv.4　午前Ⅰ ▶　全区分 午前Ⅱ ▶　PM　DB　ES　AU　ST　SA　NW　SM　SC　　知識

問 **318**　資源平準化の特徴

PMBOK ガイド第 6 版によれば，プロジェクト・スケジュール・マネ
ジメントにおけるプロセス"スケジュールの作成"のツールと技法の特
徴のうち，資源平準化の特徴はどれか。

　ア　アクティビティの開始日と終了日を調整するので，クリティカ
　　　ル・パスが変わる原因になることが多い。
　イ　アクティビティは，属しているフリー・フロート及びトータル・
　　　フロートの大きさの範囲内に限って遅らせることができる。
　ウ　アクティビティを調整しても，クリティカル・パスが変わるこ
　　　とはなく，完了日を遅らせるようなこともない。
　エ　スケジュール・モデル内で，論理ネットワーク・パスにおける
　　　スケジュールの柔軟性が評価できる。

[PM-R2 年秋 問 8]

■ 解説 ■

PMBOK ガイド第 6 版には，次のようにある。

6　プロジェクト・スケジュール・マネジメント
6.5　スケジュールの作成
6.5.2　スケジュールの作成：ツールと技法
6.5.2.2　クリティカル・パス法
　クリティカル・パス法は，プロジェクトの最短所要期間を見積もり，スケ
ジュール・モデル内で論理ネットワーク・パスにおけるスケジュールの柔軟性
を判定するために用いられる。（後略）

388　Chapter 05　プロジェクトマネジメント

6.5.2.3 資源最適化

資源最適化は，アクティビティの開始日と終了日を調整し，計画された資源の使用量を資源の可用性以下に調整するのに使用される。（後略）

● 資源平準化

資源の需要と供給のバランスを保つ目的で，資源の制約条件に基づき開始日と終了日を調整する方法。（中略）資源平準化は，元のクリティカル・パスを変更する原因となることが多い。利用可能なフロートは，資源の平準化に使用される。したがって，プロジェクト・スケジュールを介してクリティカル・パスは変更される可能性がある。

● 資源円滑化

プロジェクト資源の要求量が所定の上限を超えないように，スケジュール・モデルのアクティビティを調整する技法。資源平準化とは異なり，資源円滑化では，プロジェクトのクリティカル・パスを変更することはなく，完了日を遅らせるようなこともない。つまり，アクティビティは，属しているフリー・フロートおよびトータル・フロートの大きさの範囲内に限って遅らせることができる。資源円滑化は必ずしもすべての資源を最適化できるわけではない。

フリー・フロート どの後続アクティビティの最早開始日も遅らせることなく，またはスケジュールの制約条件に反することなく，あるスケジュール・アクティビティを遅らせることができる期間。

トータル・フロート プロジェクトの終了日を遅らせたり，スケジュールの制約条件を逸脱することなく，最早開始日からスケジュール・アクティビティの開始を遅らせることができる期間。

出典：『プロジェクトマネジメント知識体系ガイド（PMBOK ガイド）第 6 版』
（Project Management Institute，2018）

よって，**ア**が，資源平準化の特徴である。

イ，**ウ**は資源円滑化の特徴，**エ**はクリティカル・パス法の特徴である。

《答：ア》

テーマ 14 **プロジェクトマネジメント**　389

| Lv.3 | 午前Ⅰ ▶ | 全区分 午前Ⅱ ▶ | PM | DB | ES | AU | ST | SA | NW | SM | SC |

問 319　EVM の管理対象

プロジェクトマネジメントにおいてパフォーマンス測定に使用する
EVM の管理対象の組みはどれか。

ア　コスト，スケジュール　　　イ　コスト，リスク
ウ　スケジュール，品質　　　　エ　品質，リスク

[AP-R2 年秋 問 52・AM1-R2 年秋 問 18・AP-H29 年秋 問 52・
AM1-H29 年秋 問 18・AP-H27 年秋 問 52・AM1-H27 年秋 問 18・
AP-H24 年秋 問 53・AM1-H24 年秋 問 19]

■ 解説 ■

　EVM（Earned Value Management）は，進行中のプロジェクトの**コ
スト**と**スケジュール**のパフォーマンスを定量的に測定する手法であり，以
下の指標を用いる。

- EV（Earned Value：出来高実績値）……ある時点までに完了した作
  業の予算上の価値
- PV（Planned Value：出来高計画値）……ある時点までに完了予定の
  作業の予算上の価値
- AC（Actual Cost：実コスト）……ある時点までに実際に発生したコ
  スト
- CV（Cost Variance：コスト差異）……CV = EV − AC で，発生した
  実コストを予定コストと比較した差異。CV > 0 なら実コストが予算
  内に収まっていることを示す
- SV（Schedule Variance：スケジュール差異）……SV = EV − PV で，
  作業の進捗をスケジュールと比較して金額換算した差異。SV > 0 な
  ら予定より進んでいることを示す

《答：ア》

390　Chapter 05　プロジェクトマネジメント

14-7 ● プロジェクトのコスト

Lv.4　午前Ⅰ▶　全区分　午前Ⅱ▶　PM　DB　ES　AU　ST　SA　NW　SM　SC　　　計算

問 320　　人件費の増加　　　　　　　　　　　☑ ☑ ☑

あるプロジェクトは 4 月から 9 月までの 6 か月間で開発を進めており，現在のメンバ全員が 9 月末まで作業すれば完了する見込みである。しかし，他のプロジェクトで発生した緊急の案件に対応するために，8 月初めから，4 人のメンバがプロジェクトから外れることになった。9 月末に予定どおり開発を完了させるために，7 月の半ばからメンバを増員する。条件に従うとき，人件費は何万円増加するか。

〔条件〕
・元のメンバと増員するメンバの，プロジェクトにおける生産性は等しい。
・7 月の半ばから 7 月末までの 0.5 か月間，元のメンバ 4 人から増員するメンバに引継ぎを行う。
・引継ぎの期間中は，元のメンバ 4 人と増員するメンバはプロジェクトの開発作業を実施しないが，人件費は全額をこのプロジェクトに計上する。
・人件費は，1 人月当たり 100 万円とする。

　　ア　200　　　　　イ　250　　　　　ウ　450　　　　　エ　700

[PM-R3 年秋 問 8]

■ 解説 ■

　4 人のメンバは，7 月半ばから 9 月末までの 2.5 か月間，このプロジェクトの開発作業を実施できない。その工数は，4 人 × 2.5 か月 =10 人月である。これを 8 月初めから 9 月末までの 2 か月間で実施するには，10 人月 ÷2 か月 =5 人の新しいメンバが必要になる。

　この 5 人は引継ぎを含めて 2.5 か月間，プロジェクトに参画するので，その人件費は 100 万円 × 2.5 か月 × 5 人 =1,250 万円である。一方，当初の 4 人のメンバは，8 月初めから 9 月末の 2 か月間は参画しなくなるので，100 万円 × 2 か月 × 4 人 =800 万円の人件費が不要となる。よって，人件

テーマ 14　プロジェクトマネジメント　**391**

費の増加は 1,250 万円 − 800 万円 = **450 万円** となる。

《答：ウ》

問 321 開発規模と開発生産性の関係

COCOMO には，システム開発の工数を見積もる式の一つとして次式がある。

$$開発工数 = 3.0 \times (開発規模)^{1.12}$$

この式を基に，開発規模と開発生産性（開発規模／開発工数）の関係を表したグラフはどれか。ここで，開発工数の単位は人月，開発規模の単位はキロ行とする。

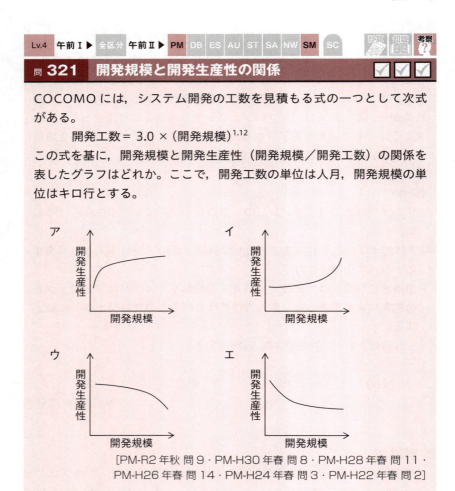

[PM-R2 年秋 問 9・PM-H30 年春 問 8・PM-H28 年春 問 11・PM-H26 年春 問 14・PM-H24 年春 問 3・PM-H22 年春 問 2]

■ 解説 ■

開発生産性を，開発規模の式で表すと，

$$開発生産性 = \frac{開発規模}{開発工数} = \frac{開発規模}{3.0 \times (開発規模)^{1.12}} = \frac{1}{3.0 \times (開発規模)^{0.12}}$$

となる。開発規模 =0 のときは開発生産性を定義できないが，開発規模を

0に近づけると，(開発規模)$^{0.12}$も0に近づくから，開発生産性は無限に大きくなる。開発規模を無限に大きくすると，(開発規模)$^{0.12}$も無限に大きくなるので，開発生産性は限りなく0に近づく。これに合致するグラフは**エ**である。

このグラフは，システム開発規模が大きくなるほど，開発生産性すなわち単位工数当たりの開発規模が低下することを意味する。これは，システム開発規模が大きくなると，開発期間が延び，開発要員が増加する結果，プログラム作成やテストにかかる工数に対して，進捗管理やスケジュール調整，開発メンバ間のコミュニケーションに要する工数の割合が急激に増えるからである。

《答：エ》

問 322　調整前 FP を求めるために必要な情報

ソフトウェアの機能量に着目して開発規模を見積もるファンクションポイント法で，調整前 FP を求めるために必要となる情報はどれか。

ア　開発で使用する言語数　　イ　画面数
ウ　プログラムステップ数　　エ　利用者数

[SM-R3 年春 問 19・AP-H30 年秋 問 54・AM1-H30 年秋 問 19]

■ 解説 ■

ファンクションポイント法（FP 法）は，システムに含まれる機能の量を基準として開発規模を見積もる手法である。調整前 FP（未調整 FP）として，次の5種類がある。それぞれに調整要因の係数を乗じ，その合計として調整済み FP が求められる。

調整前 FP		説明
データファンクション	内部論理ファイル（ILF）	計測対象のアプリケーション境界の内部で維持管理される，論理的に関連のあるデータ又は制御情報の利用者視点のグループ。
	外部インタフェースファイル（EIF）	計測対象アプリケーションによって参照される，論理的に関連のあるデータ又は制御情報の利用者視点のグループ。
トランザクションファンクション	外部入力（EI）	計測対象のアプリケーション境界の外部から入力されるデータ又は制御情報を処理する要素処理。
	外部出力（EO）	計測対象のアプリケーション境界の外部にデータ又は制御情報を出力する要素処理。
	外部照会（EQ）	計測対象のアプリケーション境界の外部にデータ又は制御情報を送り出す要素処理。

出典：JIS X 0142:2010（ソフトウェア技術―機能規模測定―IFPUG 機能規模測定手法（IFPUG 4.1 版未調整ファンクションポイント）計測マニュアル）より作成

イの画面数が，調整前 FP を求めるために必要な情報の一つである。画面の利用目的により，入力画面は外部入力，出力画面は外部出力，照会画面は外部照会に該当する。

ウのプログラムステップ数は，LOC 法（Lines of Code method）による見積りで必要となる情報である。

アの開発で使用する言語数，**エ**の利用者数は，ソフトウェアの開発規模には直接影響しない。

《答：イ》

394 Chapter 05 プロジェクトマネジメント

問 323　アジャイル型開発プロジェクトのベロシティ

アジャイル型開発プロジェクトの管理に用いるベロシティの説明はどれか。

- ア　開発規模を見積もる際の規模の単位であり，ユーザストーリ同士を比較し，相対的な量で表すものである。
- イ　完了待ちのプロダクト要求事項と成果物を組み合わせたものをビジネスにおける優先度順に並べたものである。
- ウ　定められた期間で完了した作業量と残作業量をグラフにして進捗状況を表すものである。
- エ　チームの生産性の測定単位であり，定められた期間で製造，妥当性確認，及び受入れが行われた成果物の量を示すものである。

[PM-H29 年春 問 11]

■ 解説 ■

アジャイル開発は，ソフトウェア開発対象の全体を小さい単位（イテレーション）に分割し，その単位ごとに短期間で仕様決定，実装，テストに至る工程を繰り返して，全体の開発を進めていく手法である。

3　プラクティス解説
3.1　プロセス・プロダクト
3.1.2　イテレーション計画ミーティング
【フォース】ユーザーストーリーの見積り単位には，ストーリーポイントと呼ばれる作業規模を表現する独自の単位がよく使われるが，イテレーション内の作業は時間で見積りたい。
3.1.5　ベロシティ計測
【解決策】「実計測に基づいた一定の時間内における作業量」をベロシティと呼ぶ。つまりチームが１回のイテレーションで完了させたユーザーストーリーのストーリーポイントの合計値である。
3.1.11　バーンダウンチャート
【要約】リリースに向けた進捗やイテレーションの状況を把握するために，チームの残作業量を可視化したバーンダウンチャートを書く。その結果，状況に対する分析や適切なアクションを取ることができるようになる。

> 3.1.13　ユーザーストーリー
> 【要約】ソフトウェアで実現したいことを，顧客の価値を明確にして簡潔に表現し書き出す。その結果，開発者とプロダクトオーナーの会話を促進することができる。
> 3.1.16　プロダクトバックログ
> 【解決策】プロダクトに必要な項目や作業を，リスト化，及び順序付けをして管理して，優先順位の高いものから作業を行っていく。これをプロダクトバックログ（PBL）と呼ぶ。
> 筆者注：選択肢に関連した部分のみ抜粋
>
> 出典：『アジャイル型開発におけるプラクティス活用事例調査 調査報告書
> ～ガイド編～』（独立行政法人情報処理推進機構，2013）

エが，**ベロシティ**の説明である。
アはストーリポイント，**イ**はプロダクトバックログ，**ウ**はバーンダウンチャートの説明である。

《答：エ》

14-8　プロジェクトのリスク

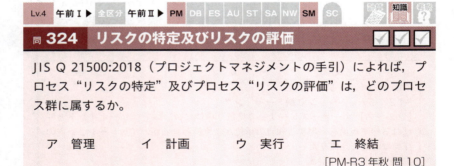

解説

JIS Q 21500:2018 には，次のようにある。

> 4　プロジェクトマネジメントのプロセス
> 4.2　プロセス群及び対象群
> 4.2.1.　一般

表1 プロセス群及び対象群に関連するプロジェクトマネジメントのプロセス

対象群	プロセス群				
	立ち上げ	計画	実行	管理	終結
リスク		注10 リスクの特定 注11 リスクの評価	注12 リスクへの対応	注13 リスクの管理	

4.3　プロセス
4.3.28　リスクの特定
リスクの特定の目的は，発生した場合にプロジェクトの目標にプラス又はマイナスの影響を与えることがある潜在的リスク事象及びその特性を決定することである。(後略)
4.3.29　リスクの評価
リスクの評価の目的は，その後の処置のためにリスクを測定して，その優先順位を定めることである。(後略)

筆者注：表1のリスク以外の対象群は省略
出典：JIS Q 21500:2018（プロジェクトマネジメントの手引）

よって，**イ**の**計画**プロセス群に属する。

《答：イ》

テーマ14　プロジェクトマネジメント　**397**

問 325　EMVによるツール導入の検討

プロジェクトにどのツールを導入するかを，EMV（期待金額価値）を用いて検討する。デシジョンツリーが次の図のとき，ツールAを導入するEMVがツールBを導入するEMVを上回るのは，Xが幾らよりも大きい場合か。

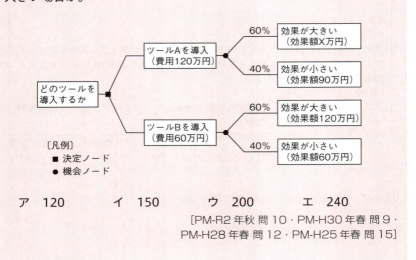

ア　120　　　イ　150　　　ウ　200　　　エ　240

[PM-R2年秋 問10・PM-H30年春 問9・PM-H28年春 問12・PM-H25年春 問15]

解説

各ツールの導入効果の額は，効果が大きい場合と小さい場合の効果額の加重平均で求められる。そこから導入費用を引いた額が **EMV**（Expected Monetary Value：期待金額価値）である。

ツールA導入のEMVは，$X \times 0.6 + 90 \times 0.4 - 120 = 0.6X - 84$（万円）である。

ツールB導入のEMVは，$120 \times 0.6 + 60 \times 0.4 - 60 = 36$（万円）である。

ツールA導入のEMVがツールB導入のEMVを上回るのは，不等式 $0.6X - 84 > 36$ を解いて，$X > $ **200**（万円）となる場合である。

《答：ウ》

Lv.3　午前Ⅰ ▶ 全区分 午前Ⅱ ▶ PM DB ES AU ST SA NW SM SC　考察?

問 326　リスクの定量的分析　☑ ☑ ☑

PMBOK ガイド第 6 版によれば，リスクの定量的分析で実施すること
はどれか。

ア　発生の可能性や影響のみならず他の特性を評価することによっ
　　て，さらなる分析や行動のためにプロジェクトの個別リスクに
　　優先順位を付ける。

イ　プロジェクトの個別の特定した個別リスクと，プロジェクト目
　　標全体における他の不確実性要因が複合した影響を数量的に分
　　析する。

ウ　プロジェクトの全体リスクとプロジェクトの個別リスクに対処
　　するために，選択肢の策定，戦略の選択，及び対応処置を合意
　　する。

エ　プロジェクトの全体リスクの要因だけでなくプロジェクトの個
　　別リスクの要因も特定し，それぞれの特性を文書化する。

[AP-R3 年秋 問 53・AM1-R3 年秋 問 19]

■ 解説 ■

PMBOK ガイド第 6 版から選択肢に関連する箇所を引用すると，次のと
おりである。

11　プロジェクト・リスク・マネジメント
11.2　リスクの特定
　リスクの特定は，プロジェクトの全体リスクの要因だけでなくプロジェクト
の個別リスク要因も特定し，それぞれの特性を文書化するプロセスである。（後
略）
11.3　リスクの定性的分析
　リスクの定性的分析は，発生の可能性や影響のみならず他の特性を評価する
ことによって，さらなる分析や行動のためにプロジェクトの個別リスクに優先
順位を付けるプロセスである。（後略）
11.4　リスクの定量的分析
　リスクの定量的分析は，プロジェクトの個別の特定した個別リスクと，プロ
ジェクト目標全体における他の不確実性要因が複合した影響を数量的に分析す
るプロセスである。（後略）

午前Ⅱ

PM
DB
ES
AU
ST
SA
NW
SM
SC

テーマ 14　プロジェクトマネジメント　**399**

> 11.5 リスク対応の計画
> 　リスク対応の計画は，プロジェクトの全体リスクとプロジェクトの個別リスクに対処するために，選択肢の策定，戦略の選択，および対応処置へ合意するプロセスである。（後略）
>
> 出典：『プロジェクトマネジメント知識体系ガイド（PMBOK ガイド）第 6 版』
> （Project Management Institute，2018）

よって，**イ**が，**リスクの定量的分析**で実施することである。
アは，**リスクの定性的分析**で実施する。
ウは，**リスク対応の計画**で実施する。
エは，**リスクの特定**で実施する。

《答：イ》

問 327　脅威と好機に対して採用されるリスク対応戦略

PMBOK ガイド第 6 版によれば，脅威と好機の，どちらに対しても採用されるリスク対応戦略として，適切なものはどれか。

　ア　回避　　　イ　共有　　　ウ　受容　　　エ　転嫁

[AP-R2 年秋 問 54・AM1-R2 年秋 問 19・AP-H28 年秋 問 54]

■解説■

　PMBOK ガイド第 6 版は，**リスク**を「発生が不確実な事象または状態。もし発生した場合，ひとつ以上のプロジェクト目標にプラスあるいはマイナスの影響を及ぼす。」としている。情報セキュリティのリスクとは異なり，好影響を及ぼす可能性のある不確実な事象もリスクと捉える。脅威と好機には，それぞれ五つの対応戦略がある。

	脅威への戦略		好機への戦略
エスカレーション	プロジェクト・レベルではなく，プログラム・レベル，ポートフォリオ・レベル，または組織の他の関連部分でマネジメントする。	エスカレーション	プロジェクト・レベルではなく，プログラム・レベル，ポートフォリオ・レベル，または組織の他の関連部分でマネジメントする。
回避	リスクを完全に取り除く。プロジェクトマネジメント計画を変更したり，中止したりする。	活用	組織がその好機を確実に実現させたいと望むなら，確実に到来するようにする。
転嫁	責任や影響の一部又は全部を第三者に移転する。財務的な方法には，保険や担保がある。	共有	好機をとらえる能力の最も高い第三者に，好機を実行する権限の一部または全部を割り当てる。
軽減	リスクの発生確率や影響度を受容可能な限界値以下まで低減させる対策を講じる。	強化	プラスの影響を持つリスクに関する主要な要因を特定し，その発生確率を増加させる。
受容	リスクは認識するが，実際にリスクが起こらない限り何の処置も取らない。	受容	積極的には利益を追求しないが，好機が実現したときにその利益を享受する。

出典：『プロジェクトマネジメント知識体系ガイド（PMBOK ガイド）第 6 版』
（Project Management Institute，2018）

　よって，**ウ**の**受容**が適切である。エスカレーションも，脅威と好機の両方に採用される。

《答：ウ》

14-9 ● プロジェクトの品質

| Lv.4 | 午前Ⅰ▶ | 全区分 | 午前Ⅱ▶ | **PM** | DB | ES | AU | ST | SA | NW | **SM** | SC |

問 328　プロジェクト管理の傾向分析

プロジェクトマネジメントで使用する分析技法のうち，傾向分析の説明はどれか。

- ア　個々の選択肢とそれぞれを選択した場合に想定されるシナリオの関係を図に表し，それぞれのシナリオにおける期待値を計算して，最善の策を選択する。
- イ　個々のリスクが現実のものとなったときの，プロジェクトの目標に与える影響の度合いを調べる。
- ウ　時間の経過に伴うプロジェクトのパフォーマンスの変動を分析する。
- エ　発生した障害とその要因の関係を魚の骨のような図にして分析する。

[PM-R3 年秋 問 12・PM-H31 年春 問 11・SM-H29 年秋 問 18・
PM-H28 年春 問 9・SM-H26 年秋 問 17]

■ 解説 ■

PMBOK ガイド第 6 版には，次のようにある。

傾向分析（Trend Analysis）

　数学的モデルを用い，過去の結果に基づいて将来の成果を予測する分析技法。

　傾向分析は，過去の結果に基づいて将来のパフォーマンスを予測するのに使用される。さらに，プロジェクトで予想される将来の遅れを見越し，プロジェクトマネージャにスケジュールの後半に問題が生じる可能性があることを前もって警告する。この情報は，プロジェクトの時間軸において十分早期に利用可能になり，分析し異常を修正する時間をプロジェクトチームに与える。傾向分析の結果は，必要に応じて予防処置を推奨するために使用できる。

出典：『プロジェクトマネジメント知識体系ガイド（PMBOK ガイド）第 6 版』
（Project Management Institute，2018）

よって，**ウ**が傾向分析の説明である。

アは What-If シナリオ分析，**イ**はリスク発生確率・影響度査定，**エ**は特

402　Chapter 05　プロジェクトマネジメント

性要因図の説明である。

《答：ウ》

Lv.3	午前Ⅰ ▶	全区分 午前Ⅱ ▶	PM	DB	ES	AU	ST	SA	NW	SM	SC		考察

問 329　ソフトウェアの保守性の評価指標　☑ ☑ ☑

品質の定量的評価の指標のうち，ソフトウェアの保守性の評価指標になるものはどれか。

ア　（最終成果物に含まれる誤りの件数）÷（最終成果物の量）

イ　（修正時間の合計）÷（修正件数）

ウ　（変更が必要となるソースコードの行数）÷（移植するソースコードの行数）

エ　（利用者からの改良要求件数）÷（出荷後の経過月数）

[PM-R2 年秋 問 12・AP-H29 年秋 問 54・AM1-H29 年秋 問 19・
PM-H27 年春 問 14・PM-H25 年春 問 13]

■ 解説 ■

イ が，保守性の評価指標である。修正 1 件当たりの平均修正時間であり，それが短いほど修正しやすいソフトウェアで，保守性が高いといえる。

ア は，信頼性の評価指標である。成果物の単位量当たりの誤りの件数であり，それが少ないほどソフトウェアの信頼性が高いといえる。

ウ は，移植性の評価指標である。ソフトウェアを他の環境に移植するときに，修正が必要となるソースコードが全体に占める必要な割合であり，それが低いほど移植が容易で移植性が高いといえる。

エ は，改良要求の原因や内容によって，機能性，信頼性，使用性などの評価指標になり得る。

《答：イ》

テーマ 14　プロジェクトマネジメント　**403**

14-10 ● プロジェクトの調達

| Lv.4 | 午前Ⅰ ▶ | 全区分 | 午前Ⅱ ▶ | PM | DB | ES | AU | ST | SA | NW | SM | SC | | 計算 |

問 330　PCのレンタル費用　☑☑☑

新しく編成するプロジェクトチームの開発要員投入計画に基づいて PC をレンタルで調達する。調達の条件を満たすレンタル費用の最低金額は何千円か。

〔開発要員投入計画〕　　　　　　　　　　　　　　　　　　　　　　　単位 人

時期 開発要員	1月	2月	3月	4月	5月	6月	7月	8月	9月	10月	11月	12月
設計者		2	4	4	4	2	2	2	2	2	2	
プログラマ				3	3	5	5	3	3	2	2	
テスタ						4	4	4	6			
計	0	2	4	7	7	11	11	9	11	4	4	0

〔調達の条件〕

(1) PC のレンタル契約は月初日から月末日までの 1 か月単位であり，日割りによる精算は行わない。

(2) PC1 台のレンタル料金は月額 5 千円である。

(3) 台数にかかわらず，レンタル PC の受入れ時のセットアップに 2 週間，返却時のデータ消去に 1 週間を要し，この期間はレンタル期間に含める。

(4) セットアップとデータ消去は，プロジェクトチームの開発要員とは別の要員が行う。

(5) 開発要員は月初日に着任し，月末日に離任する。

(6) 開発要員の役割にかかわらず，共通仕様の PC を 1 人が 1 台使用する。

(7) レンタル期間中に PC を他の開発要員に引き渡す場合，データ消去，セットアップ及び引渡しの期間は不要である。

　　ア　350　　　　イ　470　　　　ウ　480　　　　エ　500

[PM-R3 年秋 問 13・PM-H31 年春 問 13・PM-H29 年春 問 15]

■ 解説 ■

　必要な PC の最大台数は 11 台である。2 月から 6 月までは台数が増えるので，その都度，新たな PC を受け入れればよい。また，10 月から 12 月までは台数が減るので，その都度，PC を返却していけばよい。

　7 月〜9 月については，必要台数が 7 月には 11 台で，8 月には 9 台に減るが，9 月に 11 台に戻る。7 月で使用を終わった 2 台を 8 月にデータ消去して返却し，9 月から必要になる 2 台を 8 月にセットアップして受け入れる方法を採用すると，8 月には利用中の 9 台，返却する 2 台，受け入れる 2 台の合計 13 台の契約が必要である。それに対し，2 台を返却せず手元に残して，8 月は使用せず，9 月から使用再開することとすれば，8 月中の契約も 11 台で済む。

　そうすると，利用中の PC の延べレンタル月数は，2 ＋ 4 ＋ 7 ＋ 7 ＋ 11 ＋ 11 ＋ 11 ＋ 11 ＋ 4 ＋ 4 ＝ 72 か月である。また，11 台それぞれについて，受入れ時と返却時に各 1 か月分で，11 × 2 ＝ 22 か月分の契約が必要である。以上から，必要な延べレンタル月数は 72 ＋ 22 ＝ 94 か月であり，月額レンタル料金 5 千円を乗じて，レンタル費用の最低金額は **470** 千円となる。

《答：イ》

テーマ 14　プロジェクトマネジメント　**405**

| Lv.4 | 午前Ⅰ ▶ | 全区分 午前Ⅱ ▶ | PM | DB | ES | AU | ST | SA | NW | SM | SC | 計算 |

問 331　受注者のインセンティブフィー　☑ ☑ ☑

次の契約条件でコストプラスインセンティブフィー契約を締結した。完成時の実コストが 8,000 万円の場合，受注者のインセンティブフィーは何万円か。

〔契約条件〕
(1) 目標コスト
　　9,000 万円
(2) 目標コストで完成したときのインセンティブフィー
　　1,000 万円
(3) 実コストが目標コストを下回ったときのインセンティブフィー
　　目標コストと実コストとの差額の 70％を 1,000 万円に加えた額。
(4) 実コストが目標コストを上回ったときのインセンティブフィー
　　実コストと目標コストとの差額の 70％を 1,000 万円から減じた額。
　　ただし，1,000 万円から減じる額は，1,000 万円を限度とする。

　ア　700　　　　イ　1,000　　　　ウ　1,400　　　　エ　1,700

[PM-R2 年秋 問 13]

■ 解説 ■

　目標コストの 9,000 万円に対して，実コストがそれを下回る 8,000 万円であったから，契約条件の (3) を適用する。目標コストと実コストの差額は 1,000 万円であるから，インセンティブフィーは，1,000 万円 + 1,000 万円 × 0.7 = **1,700** 万円となる。

《答：エ》

406　　Chapter 05　プロジェクトマネジメント

14-11 ● プロジェクトのコミュニケーション

Lv.4 午前Ⅰ▶ 全区分 午前Ⅱ▶ PM DB ES AU ST SA NW SM SC 知識

問 332 コミュニケーションのマネジメントの目的 ☑ ☑ ☑

JIS Q 21500:2018（プロジェクトマネジメントの手引）によれば，プロセス"コミュニケーションのマネジメント"の目的はどれか。

ア　チームのパフォーマンスを最大限に引き上げ，フィードバックを提供し，課題を解決し，コミュニケーションを促し，変更を調整して，プロジェクトの成功を達成すること

イ　プロジェクトのステークホルダのコミュニケーションのニーズを確実に満足し，コミュニケーションの課題が発生したときにそれを解決すること

ウ　プロジェクトのステークホルダの情報及びコミュニケーションのニーズを決定すること

エ　プロセス"コミュニケーションの計画"で定めたように，プロジェクトのステークホルダに対し要求した情報を利用可能にすること及び情報に対する予期せぬ具体的な要求に対応すること

[PM-R3 年秋 問 14]

■ 解説 ■

　JIS Q 21500:2018 から選択肢に関連する箇所を引用すると，次のとおりである。

午前Ⅱ

PM
DB
ES
AU
ST
SA
NW
SM
SC

テーマ14 プロジェクトマネジメント　407

> 4　プロジェクトマネジメントのプロセス
> 4.3　プロセス
> 4.3.20　プロジェクトチームのマネジメント
> 　プロジェクトチームのマネジメントの目的は，チームのパフォーマンスを最大限に引き上げ，フィードバックを提供し，課題を解決し，コミュニケーションを促し，変更を調整して，プロジェクトの成功を達成することである。
> 4.3.38　コミュニケーションの計画
> 　コミュニケーションの計画の目的は，プロジェクトのステークホルダの情報及びコミュニケーションのニーズを決定することである。
> 4.3.39　情報の配布
> 　情報の配布の目的は，コミュニケーションの計画で定めたようにプロジェクトのステークホルダに対し要求した情報を利用可能にすること及び情報に対する予期せぬ具体的な要求に対応することである。
> 4.3.40　コミュニケーションのマネジメント
> 　コミュニケーションのマネジメントの目的は，プロジェクトのステークホルダのコミュニケーションのニーズを確実に満足し，コミュニケーションの課題が発生したときにそれを解決することである。

出典：JIS Q 21500:2018（プロジェクトマネジメントの手引）

よって，**イ**が"**コミュニケーションのマネジメント**"の目的である。

《答：イ》

Chapter 06
サービスマネジメント

テーマ		
15	サービスマネジメント	
		問 333 〜問 365
16	システム監査	
		問 366 〜問 391

テーマ

15 サービスマネジメント

午前Ⅰ ▶ 全区分 午前Ⅱ ▶ PM DB ES AU ST SA NW SM SC
Lv.3　　　　　Lv.3　　　Lv.3　　　　　　　Lv.4 Lv.3

問 333 ～問 365 全 33 問

最近の出題数

	高度午前Ⅰ	高度午前Ⅱ								
		PM	DB	ES	AU	ST	SA	NW	SM	SC
R4 年春期	2					－	－	－	13	1
R3 年秋期	2	2	－	－	2					1
R3 年春期	0					－	－	－	13	1
R2 年秋期	2	2			2					1

※表組み内の「－」は出題範囲外

試験区分別出題傾向（H21年以降）

午前Ⅰ	"サービスマネジメント" から SLA，"サービスマネジメントシステムの計画及び運用" からは可用性計算，問題管理，構成管理，変更管理，"サービスの運用" からはバックアップの出題例が多い。"ファシリティマネジメント" からの出題例はない。
PM 午前Ⅱ	"サービスマネジメントプロセス"，"サービスマネジメントシステムの計画及び運用" からの出題例が多く，SM 午前Ⅱの過去問題が再出題されることが多い。
AU/SC 午前Ⅱ	シラバス全体から出題されており，特に目立った傾向はない。
SM 午前Ⅱ	シラバス全体から幅広く，難易度の高い問題が多く出題されている。ITIL 2011 edition 及び JIS Q 20000-1・JIS Q 20000-2 に準拠した問題が目立ち，その詳細な知識が必要である。過去問題の再出題も非常に多い。

出題実績（H21年以降）

小分類	出題実績のある主な用語・キーワード
サービスマネジメント	JIS Q 20000-1，ITIL のサービスライフサイクル，サービスストラテジ，SMART，SLA
サービスマネジメントシステムの計画及び運用	サービス・パッケージ，サービス・ポートフォリオ，サービス・カタログ，サービス・パイプライン，構成管理，構成ベースライン，サービスレベル管理，供給者管理，運用レベル合意書，TCO，課金方式，キャパシティ管理，変更管理，変更諮問委員会，サービストランジション，リリース及び展開管理，インシデント管理，インシデント・モデル，エスカレーション，ワークアラウンド，イベント管理，問題管理，目標復旧時点，フェールソフト，フェールセーフ，ホットスタンバイ，ウォームスタンバイ，可用性管理，サービス継続管理，ビジネスインパクト分析

410　Chapter 06　サービスマネジメント

小分類	出題実績のある主な用語・キーワード
パフォーマンス評価及び改善	プロセス改善，7ステップの改善プロセス
サービスの運用	データ管理者，データベース管理者，バックアップ，レプリケーション，バーチャルサービスデスク，フォロー・ザ・サン
ファシリティマネジメント	雷サージ，UPS，ティア基準，空調計画，床下空調，コールドアイル，クールピット，PUE

15-1 サービスマネジメント

問 333　JIS Q 20000-1 が規定するレビュー実施

JIS Q 20000-1:2020（サービスマネジメントシステム要求事項）によれば，組織は，サービスレベル目標に照らしたパフォーマンスを監視し，レビューし，顧客に報告しなければならない。レビューをいつ行うかについて，この規格はどのように規定しているか。

　ア　SLAに大きな変更があったときに実施する。
　イ　あらかじめ定めた間隔で実施する。
　ウ　間隔を定めず，必要に応じて実施する。
　エ　サービス目標の未達成が続いたときに実施する。

[SM-R3年春 問3]

■ 解説 ■

JIS Q 20000-1:2020 には，次のようにある。

> 8　サービスマネジメントシステムの運用
> **8.3　関係及び合意**
> **8.3.3　サービスレベル管理**
> 　組織及び顧客は，提供するサービスについて合意しなければならない。
> 　提供する各サービスについて，組織は，文書化したサービスの要求事項に基づいて，一つ以上のSLAを顧客と合意しなければならない。SLAには，サービスレベル目標，作業負荷の限度及び例外を含めなければならない。
> 　<u>あらかじめ定めた間隔で，組織は，次の事項を監視し，レビューし，報告しなければならない。</u>
> a) サービスレベル目標に照らしたパフォーマンス
> b) SLAの作業負荷限度と比較した，実績及び周期的な変化
> 　サービスレベル目標が達成されていない場合，組織は，改善のための機会を特定しなければならない。

出典：JIS Q 20000-1:2020（サービスマネジメントシステム要求事項）

よって，**イ**のように，レビューは**あらかじめ定めた間隔**で実施する。

《答：イ》

Lv.3　午前Ⅰ▶　全区分 午前Ⅱ▶　PM DB ES AU ST SA NW SM SC　　知識

問 334　サービスマネジメントシステムの継続的改善　☑ ☑ ☑

JIS Q 20000-1:2020（サービスマネジメントシステム要求事項）によれば，サービスマネジメントシステム（SMS）における継続的改善の説明はどれか。

　ア　意図した結果を得るためにインプットを使用する，相互に関連する又は相互に作用する一連の活動

　イ　価値を提供するため，サービスの計画立案，設計，移行，提供及び改善のための組織の活動及び資源を，指揮し，管理する，一連の能力及びプロセス

　ウ　サービスを中断なしに，又は合意した可用性を一貫して提供する能力

　エ　パフォーマンスを向上するために繰り返し行われる活動

[SM-R3 年春 問 1]

412　Chapter 06　サービスマネジメント

■ **解説** ■

JIS Q 20000-1:2020 から選択肢に関連する箇所を引用すると,次のとおりである。

> 3　用語及び定義
> 3.1　マネジメントシステム規格に固有の用語
> 3.1.4　継続的改善
> 　パフォーマンスを向上するために繰り返し行われる活動。
> 3.1.18　プロセス[注14]
> 　意図した結果を得るためにインプットを使用する,相互に関連する又は相互に作用する一連の活動。
> 3.2　サービスマネジメントに固有の用語
> 3.2.19　サービス継続
> 　サービス[注15]を中断なしに,又は合意した可用性を一貫して提供する能力。
> 3.2.22　サービスマネジメント
> 　価値[注16]を提供するため,サービス[注15]の計画立案,設計,移行,提供及び改善のための組織[注17]の活動及び資源を,指揮し,管理する,一連の能力及びプロセス[注18]。

出典：JIS Q 20000-1:2020（サービスマネジメントシステム要求事項）

よって,**エ**が**継続的改善**の説明である。
アは**プロセス**,**イ**は**サービスマネジメント**,**ウ**は**サービス継続**の説明である。

《答：エ》

問 335　ITIL の "SMART"

ITIL 2011 edition において,良い目標値を設定するための条件として"SMART"がある。"S"は Specific（具体的）,"M"は Measurable（測定可能）,"R"は Relevant（適切）,"T"は Time-bound（適時）の頭文字である。"A"は何の頭文字か。

　ア　Achievable（達成可能）　　イ　Ambitious（意欲的）
　ウ　Analyzable（分析可能）　　エ　Auditable（監査可能）

[SM-H30 年秋 問 1・SM-H28 年秋 問 1・SM-H26 年秋 問 3]

■ 解説 ■

"A" は，**ア** の **Achievable** の頭文字である。ITIL 2011 edition には，次のようにある。

---

4 サービス戦略プロセス

4.1 IT サービスの戦略管理

4.1.5 プロセス活動，手法，技術

4.1.5.6 戦略的評価：目標設定

この言葉は陳腐に聞こえるかもしれないが，意味のある目標の定義を確実にするためによく使われるガイドラインは，頭字語 'SMART' に集約されている。これは次のような意味である。

● Specific（具体的）

目標は，戦略が何を達成しようとしているのか，あるいは達成しようとしていないのかを明確に示すべきである（例えば，戦略によってサービスが改善されると述べても，どのサービスなのか，あるいは改善とは何を意味するのか（例：コスト，応答時間，可用性）については述べられていない）。

● Measurable（測定可能）

マネージャは，目的が達成されたかどうかを評価することができなければならない。理想的には，目標に向けての進捗状況も測定できるようにすべきである（例えば，この目標の何パーセントに到達したか）。

● Achievable（達成可能）

目的を達成することが可能でなければならない（例えば，サービスマネジメントのすべてを完全に自動化することは実現不可能である）。

● Relevant（適切）

これは，目標が組織の文化，構造，方向性と一致しているか，またアセスメントの結果から導かれるものであるかを確認するものである。

● Time-bound（適時）

戦略全体の実施時期はビジョン・ステートメントに含まれているはずであるが，目的ごとに実施時期が異なる場合がある。それを明確に示す必要がある。

出典："ITIL Service Strategy 2011 edition"（The Stationary Office, 2011）
（日本語訳は筆者による）

《答：ア》

問 336　ITIL のサービスライフサイクル

次の図は，ITIL 2011 edition のサービスライフサイクルの各段階の説明と流れである。a～d の段階名の適切な組合せはどれか。

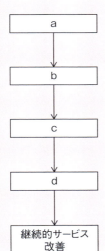

a: ITサービス及びITサービスマネジメントに対する全体的な戦略を確立する。

b: 事業要件を取り入れ，事業が求める品質，信頼性及び柔軟性に応えるサービスと，それを支えるプラクティス及び管理ツールを作り出す。

c: サービス及びサービス変更を運用に利用できるようにするために，前の段階の成果を受け取り，事業のニーズを満たすかどうかをテストし，本番環境に展開する。

d: 顧客とサービス提供者にとっての価値を確保できるように，ITサービスを効果的かつ効率的に提供しサポートする。

継続的サービス改善: ITサービスマネジメントプロセスとITサービスに対する改善の管理を責務とし，効率性，有効性及び費用対効果を向上させるために，サービス提供者のパフォーマンスを継続的に測定して，プロセス，ITサービス，インフラストラクチャに改善を加える。

	a	b	c	d
ア	サービスストラテジ	サービスオペレーション	サービストランジション	サービスデザイン
イ	サービスストラテジ	サービスデザイン	サービストランジション	サービスオペレーション
ウ	サービスデザイン	サービスストラテジ	サービストランジション	サービスオペレーション
エ	サービスデザイン	サービストランジション	サービスストラテジ	サービスオペレーション

［AP-H30年秋 問55・AM1-H30年秋 問20・SM-H27年秋 問3・PM-H26年春 問19］

■ 解説 ■

ITILのサービスライフサイクルは，次の図で表現される。その順序は，**サービスストラテジ**（戦略）→**サービスデザイン**（設計）→**サービストランジション**（移行）→**サービスオペレーション**（運営）→**継続的サービス改善**となる。

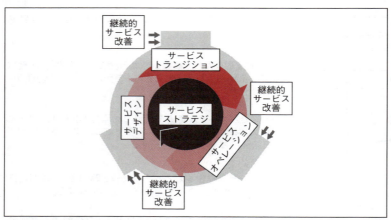

出典："ITIL Service Design 2011 edition"（The Stationary Office, 2011）
図1.1

中心にあるのが**サービスストラテジ**で，組織の目的と顧客のニーズを理解するともに，価値の創造が始まる段階である。人材，プロセス，成果物を含む，各組織の資産がストラテジを支える。

サービスデザインは，サービスストラテジを業務目的実現のための具体的計画に落とし込む段階である。

サービストランジションは，サービスストラテジで特定し，サービスデザインで具体化した価値を，サービスオペレーションで実現できるよう，確実かつ効果的に移行する段階である。

サービスオペレーションは，顧客，ユーザ，サービスプロバイダの価値実現のために，効果的で効率的なサービス運営管理を目指す段階である。

継続的サービス改善は，よりよいサービスストラテジ，サービスデザイン，サービストランジション，サービスオペレーションを通じて，顧客のための価値を創造，維持する。

《答：イ》

Lv.3 午前Ⅰ ▶ 全区分 午前Ⅱ ▶ PM DB ES AU ST SA NW SM SC 考察

問 337 SLA の作成 ☑ ☑ ☑

SLA を作成する際に，サービスレベル項目（SLO），重要業績評価指標（KPI），重要成功要因（CSF）の三つを検討する。検討する順序のうち，最も適切なものはどれか。

ア　CSF → KPI → SLO　　　　イ　KPI → CSF → SLO
ウ　KPI → SLO → CSF　　　　エ　SLO → CSF → KPI

[AU-R2 年秋 問 11]

■ 解説 ■

『民間向け IT システムの SLA ガイドライン』には次のようにある。

第 4 章 SLA 合意と契約の進め方
4.2　契約の進め方
4.2.3　SLA 設定に際しての留意事項
(4) 設定するサービスレベル項目とそのレベルは両当事者協議で決める
（前略）このような手順を経て，個別契約書で明確化した対象 IT サービスが，サービス利用者のビジネスを推進するうえで，どのような役割を果たすのか，その役割を果たすために必要な条件は何かを明確化して，サービスレベル項目の選定，具体的レベル値の設定につなげていくのである。
① サービス利用者が，対象 IT サービスを活用して推進するビジネスの果たすべき使命（ミッション）を整理・明確化する
② 使命（ミッション）を前提にした，ビジネスの将来像（ビジョン）を整理・明確化する
③ 将来像（ビジョン）を実現するための戦略（ストラテジー）を整理・明確化する
④ 戦略（ストラテジー）実現に不可欠なキーファクターとして CSF を整理・明確化する
⑤ CSF 実現のための具体的な指標として KPI を整理・明確化する
⑥ KPI の中で，対象となる IT サービスにかかわるものを整理して，サービスレベル項目と具体的なサービスレベル値を設定する

出典：『民間向け IT システムの SLA ガイドライン 第四版』（一般社団法人電子情報技術産業協会 / ソリューションサービス事業委員会 編著，日経 BP 社，2012）

よって，**ア**の **CSF → KPI → SLO** の順序となる。

《答：ア》

テーマ 15　サービスマネジメント　**417**

15-2 ● サービスマネジメントシステムの計画及び運用

Lv.4 | 午前Ⅰ ▶ | 全区分 午前Ⅱ ▶ | PM DB ES AU ST SA NW **SM** SC

問 338　サービス・パイプラインに収録されるサービス ☑ ☑ ☑

ITIL 2011 edition によれば，サービス・ポートフォリオの構成要素のうちのサービス・パイプラインに収録されるサービスはどれか。

- ア　開発が完了し，顧客に提供することが可能なサービス
- イ　今後，段階的に停止されたり，取り消されたりするサービス
- ウ　サービスオペレーション段階で実行されているサービス
- エ　将来提供する予定である開発中のサービス

[SM-R1 年秋 問 1・SM-H29 年秋 問 4・SM-H27 年秋 問 2・SM-H25 年秋 問 1]

■ 解説 ■

ITIL 2011 edition には，次のようにある。

> 2 サービスマネジメントの実践
> 2.2 基本概念
> 2.2.4 サービス・ポートフォリオ
> 　サービス・ポートフォリオとは，サービス・プロバイダが管理するサービスの完全なセットのことで，すべての顧客と市場空間におけるサービス・プロバイダのコミットメントと投資を表す。(後略)
> ● サービス・パイプライン
> 　検討中または開発中で，まだ顧客に提供されていない全てのサービス。(後略)
> ● サービス・カタログ
> 　展開可能なものを含む，全ての稼働中の IT サービス。顧客に公開されるサービス・ポートフォリオの唯一の部分であり，IT サービスの販売と提供をサポートするために使用される。(後略)
> ● 廃止サービス
> 　段階的に廃止された，または廃止した全てのサービス。廃止されたサービスは，特に業務上の事情がない限り，新規の顧客や契約には用いられない。

　　出典：“ITIL Service Strategy 2011 edition”（The Stationary Office，2011）
（日本語訳は筆者による）

　よって，**エ**が**サービス・パイプライン**に収録されるサービスである。
　ア，**ウ**は**サービス・カタログ**，**イ**は**廃止サービス**に収録されるサービスである。

《答：エ》

418　Chapter 06　サービスマネジメント

問 339 事業関係マネージャが責任をもつ事項

サービスマネジメントにおいて，事業関係マネージャが責任をもつ事項として，適切なものはどれか。

ア　サービスカタログの認可
イ　サービス提供者と個別の供給者との関係の管理
ウ　将来の事業上の要求事項の理解及び計画立案
エ　容量・能力及びパフォーマンスのデータの分析及びレビュー

[PM-H31年春 問 19・AU-H31年春 問 11]

■ 解説 ■

JIS Q 20000-2:2013 には，次のようにある。

> 7 関係プロセス
> 7.1 事業関係管理（BRM）*
> 7.1.1 要求事項の意図
> 　BRM プロセスは，サービス提供者と顧客との関係を管理するための仕組みを確立することを確実にすることが望ましい。プロセスの成果は，顧客満足度の改善，及び達成可能な事業成果による価値の提供であることが望ましい。サービスの要求事項を特定し，その優先度付けを行うための顧客及びサービス提供者の双方の説明責任及び責任を，明確に定義することが望ましい。サービス提供者と顧客との継続的な関係を管理するための手順を定義し，これに従うことが望ましい。（後略）
> 7.1.5 権限及び責任
> 　4.4.2.1 に規定するプロセスオーナ，プロセスマネージャ，及びこのプロセスの手順を実行する要員に加えて，BRM プロセスで必要となる権限及び責任には，次の事項を含めることが望ましい。
> a) 苦情，顧客満足度データの収集及び分析を含む，顧客満足活動全般の実施に責任をもつ事業アナリストの役割
> b) 次の事項に責任をもつ事業関係マネージャの役割
> 　1) ～ 10)（略）
> 　11) 将来の事業上の要求事項の理解及び計画立案

出典：JIS Q 20000-2:2013（サービスマネジメントシステムの適用の手引）
　　　　　　　　　　　　　　　　　　　　　　＊（BRM）は筆者加筆

よって，**ウ**が，事業関係マネージャが責任をもつ事項である。
　アは顧客の代表及びサービスレベルマネージャ，**イ**は供給者関係マネージャ，**エ**は容量・能力の分析者が責任をもつ事項である。

《答：ウ》

| Lv.3 | 午前Ⅰ ▶ | 全区分 午前Ⅱ ▶ | PM | DB | ES | AU | ST | SA | NW | SM | SC | 計算 |

問 340 システム改善案の評価 ☑ ☑ ☑

システムの改善に向けて提出された案1～4について，評価項目を設定して採点した結果を，採点結果表に示す。効果及びリスクについては5段階評価とし，それぞれの評価項目の重要度に応じて，重み付け表に示すとおりの重み付けを行った上で，次式で総合評価点を算出する。総合評価点が最も高い改善案はどれか。

総合評価点＝効果の総評価点－リスクの総評価点

採点結果表

評価項目 ＼ 改善案		案1	案2	案3	案4
効果	作業コスト削減	5	4	2	4
	システム運用品質向上	2	4	2	5
	セキュリティ強化	3	4	5	2
リスク	技術リスク	4	1	5	1
	スケジュールリスク	2	4	1	5

重み付け表

評価項目		重み
効果	作業コスト削減	3
	システム運用品質向上	2
	セキュリティ強化	4
リスク	技術リスク	3
	スケジュールリスク	8

ア 案1　　イ 案2　　ウ 案3　　エ 案4

[PM-R3年秋 問18・SM-R1年秋 問5・SM-H29年秋 問2・
SM-H27年秋 問4・PM-H26年春 問20・AU-H26年春 問21・
SC-H26年春 問24・SM-H24年秋 問1・
PM-H23年特 問20・SM-H21年秋 問3]

■ 解説 ■

総合評価点の算出式に従って，各改善案の総合評価点を計算すると次の

ようになる。**案3**が，総合評価点が最も高い改善案である。

案	効果の総評価点	リスクの総評価点	総合評価点
案1	5×3+2×2+3×4＝31	4×3+2×8＝28	31－28＝＋3
案2	4×3+4×2+4×4＝36	1×3+4×8＝35	36－35＝＋1
案3	2×3+2×2+5×4＝30	5×3+1×8＝23	30－23＝＋7
案4	4×3+5×2+2×4＝30	1×3+5×8＝43	30－43＝－13

《答：ウ》

問341　サービスレベル管理

ITサービスマネジメントにおけるサービスレベル管理の説明はどれか。

ア　あらかじめ定めた間隔で，合意したサービス目標に照らしてサービスの傾向及びパフォーマンスを監視する。
イ　計画が発動された場合の可用性の目標，平常業務の状態に復帰するための取組みなどを含めた計画を作成し，導入し，維持する。
ウ　サービスの品質を低下させる事象を，合意したサービス目標及び時間枠内に解決する。
エ　予算に照らして，費用を監視及び報告し，財務予測をレビューし，費用を管理する。

［SM-H30年秋　問6・AP-H28年春　問56・AM1-H28年春　問19］

■ 解説 ■

JIS Q 20000-1:2020には，次のようにある。

> 8 サービスマネジメントシステムの運用
> 8.3 関係及び合意
> 8.3.3 サービスレベル管理
> 　組織及び顧客は，提供するサービスについて合意しなければならない。
> 　提供する各サービスについて，組織は，文書化したサービスの要求事項に基づいて，一つ以上の SLA を顧客と合意しなければならない。SLA には，サービスレベル目標，作業負荷の限度及び例外を含めなければならない。
> 　あらかじめ定めた間隔で，組織は，次の事項を監視し，レビューし，報告しなければならない。
> 　a) サービスレベル目標に照らしたパフォーマンス
> 　b) SLA の作業負荷限度と比較した，実績及び周期的な変化

出典：JIS Q 20000-1:2020（サービスマネジメントシステム要求事項）

よって，**ア**がサービスレベル管理の説明である。

イはサービス継続管理，**ウ**はインシデント管理，**エ**はサービスの予算業務及び会計業務の説明である。

《答：ア》

問 342 サプライヤのカテゴリ化

ITIL 2011 edition によれば，サプライヤをカテゴリ化するに当たっては，サプライヤの利用に関連する"リスクとインパクト"，及び事業に対するサプライヤとそのサービスの"価値と重要性"に着目する方法がある。"リスクとインパクト"と"価値と重要性"を評価して，サプライヤをカテゴリ①～④に分けた図の，カテゴリ④を説明するものはどれか。

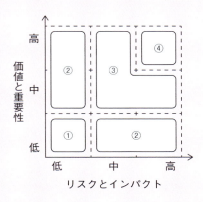

- ア　運用上の製品，又はサービスのサプライヤに対して，下級運用マネジメントによって管理されるカテゴリである。
- イ　顕著な商業活動及び事業とのやり取りがあり，中級マネジメントが関与するカテゴリである。
- ウ　長期的な計画を促進するために，戦略の機密情報を共有する上級マネジメントが関与するカテゴリである。
- エ　比較的容易に代替ソーシングされ得る，価値が低く容易に入手できる製品とサービスを提供するサプライヤに対するカテゴリである。

[SM-R1 年秋 問 8]

解説

ITIL 2011 edition には，次のようにある。

4　サービスデザインプロセス
4.8　サプライヤ管理
4.8.5　プロセス活動，手法，技術
4.8.5.3　サプライヤのカテゴリ化，及びサプライヤ及び契約管理情報システムの維持

　サプライヤ管理プロセスには順応性があるべきで，マネージャは重要性の低いサプライヤよりも，主要なサプライヤの管理に多くの時間と労力を払うべきである。つまり，サービスプロバイダとビジネスに供されるサービスに対するサプライヤの重要性を分類するため，サプライヤ管理プロセスの中に何らかの形の分類スキームが必要である。サプライヤは様々な方法で分類できるが，最良の方法の一つは，図に示すように，サプライヤの利用に関連するリスクとインパクト，及びサプライヤと事業へのサービスの価値と重要性に基づく方法である。

■戦略的
　上級マネジメントが戦略の機密情報を共有して長期的に計画を促進することを含む，重要な"パートナシップ"の関係向け。通常，この関係はサービスプロバイダ組織の上級マネジメントによって管理，保有され，定期的かつ頻繁に連絡とパフォーマンスのレビューが行われる。この関係には，サービスストラテジとサービスデザインのリソースが関わる必要があり，継続的，具体的な改善プログラムが含まれる。例）世界的なネットワークサービスとサポートを提供する，ネットワークサービスプロバイダ。

■戦術
　顕著な商業活動及び事業とのやり取りを伴う関係向け。通常，この関係は中級マネジメントによって管理され，しばしば継続的な改善プログラムを含む，定期的に連絡とパフォーマンスのレビューが行われる。例）サーバのハードウェア障害解決策を提供するハードウェア保守組織。

■運用
　運用上の製品又はサービスのサプライヤ向け。通常，この関係は下級運用マネジメントによって管理され，頻繁でなくとも定期的に連絡とパフォーマンスのレビューが行われる。例）使用率や重要性の低いウェブサイトや社内用ITサービス向けに，ホスティング領域を提供するインターネットホスティングプロバイダ。

■コモディティ
　比較的容易に代替ソーシングできる，価値が低く容易に入手できる製品とサービスを提供するサプライヤ向け。例）紙やプリンタカートリッジのサプライヤ。

出典："ITIL Service Design 2011 edition"，（The Stationary Office，2011）
（日本語訳は筆者による）

ウが，カテゴリ④で「戦略的」の説明である。
イは，カテゴリ③で「戦術」の説明である。
アは，カテゴリ②で「運用」の説明である。

エは，カテゴリ①で「コモディティ」の説明である。

《答：ウ》

| Lv.3 午前Ⅰ ▶ 全区分 午前Ⅱ ▶ PM DB ES AU ST SA NW SM SC | 計算 |

問 343 TCO

新システムの開発を計画している。提案された4案の中で，TCO（総所有費用）が最小のものはどれか。ここで，このシステムは開発後，3年間使用されるものとする。

単位 百万円

	A案	B案	C案	D案
ハードウェア導入費用	30	30	40	40
システム開発費用	30	50	30	40
導入教育費用	5	5	5	5
ネットワーク通信費用／年	20	20	15	15
保守費用／年	6	5	5	5
システム運用費用／年	6	4	6	4

ア　A案　　　　イ　B案　　　　ウ　C案　　　　エ　D案

[SC-R2年秋 問24・AP-H29年春 問56・
PM-H27年春 問20・AP-H24年春 問57]

■ 解説 ■

TCO（Total Cost of Ownership）は，情報システムのライフサイクル（開発，導入，利用，保守，廃棄）にわたって発生する総費用である。ハードウェア導入費用，システム開発費用，導入教育費用は，システムの開発・導入時に一度だけ発生する。ネットワーク通信費用，保守費用，システム運用費用は，毎年発生し，3年分必要となる。

各案について TCO を求めると，次のようになる。

- A案…（30+30+5）＋（20+6+6）× 3 = 65+96 = 161（百万円）
- B案…（30+50+5）＋（20+5+4）× 3 = 85+87 = 172（百万円）

テーマ15 サービスマネジメント　425

- C案…（40+30+5）+（15+5+6）× 3 = 75+78 = 153（百万円）
- D案…（40+40+5）+（15+5+4）× 3 = 85+72 = 157（百万円）

よって，**C案**のTCOが最小である。

《答：ウ》

問344 逓減課金方式

ITサービスにおけるコンピュータシステムの利用に対する課金を逓減課金方式で行うときのグラフはどれか。ここで，グラフの縦軸は累計の課金額を示す。

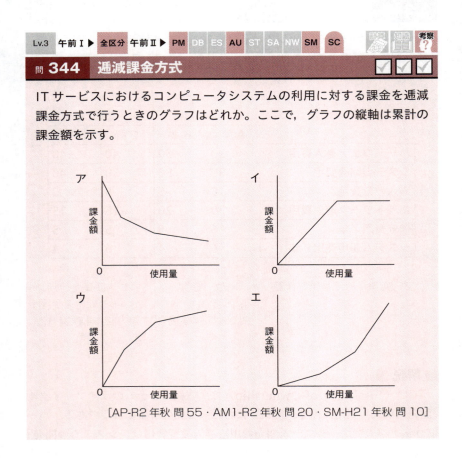

[AP-R2年秋 問55・AM1-R2年秋 問20・SM-H21年秋 問10]

■ 解説 ■

ウが，**逓減課金方式**のグラフである。使用量が増えるにつれて，単価を下げる方式である。グラフの傾きが単価を表し，使用量が増えるほど傾きが小さくなる。サービス提供者の固定コストが大きく，使用量に比例する変動コストが小さいサービスに適用しやすい方式である。

アは，通常あり得ない方式である。使用量が増えるにつれて，課金が減る。

イは，**従量課金上限方式**（キャップ制）のグラフである。使用量が少ないうちはそれに比例して課金し，使用量が一定値を超えると定額の課金になる。

エは，**逓増課金方式**のグラフである。使用量が増えるにつれて，単価を上げる方式である。電気料金で採用されている。

《答：ウ》

Lv.4　午前Ⅰ ▶　全区分 午前Ⅱ ▶　PM DB ES AU ST SA NW **SM** SC　　　知識

問345　サービスの容量・能力及びパフォーマンスの予測　☑ ☑ ☑

ITサービスマネジメントの容量・能力管理において，将来のコンポーネント，並びにサービスの容量・能力及びパフォーマンスの予想は，採用する技法及び技術に応じて様々な方法で行われる。予想するに当たって，モデル化の第一段階として，現在達成されているパフォーマンスを正確に反映したモデルを作成することを何と呼ぶか。

　ア　傾向分析　　　　　　　　イ　シミュレーションのモデル化
　ウ　分析モデル化　　　　　　エ　ベースラインのモデル化

[SM-H30年秋 問11・SM-H28年秋 問10]

■ 解説 ■

JIS Q 20000-2:2013には，次のようにある。

6　サービス提供プロセス
6.5　容量・能力管理
6.5.3　要求事項の説明
6.5.3.1　容量・能力管理活動
　容量・能力管理活動は，容量・能力の使用状況の監視，容量・能力データの分析などの日々の運用作用，サービス目標を基準にしたパフォーマンスの管理，及び将来の容量・能力の要求事項のための計画を包含する。
　容量・能力管理プロセスの活動は，次の事項を含む。

午前Ⅱ

PM

DB

ES

AU

ST

SA

NW

SM

SC

テーマ15 サービスマネジメント　**427**

a）～ g）（略）

h） 将来のコンポーネント，並びにサービスの容量・能力及びパフォーマンスの予想は，採用する技法及び技術に応じて様々な方法で行うことが望ましい。例として次の事項が含まれる。

　1） ベースラインのモデル化は，モデル化の第一段階である。これは，達成されているパフォーマンスを正確に反映する，ベースラインのモデルの作成に使用する。このベースラインのモデルが作成された場合，予測モデル化の開発が可能となる。

　2） 傾向分析は，収集された資源の活用及びサービスのパフォーマンス情報を使って完了する。

　3） 分析モデル化は，コンピュータシステムのパフォーマンスを分析するために数学的手法を用いる。

　4） シミュレーションのモデル化は，所定のシステム構成を基準にしたトランザクション到着率など，離散事象のモデル化を伴う。

出典：JIS Q 20000-2:2013（サービスマネジメントシステムの適用の手引）

よって，**エのベースラインのモデル化**が，モデル化の第一段階である。

《答：エ》

| Lv.4 | 午前Ⅰ ▶ | 全区分 午前Ⅱ ▶ | PM | DB | ES | AU | ST | SA | NW | **SM** | SC | 戦略 | 知識 | 考察 |

問 346　変更管理規程に記載する規則　☑ ☑ ☑

JIS Q 20000-2:2013（サービスマネジメントシステムの適用の手引）によれば，IT サービスマネジメントの変更管理の要求事項に基づいて策定する変更管理規程に記載する規則として，適切なものはどれか。

　ア　サービスの廃止は，顧客への影響及びリスクの大きさを考慮して，重大な影響を及ぼす可能性のあるサービス変更として分類するかどうかを決定する。

　イ　重大なインシデントを解決するために早急な変更の実施が望まれるときは，緊急変更の手順を利用する。

　ウ　変更が失敗した場合に差異を識別し，原因究明を行えるようにするために，変更の展開前に CMDB を更新する。

　エ　変更が失敗した場合には，失敗した変更を元に戻す処置を新たな変更要求とする。

[SM-R1 年秋 問 10・SM-H29 年秋 問 11]

428　Chapter 06　サービスマネジメント

■ 解説 ■

イが適切である。変更管理は，システムの変更を行うためのプロセスである。JIS Q 20000-2:2013 には，次のようにある。

9　統合的制御プロセス
9.2　変更管理
9.2.2　概念
　（中略）
　変更要求の種類の一般的な例を，次に示す。
a)　<u>緊急変更。これは早急に実施することが望ましい変更で，例えば，重大なインシデントの解決又は情報セキュリティパッチの実施を目的としたもの。</u>
b)　通常変更。計画どおりのサービス変更で，標準変更でも緊急変更でもないもの。
c)　標準変更。リスクが低く，比較的よくあり，手順又は作業指示書に従う事前認可済の変更。

出典：JIS Q 20000-2:2013（サービスマネジメントシステムの適用の手引）

アは適切でない。サービスの廃止は，新規サービス又はサービス変更の設計及び移行プロセスとして分類する。

ウは適切でない。変更管理プロセスで決定した変更は，リリース及び展開管理プロセスによって本番環境に展開（適用）する。CMDB（構成管理データベース）の更新は，変更の展開後に行う。

エは適切でない。変更管理プロセスの段階では，まだ本番環境に展開しないので，変更の失敗ということは起こらない。

《答：イ》

| Lv.3 | 午前Ⅰ ▶ | 全区分 午前Ⅱ ▶ | PM | DB | ES | AU | ST | SA | NW | SM | SC |

問 347　サービストランジション

ITIL 2011 edition で定義されるサービスのライフサイクルにおける，
サービストランジション段階に対応する説明はどれか。

ア　顧客及び利害関係者の満足度を改善するために，サービス要件
　　に規定された要件と制約に沿って，サービスを利用できるよう
　　にする。

イ　サービスの効率，有効性，費用対効果の観点で運用状況を継続
　　的に測定し，改善していく。

ウ　サービスの内容を具体的に決める。

エ　戦略的資産として，どのようにサービスマネジメントを設計，
　　開発，導入するかについての手引を提供する。

[SM-H29 年秋 問 1・PM-H28 年春 問 20・AU-H28 年春 問 11・
SM-H26 年秋 問 10・SM-H24 年秋 問 11・SM-H22 年秋 問 13]

■ 解説 ■

アが，**サービストランジション**段階に対応する。ITIL 2011 edition の
サービスライフサイクルの順序は，次のとおりである。

1. サービスストラテジ（サービス戦略）：**エ**
2. サービスデザイン（サービス設計）：**ウ**
3. サービストランジション（サービス移行）：**ア**
4. サービスオペレーション（サービス運営）
5. 継続的サービス改善：**イ**

《答：ア》

430　Chapter 06　サービスマネジメント

Lv.4 午前Ⅰ▶ 全区分 午前Ⅱ▶ PM DB ES AU ST SA NW **SM** SC 知識

問 348 リリース及び展開管理プロセスに含まれるもの ☑ ☑ ☑

ITサービスマネジメントにおける変更要求に対する活動のうち，リリース及び展開管理プロセスに含まれるものはどれか。

ア　稼働環境に展開される変更された構成品目（CI）の集合の構築
イ　変更の影響を受ける構成品目（CI）の識別
ウ　変更要求（RFC）の記録
エ　変更要求（RFC）を評価するための変更諮問委員会（CAB）の召集

[SM-H30 年秋 問 8・SM-H28 年秋 問 8・SM-H26 年秋 問 7]

■ 解説 ■

アは，**リリース及び展開管理プロセス**に含まれる。**イ，ウ，エ**は，**変更管理プロセス**に含まれる。

ITサービスへの変更要求は，サービス改善の計画や，問題管理プロセスでのインシデント原因調査を契機に発生する。変更管理プロセスでは，発生した変更要求（RFC：Request For Change）を記録する。変更マネージャ（変更管理の責任者）は，随時又は定期的に変更要求の採否を判断するが，重要な変更要求については変更諮問委員会（CAB：Change Advisory Board）を召集して合議体で採否を判断する。このとき採否の判断材料とするため，また変更要求が採用された場合は変更を実施するため，変更の影響を受ける構成品目（CI：Configuration Item）を識別する。

稼働環境への変更の適用は，リリース及び展開管理プロセスで行う。変更管理とは別のプロセスで行うのは，変更の適用に当たって関係者との調整や連絡，スケジュールや作業手順の作成など，綿密な準備が必要となることが理由の一つである。また，複数の変更を一括して稼働環境に適用することが望ましい場合もあるので，変更された構成品目の集合を構築することがこのプロセスに含まれる。

《答：ア》

午前Ⅱ

PM
DB
ES
AU
ST
SA
NW
SM
SC

テーマ 15 **サービスマネジメント** **431**

Lv.4 午前Ⅰ ▶ 全区分 午前Ⅱ ▶ PM DB ES AU ST SA NW **SM** SC

問 349　インシデントの段階的取扱い

ITサービスマネジメントにおけるインシデントの段階的取扱い（エスカレーション）の種類のうち，階層的エスカレーションに該当するものはどれか。

- ア　一次サポートグループでは解決できなかったインシデントの対応を，より専門的な知識をもつ二次サポートグループに委ねる。
- イ　現在の担当者では解決できなかったインシデントの対応を，広範にわたる関係者を招集する権限をもつ上級マネージャに委ねる。
- ウ　自分のシフト勤務時間内に完了しなかったインシデントの対応を，次のシフト勤務者に委ねる。
- エ　中央サービスデスクで受け付けたインシデントの対応を，利用者が属する地域のローカルサービスデスクに委ねる。

[SM-R1年秋 問6・SM-H29年秋 問5・SM-H27年秋 問11・SM-H25年秋 問7]

■解説■

インシデント（ITサービス利用者からのサービス要求や問合せ）は，まずサービスデスクの一次対応窓口が受け付ける。多くのインシデントは，そこで対応を完了する。**エスカレーション**は，一次対応窓口で対応できないインシデントを，より専門的な担当者に引き継ぐことをいう。

アは，**機能的エスカレーション**に該当する。技術的に高度なインシデントや，外部ベンダへの確認を要するインシデントなど，一次対応窓口で対応できないものを高度な専門知識をもつサポートグループに委ねる。

イは，**階層的エスカレーション**に該当する。業務上の緊急性や重要性の高いインシデントの情報を組織の上位者に伝えて，対応を委ねる。

ウは，シフト勤務上の引き継ぎであり，エスカレーションではない。

エは，サービスデスクを1か所だけに置く中央サービスデスクと，各地に分散配置するローカルサービスデスクは両立しないので，このような運用はない。

《答：イ》

Lv.3　午前Ⅰ ▶ 全区分 午前Ⅱ ▶ PM　DB　ES　AU　ST　SA　NW　SM　SC　　知識

問 350　イベント管理プロセスが分担する活動　☑ ☑ ☑

ITIL 2011 edition によれば，インシデントに対する一連の活動のうち，イベント管理プロセスが分担する活動はどれか。

ア　インシデントの発生後に，その原因などをエラーレコードとして記録する。

イ　インシデントの発生後に，問題の根本原因を分析して記録する。

ウ　インシデントの発生時に，IT サービスを迅速に復旧するための対策を講じる。

エ　インシデントの発生を検知して，関連するプロセスに通知する。

[SM-R3 年春 問 4・PM-H30 年春 問 19・SM-H28 年秋 問 2・SM-H26 年秋 問 9・SM-H24 年秋 問 3]

■ 解説 ■

イベント管理は，ITIL 2011 edition（V3 Update）のサービスオペレーションに追加されたプロセスで，以下の五つの目標を定めている。

- 構成アイテム又は IT サービスの管理において重要性のある，すべての状態の変化を検知すること。
- イベントに対して適切なコントロールを行う行動を決定し，それを適切な機能に確実に通知すること。
- 多くのサービス運用プロセスの実行及び運用管理の活動に対して，そのきっかけや実行開始点を与えること。
- 実際の運用実績や振る舞いを，設計された基準や SLA と比較する手段を提供すること。
- サービス保証と報告の基礎や，サービス向上を提供すること。

出典："ITIL Service Design 2011 edition"（The Stationary Office，2011）
（日本語訳は筆者による）

したがって**エ**が，イベント管理プロセスが分担する活動である。

ア，**イ**は問題管理プロセス，**ウ**はインシデント管理プロセスが分担する活動である。

《答：エ》

テーマ 15　サービスマネジメント　**433**

Lv.3 午前Ⅰ ▶ 全区分 午前Ⅱ ▶ PM DB ES AU ST SA NW SM SC 考察

問 **351** 問題管理の活動 ☑ ☑ ☑

サービスマネジメントシステムにおける問題管理の活動のうち，適切な
ものはどれか。

ア　同じインシデントが発生しないように，問題は根本原因を特定
　　して必ず恒久的に解決する。
イ　同じ問題が重複して管理されないように，既知の誤りは記録し
　　ない。
ウ　問題管理の負荷を低減するために，解決した問題は直ちに問題
　　管理の対象から除外する。
エ　問題を特定するために，インシデントのデータ及び傾向を分析
　　する。

[AP-R3 年秋 問 54・AM1-R3 年秋 問 20]

■ **解説** ■

JIS Q 20000-1:2020 には，次のようにある。

8　サービスマネジメントシステムの運用
8.6　解決及び実現
8.6.3　問題管理
　組織は，問題を特定するために，インシデントのデータ及び傾向を分析しな
ければならない。組織は根本原因の分析に着手し，インシデントの発生又は再
発を防止するための，考え得る処置を決定しなければならない。
　問題については，次の事項を実施しなければならない。
a) 記録し，分類する。
b) 優先度付けをする。
c) 必要であれば，エスカレーションする。
d) 可能であれば，解決する。
e) 終了する。
　問題の記録は，とった処置とともに更新しなければならない。問題解決に必
要な変更は，変更管理方針に従って管理しなければならない。
　根本原因が特定されたが，問題が恒久的に解決されていない場合，組織は，
その問題がサービスに及ぼす影響を低減又は除去するための処置を決定しなけ
ればならない。既知の誤りは，記録しなければならない。既知の誤り及び問題
解決に関する最新の情報は，必要に応じて，他のサービスマネジメント活動に
おいて利用可能にしなければならない。

434　Chapter 06　サービスマネジメント

> あらかじめ定めた間隔で，問題解決の有効性を監視し，レビューし，報告しなければならない。
>
> 出典：JIS Q 20000-1:2020（サービスマネジメントシステム要求事項）

よって，**エ**が適切である。
アは適切でない。可能であれば解決するものとされている。
イは適切でない。既知の誤りは記録しなければならない。
ウは適切でない。問題解決に関する情報は利用可能にしなければならない。

《答：エ》

問 352　目標復旧時点

目標復旧時点（RPO）を 24 時間に定めているのはどれか。

ア　アプリケーションソフトウェアのリリースを展開するための中断時間を，24 時間以内とする。
イ　業務データの復旧を，障害発生時点から 24 時間以内に完了させる。
ウ　業務データを，障害発生時点の 24 時間前以降の状態に復旧させる。
エ　中断した IT サービスを 24 時間以内に復旧させる。

[SM-R1 年秋 問 7・SM-H28 年秋 問 7・
AP-H26 年秋 問 56・AM1-H26 年秋 問 21]

■ 解説 ■

JIS Q 22301:2013 には，次のようにある。

> 3　用語及び定義
> 3.44　目標復旧時点，RPO（recovery point objective）
> 　再開時に事業活動が実施できるようにするために，事業活動で使用される情報がどの状態まで復旧されなければならないかを示す時点。
> 3.45　目標復旧時間，RTO（recovery time objective）
> 　インシデントの発生後，次のいずれかの事項までに要する時間。
> 　－ 製品又はサービスが再開される，
> 　－ 事業活動が再開される，
> 　－ 資源が復旧される。

出典：JIS Q 22301:2013（事業継続マネジメントシステム要求事項）

よって，**ウ**が目標復旧時点を 24 時間に定めたものである。
イ，**エ**は，目標復旧時間を 24 時間に定めたものである。
アは，アプリケーションソフトウェアのリリースのために，計画的にシステムを中断するものであり，不測の事態に備える事業継続計画とは関係がない。

《答：ウ》

問353　フェールソフトの適用例

情報システムの設計の例のうち，フェールソフトの考え方を適用した例はどれか。

　ア　UPS を設置することによって，停電時に手順どおりにシステムを停止できるようにする。
　イ　制御プログラムの障害時に，システムの暴走を避け，安全に運転を停止できるようにする。
　ウ　ハードウェアの障害時に，パフォーマンスは低下するが，構成を縮小して運転を続けられるようにする。
　エ　利用者の誤操作や誤入力を未然に防ぐことによって，システムの誤動作を防止できるようにする。

[PM-R3 年秋 問 19・SC-R3 年秋 問 24・SC-R1 年秋 問 24・SC-H29 年秋 問 24・PM-H28 年春 問 21・PM-H25 年春 問 19・AU-H25 年春 問 13・SC-H25 年春 問 24]

解説

JIS Z 8115:2019 には，次のようにある。

フェールセーフ	故障時に，安全を保つことができるシステムの性質。
フェールソフト	故障状態にあるか，又は故障が差し迫る場合に，その影響を受ける機能を，優先順位を付けて徐々に終了することができるシステムの性質。 注記1　具体的には，本質的でない機能又は性能を縮退させつつ，システムが基本的な要求機能を果たし続けるような設計となる。
フォールトトレランス	幾つかのフォールトが存在しても，機能し続けることができるシステムの能力。
フールプルーフ	人為的に不適切な行為，過失などが起こっても，システムの信頼性及び安全性を保持する性質。

出典：JIS Z 8115:2019（ディペンダビリティ（総合信頼性）用語）

よって，**ウ**がフェールソフトの考え方を適用した例である。
アはフォールトトレランス，**イ**はフェールセーフ，**エ**はフールプルーフの考え方を適用した例である。

《答：ウ》

問 354　フェールセーフ

システムの安全性や信頼性を向上させる考え方のうち，フェールセーフはどれか。

ア　システムが部分的に故障しても，システム全体としては必要な機能を維持する。
イ　システム障害が発生したとき，待機しているシステムに切り替えて処理を続行する。
ウ　システムを構成している機器が故障したときは，システムが安全に停止するようにして，被害を最小限に抑える。
エ　利用者が誤った操作をしても，システムに異常が起こらないようにする。

[SM-R3 年春 問 9]

■解説■

ウが，**フェールセーフ**の考え方である。フェールセーフは，「故障時に，安全を保つことができるシステムの性質」（JIS Z 8115:2019（ディペンダビリティ（総合信頼性）用語））である。

例として鉄道では，列車検知装置が正常で，かつ，列車が閉塞区間内に在線していないときに限り，リレー（継電器）が動作して信号機が進行現示（青）になる。列車が在線しているときはリレーが動作せず，信号機が停止現示（赤）になる。装置が故障したとき（在線する列車を検知できなくなったとき）も，リレーが動作せず停止現示になるので，後続の列車が停止して衝突事故を防げる。

アは**フォールトトレランス**，**イ**は**フェールオーバ**，**エ**は**フールプルーフ**の考え方である。

《答：ウ》

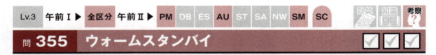

問355　ウォームスタンバイ

バックアップサイトの説明のうち，ウォームスタンバイの説明として，最も適切なものはどれか。

ア　同じようなシステムを運用する外部の企業や組織と協定を結び，緊急時には互いのシステムを貸し借りして，サービスを復旧する。

イ　緊急時にはバックアップシステムを持ち込んでシステムを再開し，サービスを復旧する。

ウ　別の場所に常にデータの同期が取れているバックアップシステムを用意しておき，緊急時にはバックアップシステムに切り替えて直ちにサービスを復旧する。

エ　別の場所にバックアップシステムを用意しておき，緊急時にはバックアップシステムを起動して，データを最新状態にする処理を行った後にサービスを復旧する。

[SM-R3年春 問10・SM-H30年秋 問12・SM-H28年秋 問11・SM-H26年秋 問11・SM-H24年秋 問14・SM-H21年秋 問12]

■ 解説 ■

エが，**ウォームスタンバイ**の説明である。バックアップシステムを用意しておくが，普段は稼働していない（別の業務に利用していることもある）。本番系システムに障害があれば，バックアップシステムを起動し，必要なデータをリストアして運用を再開する。

アは，**相互協定**の説明である。近県の地方新聞社同士が，災害やシステムトラブルに備えて相互協定を結んでいる事例などがある。

イは，**コールドスタンバイ**の説明である。バックアップ用の機材はあるが，すぐ起動できる状態にはない。本番系システムに障害があれば，別の場所に機材をセットアップして運用を再開する。復旧に時間はかかるが，運用コストは小さい。

ウは，**ホットスタンバイ**の説明である。本番系システムと同じ構成のバックアップシステムを常に稼働させて，データも同期させておく。障害時には速やかに切り替えて早期復旧できるが，運用コストは高い。

《答：エ》

Lv.4 午前Ⅰ ▶ 全区分 午前Ⅱ ▶ PM DB ES AU ST SA NW **SM** SC

知識

問 356　ITIL の管理プロセス

"IT サービスが必要とされるときに，合意した条件の下で要求された機能を果たせる状態にある能力"について，定義し，分析し，計画し，測定し，改善する活動を行う ITIL 2011 edition の管理プロセスはどれか。

　ア　IT サービス継続性管理　　　イ　インシデント管理
　ウ　可用性管理　　　　　　　　エ　問題管理

[SM-R3 年春 問 5・SM-H30 年秋 問 2・SM-H28 年秋 問 3・
SM-H26 年秋 問 4・SM-H24 年秋 問 10・SM-H22 年秋 問 12]

■ 解説 ■

これは，**ウの可用性管理**である。ITIL 2011 edition（V3 Update）では可用性管理の目的を，「全ての IT サービスで提供される可用性のレベルが，費用対効果を考慮して時機を逃さず合意した，可用性のニーズとサービスレベルの目標を確実に満たすこと」（日本語訳は筆者による）としてい

テーマ 15　サービスマネジメント　**439**

る。

アの **IT サービス継続性管理**は，重大な災害によって IT サービスが大規模に被災し，ビジネス活動の休止に追い込まれたような場合に，IT サービスを復旧しビジネスを再開するための対策を講じるプロセスである。

イの**インシデント管理**は，システム障害や利用者トラブルをできるだけ早く解決して，サービスを回復させることを目標とするプロセスである。

エの**問題管理**は，障害やトラブルの根本原因を解明して発生を予防するプロセスである。

《答：ウ》

問 357　サービス可用性の計算

サービス提供時間帯が毎日 6 〜 20 時のシステムにおいて，ある月の停止時間，修復時間及びシステムメンテナンス時間は次のとおりであった。この月のサービス可用性は何％か。ここで，1 か月の稼働日数は 30 日であって，サービス可用性（％）は小数第 2 位を四捨五入するものとする。

〔停止時間，修復時間及びシステムメンテナンス時間〕
・システム障害によるサービス提供時間内の停止時間：7 時間
・システム障害への対処に要したサービス提供時間外の修復時間：3 時間
・サービス提供時間外のシステムメンテナンス時間：8 時間

　ア　95.7　　　イ　97.6　　　ウ　98.3　　　エ　99.0

[AU-R3 年秋 問 11・AP-H29 年秋 問 55・AM1-H29 年秋 問 20・
SM-H27 年秋 問 9・SM-H25 年秋 問 13]

■ 解説 ■

JIS Q 20000-1:2020 における**サービス可用性**の定義は，次のとおりである。

> 3 用語及び定義
> 3.2 サービスマネジメントに固有の用語
> 3.2.16 サービス可用性（service availability）
> あらかじめ合意された時点又は期間にわたって，要求された機能を実行する
> サービス[注15] 又はサービスコンポーネント[注19] の能力。
> 注記 サービス可用性は，合意された時間に対する，実際にサービス又はサー
> ビスコンポーネントを利用できる時間の割合又はパーセンテージで表す
> ことができる。

出典：JIS Q 20000-1:2020（サービスマネジメントシステム要求事項）

したがって，サービスを提供すべき時間のうち，実際にサービスを利用できた時間の割合を計算する。サービス提供時間外における障害やメンテナンスの時間は，考慮しない。

サービス提供時間は毎日 6 ～ 20 時の 14 時間なので，1 か月間では $14 \times 30 = 420$ 時間である。このうちサービス提供時間内の停止時間が 7 時間だったので，サービスを利用できた時間は 413 時間である。よってサービス可用性は，$413 \div 420 = 0.98333\cdots \fallingdotseq$ **98.3%** となる。

《答：ウ》

Lv.3	午前Ⅰ ▶	全区分 午前Ⅱ ▶	PM	DB	ES	AU	ST	SA	NW	SM	SC	計算

問 358　稼働品質率　☑ ☑ ☑

システムの信頼性を測る指標の一つに稼働品質率がある。年間の稼働品質率で評価される信頼性が最も高いシステムはどれか。ここで，稼働品質率は次の式で算出し，システムの資産規模には総運用費用を用いるものとする。

稼働品質率 ＝ 利用者に迷惑を掛けた回数 ÷ システムの資産規模

システム	利用者に迷惑を掛けた回数 (回／年)		オンライン稼働時間（千時間／年）	システムの総運用費用（百万円／年）
	オンライン処理	バッチ処理		
A	3	12	6	120
B	4	8	3	100
C	6	2	4	80
D	6	3	2	60

ア　A　　　　イ　B　　　　ウ　C　　　　エ　D

[SM-R3 年春 問 2・SM-H29 年秋 問 9]

■ 解説 ■

各システムについて稼働品質率を求めると，次のようになる。利用者に迷惑を掛けた回数にはオンライン処理とバッチ処理の合計を，システムの資産規模にはシステムの総運用費用を用いる。

- システム A　$(3 + 12) \div 120 = 0.125$
- システム B　$(4 + 8) \div 100 = 0.12$
- システム C　$(6 + 2) \div 80 = 0.1$
- システム D　$(6 + 3) \div 60 = 0.15$

システムの資産規模が同じなら，迷惑を掛けた回数が少ないほど良いから，稼働品質率が低いほど信頼性が高いシステムである。よって，**システム C** の信頼性が最も高い。

《答：ウ》

442　Chapter 06　サービスマネジメント

15-3 パフォーマンス評価及び改善

問 359　ITILの7ステップの改善プロセス

ITIL 2011 edition によれば，7ステップの改善プロセスにおけるa，b及びcの適切な組合せはどれか。

〔7ステップの改善プロセス〕

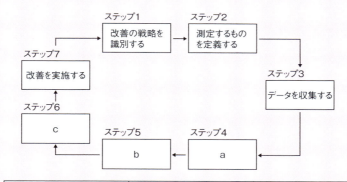

	a	b	c
ア	情報とデータを分析する	情報を提示して利用する	データを処理する
イ	情報とデータを分析する	データを処理する	情報を提示して利用する
ウ	データを処理する	情報とデータを分析する	情報を提示して利用する
エ	データを処理する	情報を提示して利用する	情報とデータを分析する

[AP-R1年秋 問56・SM-H28年秋 問5]

■ 解説 ■

7ステップの改善プロセスは，「ITIL 2011 edition：継続的サービス改善（V3 Update）」で使用されるプロセスである。PDCAサイクルが基本的な考え方であり，安定的，継続的な改善につなげる。

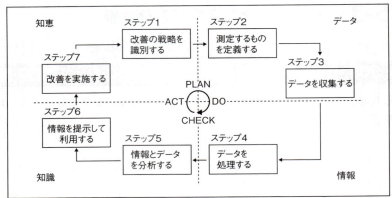

出典："ITIL 2011 edition：Continual Service Improvement" Figure 3.4 より作成

《答：ウ》

15-4 ● サービスの運用

Lv.3 午前Ⅰ ▶ 全区分 午前Ⅱ ▶ PM DB ES AU ST SA NW SM SC

問 360　サーバの仮想化技術で得られる利点

システム運用サービスを提供するデータセンタにおいて，サーバに仮想化技術を用いることによって得られる利点のうち，適切なものはどれか。

ア　サーバクラスタリングシステムの処理能力を増強する場合，より高速な CPU に変更すれば，ソフトウェアの基本ライセンスの見直しをしなくてよい。

イ　大規模データの分散処理を実現するソフトウェア Apache Hadoop を用いて構築したシステムの場合，1 台の物理サーバ上に構築した環境を用いて，処理能力を検証できる。

ウ　データセンタ全体の電力消費量を削減するために少数の物理サーバに処理を集約する場合，ライブマイグレーションを行えば，移行する際にサービスを停止しなくてよい。

エ　物理サーバの台数を削減する場合，仮想サーバを，応答時間の長い時間帯が重ならないようにして，少数の物理サーバ上に再配置すれば，現状の応答時間を保証できる。

[SM-R1 年秋 問 12]

■ 解説 ■

ウが適切である。サーバ仮想化は，仮想化ソフトウェアによって，1 台の物理サーバ上に，複数の仮想サーバ（論理的なサーバ）を作成して利用する技術である。仮想サーバ同士は互いに影響を受けずに稼働し，利用者には独立したサーバが存在するように見える。仮想サーバの追加や削除は，仮想化ソフトウェアの操作で簡単に行うことができる。

ライブマイグレーションは，仮想サーバを停止することなく，異なる物理サーバ間を移動できる仕組みである。図のように 3 台の物理サーバを 2 台に集約したいときは，物理サーバ A 上の仮想サーバ 1 及び 2 を稼働したまま，物理サーバ B と C に移動してから，A を停止すればよい。

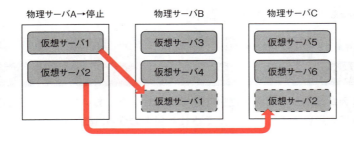

　アは適切でない。ソフトウェアによっては，CPU のコア数を基にライセンス費用を決定するものもある。コア数の多い高速な CPU に変更すると，基本ライセンスの見直しが必要となることがある。

　イは適切でない。そもそも多数の物理サーバで分散処理することを要する処理は，1 台の物理サーバ上の多数の仮想サーバで代替することは難しく，処理能力の検証も難しいと考えられる。

　エは適切でない。同一の物理サーバに仮想サーバを集約すれば，CPU，メモリ，ハードディスクなどの資源の使用率が上昇する。仮想サーバごとの処理量が多い時間帯が重ならないようにしても，現状の応答時間を保証できるかは分からない。

《答：ウ》

Lv.3	午前Ⅰ ▶	全区分 午前Ⅱ ▶	PM	DB	ES	AU	ST	SA	NW	SM	SC

計算

問 361 オペレータの必要人数 ☑☑☑

"24 時間 365 日"の有人オペレーションサービスを提供する。シフト勤務の条件が次のとき，オペレータは最少で何人必要か。

〔条件〕
（1）1 日に 3 シフトの交代勤務とする。
（2）各シフトで勤務するオペレータは 2 人以上とする。
（3）各オペレータの勤務回数は 7 日間当たり 5 回以内とする。

　　ア　8　　　　　イ　9　　　　　ウ　10　　　　　エ　16

[AP-R3 年秋 問 56・SM-R1 年秋 問 14・
SM-H29 年秋 問 13・SM-H26 年秋 問 13]

■ 解説 ■

1 日に 3 シフト勤務で，各シフトで 2 人以上のオペレータが勤務するので，7 日間当たり $3 \times 2 \times 7 = 42$ 回の勤務が必要である。

各オペレータの勤務回数は 7 日間当たり 5 回以内なので，$42 \div 5 = 8.4$ の小数点以下を切り上げて，オペレータは最少で **9** 人必要である。

《答：イ》

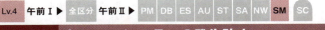

問 362　ヒューマンエラーの発生防止

エラープルーフ化とは，ヒューマンエラーに起因する障害を防ぐ目的で，作業方法を人間に合うように改善することであり，次の五つの原理を定義している。五つの原理のうち，ヒューマンエラーの発生を未然に防止する原理の組みはどれか。

〔エラープルーフ化の五つの原理〕
・異常検出：エラーに気づくようにする。
・影響緩和：影響が致命的なものにならないようにする。
・代替化　：人が作業をしなくてもよいようにする。
・排除　　：作業や注意を不要にする。
・容易化　：作業を易しくする。

　　ア　異常検出，影響緩和，代替化
　　イ　異常検出，代替化，排除
　　ウ　影響緩和，排除，容易化
　　エ　代替化，排除，容易化

[SM-R3 年春 問 8]

■ 解説 ■

次の図のように，**エ**の**代替化**，**排除**，**容易化**が，発生防止の原理である。**異常検出**，**影響緩和**は，波及防止の原理である。

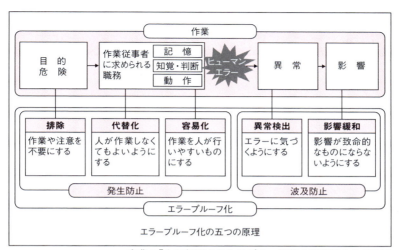

出典:『人に起因するトラブル・事故の未然防止と RCA』
（中條武志，一般財団法人日本規格協会，2010）

五つの原理の具体例には，次のようなものがある。

原理	エラー	エラープルーフ化
代替化	手作業での転記を間違える。	プリンタでラベルを印刷して貼る。
排除	不注意でスイッチに触れる。	スイッチにアクリルカバーを付ける。
容易化	作業を忘れる。	声を出し，指差し確認を行いながら作業する。
異常検出	データを入力せずに発注する。	データが入力されていないと，発注できないようにする。
影響緩和	個数を多く誤って発注する。	一度に注文できる個数の上限を設定する。

出典:『人に起因するトラブル・事故の未然防止と RCA』
（中條武志，一般財団法人日本規格協会，2010）より作成

《答：エ》

| Lv.3 | 午前Ⅰ | 全区分 | 午前Ⅱ ▶ | PM | DB | ES | AU | ST | SA | NW | SM | SC | 計算 |

問 363　バックアップに必要な磁気テープ数

次の処理条件で磁気ディスクに保存されているファイルを磁気テープに
バックアップするとき，バックアップの運用に必要な磁気テープは最少
で何本か。

〔処理条件〕

(1) 毎月初日（1 日）にフルバックアップを取る。フルバックアップは
1 本の磁気テープに 1 回分を記録する。

(2) フルバックアップを取った翌日から次のフルバックアップを取る
までは，毎日，差分バックアップを取る。差分バックアップは，差
分バックアップ用としてフルバックアップとは別の磁気テープに追
記録し，1 本に 1 か月分を記録する。

(3) 常に 6 か月前の同一日までのデータについて，指定日の状態にフ
ァイルを復元できるようにする。ただし，6 か月前の月に同一日が存
在しない場合は，当該月の末日までのデータについて，指定日の状
態にファイルを復元できるようにする（例：本日が 10 月 31 日の場
合は，4 月 30 日までのデータについて，指定日の状態にファイルを
復元できるようにする）。

ア　12　　　　　イ　13　　　　　ウ　14　　　　　エ　15

[AP-R3 年秋 問 55・AM1-R3 年秋 問 21・AP-H31 年春 問 56・
AM1-H31 年春 問 21・AP-H28 年秋 問 57・
AM1-H28 年秋 問 21・SM-H24 年秋 問 12・
AP-H22 年秋 問 56・AM1-H22 年秋 問 20]

■ 解説 ■

今日が 10 月 15 日なら，4 月 15 日以降のデータについて，指定日の状
態にファイルを復元できる必要がある。4 月 15 日時点のファイルを復元す
るには，4 月 1 日時点のフルバックアップと，4 月 2 日～ 15 日の差分バ
ックアップが必要である。

したがって，この時点で残っているべきバックアップは，

450　　Chapter 06　サービスマネジメント

- フルバックアップ…4月，5月，6月，7月，8月，9月，10月のそれぞれ初日分
- 差分バックアップ…4月，5月，6月，7月，8月，9月，10月の各月分

であり，必要な磁気テープは **14** 本となる。今日が10月31日で，6か月前の同一日が存在しない場合でも同じである。

《答：ウ》

15-5 ● ファシリティマネジメント

問 364　データセンタのコールドアイル

データセンタにおけるコールドアイルの説明として，適切なものはどれか。

ア　IT機器の冷却を妨げる熱気をラックの前面（吸気面）に回り込ませないための板であり，IT機器がマウントされていないラックの空き部分に取り付ける。

イ　寒冷な外気をデータセンタ内に直接導入してIT機器を冷却するときの，データセンタへの外気の吸い込み口である。

ウ　空調機からの冷気とIT機器からの熱排気を分離するために，ラックの前面（吸気面）同士を対向配置したときの，ラックの前面同士に挟まれた冷気が通る部分である。

エ　発熱量が多い特定の領域に対して，全体空調とは別に個別空調装置を設置するときの，個別空調用の冷媒を通すパイプである。

[AU-R3年秋 問12・SM-R1年秋 問15・AU-H30年春 問12・SM-H28年秋 問14・SC-H27年春 問24]

■ 解説 ■

ウが**コールドアイル**の説明である。サーバラックは前面から冷気を吸い込んで，サーバラック内の機器からの熱排気を冷やして，背面から暖気を排出する。データセンタには，多数のサーバラックが複数列に並べられて

いる。サーバラックを同じ向きに並べると，前列のサーバラック背面からの暖気を吸い込んでしまうため，冷却効率が悪くなる。

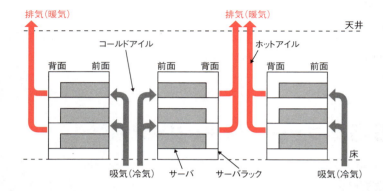

そこで，サーバラックの前面同士，背面同士を向かい合わせに配置して，前面の間に冷気を，背面の間に暖気を通すと，冷却効率がよくなる。冷気の通る部分を**コールドアイル**，暖気の通る部分を**ホットアイル**という。

アはブランクパネル，**イ**は外気ダクト，**エ**は冷媒配管の説明である。

《答：ウ》

問365 空調計画における冷房負荷

空調計画における冷房負荷には，"外気負荷"，"室内負荷"，"伝熱負荷"，"日射負荷"などがある。冷房負荷の軽減策のうち，"伝熱負荷"の軽減策として，最も適切なものはどれか。

- ア 使用を終えたら，その都度 PC の電源を切る。
- イ 隙間風や換気による影響を少なくする。
- ウ 日光が当たる南に面したガラス窓をむやみに大きなものにしない。
- エ 屋根や壁面の断熱をおろそかにしない。

[PM-R2年秋 問19・AP-H29年秋 問57]

■ 解説 ■

冷房負荷は，冷房を使用して目標温度にするのに要するエネルギー量である。室温を上げる要因を取り除くことで，冷房負荷を下げることができる。

エが，"**伝熱負荷**"の軽減策である。断熱によって，外気温が屋根や壁面から室内に伝わりにくくする。

アは，"**室内負荷**"の軽減策である。PCの電源を切ることで，室内から発生する熱を削減する。

イは，"**外気負荷**"の軽減策である。隙間風や換気を減らし，高温の外気が直接室内に流入して室温が上がることを防ぐ。

ウは，"**日射負荷**"の軽減策である。必要以上に日光が室内に当たって，室温が上がることを防ぐ。

《答：エ》

テーマ 15 **サービスマネジメント** **453**

テーマ

午前Ⅰ ▶ 全区分 午前Ⅱ ▶ PM DB ES **AU** ST SA NW **SM** **SC**
Lv.3　　　　　　　　　　　Lv.4　　　　　　Lv.3 Lv.3

16 システム監査

問**366**～問**391** 全**26**問

最近の出題数

	高度午前Ⅰ	高度午前Ⅱ								
		PM	DB	ES	AU	ST	SA	NW	SM	SC
R4 年春期	1					－			1	1
R3 年秋期	1	－	－	－	10					1
R3 年春期	2					－		－	1	1
R2 年秋期	1	－	－	－	10					1

※表組み内の「－」は出題範囲外

試験区分別出題傾向（H21年以降）

午前Ⅰ	"システム監査"からは，システム監査の基本的な概念や手法に関する出題が多い。"内部統制"からの出題例は少ない。過去問題の再出題が比較的多い。
AU 午前Ⅱ	シラバス全体から幅広く，難易度の高い問題が多く出題されている。過去問題の再出題も非常に多い。
SM 午前Ⅱ	"システム監査"からは，情報セキュリティ，システム受入れ，システム移行など，ITサービスマネジメントに関連する監査の出題がやや目立つ。"内部統制"からの出題例は少ない。
SC 午前Ⅱ	シラバス全体から出題されているが，情報セキュリティに関連する監査の出題がやや目立つ。

出題実績（H21年以降）

小分類	出題実績のある主な用語・キーワード
システム監査	保証型監査，助言型監査，内部監査，外部監査，監査計画，システム監査の手順，予備調査，本調査，ウォークスルー法，テストデータ法，並行シミュレーション法，ITF法，監査報告，フォローアップ，サンプリング，監査手続書，監査調書，監査証拠，監査証跡，監査意見，システム監査人の独立性，システム監査基準，システム管理基準，情報セキュリティ監査基準，情報セキュリティ管理基準
内部統制	ITに係る内部統制，IT業務処理統制，IT全般統制，ITガバナンス，内部統制の保証，リスクアプローチ

454　Chapter 06　サービスマネジメント

16-1 ● システム監査

Lv.4 | 午前Ⅰ ▶ | 全区分 午前Ⅱ ▶ | PM DB ES **AU** ST SA NW SM SC

問 **366** 第一者監査

JIS Q 19011:2019（マネジメントシステム監査のための指針）における"第一者監査"はどれか。

ア ISMS 取得のための認証審査

イ 業務委託先に対する外部監査

ウ 仕入先に対する外部監査

エ 内部監査部門が事業部門を対象として行う監査

[AU-R3 年秋 問 2]

■ 解説 ■

JIS Q 19011:2019 には，次のようにある。

---

3 用語及び定義

3.1 監査

　監査基準[20] が満たされている程度を判定するために，客観的証拠[21] を収集し，それを客観的に評価するための，体系的で，独立し，文書化したプロセス。

注記 1 内部監査は，第一者監査と呼ばれることもあり，その組織自体又は代理人によって行われる。

注記 2 外部監査には，一般的に第二者監査及び第三者監査と呼ばれるものが含まれる。第二者監査は，顧客など，その組織に利害をもつ者又はその代理人によって行われる。第三者監査は，適合に関する認証・登録を提供する機関又は政府機関のような，独立した監査組織によって行われる。

出典：JIS Q 19011:2019（マネジメントシステム監査のための指針）

よって，**エ**が**第一者監査**で，内部監査である。

イ，**ウ**は**第二者監査**で，利害関係者による外部監査である。

アは**第三者監査**で，独立した審査機関による外部監査である。

《答：エ》

| Lv.4 | 午前 I ▶ | 全区分 午前 II ▶ | PM | DB | ES | **AU** | ST | SA | NW | SM | SC |

| 問 **367** | **リスクアプローチで考慮すべき事項** | ✓ ✓ ✓ |

システム監査基準（平成 30 年）に基づくシステム監査において，リスクの評価に基づく監査計画の策定（リスクアプローチ）で考慮すべき事項として，適切なものはどれか。

- ア　監査対象の不備を見逃して監査の結論を誤る監査リスクを完全に回避する監査計画を策定する。
- イ　情報システムリスクの大小にかかわらず，監査対象に対して一律に監査資源を配分する。
- ウ　情報システムリスクは，情報システムに係るリスクと，情報の管理に係るリスクの二つに大別されることに留意する。
- エ　情報システムリスクは常に一定ではないことから，情報システムリスクの特性の変化及び変化がもたらす影響に留意する。

[SM-R1 年秋 問 16]

■ 解説 ■

"システム監査基準（平成 30 年）"には，次のようにある。

Ⅲ．システム監査計画策定に係る基準
【基準 7】リスクの評価に基づく監査計画の策定

> システム監査人は，システム監査を行う場合，情報システムリスク，及びシステム監査業務の実施に係るリスクを考慮するリスクアプローチに基づいて，監査計画を策定し，監査を実施しなければならない。

<主旨>（略）
<解釈指針>
1.　システム監査人は，情報システムリスクの特性及び影響を見極めた上で，リスクが顕在化した場合の影響が大きい監査対象領域に重点的に監査資源（監査時間，監査要員，監査費用等）を配分し，その一方で，影響の小さい監査対象領域には相応の監査資源を配分するように監査計画を策定することで，システム監査を効果的かつ効率的に実施することができる。
2.　情報システムリスクは，情報システムに係るリスク，情報に係るリスク，情報システム及び情報の管理に係るリスクに大別される。（中略）
3.　情報システムリスクは常に一定のものではないため，システム監査人は，その特性の変化及び変化がもたらす影響に留意する必要がある。（中略）

456　Chapter 06　サービスマネジメント

4. システム監査人は，監査報告において指摘すべき監査対象の重要な不備があるにもかかわらず，それを見逃してしまう等によって，誤った結論を導き出してしまうリスク（監査リスクと呼ばれることもある。）を合理的に低い水準に抑えるように，監査計画を策定する必要がある。
   (1) 監査は，時間，要員，費用等の制約のもとで行われることから，監査リスクを完全に回避することはできない。（後略）

出典："システム監査基準（平成30年）"（経済産業省，2018）

エが適切である。項番3の記述のとおりである。

アは適切でない。項番4のように，監査リスクは完全には回避できないので，合理的に低い水準に抑えるようにする。

イは適切でない。項番1のように，情報システムリスクの大小に応じて，監査資源を配分する必要がある。

ウは適切でない。項番2のように，情報システムリスクは三つに大別される。

《答：エ》

Lv.3 午前Ⅰ ▶ 全区分 午前Ⅱ ▶ PM DB ES **AU** ST SA NW **SM** **SC** 知識

問 **368** システム監査規程の最終的な承認者

企業において整備したシステム監査規程の最終的な承認者として，最も適切な者は誰か。

　　ア　監査対象システムの利用部門の長
　　イ　経営者
　　ウ　情報システム部門の長
　　エ　被監査部門の長

[AP-H30年春 問59・AM1-H30年春 問21]

■ **解説** ■

イの経営者が，システム監査規程の承認者として最も適切である。"システム監査基準（平成30年）"には，次のようにある。

テーマ16　システム監査　**457**

> Ⅰ．システム監査の体制整備に係る基準
> 【基準1】システム監査人の権限と責任等の明確化
>
> > システム監査の実施に際しては，その目的及び対象範囲，並びにシステム監査人の権限と責任が，文書化された規程等又は契約書等により明確に定められていなければならない。
>
> ＜主旨＞（略）
> ＜解釈指針＞
> (2) 内部監査規程等の承認を行う主体は，組織体の個々の事情に応じて様々な形態をとりうる。例えば，内部監査部門を所掌する取締役等が選任されている場合には，内部監査規程等の承認は当該取締役等又は取締役会（監査委員会又は監査等委員会を含む。）等でなされるかもしれない。

出典：“システム監査基準（平成30年)”（経済産業省，2018）

　システム監査は，組織体（企業など）の情報システムを対象として検証や評価を行うものであり，組織体側では代表者（企業では経営者）がその実施に責任を負う。したがって，代表者の責任において，システム監査規程を策定，整備する（一般には担当部門が作成し，部門長の決裁を経て，代表者が承認する）。そして，代表者はシステム監査規程に沿って，システム監査人にシステム監査の実施を依頼する。代表者は，システム監査人からシステム監査の結果報告を受けて，指摘事項があれば関連部門に改善を指示することになる。

《答：イ》

Lv.4 午前Ⅰ▶ 全区分 午前Ⅱ▶ PM DB ES AU ST SA NW SM SC

問 **369** 監査対象として考慮する項目

システム監査基準（平成 30 年）では，監査計画の策定に当たり，監査対象として考慮する項目を，情報システムの"ガバナンス"，"マネジメント"，"コントロール"に関するものに分けて例示している。情報システムの"マネジメント"に関するものを監査対象とする場合に，考慮する項目としているものはどれか。

ア　IT 戦略と経営戦略の整合性がとられているか，新技術やイノベーションの経営戦略への組込みが行われているか。

イ　IT 投資管理や情報セキュリティ対策が PDCA サイクルに基づいて，組織全体として適切に管理されているか。

ウ　規程に従った承認手続が実施されているか，異常なアクセスを検出した際に適時な対処及び報告が行われているか。

エ　組織の業務プロセスなどにおいて，リスクに応じた統制が組み込まれているか。

[AU-H31 年春 問 10]

■ **解説** ■

システム監査基準（平成 30 年）には，次のようにある。

Ⅲ．システム監査計画策定に係る基準
【基準 6】監査計画策定の全般的留意事項
＜主旨＞（略）
＜解釈指針＞
3. 監査計画の策定にあたっては，監査対象が情報システムのガバナンスに関するものか，情報システムのマネジメントに関するものか，あるいは情報システムのコントロールに関するものかを考慮する。
（1）情報システムのガバナンスを監査対象とする場合，情報システムの利活用が経営目的に沿っているか，また，経営陣が経営戦略に沿うように管理者に適切な方向付けを行い，かつ，適切な是正措置が講じられているかどうかを確かめることに重点を置いた監査計画となる。例えば，経営戦略と IT 戦略との整合性，並びに新技術及びイノベーションの経営戦略への組み込みなどの戦略リスクへの対応の状況に関する監査計画が必要となる。

午前Ⅱ
PM
DB
ES
AU
ST
SA
NW
SM
SC

テーマ 16 **システム監査** 459

> (2) 情報システムのマネジメントを監査対象とする場合，経営陣による方向付けに基づいて，PDCAサイクルが確立され，かつ適切に運用されているかどうかを確かめることに重点を置いた監査計画となる。（後略）
> (3) 情報システムのコントロールを監査対象とする場合，業務プロセス等において，リスクに応じたコントロールが適切に組み込まれ，機能しているかどうかを確かめることに重点を置いた監査計画となる。例えば，規程に従った承認手続が実施されているかどうか，異常なアクセスを検出した際に適時な対処及び報告がなされているかどうかなどに関する具体的な監査計画が必要となる。（後略）
>
> 出典："システム監査基準（平成30年）"（経済産業省，2018）

よって，**イ**が"マネジメント"を監査対象とする場合に考慮する項目である。

アは"ガバナンス"，**ウ**，**エ**は"コントロール"を監査対象とする場合に考慮する項目である。

《答：イ》

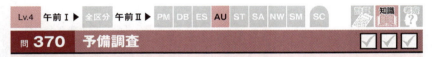

問370　予備調査

システム監査基準（平成30年）における予備調査に関する記述のうち，最も適切なものはどれか。

ア　監査対象業務の実態を把握するために行う調査である。
イ　監査対象部門と監査計画を調整するために行う調査である。
ウ　十分かつ適切な監査証拠を入手するために行う調査である。
エ　本調査を補完する目的で，本調査と並行して行う調査である。

[AU-R2年秋 問6・AU-H21年春 問3]

■ **解説** ■

システム監査基準（平成30年）には，次のようにある。

> Ⅳ．システム監査実施に係る基準
> 【基準 8】監査証拠の入手と評価
> ＜主旨＞（略）
> ＜解釈指針＞
> 2．監査手続は，監査対象の実態を把握するための予備調査（事前調査ともいう。），及び予備調査で得た情報を踏まえて，十分かつ適切な監査証拠を入手するための本調査に分けて実施される。
> （1）予備調査によって把握するべき事項には，例えば，監査対象（情報システムや業務等）の詳細，事務手続やマニュアル等を通じた業務内容，業務分掌の体制などがある。なお，監査対象部門のみならず，関連部門に対して照会する必要がある場合もある。
> （2）予備調査で資料や必要な情報を入手する方法には，例えば，関連する文書や資料等の閲覧，監査対象部門や関連部門へのインタビューなどがある。
> （3）本調査は，監査の結論を裏付けるために，十分かつ適切な監査証拠を入手するプロセスをいう。十分かつ適切な監査証拠とは，証拠としての量的十分性と，確かめるべき事項に適合しかつ証明力を備えた証拠をいう。
> （4）本調査において証拠としての適切性を確保するためには，単にインタビュー等による口頭証拠だけに依存するのではなく，現物・状況等の確認や照合，さらにはシステム監査人によるテストの実施，詳細な分析などを通じて可能な限り客観的で確証的な証拠を入手するよう心掛けることが重要である。

出典：“システム監査基準（平成 30 年）”（経済産業省，2018）

よって，**ア**が，**予備調査**に関する記述である。

イは，予備調査に当たらない。予備調査は監査計画を立てた後に実施する。

ウは，**本調査**に関する記述である。

エは，補完する目的で行う調査も含めて，本調査である。

《答：ア》

Lv.3 午前Ⅰ ▶ 全区分 午前Ⅱ ▶ PM DB ES AU ST SA NW SM SC

問371 プロセス，コントロールを追跡する技法 ☑ ☑ ☑

データの生成から入力，処理，出力，活用までのプロセス，及び組み込まれているコントロールを，システム監査人が書面上で又は実際に追跡する技法はどれか。

ア　インタビュー法　　　　イ　ウォークスルー法
ウ　監査モジュール法　　　エ　ペネトレーションテスト法

[AP-R3年秋 問59・AM1-R3年秋 問22]

■ 解説 ■

システム監査基準（平成30年）には，次のようにある。

Ⅳ．システム監査実施に係る基準
【基準8】監査証拠の入手と評価
＜主旨＞（略）
＜解釈指針＞
3.　監査手続の適用に際しては，チェックリスト法，ドキュメントレビュー法，インタビュー法，ウォークスルー法，突合・照合法，現地調査法，コンピュータ支援監査技法などが利用できる。
(3)　インタビュー法とは，監査対象の実態を確かめるために，システム監査人が，直接，関係者に口頭で問い合わせ，回答を入手する技法をいう。
(4)　ウォークスルー法とは，データの生成から入力，処理，出力，活用までのプロセス，及び組み込まれているコントロールを，書面上で，又は実際に追跡する技法をいう。
　なお，上記以外にも，（中略），監査モジュール法（システム監査人が指定した抽出条件に合致したデータをシステム監査人用のファイルに記録し，レポートを出力するモジュールを，本番プログラムに組み込む技法）などが利用されることもある。（中略）
　さらに，サイバー攻撃を想定した情報セキュリティ監査などにおいては，ペネトレーションテスト法（システム監査人が一般ユーザのアクセス権限又は無権限で，テスト対象システムへの侵入を試み，システム資源がそのようなアクセスから守られているかどうかを確認する技法）などが利用されることもある。

出典：“システム監査基準（平成30年）”（経済産業省，2018）

よって，**イのウォークスルー法**である。

《答：イ》

Lv.3 午前Ⅰ ▶ 全区分 午前Ⅱ ▶ PM DB ES AU ST SA NW SM SC 考察

問372 統計的サンプリング

システム監査で用いる統計的サンプリングに関する記述のうち，適切な
ものはどれか。

ア 開発プロセスにおけるコントロールを評価する際には，開発規
模及び影響度が大きい案件を選定することによって，開発案件
全てに対する評価を導き出すことができる。

イ コントロールが有効であると判断するために必要なサンプル件
数を事前に決めることができる。

ウ 正しいサンプリング手順を踏むことによって，母集団全体に対
して検証を行う場合と同じ結果を常に導き出すことができる。

エ 母集団からエラー対応が行われたデータを選定することによっ
て，母集団全体に対してコントロールが適切に行われているこ
とを確認できる。

[AU-R2年秋 問1・AU-H30年春 問2・SC-H24年秋 問25]

■ 解説 ■

イが適切である。**統計的サンプリング**は，無作為抽出法を用いて母集団
からサンプリングを行い，かつ，サンプルに対する監査結果から確率論を
用いて，母集団に関する結論を導く手法である。結論を導くために必要な
サンプル件数は，統計学の手法により，事前に決めることができる。

ウは適切でない。統計的サンプリングを行っても，多少の誤差は避けら
れず，母集団の傾向を正確に反映できないこともある。

ア，**エ**は適切でない。意図的に特定の種類のデータを抽出するなど，統
計的サンプリングでない手法は，**非統計的サンプリング**である。

《答：イ》

テーマ16 システム監査 **463**

| Lv.3 | 午前Ⅰ ▶ | 全区分 午前Ⅱ ▶ | PM | DB | ES | AU | ST | SA | NW | SM | SC |

問373　クラウドサービスの導入検討に対するシステム監査

クラウドサービスの導入検討プロセスに対するシステム監査において，クラウドサービス上に保存されている情報の保全及び消失の予防に関するチェックポイントとして，最も適切なものはどれか。

- ア　クラウドサービスの障害時における最大許容停止時間が検討されているか。
- イ　クラウドサービスの利用者 ID と既存の社内情報システムの利用者 ID の一元管理の可否が検討されているか。
- ウ　クラウドサービスを提供する事業者が信頼できるか，事業者の事業継続性に懸念がないか，及びサービスが継続して提供されるかどうかが検討されているか。
- エ　クラウドサービスを提供する事業者の施設内のネットワークに，暗号化通信が採用されているかどうかが検討されているか。

[SC-R3 年秋 問 25・AP-R1 年秋 問 58・AM1-R1 年秋 問 21・
AP-H28 年春 問 58・AM1-H28 年春 問 21]

■ 解説 ■

ウが適切である。クラウドサービス提供事業者のシステム障害，事業撤退や経営破綻などにより，クラウドサービス上の情報が消失したり，利用できなくなったりする恐れがある。情報の消失を予防するため，信頼できるクラウドサービス提供事業者であるかどうかチェックする必要がある。

アは適切でない。これは，システム利用時の利便性に関するチェックポイントである。

イは適切でない。これは，システムの可用性に関するチェックポイントである。

エは適切でない。これは，情報の盗聴や漏えいの予防に関するチェックポイントである。

《答：ウ》

| Lv.3 | 午前Ⅰ ▶ | 全区分 午前Ⅱ ▶ | PM | DB | ES | **AU** | ST | SA | NW | **SM** | **SC** | | | 考察 |

問 374　販売管理システムの監査手続

☑ ☑ ☑

販売管理システムにおいて，起票された受注伝票の入力が，漏れなく，かつ，重複することなく実施されていることを確かめる監査手続として，適切なものはどれか。

- ア　受注データから値引取引データなどの例外取引データを抽出し，承認の記録を確かめる。
- イ　受注伝票の入力時に論理チェック及びフォーマットチェックが行われているか，テストデータ法で確かめる。
- ウ　販売管理システムから出力したプルーフリストと受注伝票との照合が行われているか，プルーフリストと受注伝票上の照合印を確かめる。
- エ　並行シミュレーション法を用いて，受注伝票を処理するプログラムの論理の正確性を確かめる。

[AP-R1 年秋 問 60・AP-H29 年春 問 59・AP-H27 年秋 問 59・
AM1-H27 年秋 問 22・AP-H25 年秋 問 59・
AM1-H25 年秋 問 21・AP-H23 年秋 問 59]

■ 解説 ■

ウが適切である。**プルーフリスト**は，入力したデータをそのまま出力した一覧表である。これを受注伝票と 1 件ずつ照合して完全に一致していれば，入力漏れや重複入力がないことを確認できる。

アは適切でない。受注伝票が漏れや重複なく入力されているかどうかは，その伝票の取引内容とは無関係である。

イは適切でない。**テストデータ法**は，監査人がシステムにデータを入力して結果を確かめることで，システムに問題がないことを確認する監査技法である。受注伝票が漏れや重複なく入力されているかどうかは確認できない。

エは適切でない。**並行シミュレーション法**は，監査対象システムと同一の処理を行うシステムを監査人が独自に用意して，両者に同一データを入力して実行結果を比較することにより，内部処理の正当性を確認する監査技法である。受注伝票が漏れや重複なく入力されているかどうかは確認で

きない。

《答：ウ》

| Lv.3 | 午前Ⅰ ▶ | 全区分 午前Ⅱ ▶ | PM | DB | ES | AU | ST | SA | NW | SM | SC |

問375　マスタファイル管理のシステム監査項目 ☑ ☑ ☑

マスタファイル管理に関するシステム監査項目のうち，可用性に該当するものはどれか。

- ア　マスタファイルが置かれているサーバを二重化し，耐障害性の向上を図っていること
- イ　マスタファイルのデータを複数件まとめて検索・加工するための機能が，システムに盛り込まれていること
- ウ　マスタファイルのメンテナンスは，特権アカウントを付与された者だけに許されていること
- エ　マスタファイルへのデータ入力チェック機能が，システムに盛り込まれていること

[AP-R3年春 問59・AM1-R3年春 問21・AP-H30年春 問60・
AM1-H30年春 問22・AP-H27年春 問59]

■ 解説 ■

アが，**可用性**に該当する。"非機能要求グレード2018"には，次のようにある。

大項目	中項目	小項目	小項目説明	メトリクス（指標）
可用性	耐障害性	サーバ	サーバで発生する障害に対して，要求されたサービスを維持するための要求。	冗長化

出典："非機能要求グレード2018　システム基盤の非機能要求に関する項目一覧"
（独立行政法人　情報処理推進機構，2018）

イ，**エ**は，システムに本来必要とされる機能で，機能要件に該当する。
ウは，非機能要件で，セキュリティに該当する。

《答：ア》

466 Chapter 06　サービスマネジメント

Lv.3 午前Ⅰ ▶ 全区分 午前Ⅱ ▶ PM DB ES **AU** ST SA NW **SM** **SC** 考察❓

問 **376** **ペネトレーションテストが適合するチェックポイント** ☑ ☑ ☑

システム監査において，ペネトレーションテストが最も適合するチェックポイントはどれか。

ア　オフィスへの入退室に，不正防止及び機密保護の物理的な対策が講じられているか。

イ　データ入力が漏れなく，重複なく正確に行われているか。

ウ　ネットワークの負荷状況の推移が記録，分析されているか。

エ　ネットワークへのアクセスコントロールが有効に機能しているか。

[AU-R2 年秋 問 4・AP-H30 年秋 問 59・
AU-H27 年春 問 3・AU-H25 年春 問 4]

■ **解説** ■

エが最も適合する。**ペネトレーションテスト**は，テスト対象システムに対し，外部から模擬的に攻撃を仕掛けて，システムへの不正アクセスが可能かどうか検証する手法である。もし不正アクセスできる状況なら，ネットワークへのアクセスコントロール（アクセス制御）が有効に機能していないことが分かる。ただし，テストで不正アクセスできなかったとしても，他の方法で不正アクセスできる可能性はあるため，アクセスコントロールに不備が全くないとは言い切れない。

アは，物理的セキュリティ対策の問題であり，適合しない。

イは，データ入力の正確性に関する業務手順の問題であり，適合しない。

ウは，負荷状況の記録と分析の問題であり，適合しない。

《答：エ》

午前Ⅱ

PM
DB
ES
AU
ST
SA
NW
SM
SC

テーマ 16　システム監査　**467**

| Lv.4 | 午前Ⅰ ▶ | 全区分 午前Ⅱ ▶ | PM | DB | ES | **AU** | ST | SA | NW | SM | SC |

問 377 　ITF 法

☑ ☑ ☑

システム監査技法である ITF（Integrated Test Facility）法の説明はどれか。

ア　監査機能をもったモジュールを監査対象プログラムに組み込んで実環境下で実行し，抽出条件に合った例外データ，異常データなどを収集し，監査対象プログラムの処理の正確性を検証する方法である。

イ　監査対象ファイルにシステム監査人用の口座を設け，実稼働中にテストデータを入力し，その結果をあらかじめ用意した正しい結果と照合して，監査対象プログラムの処理の正確性を検証する方法である。

ウ　システム監査人が準備した監査用プログラムと監査対象プログラムに同一のデータを入力し，両者の実行結果を比較することによって，監査対象プログラムの処理の正確性を検証する方法である。

エ　プログラムの検証したい部分を通過したときの状態を出力し，それらのデータを基に監査対象プログラムの処理の正確性を検証する方法である。

[AU-R3 年秋 問 5・AU-H31 年春 問 2・AU-H29 年春 問 4・
AU-H27 年春 問 1・AU-H25 年春 問 1]

■ 解説 ■

　ITF 法は，監査対象システム内にテスト用のアカウント（ダミーの会社や口座）を作成し，システム監査人が取引を実施して，処理の正当性を確認する方法である。本番環境内で監査を実施できることや，処理結果の正当性だけでなく処理過程を検証できる利点がある。

　アは組込み監査モジュール法，ウは並行シミュレーション法，エはスナップショット法の説明である。

《答：イ》

468　Chapter 06　サービスマネジメント

Lv.3 午前Ⅰ ▶ 全区分 午前Ⅱ ▶ PM DB ES **AU** ST SA NW **SM** **SC**

問 378 情報システムの可監査性

情報システムの可監査性を説明したものはどれか。

- ア コントロールの有効性を監査できるように，情報システムが設計・運用されていること
- イ システム監査人が，監査の目的に合致した有効な手続を行える能力をもっていること
- ウ 情報システムから入手した監査証拠の十分性と監査報告書の完成度が保たれていること
- エ 情報システム部門の積極的な協力が得られること

[AP-H30 年秋 問 60・AM1-H30 年秋 問 22・AU-H22 年春 問 9]

■ 解説 ■

アが，**可監査性**の説明である。これは，情報システムが内部統制に従って運用されている証拠を容易に示せる性質である。例えば，システム運用記録の出力機能が備わっていて，監査人の求めに応じていつでも出力できれば，可監査性が高い。

可監査性が高ければ，日常的，継続的に部門内でシステム運用状況をチェックすることも可能で，内部統制の強化にもつながる。

《答：ア》

テーマ 16 **システム監査**　**469**

| Lv.4 | 午前Ⅰ ▶ | 全区分 | 午前Ⅱ ▶ | PM | DB | ES | AU | ST | SA | NW | SM | SC | | 知識 | |

問 379 十分かつ適切な監査証拠 ☑ ☑ ☑

システム監査基準（平成 30 年）における "十分かつ適切な監査証拠"
を説明したものはどれか。

ア　証拠としての質的十分性を備え，証拠の保管要件に適合し，か
　　つ偽造されていないことが確認された証拠
イ　証拠としての質的十分性を備え，法令及び組織の内部規則に適
　　合し，かつ適切な方法によって入手された証拠
ウ　証拠としての量的十分性を備え，システム管理基準に適合し，
　　かつ情報システムから出力された証拠
エ　証拠としての量的十分性を備え，確かめるべき事項に適合し，
　　かつ証明力を備えた証拠

[AU-R3 年秋 問 8]

■ 解説 ■

システム監査基準（平成 30 年）には，次のようにある。

> Ⅳ. システム監査実施に係る基準
> 【基準 8】監査証拠の入手と評価
> ＜主旨＞（略）
> ＜解釈指針＞
> 2. 監査手続は，監査対象の実態を把握するための予備調査（事前調査ともい
> 　う。），及び予備調査で得た情報を踏まえて，十分かつ適切な監査証拠を入手
> 　するための本調査に分けて実施される。
> (3) 本調査は，監査の結論を裏付けるために，十分かつ適切な監査証拠を入
> 　手するプロセスをいう。十分かつ適切な監査証拠とは，<u>証拠としての量的十</u>
> 　<u>分性と，確かめるべき事項に適合しかつ証明力を備えた証拠</u>をいう。

出典：“システム監査基準（平成 30 年）”（経済産業省，2018）

よって，**エ**が "十分かつ適切な監査証拠" の説明である。

《答：エ》

470　Chapter 06　サービスマネジメント

Lv.4 　午前Ⅰ ▶ 　全区分 午前Ⅱ ▶ 　PM DB ES **AU** ST SA NW SM SC 　　　　考察

問 380　監査の結論の形成

システム監査基準（平成 30 年）の"監査の結論の形成"において規定されているシステム監査人の行為として，適切なものはどれか。

ア　監査調書に記載された監査人の所見，当該事実を裏づける監査証拠などについて，監査対象部門との間で意見交換会は行わない。

イ　監査調書に記載された不備を指摘事項として報告する場合には，全ての不備を監査報告書に記載する。

ウ　監査の結論を形成した後で，結論に至ったプロセスを監査調書として作成する。

エ　保証を目的とした監査であれ，助言を目的とした監査であれ，監査の結論を表明するための合理的な根拠を得るまで監査手続を実施する。

[AU-R3 年秋 問 6]

■ 解説 ■

システム監査基準（平成 30 年）には，次のようにある。

【基準 10】監査の結論の形成

　システム監査人は，監査報告に先立って，監査調書の内容を詳細に検討し，合理的な根拠に基づき，監査の結論を導かなければならない。

＜主旨＞

　システム監査人は，監査報告に先立って，監査調書に基づいて結論を導く必要がある。保証を目的としたシステム監査であれ，助言を目的としたシステム監査であれ，結論の報告は合理的な根拠に基づくものでなければならない。

＜解釈指針＞

1.　システム監査人は，結論を表明するための合理的な根拠を得るまで監査手続を実施することで，十分かつ適切な監査証拠を入手し，結論表明のための合理的な根拠を固める必要がある。

2.　システム監査人は，監査調書に基づいて結論表明のための合理的な根拠を固める必要があり，論理の飛躍がないように心掛ける必要がある。

午前Ⅱ

PM

DB

ES

AU

ST

SA

NW

SM

SC

テーマ 16　システム監査　**471**

3. システム監査人は，監査調書の内容から明らかになった，情報システムのガバナンス，マネジメント，又はコントロールの不備がある場合，その内容と重要性から監査報告書の指摘事項とすべきかどうかを判断する必要がある。

　その場合，システム監査人は，<u>監査調書に記載された不備の全てを監査報告書における指摘事項とする必要はない。</u>また，監査報告書の指摘事項とすべき場合であっても，その内容と重要性に基づいて，事前に順位付けを行っておく必要がある。

4. 監査報告書における指摘事項とすべきと判断した場合であっても，<u>監査調書に記録されたシステム監査人の所見，当該事実を裏づける監査証拠等について，監査対象部門との間で意見交換会や監査講評会を通じて事実確認を行う必要がある。</u>

出典："システム監査基準（平成 30 年）"（経済産業省，2018）

よって，**エ**が適切である。

アは適切でない。監査対象部門との間で意見交換を通じて事実確認を行う。

イは適切でない。全ての不備を監査報告書における指摘事項とする必要はない。

ウは適切でない。監査調書に基づいて結論を導くために，監査調書は先に作成する。

《答：エ》

問 381　システム監査報告書で報告すべき指摘事項

データベースの直接修正に関して，監査人がシステム監査報告書で報告すべき指摘事項はどれか。ここで，直接修正とは，アプリケーションソフトウェアの機能を経由せずに，特権IDを使用してデータを追加，変更又は削除することをいう。

ア　更新ログを加工して，アプリケーションソフトウェアの機能を経由した正常な処理によるログとして残していた。
イ　事前のデータ変更申請の承認，及び事後のデータ変更結果の承認を行っていた。
ウ　直接修正の作業時以外は，使用する直接修正用の特権IDを無効にしていた。
エ　利用部門からのデータ変更依頼票に基づいて，システム部門が直接修正を実施していた。

[AU-R2年秋 問9・SC-H30年春 問25]

■ 解説 ■

アが指摘事項である。ログは，システムが行った処理の履歴を時系列で記録したファイルである。ログは処理の調査や検証に用いられるため，事後的に書き換えてはならない。直接修正を行った履歴は，アプリケーションソフトウェアが記録する更新ログでなく，直接修正による更新ログに記録される仕組みとすべきである。

イは指摘事項に当たらない。直接修正について，責任者が承認する手続きが定められ，それに沿って処理をしていれば問題はない。

ウは指摘事項に当たらない。作業時以外は特権IDを無効にすると，無断での直接修正を抑止できるので適切である。

エは指摘事項に当たらない。直接修正について，利用部門がシステム部門に依頼する手続きが定められ，それに沿って処理をしていれば問題はない。

《答：ア》

| Lv.3 | 午前Ⅰ ▶ | 全区分 午前Ⅱ ▶ | PM | DB | ES | AU | ST | SA | NW | SM | SC | | | 考察 |

問 382　システム監査人が行う改善提案のフォローアップ ☑ ☑ ☑

システム監査人が行う改善提案のフォローアップとして，適切なものは
どれか。

　　ア　改善提案に対する改善の実施を監査対象部門の長に指示する。
　　イ　改善提案に対する監査対象部門の改善実施プロジェクトの管理
　　　　を行う。
　　ウ　改善提案に対する監査対象部門の改善状況をモニタリングする。
　　エ　改善提案の内容を監査対象部門に示した上で改善実施計画を策
　　　　定する。

[AP-R3 年春 問 60・AM1-R3 年春 問 22]

■ 解説 ■

システム監査基準（平成 30 年）には，次のようにある。

Ⅴ．システム監査報告とフォローアップに係る基準
【基準 12】改善提案のフォローアップ

　　システム監査人は，監査報告書に改善提案を記載した場合，適切な措置が，
適時に講じられているかどうかを確認するために，改善計画及びその実施状
況に関する情報を収集し，改善状況をモニタリングしなければならない。

＜主旨＞
　システム監査は，監査報告書の作成と提出をもって終了するが，監査報告書
に改善提案を記載した場合には，当該改善事項が適切かつ適時に実施されてい
るかどうかを確かめておく必要がある。なお，システム監査人は，改善の実施
そのものに責任をもつことはなく，改善の実施が適切であるかどうかをフォ
ローアップし，システム監査の依頼者たる経営陣に報告することになる点に留
意する。
＜解釈指針＞
1.　システム監査人は，監査報告書に記載した改善提案への対応状況について
　　監査対象部門又は改善責任部門等から，一定期間以内に，具体的な改善内容
　　と方法，実施体制と責任者，進捗状況又は今後のスケジュール等を記載した
　　改善計画書を受領し，適宜，改善実施状況報告書などによって改善状況をモ
　　ニタリングする必要がある。（後略）

2. フォローアップは，監査対象部門の責任において実施される改善をシステム監査人が事後的に確認するという性質のものであり，システム監査人による改善計画の策定及びその実行への関与は，独立性と客観性を損なうことに留意すべきである。

出典："システム監査基準（平成 30 年）"（経済産業省，2018)

よって，**ウ**が適切である。

ア，**イ**，**エ**は，適切でない。改善提案はシステム監査人が行うが，改善の計画策定やプロジェクト管理等は監査対象部門の責任において実施する。

《答：ウ》

Lv.4　午前Ⅰ▶　全区分　午前Ⅱ▶　PM　DB　ES　**AU**　ST　SA　NW　SM　SC　考察?

問 **383**　**システム監査の品質**　☑☑☑

システム監査基準（平成 30 年）における，システム監査の品質に関する記述として，最も適切なものはどれか。

ア　外部の専門事業者に監査業務の実施を委託し，独立性の観点から，監査の品質管理体制の確認を含めて全てを任せる。

イ　監査業務の品質を維持し，向上させるために，組織体内部による点検・評価を行う必要はなく，組織体外部の独立した主体による点検・評価を実施する。

ウ　監査に対する監査依頼者のニーズを満たしているかどうかを含め，監査品質を確保するための体制を整備する。

エ　システム監査基準は監査業務を実施するためのテンプレートを規定しており，それを利用することによって監査業務の品質を確保する。

[AU-R2 年秋 問 2]

■ 解説 ■

システム監査基準（平成 30 年）には，次のようにある。

テーマ 16　**システム監査**　　**475**

【基準3】 システム監査に対するニーズの把握と品質の確保
<主旨>
　システム監査は，任意監査（法令等によって強制されない監査）であることから，基本的にはシステム監査の依頼者（通例，業務執行の最高責任者であるが，内部監査を所管する役職員，又はモニタリング機能を担う役職員等の場合もある。）がいかなるニーズをもっているかを十分に踏まえたものでなければならない。また，システム監査に対するニーズを満たしているかどうかを含め，一定の監査品質を確保するための体制の整備が必要である。
<解釈指針>
1.　システム監査を実施する場合，システム監査の依頼者のニーズによって，それに見合ったシステム監査の目的が決定され，システム監査の対象が選択される。(後略)
2.　システム監査のニーズに応じて，公表されている各種基準・ガイドライン等を適切に選択し，必要に応じて組み合わせて，判断尺度とすることが望ましい。(後略)
3.　システム監査の実施に際しては，システム監査業務の品質を維持し，さらにはシステム監査業務の改善を通じてその品質を高めるために，内部監査部門内等での自己点検・評価（内部評価），及び組織体外部の独立した主体による点検・評価（外部評価）を定期的に実施することが望ましい。(後略)
4.　システム監査を外部の専門事業者に委託して実施する場合にも，委託先における監査の品質管理体制を確かめておくことが必要である。

出典：“システム監査基準（平成30年）”（経済産業省，2018）

よって，**ウ**が適切である。

アは適切でない。外部委託するときも，委託先の品質管理体制を確認する。

イは適切でない。内部評価と外部評価を定期的に実施する。

エは適切でない。テンプレートを規定しているものでなく，システム監査のニーズに応じて判断尺度を決める。

《答：ウ》

| Lv.3 | 午前Ⅰ ▶ | 全区分 午前Ⅱ ▶ | PM | DB | ES | AU | ST | SA | NW | SM | SC |

問 **384** 情報セキュリティの保証型監査と助言型監査 ☑ ☑ ☑

情報セキュリティ監査基準（Ver 1.0）における，情報セキュリティに保証を付与することを目的とした監査（保証型の監査）と，情報セキュリティに対して助言を行うことを目的とした監査（助言型の監査）とに関する記述のうち，適切なものはどれか。

ア　助言型の監査とは，監査上の判断の尺度として情報セキュリティ管理基準を利用するか否かにかかわらず，情報セキュリティ上の問題点の指摘と改善提言は監査人の自由裁量で行う監査のことである。

イ　助言型の監査とは，監査対象の情報セキュリティに関するマネジメントやコントロールの適切な運用を目的として，情報セキュリティ上の問題点について改善を命令する監査のことである。

ウ　保証型の監査とは，監査手続を実施した限りにおいて，監査対象の情報セキュリティに関するマネジメントやコントロールが適切か否かを保証する監査のことである。

エ　保証型の監査とは，監査の結果としてインシデントが発生しないことをステークホルダに対して保証する監査のことである。

[SM-R3 年春 問 14・AU-H21 年春 問 5]

■ **解説** ■

情報セキュリティ監査基準（Ver.1.0）には，次のようにある。

> 情報セキュリティ監査の目的
> 　情報セキュリティ監査の目的は，情報セキュリティに係るリスクのマネジメントが効果的に実施されるように，リスクアセスメントに基づく適切なコントロールの整備，運用状況を，情報セキュリティ監査人が独立かつ専門的な立場から検証又は評価して，もって保証を与えあるいは助言を行うことにある。
> 　情報セキュリティのマネジメントは第一義的には組織体の責任において行われるべきものであり，情報セキュリティ監査は組織体のマネジメントが有効に行われることを保証又は助言を通じて支援するものである。
> 　情報セキュリティ監査は，情報セキュリティに係るリスクのマネジメント又はコントロールを対象として行われるものであるが，具体的に設定される監査の目的と監査の対象は監査依頼者の要請に応じたものでなければならない。

出典："情報セキュリティ監査基準（Ver.1.0）"（経済産業省，2003）

テーマ 16　システム監査　　**477**

よって，**ウ**が適切である。

アは適切でない。助言型の監査では，監査人は問題点の指摘と改善提言を行う。

イは適切でない。監査人は改善提言を行うが，改善を命じる立場にはない。改善は監査対象の責任で実施する。

エは適切でない。監査人は，将来的にインシデントが発生しないことまで保証できない。

《答：ウ》

問 385　システム監査基準の説明

システム監査基準（平成 30 年）の説明はどれか。

　ア　監査ポイントを網羅したチェックリストである。
　イ　システム監査人の行為規範である。
　ウ　システム監査の効率的・効果的遂行を可能にする監査上の判断尺度である。
　エ　システムの品質を確保するための管理指針である。

[AU-R3 年秋 問 4・AU-H31 年春 問 9]

■ 解説 ■

システム監査基準（平成 30 年）には，次のようにある。

> 前文（システム監査基準の活用にあたって）
> ［2］システム監査基準の意義と適用上の留意事項
> 　「システム監査基準」（以下，「本監査基準」という。）とは，情報システムのガバナンス，マネジメント又はコントロールを点検・評価・検証する業務（以下「システム監査業務」という。）の品質を確保し，有効かつ効率的な監査を実現するためのシステム監査人の行為規範である。（後略）
> ［3］システム監査上の判断尺度
> 　本監査基準に基づくシステム監査においては，情報システムのガバナンス，マネジメント又はコントロールを点検・評価・検証する際の判断の尺度（以下「システム監査上の判断尺度」という。）として，原則として「システム管理基準」又は当該基準を組織体の特性や状況等に応じて編集した基準・規程等を利用することが望ましい。（後略）

出典："システム監査基準（平成 30 年）"（経済産業省，2018）

よって，**イ**が**システム監査基準**の説明である。
ウは，**システム管理基準**の説明である。
ア，**エ**は，指すものが明確でない。

《答：イ》

Lv.4 午前Ⅰ▶ 全区分 午前Ⅱ▶ PM DB ES AU ST SA NW SM SC

問386　アジャイル開発において留意すべき取扱い ☑ ☑ ☑

システム管理基準（平成30年）に規定されたアジャイル開発において留意すべき取扱いとして，最も適切なものはどれか。

　ア　開発チームは，あらかじめ計画した組織体制及び開発工程に基づく分業制をとり，開発を進めること
　イ　開発チームは，開発工程ごとの完了基準に沿って，開発プロセスを逐次的に進めること
　ウ　プロダクトオーナー及び開発チームは，反復開発の開始後に，リリース計画を策定すること
　エ　プロダクトオーナー及び開発チームは，利害関係者へのデモンストレーションを実施すること

［AU-R3年秋 問3・AU-H31年春 問5］

■ 解説 ■

システム管理基準（平成30年）から，選択肢に関連する箇所を引用すると，次のとおりである。

> Ⅳ．アジャイル開発
> 1．アジャイル開発の概要（略）
> 2．アジャイル開発に関係する人材の役割
> (1)（略）
> (2)開発チームは，複合的な技能と，それを発揮する主体性を持つこと。
> 　＜主旨＞　アジャイル開発では，従来型開発のように予め計画した組織体制，及び工程に基づく分業制はとらない。開発チームは，分析・設計・プログラミング・テストといった複数の技能を備え，開発作業全般を自律的に推進する必要がある。

テーマ16　システム監査　479

3. アジャイル開発のプロセス（反復開発）
(1) プロダクトオーナーと開発チームは，反復開発によって，ユーザが利用可能な状態の情報システムを継続的にリリースすること。

＜主旨＞　アジャイル開発では，従来型開発のように工程毎の完了基準に沿って，開発プロセスを逐次的に進めることはない。情報システムをイテレーション毎にユーザ利用可能な機能を段階的にリリースする開発プロセスである。アジャイル開発は，イテレーションを反復し，情報システムをリリースする。

(2) プロダクトオーナーと開発チームは，反復開発を開始する前にリリース計画を策定すること。
(3) ～ (4)（略）
(5) プロダクトオーナー及び開発チームは，利害関係者へのデモンストレーションを実施すること。

出典：“システム管理基準（平成30年）”（経済産業省，2018）

よって，**エ**が適切である。

《答：エ》

16-2 ● 内部統制

| Lv.4 | 午前Ⅰ ▶ | 全区分 | 午前Ⅱ ▶ | PM | DB | ES | **AU** | ST | SA | NW | SM | SC |

問387　固定資産管理システムに係るIT全般統制

固定資産管理システムに係るIT全般統制として，最も適切なものはどれか。

ア　会計基準や法人税法などの改正を調査した上で，システムの変更要件を定義し，承認を得る。

イ　固定資産情報の登録に伴って耐用年数をシステム入力する際に，法人税法の耐用年数表との突合せを行う。

ウ　システムで自動計算された減価償却費のうち，製造原価に配賦されるべき金額の振替仕訳伝票を起票する。

エ　システムに登録された固定資産情報と固定資産の棚卸結果とを照合して，除却・売却処理に漏れがないことを確認する。

[AU-R3年秋 問10・AU-H31年春 問7・AU-H29年春 問9]

480 Chapter 06　サービスマネジメント

■ 解説 ■

財務報告に係る内部統制の評価及び監査の基準には，次のようにある。

Ⅰ．内部統制の基本的枠組み

2. 内部統制の基本的要素

(6) IT（情報技術）への対応

② IT の利用及び統制

〔IT の統制〕

ロ．IT の統制の構築

　経営者は，自ら設定した IT の統制目標を達成するため，IT の統制を構築する。IT に対する統制活動は，全般統制と業務処理統制の二つからなり，完全かつ正確な情報の処理を確保するためには，両者が一体となって機能することが重要となる。

　a．IT に係る全般統制

　　　IT に係る全般統制とは，業務処理統制が有効に機能する環境を保証するための統制活動を意味しており，通常，複数の業務処理統制に関係する方針と手続をいう。

　b．IT に係る業務処理統制

　　　IT に係る業務処理統制とは，業務を管理するシステムにおいて，承認された業務が全て正確に処理，記録されることを確保するために業務プロセスに組み込まれた IT に係る内部統制である。

出典：“財務報告に係る内部統制の評価及び監査の基準”
（金融庁企業会計審議会，2019）

よって，**ア**が，**IT 全般統制**として最も適切である。

イ，**ウ**，**エ**は，**IT 業務処理統制**である。

《答：ア》

問388 受託業務に係る内部統制の保証報告書

財務報告に関連する業務についてクラウドサービスを委託している場合，日本公認会計士協会の監査・保証実務委員会保証業務実務指針3402"受託業務に係る内部統制の保証報告書に関する実務指針（2019年）"に基づいて作成される文書と作成者の適切な組合せはどれか。ここで，受託業務の一部については再委託が行われており，除外方式を採用しているものとする。

	保証報告書	システムに関する記述書	受託会社確認書
ア	受託会社	受託会社監査人	再受託会社
イ	受託会社監査人	受託会社	再受託会社
ウ	受託会社監査人	受託会社	受託会社
エ	受託会社監査人	受託会社監査人	受託会社監査人

[AU-R3年秋 問7・AU-H31年春 問4・AU-H28年春 問6・AU-H26年春 問9]

解説

本指針は，「監査事務所が，委託会社の財務報告に関連する業務を提供する受託会社の内部統制に関して，委託会社と委託会社監査人が利用するための報告書を提供する保証業務に関する実務上の指針を提供するもの」である。

図のように，A社（委託会社），B社（受託会社），C社（再受託会社），X氏（委託会社監査人），Y氏（受託会社監査人）があるとする。

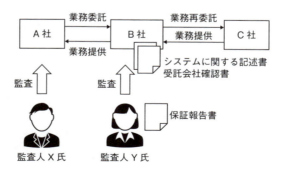

X氏がA社の業務を監査するには，A社が業務委託するB社も内部統制が整備され，適切に運用されているか調べる必要がある。しかし，B社は多数の会社から業務を受託しており，いちいち調査に応じることは難しい。そこでB社はあらかじめ，B社サービスの内部統制や運用状況の説明資料として，「システムに関する記述書」及び「受託会社確認書」を作成する。Y氏はこれを参考にB社を監査し，適切と判断すれば「保証報告書」を作成してB社に提出する。

B社は，A社の求めに応じて保証報告書を提出する。X氏はこれを参照して，A社の監査を行う。X氏はB社を調査する手間が減り，B社は多数の委託会社の調査に応じる負担がなくなる。

なお，除外方式とは，B社がC社に再委託している業務を，保証報告書による保証対象外とする方式である。一方，一体方式は，再委託している業務も含めて保証対象とする方式である。

よって，**ウ**が適切である。

《答：ウ》

Lv.4 午前Ⅰ ▶ 全区分 午前Ⅱ ▶ PM DB ES AU ST SA NW SM SC 考察

問389 内部統制監査におけるリスクアプローチ ☑ ☑ ☑

財務報告に係る内部統制監査におけるリスクアプローチの説明のうち，適切なものはどれか。

ア　監査の効率性を念頭におき，固有リスクだけを評価する。

イ　財務諸表の重要な虚偽表示リスクの有無にかかわらず，任意に抽出した業務プロセスに対してリスクを評価する。

ウ　財務報告に係る全ての業務に対して，ボトムアップで網羅的にリスクを洗い出して評価する。

エ　想定されるリスクのうち，財務諸表の重要な虚偽表示リスクが高い項目に監査のリソースを重点的に配分する。

[AU-R2年秋 問5・AU-H28年春 問3]

テーマ16　システム監査　483

■ 解説 ■

リスクアプローチは，監査を効果的，効率的に進めるための手法をいう。監査基準（令和2年）には，次のようにある。

第三　実施基準

二　監査計画の策定

1　監査人は，監査を効果的かつ効率的に実施するために，監査リスクと監査上の重要性を勘案して監査計画を策定しなければならない。

2　監査人は，監査計画の策定に当たり，景気の動向，企業が属する産業の状況，企業の事業内容及び組織，経営者の経営理念，経営方針，内部統制の整備状況，情報技術の利用状況その他企業の経営活動に関わる情報を入手し，企業及び企業環境に内在する事業上のリスク等がもたらす財務諸表における重要な虚偽表示のリスクを暫定的に評価しなければならない。

3　監査人は，広く財務諸表全体に関係し特定の財務諸表項目のみに関連づけられない重要な虚偽表示のリスクがあると判断した場合には，そのリスクの程度に応じて，補助者の増員，専門家の配置，適切な監査時間の確保等の全般的な対応を監査計画に反映させなければならない。

4　監査人は，財務諸表項目に関連した重要な虚偽表示のリスクの評価に当たっては，固有リスク及び統制リスクを分けて評価しなければならない。（後略）

出典：“監査基準（令和2年）”（金融庁企業会計審議会，2020）

- 固有リスク…関連する内部統制が存在していないとの仮定の上で，財務諸表に重要な虚偽の表示がなされる可能性。
- 統制リスク…財務諸表の重要な虚偽の表示が，企業の内部統制によって防止又は適時に発見されない可能性。
- 重要な虚偽表示リスク…固有リスクと統制リスクを結合したリスク。
- 発見リスク…企業の内部統制によって防止又は発見されなかった財務諸表の重要な虚偽の表示が，監査手続を実施してもなお発見されない可能性。
- 監査リスク…監査人が，財務諸表の重要な虚偽の表示を看過して誤った意見を形成する可能性。重要な虚偽表示リスクと発見リスクを結合したリスク。

よって，**エ**が適切である。

アは適切でない。効率性を考慮して，固有リスクと統制リスクを分けて評価する必要がある。

イ，**ウ**は適切でない。トップダウンで全ての業務に対して重要な虚偽表示のリスクを暫定的に評価し，その結果を基に抽出した業務プロセスに対

484　Chapter 06　サービスマネジメント

してリスクを洗い出して評価する必要がある。

《答：エ》

| Lv.3 | 午前Ⅰ▶ | 全区分 | 午前Ⅱ▶ | PM | DB | ES | AU | ST | SA | NW | SM | SC |

問 390　内部統制に関係を有する者の役割と責任　☑ ☑ ☑

金融庁"財務報告に係る内部統制の評価及び監査の基準（平成23年)"
における内部統制に関係を有する者の役割と責任に関する記述のうち，
適切なものはどれか。

- ア　会計監査人は，内部統制の整備及び運用に係る基本方針を決定する。
- イ　監査役は，独立した立場から，内部統制の整備及び運用状況を監視，検証する。
- ウ　取締役会は，内部統制の整備及び運用に係る基本方針に基づき，内部統制を整備し運用する。
- エ　内部監査人は，内部統制の整備及び運用状況の改善を実施する。

[AU-H30年春 問10]

■ **解説** ■

　この基準から，内部統制に関係を有する者の役割と責任に関する箇所を
引用すると，次のとおりである。

> 4．内部統制に関係を有する者の役割と責任
> (1) 経営者
> 　経営者は，組織のすべての活動について最終的な責任を有しており，その一
> 環として，取締役会が決定した基本方針に基づき内部統制を整備及び運用する
> 役割と責任がある。
> 　経営者は，その責任を果たすための手段として，社内組織を通じて内部統制
> の整備及び運用（モニタリングを含む。）を行う。（以下略）
> (2) 取締役会
> 　取締役会は，内部統制の整備及び運用に係る基本方針を決定する。
> 　取締役会は，経営者の業務執行を監督することから，経営者による内部統制
> の整備及び運用に対しても監督責任を有している。（以下略）

テーマ16　システム監査　**485**

> (3) 監査役又は監査委員会
>   監査役又は監査委員会は，取締役及び執行役の職務の執行に対する監査の一環として，独立した立場から，内部統制の整備及び運用状況を監視，検証する役割と責任を有している。
> (4) 内部監査人
>   内部監査人は，内部統制の目的をより効果的に達成するために，内部統制の基本的要素の一つであるモニタリングの一環として，内部統制の整備及び運用状況を検討，評価し，必要に応じて，その改善を促す職務を担っている。
> (5) 組織内のその他の者　（略）

出典："財務報告に係る内部統制の評価及び監査の基準（平成 23 年）"
（金融庁企業会計審議会，2011）

よって，**イ**が適切である。
アは，会計監査人でなく，取締役会の役割と責任である。
ウは，取締役会でなく，経営者の役割と責任である。
エは，内部監査人でなく，経営者の役割と責任である。

《答：イ》

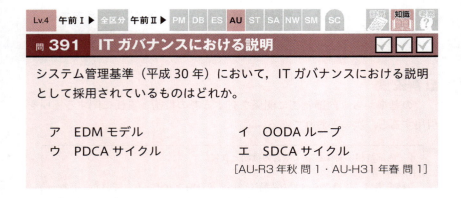

問 391　IT ガバナンスにおける説明

システム管理基準（平成 30 年）において，IT ガバナンスにおける説明として採用されているものはどれか。

　ア　EDM モデル　　　　　　　　イ　OODA ループ
　ウ　PDCA サイクル　　　　　　　エ　SDCA サイクル

[AU-R3 年秋 問 1・AU-H31 年春 問 1]

■解説■
システム管理基準（平成 30 年）には，次のようにある。

> システム管理基準の枠組み
> **2. IT ガバナンスにおける EDM モデル**
> 　本ガイドラインでは，前節の IT ガバナンスの定義における経営陣の行動を，情報システムの企画，開発，保守，運用に関わる IT マネジメントとそのプロセスに対して，経営陣が評価し，指示し，モニタすることとする。また，IT ガバナンスにおける国際標準である ISO/IEC 38500 シリーズ及び日本での規格である JIS Q 38500 より，評価（Evaluate），指示（Direct），モニタ（Monitor）の頭文字をとって EDM モデルと呼ぶ。
> - 評価とは，現在の情報システムと将来のあるべき姿を比較分析し，IT マネジメントに期待する効果と必要な資源，想定されるリスクを見積もることである。
> - 指示とは，情報システム戦略を実現するために必要な責任と資源を組織へ割り当て，期待する効果の実現と想定されるリスクに対処するよう，IT マネジメントを導くことである。
> - モニタとは，現在の情報システムについて，情報システム戦略で見積もった効果をどの程度満たしているか，割り当てた資源をどの程度使用しているか，及び，想定したリスクの発現状況についての情報を得られるよう，IT マネジメントを整備すると共に，IT マネジメントの評価と指示のために必要な情報を収集することである。

出典："システム管理基準（平成 30 年）"（経済産業省，2018）

よって，**ア**の **EDM モデル**が採用されている。

イの **OODA ループ**（ウーダ）は，Observe（観察）→ Orient（状況判断）→ Decide（意思決定）→ Act（行動）のループで素早く判断と意思決定を行う手法である。

ウの **PDCA サイクル**は，Plan（計画）→ Do（実行）→ Check（評価）→ Act（改善）のサイクルを繰り返す継続的改善の手法である。

エの **SDCA サイクル**は，Standardize（標準化）→ Do（実行）→ Check（評価）→ Act（改善）のサイクルで，標準を定めて運用と維持を行う手法である。

《答：ア》

テーマ 16　システム監査　**487**

Chapter **07**

システム戦略

テーマ		
17	**システム戦略**	
		問 392 ～ 問 403
18	**システム企画**	
		問 404 ～ 問 422

テーマ

午前Ⅰ ▶ **全区分** 午前Ⅱ ▶ | PM | DB | ES | AU | **ST** | **SA** | NW | SM | **SC**
Lv.3　　　　　　　　　　　　　　　　　Lv.4　Lv.3

17 システム戦略

問**392**〜問**403** 全**12**問

最近の出題数

	高度 午前Ⅰ	高度午前Ⅱ								
		PM	DB	ES	AU	ST	SA	NW	SM	SC
R4 年春期	1					2	1	－	－	－
R3 年秋期	2	－	－	－	－			－	－	－
R3 年春期	1					1	1	－	－	－
R2 年秋期	3	－	－	－	－			－	－	－

※表組み内の「－」は出題範囲外

試験区分別出題傾向（H21年以降）

午前Ⅰ	シラバス全体から出題されている。限られた内容が繰り返し出題されており，過去問題の再出題が非常に多い。
ST 午前Ⅱ	シラバス全体から，難易度の高い問題が多く出題されている。限られた内容が繰り返し出題されており，過去問題の再出題が非常に多い。
SA 午前Ⅱ	"情報システム戦略"からの出題例が多く，業務分析の手法に関するものが多い。

出題実績（H21年以降）

小分類	出題実績のある主な用語・キーワード
情報システム戦略	情報戦略，BCP（事業継続計画），IT 投資評価，TCO，業務モデル，BRM，エンタープライズアーキテクチャ，業務のあるべき姿，As Is，To Be，プログラムマネジメント
業務プロセス	CSF，KPI，KGI，BPR，BPO，BPMN，IDEAL，TRIZ，ソフトシステムズ方法論
ソリューションビジネス	SaaS，SOA，ERP，クラウドサービス，カスタマーエクスペリエンス
システム活用促進・評価	BI，ROI，オープンデータ，データサイエンス力，ディープラーニング，テレワーク

490　Chapter 07　システム戦略

17-1 ● 情報システム戦略

Lv.3 午前Ⅰ ▶ 全区分 午前Ⅱ ▶ PM DB ES AU ST SA NW SM SC

問 392　BCP

BCP の説明はどれか。

ア　企業の戦略を実現するために，財務，顧客，内部ビジネスプロセス，学習と成長という四つの視点から戦略を検討したもの

イ　企業の目標を達成するために業務内容や業務の流れを可視化し，一定のサイクルをもって継続的に業務プロセスを改善するもの

ウ　業務効率の向上，業務コストの削減を目的に，業務プロセスを対象としてアウトソースを実施するもの

エ　事業の中断・阻害に対応し，事業を復旧し，再開し，あらかじめ定められたレベルに回復するように組織を導く手順を文書化したもの

[AP-R1 年秋 問 61・AM1-R1 年秋 問 23・AP-H30 年春 問 62]

■ 解説 ■

JIS Q 22301:2013 には，次のようにある。

> 3 用語及び定義
> 3.6 事業継続計画（business continuity plan）
> 　事業の中断・阻害に対応し，事業を復旧し，再開し，あらかじめ定められたレベルに回復するように組織を導く文書化した手順。

出典：JIS Q 22301:2013（事業継続マネジメントシステム要求事項）

よって，**エ**が **BCP**（事業継続計画）の説明である。BCP は，BCM（事業継続管理）の活動を通じて作成される。ここでいう事業の中断・阻害とは，企業が大規模災害などの緊急事態に遭遇して業務遂行が不能となり，存続が危ぶまれるような状態をいう。BCP に従って重要な業務から再開し，早期に全ての業務を再開することを目指す。

アは，**BSC**（バランススコアカード）の説明である。

イは，**BPM**（ビジネスプロセス管理）の説明である。

ウは，**BPO**（ビジネスプロセスアウトソーシング）の説明である。

《答：エ》

テーマ 17　システム戦略　**491**

| Lv.3 | 午前Ⅰ ▶ | 全区分 午前Ⅱ ▶ | PM | DB | ES | AU | ST | SA | NW | SM | SC | | 計算 |

問 393 システム全体の目標達成度

定性的な評価項目を定量化するために評価点を与える方法がある。表に示す 4 段階評価を用いた場合，重み及び 4 段階評価の結果から評価されたシステム全体の目標達成度は，評価項目が全て目標どおりだった場合の評価点に対し，何％となるか。

システムの評価項目	重み	4 段階評価の結果
省力化効果	5	目標どおり
期間の短縮	8	変わらず
情報の統合化	12	部分改善

4 段階評価点　　　　3：目標どおり　　2：ほぼ目標どおり
　　　　　　　　　　1：部分改善　　　0：変わらず

ア 27　　　　　イ 36　　　　　ウ 43　　　　　エ 52

[AP-R1 年秋 問 64・AM1-R1 年秋 問 24・
AP-H30 年春 問 63・AP-H27 年春 問 65]

■ 解説 ■

システム全体の目標達成度は，各評価項目の（重み）×（4 段階評価点）の総和で求められる。「目標どおり」の評価点は 3 であるから，評価項目が全て目標どおりだったときの目標達成度は，(5+8+12)×3=75 点（満点）である。

実際の目標達成度は，5×3+8×0+12×1=27 点であったから，満点に対する割合は 27÷75=0.36=**36%** となる。

《答：イ》

Lv.3　午前Ⅰ ▶　全区分 午前Ⅱ ▶　PM DB ES AU **ST SA** NW SM SC

問 394　バランススコアカードを用いた IT 投資評価手法

IT 投資の評価手法のうち，バランススコアカードを用いた手法を説明したものはどれか。

ア　IT 投資の効果をキャッシュフローから求めた正味現在価値を用いて評価することによって，他の投資案件との比較を容易にする。

イ　IT 投資をその性質やリスクの共通性によってカテゴリに分類し，カテゴリ単位での投資割合を評価することによって，経営戦略と IT 投資の整合性を確保する。

ウ　財務，顧客，内部業務プロセスなど複数の視点ごとに IT 投資の業績評価指標を設定し，経営戦略との適合性を評価することで，IT 投資効果を多面的に評価する。

エ　初期投資に対する価値に加えて，将来において選択可能な収益やリスクの期待値を，金融市場で使われるオプション価格付け理論に基づいて評価する。

[SA-H30 年秋 問 17・AP-H26 年秋 問 61・AM1-H26 年秋 問 23]

■ 解説 ■

ウが，**バランススコアカード**を用いた評価手法である。バランススコアカードは，財務に限らない四つの視点で企業業績を評価するフレームワークである。IT 投資に適用すると，次のように多面的に投資効果を評価できる。

- 財務の視点…収益増加やコスト削減への貢献度
- 顧客の視点…新規顧客獲得や顧客満足度向上への貢献度
- 内部業務プロセスの視点…製品の品質向上や業務効率化への貢献度
- 学習と成長の視点…従業員の能力や士気向上への貢献度

アは，**ディスカウントキャッシュフロー**（DCF）を用いた評価手法である。
イは，**IT 投資ポートフォリオ**を用いた評価手法である。
エは，**リアルオプション**を用いた評価手法である。

《答：ウ》

テーマ 17　システム戦略　**493**

Lv.3 午前Ⅰ ▶ 全区分 午前Ⅱ ▶ PM DB ES AU ST SA NW SM SC

問 395 NRE (Non-Recurring Expense)

NRE（Non-Recurring Expense）の例として，適切なものはどれか。

ア 機器やシステムの保守及び管理に必要な費用
イ デバイスの設計，試作及び量産の準備に掛かる経費の総計
ウ 物理的な損害や精神的な損害を受けたときに発生する，当事者間での金銭のやり取り
エ ライセンス契約に基づき，特許使用の対価として支払う代金

[SA-H30 年秋 問 16]

■ 解説 ■

　イが**NRE**の例である。Recur は「再発する」，「繰り返す」などの意味である。NRE で「繰り返さない費用」という意味になり，特に工業製品の量産開始までの開発費を指す。デバイスの設計，試作，量産の準備に掛かる費用は，最初に一度だけ発生するので NRE である。量産開始後に繰り返し発生する製造費用と対比して用いられることが多い。

　アは，機器やシステムを使い続ける限り，継続的に発生する費用なので，NRE ではない。

　ウは，一時的な支出であるが，工業的な費用でないので，NRE ではない。

　エは，製品の量産開始時やその後に必要となる費用であり，NRE ではない。

《答：イ》

494　Chapter 07　システム戦略

Lv.3 午前Ⅰ ▶ 全区分 午前Ⅱ ▶ PM DB ES AU ST SA NW SM SC

問 396　情報戦略の投資対効果の評価

情報戦略の投資効果を評価するとき，利益額を分子に，投資額を分母に
して算出するものはどれか。

ア　EVA　　　イ　IRR　　　ウ　NPV　　　エ　ROI

[AP-R2 年秋 問 61・AM1-R2 年秋 問 23・AP-H29 年春 問 61・
AP-H27 年春 問 61・AM1-H27 年春 問 23・ST-H25 年秋 問 1・
AP-H24 年春 問 62・AM1-H24 年春 問 23・
AP-H22 年春 問 64・AM1-H22 年春 問 24]

■ 解説 ■

エの **ROI**（**投資収益率**：Return On Investment）が，利益額を投資額
で割って算出され，投資額に比べてどれほどの割合で利益を生んだかを表
す。情報戦略投資の費用対効果の評価指標となる。

アの **EVA**（**経済付加価値**：Economic Value Added）は，投資によっ
て得られた利益のうち，資本費用（投資額×資本コスト）を超えた額である。

イの **IRR**（**内部収益率**：Internal Rate of Return）は，投資効果の現在
価値と投資額の差がゼロになるような資本コストである。

ウの **NPV**（**正味現在価値**：Net Present Value）は，将来得られる価値
を現在価値に割り引いて合計したものである。

《答：エ》

テーマ 17　システム戦略　**495**

| Lv.3 | 午前Ⅰ ▶ | 全区分 | 午前Ⅱ ▶ | PM | DB | ES | AU | ST | SA | NW | SM | SC |

問 397　BRM（Business Reference Model）　☑ ☑ ☑

エンタープライズアーキテクチャの参照モデルのうち，BRM（Business Reference Model）として提供されるものはどれか。

- ア　アプリケーションサービスを機能的な観点から分類・体系化したサービスコンポーネント
- イ　サービスコンポーネントを実際に活用するためのプラットフォームやテクノロジの標準仕様
- ウ　参照モデルの中で最も業務に近い階層として提供される，業務分類に従った業務体系・システム体系と各種業務モデル
- エ　組織間で共有される可能性の高い情報について，名称，定義及び各種属性を総体的に記述したモデル

[ST-R1 年秋 問 1・ST-H26 年秋 問 1・SA-H24 年秋 問 17]

■ 解説 ■

「業務・システム最適化について」には，次のようにある。

Ⅱ．計画の作成方法
7．参照モデルの作成
（3）参照モデルの種類と整理
① 参照モデルの種類
　参照モデルとして，米国では次の5種類が考えられている。（中略）
② 政策・業務参照モデル（BRM：Business Reference Model）
　各府省で行われている業務を実施部署と切り離して機能的に記述したものであり，業務・システム最適化計画の基礎となるものである。（中略）
③ 業績測定参照モデル（PRM：Performance Reference Model）
　業績測定参照モデルは，業務・システム最適化の業績測定（Performance）の標準的な評価尺度を提供する。（中略）
④ データ参照モデル（DRM：Data Reference Model）
　データ参照モデルは，各府省，将来的には，地方自治体を含めて，組織を超えて流通する可能性の高い情報／データ及び共有される可能性の高い情報／データについて，名称，定義及び各種の属性（桁数など）を統一的に記述したモデルである。（中略）

496　Chapter 07　システム戦略

⑤ サービスコンポーネント参照モデル（SRM：Service Component Reference Model）

　サービスコンポーネント参照モデルは，すでに所有しているソフトウェアコンポーネントをビルディングブロックすることにより，新規に開発する部分を減らし，IT投資の削減，効率化をはかるために活用される参照モデルである。

⑥ 技術参照モデル（TRM：Technical Reference Model）

　技術参照モデルの詳細は次節で述べるが，技術参照モデルの目的は，（中略）技術の望ましい選択をガイドすることである。（後略）

出典：「業務・システム最適化について（Ver.1.1）～ Enterprise Architecture 策定ガイドライン～」（IT アソシエイト協議会，2003）

よって，**ウ**が **BRM** として提供されるものである。

アは SRM，**イ**は TRM，**エ**は DRM として提供されるものである。

《答：ウ》

Lv.3　午前Ⅰ ▶ 全区分 午前Ⅱ ▶ PM DB ES AU **ST SA** NW SM SC

問 398　プログラムマネジメント

事業目標達成のためのプログラムマネジメントの考え方として，適切なものはどれか。

ア　活動全体を複数のプロジェクトの結合体と捉え，複数のプロジェクトの連携，統合，相互作用を通じて価値を高め，組織全体の戦略の実現を図る。

イ　個々のプロジェクト管理を更に細分化することによって，プロジェクトに必要な技術や確保すべき経営資源の明確化を図る。

ウ　システムの開発に使用するプログラム言語や開発手法を早期に検討することによって，開発リスクを低減し，投資効果の最大化を図る。

エ　リスクを最小化するように支援する専門組織を設けることによって，組織全体のプロジェクトマネジメントの能力と品質の向上を図る。

[AP-R3 年秋 問 63・AP-H31 年春 問 61・AM1-H31 年春 問 23・
AP-H29 年春 問 62・AM1-H29 年春 問 23・SA-H25 年秋 問 17]

テーマ 17　システム戦略　**497**

■ 解説 ■

アがプログラムマネジメントの考え方である。プロジェクトマネジメントは，一つのプロジェクトを適切に遂行するための管理手法であり，他のプロジェクトとの関係は考慮しない。これに対して**プログラムマネジメント**は，組織内で並行して進んでいる複数のプロジェクトに対して，全体として最適となるよう管理するプロセスである。

PMBOK ガイド第 6 版には，次のようにある。

---

1 はじめに
1.2 基本的要素
1.2.3 プロジェクト，プログラム，ポートフォリオ，および定常業務のマネジメントの関係
1.2.3.2 プログラムマネジメント
　プログラムマネジメントとは，プログラム目標を達成するために，かつプログラム構成要素を個別にマネジメントすることによっては得られないベネフィットとコントロールを得るために，知識，スキル，原理原則をプログラムへ適用することと定義される。プログラム構成要素とは，プログラム内のプロジェクトおよび他のプログラムを指す。プロジェクト内の相互依存関係に焦点を当て，プロジェクトをマネジメントするための最適な手法を決定する。プログラムマネジメントは，複数のプロジェクト間，およびプロジェクトとプログラム・レベルとの間の相互依存関係に焦点を当て，それらをマネジメントするための最適な手法を決定する。

出典：『プロジェクトマネジメント知識体系ガイド（PMBOK ガイド）第 6 版』
(Project Management Institute, 2018)

《答：ア》

17-2 業務プロセス

問 399　業務プロセスの改善活動

物流業務において，10％の物流コストの削減の目標を立てて，図のような業務プロセスの改善活動を実施している。図中のcに相当する活動はどれか。

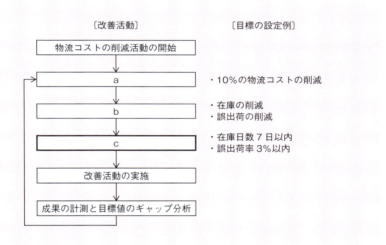

- ア　CSF（Critical Success Factor）の抽出
- イ　KGI（Key Goal Indicator）の設定
- ウ　KPI（Key Performance Indicator）の設定
- エ　MBO（Management by Objectives）の導入

[AP-R3年秋 問62・AM1-R3年秋 問23・ST-H27年秋 問3・AP-H25年春 問62・AM1-H26年春 問23・ST-H22年秋 問3]

■ 解説 ■

この改善活動のように，目標を立ててそれを達成するための活動を行い，成果と目標のギャップ分析を行うことを，**エ**の**MBO**（目標による管理）という。

aは，**イ**の**KGI**（経営目標達成指標）の設定である。「10％の物流コストの削減」は，企業が最終的に達成したいと考える目標を，具体的な値で設

定した指標である。

　bは，**ア**の **CSF**（重要成功要因）の抽出である。「在庫の削減，誤出荷の削減」は，最終的な目標達成のために特に重点的に取り組むべきテーマである。

　cは，**ウ**の **KPI**（重要業績達成指標）の設定である。「在庫日数 7 日以内，誤出荷率 3% 以内」は，目標を達成する途上の業務プロセスをモニタリングするための具体的な指標である。

《答：ウ》

問 400　IDEAL によるプロセス改善

IDEAL によるプロセス改善の取組みにおいて，図の b に当てはまる説明はどれか。ここで，ア〜エは a 〜 d のいずれかに対応する。

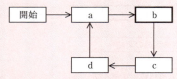

- ア　解決策を作り，その先行評価・試行・展開を行う。
- イ　改善活動の優先順位を設定し，具体的な改善計画を作成する。
- ウ　活動を分析してその妥当性を確認し，次のサイクルの準備を行う。
- エ　業務の現状を調査して可視化し，改善ポイントを明らかにする。

[ST-H30 年秋 問 1・ST-H26 年秋 問 2]

■ 解説 ■

　IDEAL は，カーネギーメロン大学ソフトウェア工学研究所（SEI）が提唱する組織的改善のモデルで，改善活動を開始，計画，実施するロードマップとして有用とされる。開始（Initiating）に続いて, 診断（Diagnosing）→確立（Establishing）→行動（Acting）→学習（Learning）を実施し，診断に戻ってサイクルを繰り返す。

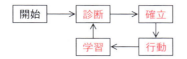

アは行動 (c),**イ**は確立 (b),**ウ**は学習 (d),**エ**は診断 (a) の取組みである。

《答：イ》

17-3 ● ソリューションビジネス

クラウドサービスなどの提供を迅速に実現するためのプロビジョニングの説明はどれか。

- ア 企業の情報システムの企画,設計,開発,導入,保守などのサービスを,一貫して又は工程の幾つかを部分的に提供する。
- イ 業種や事業内容などで共通する複数の企業や組織が共同でデータセンタを運用して,それぞれがインターネットを通して各種サービスを利用する。
- ウ 自社でハードウェア,ネットワークなどの環境を用意し,業務パッケージなどを導入して利用する運用形態にする。
- エ 利用者の需要を予想し,ネットワーク設備やシステムリソースなどを計画的に調達して強化し,利用者の要求に応じたサービスを提供できるように備える。

[ST-R3 年春 問 4]

■ 解説 ■

エが,**プロビジョニング**の説明である。ネットワークやシステムのリソースを一括して準備しておき,仮想化技術によって必要に応じて利用者に割り当てる仕組みが一般的である。

アは,システムインテグレーションの説明である。

イは,コミュニティクラウドの説明である。

ウは，オンプレミスの説明である。

《答：エ》

17-4 ● システム活用促進・評価

| Lv.3 | 午前Ⅰ | ▶ | 全区分 | 午前Ⅱ | ▶ | PM | DB | ES | AU | ST | SA | NW | SM | SC |

| 問 402 | 協調フィルタリングを用いたレコメンデーション | ✓ | ✓ | ✓ |

レコメンデーション（お勧め商品の提案）の例のうち，協調フィルタリングを用いたものはどれか。

ア　多くの顧客の購買行動の類似性を相関分析などによって求め，顧客Aに類似した顧客Bが購入している商品を顧客Aに勧める。

イ　カテゴリ別に売れ筋商品のランキングを自動抽出し，リアルタイムで売れ筋情報を発信する。

ウ　顧客情報から，年齢，性別などの人口動態変数を用い，"20代男性"，"30代女性"などにセグメント化した上で，各セグメント向けの商品を提示する。

エ　野球のバットを購入した人に野球のボールを勧めるなど商品間の関連に着目して，関連商品を提示する。

[AP-R3年春 問63・ST-H28年秋 問3]

■ 解説 ■

　レコメンデーションは，インターネットのサイトで，ユーザごとの興味や嗜好に合致すると考えられる商品やコンテンツを提示することをいう。EC（電子商取引）サイトだけでなく，会員登録やCookie（クッキー）の利用により，無料サイト（例えば，ニュースサイトや動画配信サイト）にも適用できる。その手法やシステムには様々なものがあって日々進歩しており，分類の考え方も一定ではないことに留意する。

　アが，**協調フィルタリング**によるレコメンデーションである。EC（電子商取引）サイトで，多数の顧客の購買履歴や検索履歴を収集して，購買行動の似ている他の顧客が購入した商品を勧めることで，購買につなげる仕組みである。「この商品を見ている人は，こんな商品も見ています」のよう

502　Chapter 07　システム戦略

な文言で，購入を促すことが多い。

イは，ランキングによるレコメンデーションである。ただし，ユーザごとに表示するランキングのカテゴリを変えない場合は，レコメンデーションに当たらない。

ウは，セグメンテーション変数によるレコメンデーションである。セグメンテーション変数には，その切り口によって，人口動態変数の他に，地理的変数（居住地域），心理的変数（性格や価値観），行動変数（購買履歴や使用方法）などがある。

エは，コンテンツベースフィルタリングによるレコメンデーションである。そのルール（お勧め商品の組合せ）は，運営者があらかじめ定義している点で，購買履歴を自動的に分析する協調フィルタリングとは異なる。

《答：ア》

| Lv.3 | 午前Ⅰ ▶ | 全区分 午前Ⅱ ▶ | PM | DB | ES | AU | ST | SA | NW | SM | SC | 計算 | 知識 | 考察 |

問 403　テレワークの効果　☑☑☑

A 社は，社員 10 名を対象に，ICT 活用によるテレワークを導入しよう
としている。テレワーク導入後 5 年間の効果（"テレワークで削減可能
な費用"から"テレワークに必要な費用"を差し引いた額）の合計は何
万円か。

〔テレワークの概要〕
・テレワーク対象者は，リモートアクセスツールを利用して，テレワー
　ク用 PC から社内システムにインターネット経由でアクセスして，フ
　ルタイムで在宅勤務を行う。
・テレワーク用 PC の購入費用，リモートアクセスツールの費用，自宅・
　会社間のインターネット回線費用は会社が負担する。
・テレワークを導入しない場合は，育児・介護理由によって，毎年 1 名
　の離職が発生する。フルタイムの在宅勤務制度を導入した場合は，離
　職を防止できる。離職が発生した場合は，その補充のために中途採用
　が必要となる。
・テレワーク対象者分の通勤費とオフィススペース・光熱費が削減でき
　る。
・在宅勤務によって，従来，通勤に要していた時間が削減できるが，そ
　の効果は考慮しない。

テレワークで削減可能な費用，テレワークに必要な費用

通勤費の削減額	平均 10 万円／年・人
オフィススペース・光熱費の削減額	12 万円／年・人
中途採用費用の削減額	50 万円／人
テレワーク用 PC の購入費用	初期費用 8 万円／台
リモートアクセスツールの費用	初期費用 1 万円／人
	運用費用 2 万円／年・人
インターネット回線費用	運用費用 6 万円／年・人

　　ア　610　　　　イ　860　　　　ウ　950　　　　エ　1,260

[AP-R3 年秋 問 64・AM1-R3 年秋 問 24]

■ 解説 ■

テレワークで削減可能な費用は，次のとおりである。

- 通勤費の削減額…10万円×10人×5年=500万円
- オフィススペース・光熱費の削減額…12万円×10人×5年=600万円
- 中途採用費用の削減額…50万円×5人=250万円
- 合計 500万円+600万円+250万円=1,350万円

テレワークに必要な費用は，次のとおりである。

- テレワーク用PCの購入費用…8万円×10台=80万円
- リモートアクセスツールの初期費用…1万円×10人=10万円
- リモートアクセスツールの運用費用…2万円×10人×5年=100万円
- インターネット回線費用…6万円×10人×5年=300万円
- 合計 80万円+10万円+100万円+300万円=490万円

以上から，5年間の効果は，1,350万円 − 490万円 =**860万円**となる。

《答：イ》

テーマ

午前Ⅰ ▶	全区分	午前Ⅱ ▶	PM	DB	ES	AU	ST	SA	NW	SM	SC
Lv.3		Lv.3					Lv.4	Lv.4			

18 システム企画

問404～問422 全19問

最近の出題数

	高度午前Ⅰ	高度午前Ⅱ								
		PM	DB	ES	AU	ST	SA	NW	SM	SC
R4年春期	3					3	2	－	－	－
R3年秋期	1	1	－	－	－					－
R3年春期	2					3	3	－	－	－
R2年秋期	0									－

※表組み内の「－」は出題範囲外

試験区分別出題傾向（H21年以降）

午前Ⅰ	"要件定義"，"調達計画・実施"からの出題例が多く，過去問題の再出題も多い。"システム化計画"からの出題例はやや少ない。
PM午前Ⅱ	シラバス全体から出題されている。"システム化計画"からは投資効果評価，"要件定義"からは機能要件と非機能要件，"調達計画・実施"からはRFPや契約形態などの出題例が多い。
ST/SA午前Ⅱ	シラバス全体から出題されている。"システム化計画"からの出題例が特に多く，過去問題の再出題も多い。

出題実績（H21年以降）

小分類	出題実績のある主な用語・キーワード
システム化計画	システム化構想の立案プロセス，ビジネスモデルキャンバス，企画プロセス，システム化計画の立案プロセス，データモデルの作成，投資効果評価，PBP，NPV，ROI，IT投資ポートフォリオ
要件定義	BABOK，CRUDマトリックス，デザイン思考，ペトリネット，インタビュー，DFD，機能要件，非機能要件，UXデザイン，UML，プライバシバイデザイン
調達計画・実施	ファブレス，ファウンドリ，EMS，WTO政府調達協定，RFP，RFI，グリーン購入法，多段階契約，情報システム・モデル取引・契約書，ロイヤリティ，グラントバック，実費償還型契約，レベニューシェア契約，ラボ契約

506　Chapter 07　システム戦略

18-1 ● システム化計画

Lv.3　午前Ⅰ ▶　全区分　午前Ⅱ ▶　PM　DB　ES　AU　ST　SA　NW　SM　SC　　　　考察

問 **404** システム化構想の立案プロセスで行うべきこと　☑ ☑ ☑

ある企業が，AI などの情報技術を利用した自動応答システムを導入して，コールセンタにおける顧客対応を無人化しようとしている。この企業が，システム化構想の立案プロセスで行うべきことはどれか。

ア　AI などの情報技術の動向を調査し，顧客対応における省力化と品質向上など，競争優位を生み出すための情報技術の利用方法について分析する。

イ　AI などを利用した自動応答システムを構築する上でのソフトウェア製品又はシステムの信頼性，効率性など品質に関する要件を定義する。

ウ　自動応答に必要なシステム機能及び能力などのシステム要件を定義し，システム要件を，AI などを利用した製品又はサービスなどのシステム要素に割り当てる。

エ　自動応答を実現するソフトウェア製品又はシステムの要件定義を行い，AI などを利用した実現方式やインタフェース設計を行う。

[AP-H30 年秋 問 65・AM1-H30 年秋 問 25]

■ 解説 ■

「共通フレーム 2013」から，システム化構想の立案プロセスについて引用すると，次のとおりである。

2　テクニカルプロセス
2.1　企画プロセス
2.1.1　システム化構想の立案プロセス
目的　システム化構想の立案プロセスの目的は，経営上のニーズ，課題を実現，解決する ために，置かれた経営環境を踏まえて，新たな業務の全体像とそれを実現するためのシステム化構想及び推進体制を立案することである。
2.1.1.2　システム化構想の立案
2.1.1.2.1　経営上のニーズ，課題の確認（略）
2.1.1.2.2　事業環境，業務環境の調査分析（略）

テーマ 18　システム企画　**507**

2.1.1.2.3　原稿業務，システムの調査分析（略）
2.1.1.2.4　情報技術動向の調査分析
　企画者は，情報技術の動向を分析し，企業目的を達成するため，<u>競争優位又</u><u>は事業機会を生み出す情報技術の利用方法について分析する。</u>
2.1.1.2.5　対象となる業務の明確化（略）
2.1.1.2.6　業務の新全体像の作成（略）
2.1.1.2.7　対象の選定と投資目標の策定（略）

出典：『共通フレーム 2013 ～経営者，業務部門とともに取組む「使える」
システムの実現』
（独立行政法人情報処理推進機構編著，独立行政法人情報処理推進機構，2013）

よって，**ア**がシステム化構想の立案プロセスで行うべきことである。

イはシステム要件定義プロセス，**ウ**はシステム方式設計プロセス，**エ**は
ソフトウェア要件定義プロセスで行うべきことである。

《答：ア》

| Lv.3 | 午前Ⅰ ▶ | 全区分 | 午前Ⅱ ▶ | **PM** | DB | ES | AU | **ST** | **SA** | NW | SM | SC |

問 405　ビジネスモデルキャンバス

システム化構想の段階で，ビジネスモデルを整理したり，分析したりするときに有効なフレームワークの一つであるビジネスモデルキャンバスの説明として，適切なものはどれか。

- ア　企業がどのように，価値を創造し，顧客に届け，収益を生み出しているかを，顧客セグメント，価値提案，チャネル，顧客との関係，収益の流れ，リソース，主要活動，パートナ，コスト構造の九つのブロックを用いて図示し，分析する。
- イ　企業が付加価値を生み出すための業務の流れを，購買物流，製造，出荷物流，販売・マーケティング，サービスという五つの主活動と，調達，技術開発など四つの支援活動に分類して分析する。
- ウ　企業の強み・弱み，外部環境の機会・脅威を分析し，内部要因と外部要因をそれぞれ軸にした表を作成することによって，事業機会や事業課題を発見する。
- エ　企業目標の達成を目指し，財務，顧客，内部ビジネスプロセス，学習と成長の四つの視点から戦略マップを作成して，四つの視点においてバランスのとれた事業計画を策定し進捗管理をしていく。

[ST-R3 年春 問 5・SA-R3 年春 問 13]

■ 解説 ■

　アが，**ビジネスモデルキャンバス**の説明である。次のように九つのブロックで，ビジネスモデルを分析するフレームワークである。

テーマ 18　システム企画　　**509**

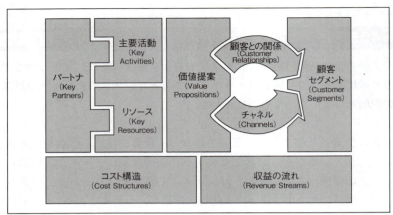

出典:『ビジネスモデル・ジェネレーション　ビジネスモデル設計書』(アレックス・オスターワルダー他,翔泳社,2012)

イは,**バリューチェーン**の説明である。
ウは,**SWOT分析**の説明である。
エは,**バランススコアカード**の説明である。

《答:ア》

問 406　全社のデータモデルを作成する手順

情報システムの全体計画立案のために E-R モデルを用いて全社のデータモデルを作成する手順はどれか。

ア　管理層の業務から機能を抽出し，機能をエンティティとする。次に，機能の相互関係に基づいてリレーションシップを定義する。さらに，全社の帳票類を調査して整理し，正規化された項目に基づいて属性を定義し，全社のデータモデルとする。

イ　企業の全体像を把握するために，主要なエンティティだけを抽出し，それらの相互間のリレーションシップを含めて，鳥瞰図を作成する。次に，エンティティを詳細化し，全てのリレーションシップを明確にしたものを全社のデータモデルとする。

ウ　業務層の現状システムを分析し，エンティティとリレーションシップを抽出する。それぞれについて適切な属性を定め，これらを基に E-R 図を作成し，それを抽象化して，全社のデータモデルを作成する。

エ　全社のデータとその処理過程を分析し，重要な処理を行っている業務を基本エンティティとする。次に，基本エンティティ相互のデータの流れをリレーションシップとして捉え，適切な識別名を与える。さらに，基本エンティティと関係のあるデータを属性とし，全社のデータモデルを作成する。

[ST-H28年秋 問5・SA-H26年秋 問15・ST-H24年秋 問5・
SA-H24年秋 問15・ST-H22年秋 問5・
SA-H22年秋 問15・PM-H21年春 問21]

■ 解説 ■

E-R モデル（エンティティ・リレーションシップ・モデル）において，エンティティはシステムにおける動作の主体や対象となる「実体」で，物理的な存在（「社員」，「商品」など）や，概念的な存在（「会社」，「サービス」など）がある。リレーションシップはエンティティ間の「関連」であり，「社員」と「会社」の関連は「所属する」などとなる。

イが，全社のデータモデルの作成手順である。最初にエンティティとリ

レーションシップの鳥瞰図を作成して業務の「あるべき姿」を考え，詳細化，明確化するというトップダウンアプローチである。

ウは，業務層の現状システムの分析から始めるボトムアップアプローチであるが，現状分析に留まっている。分析結果を踏まえて全体計画を立案する必要がある。

ア，**エ**は作成手順ではない。「機能」や「業務」は動作の主体や対象でないので，エンティティではない。また，リレーションシップはデータの流れではない。

《答：イ》

| Lv.3 | 午前Ⅰ ▶ | 全区分 午前Ⅱ ▶ | PM | DB | ES | AU | ST | SA | NW | SM | SC | | 計算 | 知識 | 考察 |

問407 PBP による投資効果評価 ☑ ☑ ☑

IT 投資案件において，投資効果を PBP（Pay Back Period）で評価する。投資額が 500 のとき，期待できるキャッシュインの四つのシナリオ a 〜 d のうち，PBP の効果が最も高いものはどれか。

a

年目	1	2	3	4	5
キャッシュイン	100	150	200	250	300

b

年目	1	2	3	4	5
キャッシュイン	100	200	300	200	100

c

年目	1	2	3	4	5
キャッシュイン	200	150	100	150	200

d

年目	1	2	3	4	5
キャッシュイン	300	200	100	50	50

ア a　　**イ** b　　**ウ** c　　**エ** d

[ST-H28 年秋 問 4・ST-H26 年秋 問 4・SA-H24 年秋 問 14・PM-H23 年特 問 22]

512　Chapter 07　システム戦略

■ 解説 ■

PBP 法（回収期間法）は，投資額の回収に要する（キャッシュフロー累計額が 0 以上になる）期間の長短によって投資効率を評価する手法である。

投資額が 500 なので，0 年目のキャッシュフローを － 500 として，1 年ごとのキャッシュフロー累計額は次のようになる。最も投資効率がよいのは，投資額を 2 年目で回収できる d である。

年目 シナリオ	0	1	2	3	4	5
a	－ 500	－ 400	－ 250	－ 50	200	500
b	－ 500	－ 400	－ 200	100	300	400
c	－ 500	－ 300	－ 150	－ 50	100	300
d	－ 500	－ 200	0	100	150	200

《答：エ》

Lv.3 　午前 I ▶ 　全区分 午前 II ▶ 　PM DB ES AU ST SA NW SM SC 　計算

問 408 　正味現在価値法での投資効果評価

投資効果を正味現在価値法で評価するとき，最も投資効果が大きい（又は損失が小さい）シナリオはどれか。ここで，期間は 3 年間，割引率は 5% とし，各シナリオのキャッシュフローは表のとおりとする。

単位　万円

シナリオ	投資額	回収額		
		1 年目	2 年目	3 年目
A	220	40	80	120
B	220	120	80	40
C	220	80	80	80
投資をしない	0	0	0	0

　ア　A 　　　　イ　B 　　　　ウ　C 　　　　エ　投資をしない

[AP-H31 年春 問 64・ST-H29 年秋 問 8・SA-H26 年秋 問 14・
ST-H23 年秋 問 4・SA-H23 年秋 問 12]

テーマ 18　システム企画　　**513**

■ 解説 ■

　貨幣価値は，物価や利子率の変動（インフレ・デフレ），資金の運用により，年月とともに変化する。割引は，発生時期の異なる金額の価値を比較するため，過去や未来の貨幣価値を現在の価値に換算することである。

　割引率は，毎年一定の割合で貨幣価値が下がるとして，1年当たりの減少率として設定する値である。割引率5%なら，現在の10,000円と1年後の10,500円の価値が等しいと考える。逆に，1年後の10,000円の現在価値は10,000 ÷ 1.05 ≒ 9,524円である。2年後の10,000円の現在価値は10,000 ÷ 1.05^2 ≒ 9,070円，3年後の10,000円の現在価値は10,000 ÷ 1.05^3 ≒ 8,638円となる。

　正味現在価値（NPV：Net Present Value）は，年ごとのキャッシュフローの現在価値を求めて，合計したものである。各シナリオのNPVは，次のようになる。

- シナリオA：− 220 × 10,000 + 40 × 9,524 + 80 × 9,070 + 120 × 8,638 = − 56,880円
- シナリオB：− 220 × 10,000 + 120 × 9,524 + 80 × 9,070 + 40 × 8,638 = 14,000円
- シナリオC：− 220 × 10,000 + 80 × 9,524 + 80 × 9,070 + 80 × 8,638 = − 21,440円
- 投資をしない：0円

よって，シナリオBが，最も投資効果が大きい。

《答：イ》

Lv.3　午前Ⅰ ▶　全区分 午前Ⅱ ▶　PM　DB　ES　AU　ST　SA　NW　SM　SC　　　　考察

問 **409**　IT 投資ポートフォリオ

IT 投資ポートフォリオにおいて，情報化投資の対象を，戦略，情報，トランザクション，インフラの四つのカテゴリに分類した場合，トランザクションカテゴリに対する投資の直接の目的はどれか。

　ア　管理品質向上のために，マネジメント，レポーティング，分析などを支援する。
　イ　市場における競争優位やポジショニングを獲得する。
　ウ　複数のアプリケーションソフトウェアによって共有される基盤部分を提供する。
　エ　ルーチン化された業務のコスト削減や処理効率向上を図る。

[ST-R3 年春 問 3・AP-H30 年秋 問 61]

■ **解説** ■

　この **IT 投資ポートフォリオ** のカテゴリは，マサチューセッツ工科大学が提唱したものである。

> 1.　IT ポートフォリオとは
> 1.1　IT ポートフォリオの概要
> 1.1.1　IT 投資ポートフォリオ
> 　IT 投資ポートフォリオは，情報化投資をその性質やリスクが共通するものごとにカテゴリ化し，カテゴリ単位での投資割合を管理することで，例えば，リスクの高い戦略的な情報化投資に重点的に予算を配分するのか，あるいは比較的リスクの低い業務効率化を図る情報化投資を優先するのか，と言った形で組織戦略との整合性を維持するという手法である。
> 　これらの手法においては，MIT（マサチューセッツ工科大学）スローン情報システム研究センターが推奨する手法が有名である。参考までにそのカテゴリを下表に示す。

テーマ 18　システム企画　　**515**

戦略	市場における競争優位やポジショニングを獲得することを目的とした投資。例としては，導入当初の ATM などがこのカテゴリに該当する。
情報	より質の高い管理を行うことを目的とした，会計，マネジメント管理，レポーティング，コミュニケーション，分析等を支援するための情報提供に関連する投資。
トランザクション	注文処理などルーチン化された業務のコスト削減や処理効率の向上を目的とした投資。
インフラ	複数のアプリケーションによって共有される基盤部分を提供するための投資。PC やネットワーク，共有データベースなどが該当する。

出典：“業績評価参照モデル（PRM）を用いた IT ポートフォリオモデル活用ガイド”
（業務モデル・成果モデルを活かした IT マネジメント調査委員会，2005）

よって，**エ**が**トランザクションカテゴリ**に対する投資である。

アは，**情報カテゴリ**に対する投資である。

イは，**戦略カテゴリ**に対する投資である。

ウは，**インフラカテゴリ**に対する投資である。

《答：エ》

18-2 要件定義

問 410　BABOK

BABOK の説明はどれか。

ア　ソフトウェア品質の基本概念，ソフトウェア品質マネジメント，ソフトウェア品質技術の三つのカテゴリから成る知識体系
イ　ソフトウェア要求，ソフトウェア設計，ソフトウェア構築，ソフトウェアテスティング，ソフトウェア保守など 10 の知識エリアから成る知識体系
ウ　ビジネスアナリシスの計画とモニタリング，引き出し，要求アナリシス，基礎コンピテンシなど七つの知識エリアから成る知識体系
エ　プロジェクトマネジメントに関するスコープ，タイム，コスト，品質，人的資源，コミュニケーション，リスクなど九つの知識エリアから成る知識体系

[AP-H28年春 問65・AP-H26年春 問65・AM1-H26年春 問25・ST-H23年秋 問5・SA-H23年秋 問13]

■ 解説 ■

ウが，**BABOK**（Business Analysis Body Of Knowledge：ビジネスアナリシス知識体系）の説明である。ビジネス分析の専門家の知識を集め，現在広く受け入れられている事例を反映させたものである。非営利団体のIIBA（International Institute of Business Analysis）が作成している。

アは，日本科学技術連盟が作成した，**SQuBOK**（Software Quality Body Of Knowledge：ソフトウェア品質知識体系）の説明である。

イは，IEEE（米国電気電子技術者協会）とACM（米国計算機学会）が作成した **SWEBOK**（Software Engineering Body Of Knowledge：ソフトウェアエンジニアリング知識体系）の説明である。

エは，PMI（Project Management Institute）が作成した，**PMBOK**（Project Management Body Of Knowledge：プロジェクトマネジメント知識体系）の説明である。

《答：ウ》

| Lv.3 | 午前Ⅰ ▶ | 全区分 午前Ⅱ ▶ | PM | DB | ES | AU | ST | SA | NW | SM | SC |

問 411　構造化インタビュー

構造化インタビューの手法を用いた意見の収集形態はどれか。

- ア　参加者にテーマだけを提示し，そのテーマに対し，意見の収集，要約，配布，再度の意見の収集を繰り返すことで，集約した意見を収集した。
- イ　熟練したインタビュアが，議論を一定の方向に絞りながら，会議の参加者の自由な意見を収集した。
- ウ　調査項目を全て決めてから，決められた順序で質問することで，インタビュアの技量に左右されない意見を収集した。
- エ　批判厳禁，自由奔放，質より量，他人の意見の活用などを基本ルールとして，多様で新たな意見を収集した。

[ST-H30 年秋 問 4]

■ 解説 ■

ウが，**構造化インタビュー**による意見の収集形態である。インタビュアは中立であり，調査票の調査項目にないことを質問したり，他の話題に言及したりしない。多数の回答者から意見を収集して分析するのに適しており，複数のインタビュアで分担しやすい。

これに対し，**非構造化インタビュー**は，事前に調査項目を決めずに質問する手法である。臨機応変に深掘りして質問でき，自由に回答してもらえるが，多数の回答を集計するには手間が掛かる。インタビュアには調査対象分野に関する知識や経験，コミュニケーション力が求められる。また，**半構造化インタビュー**は，必要最小限の質問項目は決めておくが，自由な質問も許容する両者の中間的な手法である。

アはデルファイ法，**イ**はグループインタビュー，**エ**はブレーンストーミングによる意見の収集形態である。

《答：ウ》

Lv.3 午前Ⅰ ▶ 全区分 午前Ⅱ ▶ PM DB ES AU ST SA NW SM SC

問 412 デザイン思考

スタンフォード大学ハッソ・プラットナー・デザイン研究所によるデザイン思考の説明はどれか。

ア 与えられた問題に対して一つの正しい解決策を見つけるために，アイディア出しの段階で，テーマに制限を設けてアイディアが発散しないようにする手法

イ 本質的な問題がどこにあるのかを絞り込むために，利用者との対話よりも，過去のデータや経験を分析することを重視する手法

ウ 利用者の立場から問題解決に取り組む方法論であり，現場を観察することによって利用者を理解し，共感することから始め，問題定義，アイディア出し，試作，試行を繰り返す手法

エ 類似の問題が発生した場合に，迅速に解決策を探り当てるために，過去の問題とその解決策をナレッジデータベースとして蓄積する手法

[PM-R2年秋 問20]

■ 解説 ■

ウが**デザイン思考**の説明である。『デザイン思考5つのモード』には，次のようにある。

Mode1：共感
共感段階は人間中心を原則としたデザイン思考の過程において，核となる重要な段階です。共感とは，デザイン課題の文脈において人々を理解する作業を意味します。（後略）
Mode2：問題定義
デザイン思考における問題定義は，デザイン領域に一貫性をもたらし，焦点の絞り込みをおこなうことを意味します。（後略）
Mode3：創造
創造は，アイデア創出に焦点を置いたデザインプロセスの1段階です。それは精神的にコンセプトや成果を「押し広げる」ことを意味します。（後略）

午前Ⅱ
PM
DB
ES
AU
ST
SA
NW
SM
SC

テーマ18 システム企画 **519**

> Mode4：プロトタイプ
> 最終的な解決策に近づく質問に答えるために，繰り返し加工品を生成する段階です。（後略）
> Mode5：テスト
> テスト段階は，あなたが作ったプロトタイプに関してユーザーからのフィードバックをお願いし，デザインの対象となる人に対する共感を高めるための時間です。（後略）
>
> 出典：『スタンフォード・デザイン・ガイド　デザイン思考5つのモード』
> （スタンフォード大学ハッソ・プラットナー・デザイン研究所，2012）

アは，**ワークデザイン法**の説明である。
イは，**垂直思考**の説明である。
エは，**ナレッジマネジメント**の説明である。

《答：ウ》

問413　要件の識別で実施する作業

共通フレーム2013によれば，要件定義プロセスの活動内容には，利害関係者の識別，要件の識別，要件の評価，要件の合意などがある。このうちの要件の識別において実施する作業はどれか。

- ア　システムのライフサイクルの全期間を通して，どの工程でどの関係者が参画するのかを明確にする。
- イ　抽出された要件を確認して，矛盾点や曖昧な点をなくし，一貫性がある要件の集合として整理する。
- ウ　矛盾した要件，実現不可能な要件などの問題点に対する解決方法を利害関係者に説明し，合意を得る。
- エ　利害関係者から要件を漏れなく引き出し，制約条件や運用シナリオなどを明らかにする。

[ST-H30年秋 問5・SA-H30年秋 問14]

■ 解説 ■

「共通フレーム2013」から，要件定義プロセスの選択肢に関連する箇所を引用すると，次のとおりである。

```
2  テクニカルプロセス
2.2  要件定義プロセス
2.2.2  利害関係者の識別
2.2.2.1  利害関係者の識別
  要件定義者は，システムのライフサイクルの全期間を通して，システムに正
当な利害関係をもつ個々の利害関係者又は利害関係者の種類を識別する。
2.2.3  要件の識別
2.2.3.1  要件の抽出
  要件定義者は，利害関係者の要件を引出す。
2.2.3.2  制約条件の定義
  要件定義者は，既存の合意，管理上の決定及び技術上の決定の避けられない
影響からもたらされるシステムソリューション上の制約条件を定義する。
2.2.3.3  代表的活動順序の定義
  要件定義者は，予想される運用シナリオ及び支援シナリオ，並びに環境に対
応する全ての要求されるサービスを識別するために，代表的な活動順序を定義
する。
2.2.4  要件の評価
2.2.4.1  導出要件の分析
  要件定義者は，導出された要件の全集合を分析する。
  注記1  分析には，矛盾している，漏れている，不完全な，曖昧な，一貫性
        のない，調和がとれていない又は検証できない要件を識別すること
        及び優先順位を付けることを含む。
2.2.5  要件の合意
2.2.5.1  要件の問題解決
  要件定義者は，要件に関する問題を解決する。
2.2.5.2  利害関係者へのフィードバック
  要件定義者は，ニーズ及び期待が適切に把握され，実現されていることを確
実にするために，分析された要件を該当する利害関係者へフィードバックする。
  注記  矛盾した，非現実的な，実現不可の利害関係者要件を解決するための
      提案を説明し，合意を得る。
```

出典：『共通フレーム 2013 ～経営者，業務部門とともに取組む「使える」
システムの実現』
（独立行政法人情報処理推進機構編著，独立行政法人情報処理推進機構，2013）

よって，**エ**が要件の識別において実施する作業である。

　アは利害関係者の識別，**イ**は要件の評価，**ウ**は要件の合意において実施
する作業である。

《答：エ》

テーマ 18 システム企画　　521

| Lv.3 | 午前Ⅰ ▶ | 全区分 午前Ⅱ ▶ | PM | DB | ES | AU | ST | SA | NW | SM | SC |

問 414　非機能要件項目

非機能要件項目はどれか。

- ア　新しい業務の在り方や運用に関わる業務手順，入出力情報，組織，責任，権限，業務上の制約などの項目
- イ　新しい業務の遂行に必要なアプリケーションシステムに関わる利用者の作業，システム機能の実現範囲，機能間の情報の流れなどの項目
- ウ　経営戦略や情報戦略に関わる経営上のニーズ，システム化・システム改善を必要とする業務上の課題，求められる成果・目標などの項目
- エ　システム基盤に関わる可用性，性能，拡張性，運用性，保守性，移行性，セキュリティ，システム環境などの項目

[AP-H28 年秋 問 65・SA-H26 年秋 問 16・AP-H23 年秋 問 64]

■ 解説 ■

JIS X 0135-1:2010 には，次のようにある。

3　用語及び定義
3.8　利用者機能要件
利用者要件の部分集合。利用者機能要件は，業務及びサービスの観点から，ソフトウェアが何をするかを記述する。
3.12　利用者要件
　ソフトウェアに対する利用者ニーズの集合。
注記　利用者要件は，利用者機能要件及び利用者非機能要件と称する二つの部分集合からなる。

出典：JIS X 0135-1:2010（ソフトウェア測定―機能規模の測定―第 1 部：概念の定義）

エが**非機能要件項目**である。非機能要件は，利用者の業務やサービス以外の要件で，具体的には性能，信頼性，セキュリティ，拡張性，保守性，安全性，運用性等がある。

ア，イ，ウは**機能要件項目**である。機能要件は，情報システムで実現しなければならない利用者の業務及びサービスである。

《答：エ》

522　Chapter 07　システム戦略

Lv.3 午前Ⅰ ▶ 全区分 午前Ⅱ ▶ PM DB ES AU ST SA NW SM SC

問 415 UX デザイン

システムの要件を検討する際に用いる UX デザインの説明として，適切なものはどれか。

ア　システム設計時に，システム稼働後の個人情報保護などのセキュリティ対策を組み込む設計思想のこと

イ　システムを構成する個々のアプリケーションソフトウェアを利用者が享受するサービスと捉え，サービスを組み合わせることによってシステムを構築する設計思想のこと

ウ　システムを利用する際にシステムの機能が利用者にもたらす有効性，操作性などに加え，快適さ，安心感，楽しさなどの体験価値を重視する設計思想のこと

エ　接続仕様や仕組みが公開されている他社のアプリケーションソフトウェアを活用してシステムを構築することによって，システム開発の生産性を高める設計思想のこと

[PM-R3 年秋 問 20]

■ 解説 ■

ウが，**UX デザイン**（ユーザエクスペリエンスデザイン）の説明である。一例として，次のような定義がある。

> ユーザエクスペリエンスデザインとは，
> 　ユーザの知覚と振る舞いに影響を与えることを目的とし，特定の企業に対するユーザの体験に影響する要素を創造しシンクロさせること，である。
> 　このような要素には，ユーザが触れることができる物（実体のある製品やパッケージなど）や耳にすることができる物（コマーシャルやテーマ音楽）だけではなく，匂いがかげる物（サンドイッチ屋の焼きたてのパンの香り）さえも含まれます。
> 　加えて，デジタルインタフェース（Web サイトや携帯電話のアプリケーション）のような，物理的な手段を超えた方法でユーザがインタラクションする物や，もちろん，人（カスタマーサービスの代表，店員，友達や家族）も含まれます。

出典：『UX デザインプロジェクトガイド』（ラス・アンジャー他，カットシステム，2011）

テーマ 18　システム企画　　523

なお，JIS Z 8521:2020（ユーザビリティの定義及び概念）は，**ユーザエクスペリエンス**を「システム，製品又はサービスの利用前，利用中及び利用後に生じるユーザの知覚及び反応。」と定義している。

アは，**プライバシバイデザイン**の説明である。
イは，**サービス指向アーキテクチャ**（SOA）の説明である。
エは，**リソース指向アーキテクチャ**（ROA）の説明である。

《答：ウ》

問416　要件定義で使用する図

要件定義において，システムが提供する機能単位と利用者又は外部システムとの間の相互作用や，システム内部と外部との境界を明示するために使用される図はどれか。

　ア　アクティビティ図　　　　イ　オブジェクト図
　ウ　クラス図　　　　　　　　エ　ユースケース図

[SA-R3年春 問14・AP-H31年春 問65・AM1-H31年春 問25・AP-H27年秋 問64・AP-H22年秋 問66]

■ 解説 ■

これは**エのユースケース図**で，UML2.0のダイアグラムの一つである。システムが内部にもつ機能をユースケースと呼び，楕円で表す。システムとやりとりする外部の利用者，システム，ハードウェアなどをアクタと呼び，人の形で表す。アクタとユースケースの関係は，両者の間を線で結んで表す。これによって，システムの内部と外部を明確に区別できる。

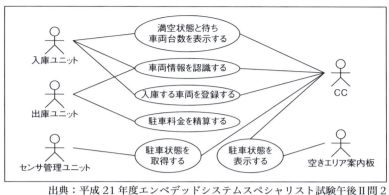

出典：平成21年度エンベデッドシステムスペシャリスト試験午後Ⅱ問2
より作成

アの**アクティビティ図**は，システムのアクティビティ（業務や処理）を記述するダイアグラムで，その実行順序や条件分岐等の流れを表現する。

イの**オブジェクト図**は，システムの静的な構造を記述するダイアグラムで，クラス図のクラスを具体化したオブジェクトと，オブジェクト間の関係を表現する。

ウの**クラス図**は，システムの静的な構造を記述するダイアグラムで，システムの構成要素であるクラスと，クラス間の静的な関係を表現する。

《答：エ》

18-3 調達計画・実施

Lv.3 午前Ⅰ▶ 全区分 午前Ⅱ▶ PM DB ES AU ST SA NW SM SC

問 417 ファウンドリサービス

半導体メーカが行っているファウンドリサービスの説明として，適切なものはどれか。

- ア 商号や商標の使用権とともに，一定地域内での商品の独占販売権を与える。
- イ 自社で半導体製品の企画，設計から製造までを一貫して行い，それを自社ブランドで販売する。
- ウ 製造設備をもたず，半導体製品の企画，設計及び開発を専門に行う。
- エ 他社からの製造委託を受けて，半導体製品の製造を行う。

[AP-R3年秋 問66・AP-R1年秋 問66・AM1-R1年秋 問25]

■ 解説 ■

エが，**ファウンドリサービス**の説明である。自社では設計開発を行わず，ファウンドリサービスを専門に提供する企業は，特に**ファウンドリ**と呼ばれる。自社で設計開発した半導体製品の生産と，ファウンドリサービスの提供の両方を行う企業もある。

アは，フランチャイザの説明である。ただし，独占販売権を与えるかどうかは契約による。

イは，垂直統合型デバイスメーカの説明である。

ウは，ファブレスメーカ（単に，ファブレスともいう）の説明である。

《答：エ》

Lv.4 午前Ⅰ▶ 全区分 午前Ⅱ▶ PM DB ES AU **ST** SA NW SM SC 知識

問 418 WTO 政府調達協定

WTO 政府調達協定の説明はどれか。

ア EU 市場で扱われる電気・電子製品，医療機器などにおいて，一定基準値を超える特定有害物質（鉛，カドミウム，六価クロム，水銀など 6 物質）の使用を規制することを定めたものである。

イ 国などの公的機関が率先して，環境物品等（環境負荷低減に資する製品やサービス）の調達を推進し，環境物品等への需要の転換を促進するために必要な事項を定めたものである。

ウ 政府機関などによる物品・サービスの調達において，締約国に対する市場開放を進めて国際的な競争の機会を増大させるとともに，苦情申立て，協議及び紛争解決に関する実効的な手続を定めたものである。

エ 締約国に対して，工業所有権の保護に関するパリ条約や，著作権の保護に関するベルヌ条約などの主要条項を遵守することを義務付けるとともに，知的財産権保護のための最恵国待遇などを定めたものである。

[SA-R3 年春 問 15・SA-H30 年秋 問 15]

■ 解説 ■

ウが，**WTO 政府調達協定**の説明である。1996 年に発効した条約で，WTO（World Trade Organization：世界貿易機関）は加盟国に対して，貿易障壁とならないよう，国際標準の仕様に従って政府調達を行うことを要求している。

アは，**RoHS 指令**（電子・電気機器における特定有害物質の使用制限に関する欧州連合指令）の説明である。

イは，**グリーン購入法**（正式名称「国等の環境物品等の調達の推進等に関する法律」）の説明である。

エは，**TRIPS 協定**（正式名称「知的所有権の貿易関連の側面に関する協定」）の説明である。

《答：ウ》

午前Ⅱ PM DB ES AU **ST** **SA** NW SM SC

テーマ 18 システム企画 **527**

| Lv.3 | 午前Ⅰ ▶ | 全区分 | 午前Ⅱ ▶ | PM | DB | ES | AU | ST | SA | NW | SM | SC |

問 419　RFI

RFI を説明したものはどれか。

- ア　サービス提供者と顧客との間で，提供するサービスの内容，品質などに関する保証範囲やペナルティについてあらかじめ契約としてまとめた文書
- イ　システム化に当たって，現在の状況において利用可能な技術・製品，ベンダにおける導入実績など実現手段に関する情報提供をベンダに依頼する文書
- ウ　システムの調達のために，調達側からベンダに技術的要件，サービスレベル要件，契約条件などを提示し，指定した期限内で実現策の提案を依頼する文書
- エ　要件定義との整合性を図り，利用者と開発要員及び運用要員の共有物とするために，業務処理の概要，入出力情報の一覧，データフローなどをまとめた文書

[AP-R3 年秋 問 65・AM1-R3 年秋 問 25・PM-H31 年春 問 21・
AP-H24 年秋 問 65・AM1-H24 年秋 問 25・
AP-H21 年秋 問 67・AM1-H21 年秋 問 25]

■ 解説 ■

イが，**RFI**（情報提供依頼書：Request For Information）の説明である。RFP には必要とするシステムの内容が記載されるが，調達側は必ずしもシステムの専門知識を持たないため，独力で RFP を作成できないことがある。そこで，調達側がベンダに RFI を発行して，RFP 作成に必要な情報の提供を依頼する。

アは，**SLA**（サービスレベル契約：Service Level Agreement）の説明である。

ウは，**RFP**（提案依頼書：Request For Proposal）の説明である。

エは，**SOW**（作業範囲記述書：Statement Of Work）の説明である。

《答：イ》

Lv.3 午前Ⅰ ▶ 全区分 午前Ⅱ ▶ PM DB ES AU ST SA NW SM SC

| 問 420 | 多段階契約の採用目的 |

"情報システム・モデル取引・契約書"によれば，情報システムの開発において，多段階契約の考え方を採用する目的はどれか。ここで，多段階契約とは，工程ごとに個別契約を締結することである。

ア　開発段階において，前工程の遂行の結果，後工程の見積前提条件に変更が生じた場合に，各工程の開始のタイミングで，再度見積りを可能とするため

イ　サービスレベルの達成・未達の結果に対する対応措置（協議手続，解約権，ペナルティ・インセンティブなど）及びベンダの報告条件などを定めるため

ウ　正式な契約を締結する前に，情報システム構築を開始せざるを得ない場合の措置として，仮発注合意書（Letter of Intent：LOI）を交わすため

エ　ユーザ及びベンダのそれぞれの役割分担を，システムライフサイクルプロセスに応じて，あらかじめ詳細に決定しておくため

[AP-H29年秋 問65・AM1-H29年秋 問24]

■ 解説 ■

"情報システム・モデル取引・契約書"は，経済産業省の「情報システムの信頼性向上のための取引慣行・契約に関する研究会」が推奨する，情報システム開発におけるユーザとベンダの契約のプロセスや雛形である。ここから選択肢に関連する箇所を引用すると，次のとおりである。

午前Ⅱ

PM
DB
ES
AU
ST
SA
NW
SM
SC

テーマ18　システム企画　529

> 1. 総論
> (3) モデル取引・契約書の全体像とポイント
> （モデル取引・契約書のポイント）
> 研究会において策定したモデル取引・契約書の特長は以下のとおりである。
> ・　ソフトウェアの企画・開発フェーズのみならず，情報システムの保守・運用を含めた基本契約書のモデルを示した。（中略）
> ・　基本契約において，共通フレームに準拠した各工程の作業内容レベルまで分解したユーザ・ベンダの役割分担を示し，個別契約においてその詳細を定めることとした。（中略）
> ・　開発段階において，前工程の遂行の結果，後工程の見積前提条件に影響が生じた場合に，各工程の開始のタイミングで，再度見積りを可能とするために，工程毎に委託料を個別契約書において定める多段階契約と再見積りのプロセスモデルを採用した。（中略）
> ・　保守・運用段階において要求されるサービス品質の確保を，定量的に可視化することが重要である。ISO/IEC20000・ITILにおいてサービス提供プロセスの一つとして，サービスレベル管理（Service Level Management：SLM）を規定している。サービスレベル契約（Service Level Agreement：SLA）の導入にあたっては，信頼できる客観的な評価の可能性，評価項目の妥当性／要求水準の達成可能性，時間の経過に沿った見直し，管理に係るコスト（測定方法／監視体制）の合理性等に留意すべきである。
> また，契約書においては，サービスレベル達成・不達の結果に対する対応措置（協議手続，解約権，ペナルティ・ボーナス），ベンダの報告条件等を定めることが必要である。

　　出典：“～情報システム・モデル取引・契約書～”（受託開発（一部企画を含む），
　　　　保守運用）〈第二版〉”（独立行政法人情報処理推進機構／経済産業省，2020）

アが，**多段階契約**の考え方を採用する目的である。

イは，サービスレベル契約（SLA）を締結する目的の一つである。

エは，基本契約書を締結する目的の一つである。

ウは，多段階契約の目的ではない。“情報システム・モデル取引・契約書”には，仮発注合意書に関する記載があるが，それを交わすことは推奨されていない。

《答：ア》

Lv.3 　午前Ⅰ ▶ 　全区分　午前Ⅱ ▶ 　PM 　DB 　ES 　AU 　ST 　SA 　NW 　SM 　SC 　　　　知識

問 421　ランニングロイヤリティ

知的財産権使用許諾契約の中で規定する，ランニングロイヤリティの説明はどれか。

ア　技術サポートを受ける際に課される料金
イ　特許技術の開示を受ける際に，最初に課される料金
ウ　特許の実施実績に応じて額が決まる料金
エ　毎年メンテナンス費用として一定額課される料金

[SA-R1 年秋 問 15・PM-H26 年春 問 21]

■ 解説 ■

ロイヤリティ（実施料）は，特許権者が自己の特許発明について，他人に実施権を許諾する場合に，当該実施権者から受け取る対価である。一般に，**イニシャルロイヤリティ**と**ランニングロイヤリティ**に分けられ，一方のみが支払われることもあれば，両者を併用することもある。

イは，イニシャルロイヤリティの説明である。これは，実施数量によらない定額の一時金で，特許発明の実施権を許諾した時点で，研究開発費の補償や技術開示の対価として支払われる。

ウは，ランニングロイヤリティの説明である。これは，特許発明を実施した数量（製造個数や販売個数）に比例して支払われる実施料で，一般に製品単価に実施料率と数量を乗じて算出される。

ア，**エ**は，ロイヤリティの説明ではない。

《答：ウ》

テーマ 18　システム企画　　531

Lv.3	午前Ⅰ ▶	全区分 午前Ⅱ ▶	PM	DB	ES	AU	ST	SA	NW	SM	SC

問 422　レベニューシェア契約の特徴

システム開発委託契約の委託報酬におけるレベニューシェア契約の特徴はどれか。

ア　委託側が開発するシステムから得られる収益とは無関係に開発に必要な費用を全て負担する。

イ　委託側は開発するシステムから得られる収益に関係無く定額で費用を負担する。

ウ　開発するシステムから得られる収益を委託側が受託側にあらかじめ決められた配分率で分配する。

エ　受託側は継続的に固定額の収益が得られる。

[AP-R3 年春 問 66・AM1-R3 年春 問 25]

■ 解説 ■

ウが，**レベニューシェア契約**の特徴である。システムが稼働し続ける限り利益の分配を行わなければならないので，委託側と受託側が長期的な信頼関係のもとに共同して行う事業に適する契約である。

アは，**実費償還型契約**の特徴である。

イは，**完全定額契約**の特徴である。

エは，**サブスクリプション契約**の特徴である。

《答：ウ》

Chapter **08**

経営戦略

テーマ		
19	**経営戦略マネジメント**	問 423 ～問 447
20	**技術戦略マネジメント**	問 448 ～問 452
21	**ビジネスインダストリ**	問 453 ～問 466

テーマ 19 経営戦略マネジメント

午前Ⅰ ▶ 全区分 午前Ⅱ ▶ PM DB ES AU ST SA NW SM SC
Lv.3　　　　　　　　　　　　　Lv.3 Lv.4

問423～問447 全25問

最近の出題数

	高度午前Ⅰ	高度午前Ⅱ							
		PM	DB	ES	AU	ST	SA	NW	SM	SC
R4年春期	1					8	ー	ー	ー	ー
R3年秋期	1	ー	ー	ー	2			ー		ー
R3年春期	2					11	ー			ー
R2年秋期	1	ー	ー	ー	2			ー		ー

※表組み内の「ー」は出題範囲外

試験区分別出題傾向（H21年以降）

午前Ⅰ	"経営戦略手法"，"ビジネス戦略と目標・評価"からの出題が多く，過去問題の再出題も多い。"マーケティング"，"経営管理システム"からの出題はやや少ない。
AU 午前Ⅱ	シラバス全体から出題されている。ST 午前Ⅱと互いに再出題される過去問題が中心となっている。
ST 午前Ⅱ	シラバス全体から難易度の高い問題が多く出題されている。限られた内容が繰り返し出題されており，過去問題の再出題が非常に多い。

出題実績（H21年以降）

小分類	出題実績のある主な用語・キーワード
経営戦略手法	競争戦略，DX 推進指標，コアコンピタンス，企業買収（M&A，TOB，MBO，LBO），プロダクトポートフォリオマネジメント，VRIO 分析，ファイブフォース分析，ブルーオーシャン戦略，SWOT 分析，バリューチェーン，成長マトリクス
マーケティング	RFM 分析，マーケットバスケット分析，コンジョイント分析，エスノグラフィー，消費者市場のセグメンテーション変数，4P と 4C，マーケティングミックス，顧客生涯価値，ブランド戦略，価格戦略，ワントゥワンマーケティング，クロスセリング，アップセリング，バイラルマーケティング，FSP，インバウンドマーケティング，コーズリレーテッドマーケティング
ビジネス戦略と目標・評価	KPI，KGI，CSF，OKR，バランススコアカード，シックスシグマ，DMAIC，PEST 分析，デルファイ法，クラスタ分析法
経営管理システム	SCM，SFA，CRM，TOC（制約条件の理論），IVR，SECI モデル

19-1 ● 経営戦略手法

| Lv.3 | 午前Ⅰ ▶ | 全区分 | 午前Ⅱ ▶ | PM | DB | ES | AU | ST | SA | NW | SM | SC |

問 423　企業の競争戦略

企業の競争戦略におけるフォロワ戦略はどれか。

ア　上位企業の市場シェアを奪うことを目標に，製品，サービス，販売促進，流通チャネルなどのあらゆる面での差別化戦略をとる。

イ　潜在的な需要がありながら，大手企業が参入してこないような専門特化した市場に，限られた経営資源を集中する。

ウ　目標とする企業の戦略を観察し，迅速に模倣することで，開発や広告のコストを抑制し，市場での存続を図る。

エ　利潤，名声の維持・向上と最適市場シェアの確保を目標として，市場内の全ての顧客をターゲットにした全方位戦略をとる。

[AP-R3 年春 問 68・AP-H28 年春 問 67・AM1-H28 年春 問 26・
AU-H26 年春 問 23・AP-H24 年秋 問 67・AM1-H24 年秋 問 26・
AP-H22 年春 問 67・AM1-H22 年春 問 26]

■ 解説 ■

フィリップ・コトラーは企業の競争戦略を，市場シェアによって四つに分類している。

エは，**リーダ戦略**である。リーダは市場シェアがトップの企業で，その座を維持して競合企業の追随をかわすとともに，市場拡大によって売上や利益の増大を図る戦略をとる。

アは，**チャレンジャ戦略**である。チャレンジャはトップに次ぐ市場シェアを持つ企業で，リーダに競争を挑んでトップの座を奪うことを目標に，差別化戦略をとる。

ウは，**フォロワ戦略**である。フォロワは市場シェアが下位の企業で，リーダやチャレンジャの動向を注視しながら模倣を行い，戦いを挑むことは避けて生き残りを図る戦略をとる。

イは**ニッチャー（ニッチ）戦略**である。ニッチャーは他の企業が参入しない小規模な市場の潜在需要を開拓し，独自に生きていく戦略をとる。

《答：ウ》

テーマ 19　経営戦略マネジメント　535

Lv.4 午前Ⅰ ▶ 全区分 午前Ⅱ ▶ PM DB ES AU ST SA NW SM SC

問 **424** **DX 推進指標**

経済産業省が策定した"「DX 推進指標」とそのガイダンス"における
DX 推進指標の説明はどれか。

- ア IT ベンダが，情報システムを開発する際のプロジェクト管理能力，エンジニアリング能力を高めていくために，現状のプロセス状況を 5 段階に分けて評価し，不十分な部分を改善することを目指すもの
- イ 経営者や社内関係者が，データとデジタル技術を活用して顧客視点で新たな価値を創出していくために，現状とあるべき姿に向けた課題・対応策に関する認識を共有し，必要なアクションをとるための気付きの機会を提供することを目指すもの
- ウ 社内 IT 部門が，不正侵入やハッキングなどのサイバー攻撃から自社のデータを守るために，安全なデータの保管場所，保管方法，廃棄方法を具体的に選定するための指針を提供することを目指すもの
- エ 内部監査人が，企業などの内部統制の仕組みのうち，IT を用いた業務処理に関して，情報システムの開発・運用・保守に係るリスクを評価した上で，内部統制システムを整備することを目指すもの

[ST-R3 年春 問 1]

■ **解説** ■

イが**DX 推進指標**の説明である。"「DX 推進指標」とそのガイダンス"には，次のようにある（DX：デジタルトランスフォーメーション）。

> 2. 「DX 推進指標」の狙いと使い方
> 2.1 「DX 推進指標」策定の背景と狙い
> 　DX は，本来，データやデジタル技術を使って，顧客視点で新たな価値を創出していくことである，そのために，ビジネスモデルや企業文化などの変革が求められる。
> 　しかしながら，現在，多くの企業においては，以下のような課題が指摘されている。

536 Chapter 08 経営戦略

- どんな価値を創出するかではなく，「AIを使って何かできないか」といった発想になりがち
- 将来に対する危機感が共有されておらず，変革に対する関係者の理解が得られない
- 号令はかかるが，DXを実現するための経営としての仕組みの構築が伴っていない

　こうした現状を乗り越えるためには，経営幹部，事業部門，DX部門，IT部門などの関係者が，DXで何を実現したいのか，DXを巡る自社の現状や課題，とるべきアクションは何かについて認識を共有すること，その上でアクションにつなげていくことが重要となる。
- 本指標は，現在，多くの日本企業が直面しているDXを巡る課題を指標項目とし，
- 上記関係者が議論をしながら自社の現状や課題，とるべきアクションについての認識を共有し，関係者がベクトルを合わせてアクションにつなげていくことを後押しすべく，
- 気づきの機会を提供するためのツールとして，策定したものである。

出典：“「DX推進指標」とそのガイダンス”（経済産業省，2019）

アは，CMMI（能力成熟度モデル統合）の説明である。
ウは，"システム管理基準（平成30年）"におけるデータ管理の説明である。
エは，"財務報告に係る内部統制の評価及び監査の基準"の説明である。

《答：イ》

問425　コアコンピタンス

コアコンピタンスに該当するものはどれか。

　　ア　主な事業ドメインの高い成長率
　　イ　競合他社よりも効率性が高い生産システム
　　ウ　参入を予定している事業分野の競合状況
　　エ　収益性が高い事業分野での市場シェア

[AP-H31年春 問67・AM1-H31年春 問26・ST-H28年秋 問8・AP-H27年春 問67・ST-H25年秋 問9・ST-H23年秋 問9]

■ 解説 ■

コアコンピタンス（Core Competence）には，次のような定義がある。

> 顧客に対して，他社には真似のできない自社ならではの価値を提供する，企業の中核的な力
>
> 出典：『コア・コンピタンス経営 未来への競争戦略』（ゲイリー・ハメル他，日本経済新聞出版，2001）

> (1) 顧客ベネフィットの知覚に大きく貢献し競争優位の源となり，
> (2) 応用範囲が幅広く，多様な市場に通用し，
> (3) 競争相手が模倣しにくい属性
>
> 出典：『コトラー＆ケラーのマーケティング・マネジメント』（フィリップ・コトラー，ケビン・レーン・ケラー，丸善出版，2008）

イが，コアコンピタンスに該当する。この生産システムは自社の競争優位の源泉となり，他社が容易に模倣できないと考えられる。

ア，ウは，該当しない。これらは事業ドメイン（事業分野）の置かれている外部環境であり，自社の技術やノウハウではない。

エは，該当しない。市場シェアが高いことは事業活動の結果であり，自社の技術やノウハウではない。

《答：イ》

問 **426** M&Aによる垂直統合

多角化戦略のうち，M&Aによる垂直統合に該当するものはどれか。

　ア　銀行による保険会社の買収・合併
　イ　自動車メーカによる軽自動車メーカの買収・合併
　ウ　製鉄メーカによる鉄鋼石採掘会社の買収・合併
　エ　電機メーカによる不動産会社の買収・合併

[ST-H30年秋 問6・AP-H29年春 問66・AP-H27年秋 問67・AM1-H27年秋 問26]

■ 解説 ■

M&A（Merger and Acquisition）は，企業が他の企業を買収や合併などの手段で傘下に収めることをいう。M&Aのうち**垂直統合**は，原材料企業→製造企業→卸売企業→小売企業といったサプライチェーンにおいて，

上流や下流の企業を傘下に収める形態である。**水平統合**は，同業種や近い業種の企業を傘下に収める形態である。

ウが，鉄鋼の製造会社による原材料会社のM&Aであるから，垂直統合に該当する。

アは，銀行，保険会社とも金融業であるから，水平統合に該当する。

イは，いずれも広い意味で自動車メーカであるから，水平統合に該当する。

エは，異業種間のM&Aであり，垂直統合にも水平統合にも該当しない。

《答：ウ》

問 427　LBO

LBOの説明はどれか。

ア　株式市場で一般株主に対して，一定期間に一定の価格で株式を買い付けることを公告し，相手先企業の株式を取得する。

イ　現経営陣や事業部門の責任者が株主から自社の株式を取得することによって，当該事業の経営支配権を取得する。

ウ　投資会社が，業績不振などの問題を抱えた企業の株式の過半数を取得した上で，マネジメントチームを派遣し，経営に参画する。

エ　買収先企業の資産などを担保に，金融機関から資金を調達するなど，限られた手元資金で企業を買収する。

[ST-R1年秋 問6・AU-H30年春 問24・ST-H28年秋 問6・ST-H26年秋 問7・ST-H24年秋 問7]

■ 解説 ■

エが，**LBO**（Leveraged Buyout）の説明である。これは，買収先企業の資産や将来のキャッシュフローを担保に，金融機関から資金を借り入れて企業買収を行う手法である。結果として少ない自己資金で大きい企業を買収できることから，てこの原理（レバレッジ）になぞらえてこのように呼ばれる。

アは**TOB**（Takeover Bid：株式公開買付），**イ**は**MBO**（Management Buyout：経営陣買収），**ウ**は**企業再生ファンド**の説明である。

《答：エ》

問 428　プロダクトポートフォリオマネジメントマトリックス

プロダクトポートフォリオマネジメント（PPM）マトリックスのa，bに入れる語句の適切な組合せはどれか。

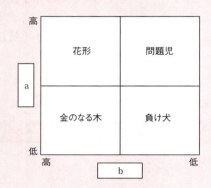

	a	b
ア	売上高利益率	市場占有率
イ	市場成長率	売上高利益率
ウ	市場成長率	市場占有率
エ	市場占有率	市場成長率

[AP-R3年春 問67・AM1-R3年春 問26・ST-H30年秋 問7・ST-H24年秋 問8]

解説

PPMマトリックスは，縦軸に**市場成長率**，横軸に**市場占有率**をとり，その高低を組み合わせた4象限で，事業の置かれた状況を判断し，今後の方向性を検討するフレームワークである。

- **花形**…市場占有率が高いため資金流入が大きい一方で，市場成長率が高いため競争も激しく多額の投資を必要とする事業である。市場占有率を維持するよう努力すれば，将来的に"金のなる木"になる期待がある。
- **金のなる木**…市場占有率が高いため資金流入が大きく，市場成長率は低くなって投資額も抑えられる事業である。資金創出効果が大きく，企業の安定した収益源となる。

- **問題児**…現時点で市場占有率は低いが，市場成長率が高く将来性のある事業である。市場占有率を高めて，"花形"に押し上げることを目指す。
- **負け犬**…市場占有率，市場成長率とも低く，将来性を見込めない事業である。投資を抑えて事業の縮小や撤退を検討する。

《答：ウ》

Lv.3 午前Ⅰ ▶ 全区分 午前Ⅱ PM DB ES **AU** ST SA NW SM SC

問 **429** VRIO 分析

VRIO 分析はどれか。

ア　環境要因を外部環境の機会と脅威，内部環境の強みと弱みに分類し，それら四つの組合せから重要成功要因を導出する。

イ　自社の経営資源について，経済的価値，希少性，模倣困難性，組織の四つの観点で評価し，市場での競争優位性をどの程度有しているかを分析する。

ウ　市場成長性の高低と自社の市場シェアの高低から，自社の事業を，金のなる木，花形，問題児，負け犬の四つに分類し，経営資源の配分を検討する。

エ　複数の重要成功要因を，財務の視点，顧客の視点，内部ビジネスプロセスの視点，学習と成長の視点の四つに分類し，相互の関係性を踏まえて戦略目標を定める。

[AU-R2 年秋 問 24]

■ 解説 ■

イが，**VRIO 分析**である。提唱者のバーニーは，次のように述べている。

---

5 企業の強みと弱み

5.2 組織の強みと弱みの分析

企業の強みと弱みの分析フレームワーク：VRIO

　企業の経営資源やケイパビリティの定義，そして経営資源の異質性と経営資源の固着性の前提は非常に抽象度が高いため，このままでは企業の強み・弱みの分析にそのまま適用するわけにはいかない。だが，これらの定義や前提に基づいて，より一般的に適用可能なフレームワークを構築することが可能である。このフレームワークは VRIO フレームワーク（VRIO framework）と呼ばれる。

テーマ 19　**経営戦略マネジメント**　　**541**

> このフレームワークは，企業が従事する事業に関して発すべき4つの問いによって構成されている。（中略）
> ① 経済価値（Value）に関する問い
> 　その企業の保有する経営資源やケイパビリティは，その企業が外部環境における脅威や機会に適応することを可能にするか。
> ② 稀少性（Rarity）に関する問い
> 　その経営資源を現在コントロールしているのは，ごく少数の競合企業だろうか。
> ③ 模倣困難性（Inimitability）に関する問い
> 　その経営資源を保有していない企業は，その経営資源を獲得あるいは開発する際にコスト上の不利に直面するだろうか。
> ④ 組織（Organization）に関する問い
> 　企業が保有する，価値があり稀少で模倣コストの大きい経営資源を活用するために，組織的な方針や手続きが整っているだろうか。
>
> 出典：『企業戦略論【上】基本編－競争優位の構築と持続』（ジェイ・B・バーニー，ダイヤモンド社，2003）

アは **SWOT分析**，**ウ**は**プロダクトポートフォリオマネジメント**，**エ**は**バランススコアカード**である。

《答：イ》

問430　ファイブフォース分析

ファイブフォース分析は，業界構造を，業界内で競争が激化する五つの要因を用いて図のように説明している。図中のaに入る要因はどれか。

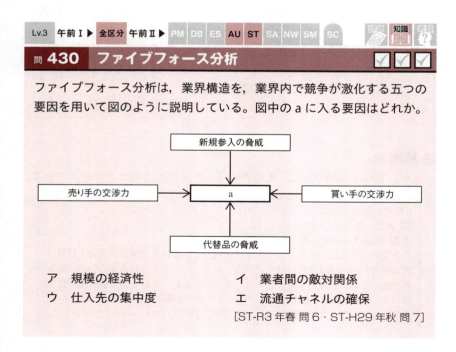

　ア　規模の経済性
　イ　業者間の敵対関係
　ウ　仕入先の集中度
　エ　流通チャネルの確保

[ST-R3年春 問6・ST-H29年秋 問7]

■ **解説** ■

ファイブフォース分析は，マイケル・ポーターが，業界内における企業の競争力に影響を与える五つの要因として指摘したことから，広く知られるようになった競争分析のフレームワークである。

> 五つの競争要因—新規参入の脅威，代替製品の脅威，顧客の交渉力，供給業者の交渉力，競争業者間の敵対関係—というものは，業界の競争が，既存の競合業者だけの競争ではないということを示している。顧客，供給業者，代替製品，予想される新規参入業者のすべてが「競争相手」なのであって，状況によって，それらのどれが真正面に出てくるかわからない。こういった広い意味での競争のことを，広義の敵対関係と名づけたい。
> 五つの競争要因が一体となって，業界の競争の激しさと収益率を決めるのであるけれども，戦略策定の立場からいうと，そのうちいちばん強い要因が決め手になるわけである。たとえば，業界内で，新規参入業者を寄せつけないほどの不動の市場地位を確保している会社であっても，より高品質で低コストの代替製品があらわれると，収益率は低下せざるをえないだろう。すごい代替製品も出現せず，強力な新規参入業者もあらわれないとしても，既存の競争業者間の戦いが激しくなると，収益率は低下せざるをえなくなる。極端な場合は，経済学者のいう完全競争である。新規参入は無制限，既存の業者は誰一人として供給業者および顧客に取引上の圧力はかけられず，すべての企業，すべての製品に能力と品質上の差異がないために，まったく自由な競争が行われている場合である。

出典：『新訂 競争の戦略』（マイケル・ポーター，ダイヤモンド社，1995）

よって，a には**イ**の**業者間の敵対関係**が入る。

《答：イ》

問 431　ブルーオーシャン戦略

ブルーオーシャン戦略の特徴はどれか。

- ア　価値を高めながらコストを押し下げる。
- イ　既存の市場で競争する。
- ウ　既存の需要を喚起する。
- エ　競合他社を打ち負かす。

［ST-R3年春 問7・ST-H28年秋 問9］

■ 解説 ■

アが，**ブルーオーシャン戦略**の特徴である。これは，W・チャン・キムとレネ・モボルニュが提唱した経営戦略論である。多くの競合がある既存市場（レッドオーシャン）を生き抜くより，新たな市場（ブルーオーシャン）を開拓することが重要であるとしている。

> ブルーオーシャン戦略は，血みどろの戦いが繰り広げられるレッドオーシャンから抜け出すよう，企業にせまる。そのための手法は，競争のない市場空間を生み出して競争を無意味にする，というものである。縮小しがちな既存需要を分け合うのでもなく，競合他社との比較を行うのでもない。ブルーオーシャン戦略は需要を押し上げて，競争から抜け出すことをねらいとする。

レッドオーシャン戦略	ブルーオーシャン戦略
既存の市場空間で競争する	競争のない市場空間を切り開く
競合他社を打ち負かす	競争を無意味なものにする
既存の需要を引き寄せる	新しい需要を掘り起こす
価値とコストのあいだにトレードオフの関係が生まれる	価値を高めながらコストを押し下げる
差別化，低コスト，どちらかの戦略を選んで，企業活動すべてをそれに合わせる	差別化と低コストをともに追求し，その目的のためにすべての企業活動を推進する

出典：『ブルー・オーシャン戦略 競争のない世界を創造する』
（W・チャン・キム他，ランダムハウス講談社，2005）

イ，ウ，エは，**レッドオーシャン戦略**の特徴である。

《答：ア》

Lv.3 午前Ⅰ ▶ 全区分 午前Ⅱ ▶ PM DB ES AU ST SA NW SM SC

問 432 バリューチェーン

バリューチェーンの説明はどれか。

ア　企業活動を，五つの主活動と四つの支援活動に区分し，企業の競争優位の源泉を分析するフレームワーク

イ　企業の内部環境と外部環境を分析し，自社の強みと弱み，自社を取り巻く機会と脅威を整理し明確にする手法

ウ　財務，顧客，内部ビジネスプロセス，学習と成長の四つの視点から企業を分析し，戦略マップを策定するフレームワーク

エ　商品やサービスを，誰に，何を，どのように提供するかを分析し，事業領域を明確にする手法

[AP-R3 年秋 問 67・AM1-R3 年秋 問 26]

■ 解説 ■

アが，**バリューチェーン**（価値連鎖）の説明である。マイケル・ポーターが提唱した競争優位の源泉を分析する手法である。

価値連鎖とは

　会社というものは例外なく，製品の設計，製造，販売，流通，支援サービスに関して行う諸活動の集合体である。これらの活動はすべて，図で示すように，価値連鎖一般の形で描くことができる。会社の価値連鎖と，会社が個々の活動をどう行うかは，会社の歴史，戦略，戦略実行の方法，およびそうした諸活動自身の底に流れる経済性の反映である。

（中略）

　価値連鎖は，価値のすべてをあらわすものであって，価値をつくる活動とマージンとからなる。価値をつくる活動とは，会社の活動のなかで，物理的にも技術的にも別個の活動である。（中略）マージンとは，総価値と，価値をつくる活動の総コストの差である。

（中略）

　価値活動は大きく二つに分けることができる。主活動（プライマリー）と支援活動（サポート）である。主活動は図表の下段に列記したように，製品の物的創造，それを買い手に販売し輸送する活動，さらに販売後の援助サービスである。どんな会社でも，主活動は，図表で示したような五つの一般項目に分類できる。支援活動は，資材調達技術，人的資源，各種の全社的機能を果たすことで，主活動のそれぞれを支援する。点線は，調達，技術開発，人事・労務管理が，個々の主活動と関連し，全連鎖を支援する事実を示すものである。全般管理（インフラストラクチュア）は，個々の主活動には関連性を持たず，全連鎖を支援する。

テーマ 19　経営戦略マネジメント　　545

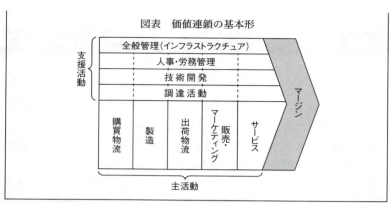

出典:『競争優位の戦略―いかに高業績を持続させるか』(マイケル・ポーター，ダイヤモンド社，1985)

イは，**SWOT 分析**の説明である。
ウは，**バランススコアカード**の説明である。
エは，**CFT 分析**の説明である。Customer（顧客：誰に），Function（機能：何を），Technology（技術：どのように）の頭字語である。

《答：ア》

19-2 ● マーケティング

Lv.4 午前Ⅰ▶ 全区分 午前Ⅱ▶ PM DB ES AU **ST** SA NW SM SC

問 433 エスノグラフィー ☑☑☑

マーケティング調査におけるエスノグラフィーの活用事例はどれか。

ア 業界誌や業界新聞，調査会社の売れ筋ランキングなどから消費者の動向を探る。

イ 広告の一部に資料請求の項目を入れておき，それを照会してきた人数を調べる。

ウ 消費行動の現場で観察やインタビューを行い，気付かなかった需要を発掘する。

エ 同等の条件下で複数パターンの見出しを広告として表示し，反応の違いを測る。

[ST-R3 年春 問 12・ST-H26 年秋 問 11]

■ 解説 ■

ウが，**エスノグラフィー**の活用事例である。データ収集方法のうち観察法の一種で，消費者の行動を実地に観察することで，消費者自身も気付いていない需要（例えば，本人は現状に一応満足しているが，より便利なものを望む潜在意識）を見つけることができる。

アは，**二次分析**の活用事例である。一次分析は，今回の調査目的のために，自組織が調査対象から新たにデータを収集して行う分析である。二次分析は，自組織が過去に収集した別のデータや，外部機関が作成したデータを基に行う分析である。

イは，**ベリードオファー**の活用事例である。資料請求などの文言を意図的に目立たないように埋め込むことで，広告を隅々まで読んだ上で資料請求した消費者の割合が分かる。

エは，**スプリットランテスト**の活用事例である。

《答：ウ》

テーマ 19 **経営戦略マネジメント** 547

問 434　マーケティングの 4P と 4C

売手側でのマーケティング要素 4P は，買手側での要素 4C に対応するという考え方がある。4P の一つであるプロモーションに対応する 4C の構成要素はどれか。

　　ア　顧客価値（Customer Value）
　　イ　顧客コスト（Customer Cost）
　　ウ　コミュニケーション（Communication）
　　エ　利便性（Convenience）

[AP-R1 年秋 問 68・ST-H29 年秋 問 11・AP-H28 年春 問 68・AM1-H28 年春 問 27・AP-H25 年秋 問 68・AM1-H25 年秋 問 26・ST-H23 年秋 問 13・ST-H21 年秋 問 11]

解説

マーケティング要素（マーケティングミックス）の **4P** とは，マーケティングの観点を売手の立場で，製品（Product），価格（Price），流通（Place），プロモーション（Promotion）の四つに大別したものである。4C は，これを買手（顧客）の立場に置き換えたもので，次のように対応する。

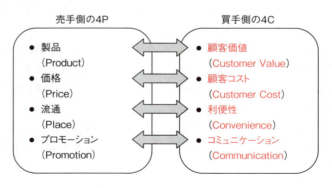

したがって，プロモーションに対応するのは，**ウのコミュニケーション**である。

《答：ウ》

Lv.3 午前Ⅰ ▶ 全区分 午前Ⅱ ▶ PM DB ES **AU** **ST** SA NW SM SC 知識

問 435 ブランド拡張

ブランド戦略のうち，ブランド拡張を説明したものはどれか。

- ア　既存のブランドネームをそのまま用いた上で，対象市場を新しいマーケットセグメントに変更し，売上高の増加を狙う戦略である。
- イ　既存のブランドネームを他の商品においても展開することによって，既存ブランドの認知度を他の商品にも利用し，販売効果を高める戦略である。
- ウ　従来の市場をターゲットとし続けるが，従来のブランドネームを廃棄して新しいブランドネームに変更する戦略である。
- エ　単一のブランドを強調するだけでなく，同一カテゴリで複数ブランドを使い分けることによって市場シェアの獲得を狙う戦略である。

[ST-R1 年秋 問 8・AU-H24 年春 問 24]

■ 解説 ■

イが，**ブランド拡張**（ブランドエクステンション）を説明したものである。これは，確立された既存ブランドを利用して，同じブランドで新製品を導入する戦略である。同一の製品カテゴリ内でのバリエーションを増やすライン拡張（ラインエクステンション）と，新たなカテゴリの新製品を導入するカテゴリ拡張（カテゴリエクステンション）に分けられる。

メリットは，既存ブランドの信用や認知度を新製品に活かせるので，低コストで短期間に消費者の認知を得やすいことある。デメリットは，新製品の評判が悪いと既存製品を含めたブランドの信用を失うこと（ブランド毀損）や，ブランドと製品カテゴリのつながりが認識されにくくなること（ブランド希薄化）である。

アはブランドリポジショニング，**ウ**はブランド変更，**エ**はマルチブランドを説明したものである。

《答：イ》

午前Ⅱ
PM
DB
ES
AU
ST
SA
NW
SM
SC

テーマ 19 **経営戦略マネジメント**　**549**

問 436　ペネトレーション価格戦略

ペネトレーション価格戦略の説明はどれか。

- ア　価格感度が高い消費者層ではなく高価格でも購入する層をターゲットとし，新製品の導入期に短期間で利益を確保する戦略である。
- イ　新製品の導入期に，市場が受け入れやすい価格を設定し，まずは利益獲得よりも市場シェアの獲得を優先する戦略である。
- ウ　製品やサービスに対する消費者の値頃感に基づいて価格を設定し，消費者にその製品やサービスへの購買行動を喚起させる戦略である。
- エ　補完的な複数の製品やサービスを組み合わせて，個々の製品やサービスの価格の合計よりも低い価格を設定し，売上を増大させる戦略である。

［AU-R3年秋 問24・ST-R1年秋 問10・ST-H29年秋 問12］

■解説■

イが，**ペネトレーション価格戦略**（浸透価格戦略）の説明である。新製品を最初から低価格で市場に投入するとともに，積極的なプロモーション（広告宣伝や販売促進策）を行うことで，早期にマーケットシェア（市場占有率）を獲得し，競合他社の参入を阻む戦略である。最初のうちは売上が低く，費用もかかるので，財務体力のある大手企業が採用しやすい戦略である。シェアを獲得すれば，大量生産による製造単価削減やプロモーション費用節減が可能になるため，中長期的に収益化すること目指す。

アは，上澄み吸収価格戦略（スキミングプライシング）の説明である。
ウは，知覚価値価格戦略の説明である。
エは，抱き合わせ価格戦略の説明である。

《答：イ》

Lv.3 午前Ⅰ ▶ 全区分 午前Ⅱ ▶ PM DB ES **AU ST** SA NW SM SC

問 **437** プライスライニング戦略

プライスライニング戦略はどれか。

ア　消費者が選択しやすいように，複数の価格帯に分けて商品を用意する。

イ　商品の品質の良さやステータスを訴えるために意図的に価格を高く設定する。

ウ　商品本体の価格を安く設定し，関連消耗品の販売で利益を得る。

エ　新商品に高い価格を設定して早い段階で利益を回収する。

[AP-R2 年秋 問 69]

■ 解説 ■

アが，**プライスライニング戦略**である。例えば，贈答品で 3,000 円台，5,000 円台，8,000 円台の価格帯を設定する戦略である。三つの価格帯を設定することが多いことから，俗に "松竹梅戦略" ともいう。

イは，**名声価格戦略**である。例えば，高級車や高級腕時計のように，高価な物は高品質で，それを持つ人は社会的地位の高い人だと思わせる戦略である。

ウは，**キャプティブ価格戦略**である。例えば，プリンタ本体を低価格で販売し，専用のトナーやインクカートリッジを繰り返し購入させて利益を得る。

エは，**スキミングプライス戦略**（上澄吸収価格戦略）である。例えば，流行に敏感で価格を気にせず購入する層をターゲットに，新しいタイプの家電製品を高価格で売り出す。その後，価格を下げながら，販売数を増やして普及を狙う。

《答：ア》

テーマ 19　経営戦略マネジメント　**551**

| Lv.3 | 午前Ⅰ ▶ | 全区分 | 午前Ⅱ ▶ | PM | DB | ES | AU | ST | SA | NW | SM | SC | 知識 |

問 438　バイラルマーケティング　☑ ☑ ☑

バイラルマーケティングを説明したものはどれか。

ア　インターネット上で成果報酬型広告の仕組みを用いるマーケティング手法である。

イ　個々の顧客を重要視し，個別ニーズへの対応を図るマーケティング手法である。

ウ　セグメントごとに差別化した，異なる商品を提供するマーケティング手法である。

エ　人から人へと評判が伝わることを積極的に利用するマーケティング手法である。

[ST-R3年春 問9・AU-H31年春 問24・ST-H27年秋 問10]

■ 解説 ■

エが，**バイラルマーケティング**の説明である。「マーケティング活動とマーケティング目標を支援するために，インターネットを使ってクチコミを発生させること」（出典：『コトラー＆ケラーのマーケティング・マネジメント』（コトラー他, 丸善出版, 2008））とされている。バイラル（viral）は，ウイルス（virus）の形容詞形である。

アは，アフィリエイトマーケティングの説明である。

イは，ワントゥワンマーケティングの説明である。

ウは，差別型マーケティングの説明である。

《答：エ》

552　Chapter 08　経営戦略

19-3 ● ビジネス戦略と目標・評価

Lv.4 午前Ⅰ ▶ 全区分 午前Ⅱ ▶ PM DB ES AU **ST** SA NW SM SC

問 **439** OKR

企業や組織の目標管理の仕組みとして OKR（Objectives and Key Results）を活用するとき，OKR の目標（Objectives）及び主な結果（Key Results）に関する記述として，適切なものはどれか。

ア　主な結果は，定性的なものが主体で主観的な確認が可能であればよい。

イ　目標及び主な結果は会社，事業部，個人などお互いに関連のないものを独立して別個に設定する。

ウ　目標は一定期間でのストレッチゴールで人を鼓舞する内容とし，主な結果は定量的なものにする。

エ　目標は測定可能なものとし，主な結果は定性的で人を鼓舞する内容にする。

[ST-R1 年秋 問 11]

■ 解説 ■

OKR は，米国の IT 企業を中心に採用されて話題となった目標管理手法である。短めの期間（1 〜 3 か月程度）を対象として，企業全体の目標と主な結果を設定し，それを受けて部署の目標と主な結果を設定し，最終的に個人の目標と主な結果を設定する。

目標は，定性的な内容で，社員のモチベーションが上げるような少し高めのもの（ストレッチゴール）とする。主な結果は，定量的な（数字で測れる）指標として，一つの目標に対して数個設定し，ある程度（6 〜 7 割）の達成を評価基準とする。これは，100％の達成を評価基準とすると，意図的に低い目標しか設定しなくなるからである。

よって，**ウ**が適切である。**ア**，**イ**，**エ**は適切でない。

《答：ウ》

テーマ 19　経営戦略マネジメント　　**553**

問440　DMAICの活動フェーズ

図は，シックスシグマの基本となる日常業務の効率や品質の向上を目指す継続的改善サイクルであるDMAICの活動フェーズである。cに該当するものはどれか。ここで，ア～エはa～dのいずれかに対応する。

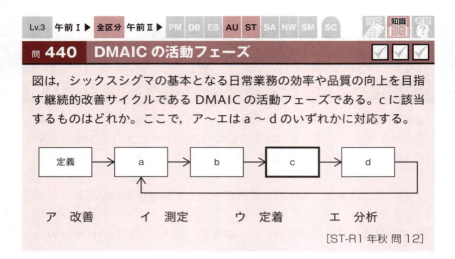

ア　改善　　　イ　測定　　　ウ　定着　　　エ　分析

[ST-R1年秋 問12]

解説

シックスシグマは，主に製造業を対象とする，経営管理・品質管理のフレームワークの一つである。DMAICはその中で用いられる改善手法の一つで，次の頭字語である。

- 定義（Define）…解決すべき業務の課題を明確にし，定義する。
- 測定（Measure）…業務プロセスの状況を測れるようにして，データを収集する。
- 分析（Analyze）…収集したデータを分析し，課題の要因を明らかにする。
- 改善（Improve）…分析結果に基づいて改善策を立案し，業務プロセスを改善する。
- 定着（Control）…改善策や業務プロセスの定着を図り，管理する。

よって，**ア**の改善がcに該当する。

《答：ア》

問 441　予測を収束させる方法

将来の科学技術の進歩の予測などについて，専門家などに対するアンケートを実施し，その結果をその都度回答者にフィードバックすることによって，ばらばらの予測を図のように収束させる方法はどれか。

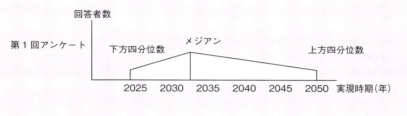

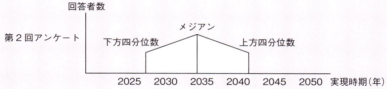

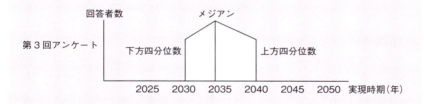

ア　ゴードン法　　　　　　　イ　デルファイ法
ウ　ミニマックス法　　　　　エ　モンテカルロ法

[ST-R3年春 問19・ST-H24年秋 問13]

■ 解説 ■

これは**イ**の**デルファイ法**である。通常の一回きりのアンケートと異なり，前回のアンケート結果を回答者にフィードバックしながら複数回のアンケートを実施することで，回答を収束させられることが特徴である。

アの**ゴードン法**は，ブレーンストーミングの手法の一つで，主催者が参加者にテーマを明示しないことにより，幅広いアイディアを出させようと

するものである。

ウの**ミニマックス法**は，最悪の場合でも損失を最小限にするよう行動する戦略である。

エの**モンテカルロ法**は，乱数を発生させてシミュレーションや数値計算を行う手法である。

《答：イ》

観測データを類似性によって集団や群に分類し，その特徴となる要因を分析する手法はどれか。

　ア　クラスタ分析法　　　　イ　指数平滑法
　ウ　デルファイ法　　　　　エ　モンテカルロ法

[AP-H30年秋 問69・AM1-H30年秋 問26・ST-H27年秋 問8・
ST-H25年秋 問11・AP-H22年秋 問68・AM1-H22年秋 問26]

■ 解説 ■

アの**クラスタ分析法**は，異質なものが混じっている対象（ケース，変数）の中から似ているものを集め，グループ（クラスタ）分けを行う方法である。

イの**指数平滑法**は，時系列データの細かい短期変動を平準化し，大まかな傾向をつかむ方法である。当期の値に平滑化係数（0以上1以下）を掛けたものと，前期の値に（1－平滑化係数）を掛けたものの和を取って，データの平準化を行う。平滑化係数を，0に近づけるほど平準化され，1に近づけるほど元データに近くなる。

ウの**デルファイ法**は，多数の人にアンケートを実施し，その結果を回答者にフィードバックして，再度のアンケート，フィードバックを繰り返しながら，意見の収束を図る方法である。

エの**モンテカルロ法**は，乱数を発生させてシミュレーションや数値計算を行う手法である。

《答：ア》

19-4 ● 経営管理システム

Lv.3 午前Ⅰ ▶ 全区分 午前Ⅱ ▶ PM DB ES AU ST SA NW SM SC

問443 物流の最適化 ☑ ☑ ☑

部品や資材の調達から製品の生産，流通，販売までの，企業間を含めたモノの流れを適切に計画・管理し，最適化して，リードタイムの短縮，在庫コストや流通コストの削減などを実現しようとする考え方はどれか。

ア CRM　　イ ERP　　ウ MRP　　エ SCM

[AU-R2年秋 問25・AP-H26年秋 問69・
AM1-H26年秋 問26・ST-H21年秋 問17]

■ 解説 ■

これは，**エ**の **SCM**（供給連鎖管理：Supply Chain Management）である。物流プロセスには，原材料の生産者，メーカ，卸売業者，小売業者，運送業者など，様々な業種の企業が関わっている。一つの企業が自社内のIT化を進めても，企業間の製品や情報のやり取りは非効率な手作業（電話，FAX，メール等）で行われることも多い。これを改善して，物流プロセス全体を最適化しようとするものである。

アの **CRM** は，顧客関係管理（Customer Relationship Management）である。

イの **ERP** は，企業資源計画（Enterprise Resource Planning）である。

ウの **MRP** は，資材所要量計画（Material Requirements Planning）である。

《答：エ》

テーマ19 **経営戦略マネジメント**　557

Lv.3 午前Ⅰ ▶ 全区分 午前Ⅱ ▶ PM DB ES **AU ST** SA NW SM SC

問 444 SFA

SFA を説明したものはどれか。

ア　営業活動に IT を活用して営業の効率と品質を高め，売上・利益の大幅な増加や，顧客満足度の向上を目指す手法・概念である。

イ　卸売業・メーカが小売店の経営活動を支援することによって，自社との取引量の拡大につなげる手法・概念である。

ウ　企業全体の経営資源を有効かつ総合的に計画して管理し，経営の効率向上を図るための手法・概念である。

エ　消費者向けや企業間の商取引を，インターネットなどの電子的なネットワークを活用して行う手法・概念である。

[AP-R3 年秋 問 70・AP-H30 年春 問 70・AP-H27 年秋 問 69・
AP-H25 年春 問 70・ST-H22 年秋 問 14]

■ 解説 ■

アが，**SFA**（Sales Force Automation）を説明したものである。SFA 製品・サービスによるが，一般に顧客管理，案件管理，商談管理，スケジュール管理，売上管理などの機能があり，経営層や営業担当者間で情報を共有できる。また，外出先からでも，PC やモバイル機器で利用でき，情報の入力や参照ができることが多い。

イは，リテールサポートの説明である。

ウは，ERP（企業資源計画：Enterprise Resource Planning）の説明である。

エは，電子商取引の説明である。

《答：ア》

558　Chapter 08　経営戦略

問 445　TOC の特徴

TOC の特徴はどれか。

ア　個々の工程を個別に最適化することによって，生産工程全体を最適化する。
イ　市場の需要が供給能力を下回っている場合に有効な理論である。
ウ　スループット（＝売上高－資材費）の増大を最重要視する。
エ　生産プロセス改善のための総投資額を制約条件として確立された理論である。

[ST-R3年春 問16・ST-H30年秋 問17・ST-H28年秋 問18・ST-H26年秋 問17・ST-H24年秋 問20・ST-H22年秋 問19]

解説

TOC（**制約条件の理論**：Theory Of Constraints）は，エリヤフ・ゴールドラットが小説『ザ・ゴール』で提唱した生産管理の理論である。

> まず TOC は「システム改善のツール」であるということが言える。TOC は，現場での個別の工程の生産性や品質の改善ツールではない。あくまでも企業とか工場全体を一つのシステムと見なし，そのシステムの目的を達成するための改善手法である。博士（筆者注：ゴールドラット）は，企業の究極の目的が「現在から将来にかけて金を儲け続けること」と定義した。企業が金を儲けるには，スループットを増やすか，在庫を減らすか，経費を減らすという三つの方法しかない。TOC では，このうちスループットを増やすということが最も重要なことで，次いで在庫を減らすことであり，経費節減は重要性が低いとしている。スループットとは販売を通じて金を儲ける割合のことで，売上げから資材費を引いた金額に等しい。（中略）
> そこで工場のスループットを最大化するには，実際に顧客に売れる製品のアウトプットを最大にすればいいことになる。一見，単純な話に思えるかもしれないが，実際にはさまざまな要因が重なって非常に複雑な問題になる。まず工場では，製品ができるまでに多くの工程を通っていくが，そのどこかが必ずボトルネックになっている。TOC の「C」は Constraints（制約条件）のことだが，つまりボトルネックのことだ。ボトルネックがある場合，工場全体の生産量はボトルネックの生産能力で決まってしまう。（中略）TOC の基本原理は，第一に工場全体のアウトプットを上げるためには，ボトルネック工程のアウトプットを最大限にするように工場内の改善努力をそこに集中させることだ。（中略）

> TOCの第二の原理は，ボトルネック以外の工程では，ボトルネック工程より速くモノを作ってはいけないということだ。どうせ工場全体のアウトプットがボトルネック工程の能力で制約されるのであれば，ボトルネック以外の工程はボトルネック工程と同じペースで（つまりフル操業をせずに）動かす。こうすれば工程の間に余計な在庫ができないので，製造期間は非常に短くなり，顧客から受けた注文を確実に短期間で納めることができるようになる。

出典：『ザ・ゴール―企業の究極の目的とは何か』（エリヤフ・ゴールドラット，ダイヤモンド社，2001）より，解説・稲垣公夫

ウが，TOCの特徴である。TOCではボトルネックを見つけ，スループットを最大化することを目指す。このスループットは売上高－資材費であり，生産高－資材費ではない。

アは特徴でない。TOCは企業や工場全体を一つのシステムとして改善を図る手法で，個々の工程の最適化手法ではない。

イは特徴でない。TOCは，市場の需要が大きく，ボトルネックを解消して供給能力を高める必要性があるときに有効な理論である。

エは特徴でない。制約条件とは，生産のボトルネックとなる工程である。

《答：ウ》

問446 コールセンタシステムにおけるIVR

コールセンタシステムにおけるIVRを説明したものはどれか。

- ア　企業ビル内などに設置して，外線電話と内線電話，内線電話同士を交換する装置
- イ　顧客からの電話に自動応答し，顧客自身の操作によって情報の選択や配信，合成音声による応答などを行う仕組み
- ウ　コンピュータと電話を統合し，顧客データベースとPBXを連動させて，発呼や着呼と同時に必要な顧客情報をオペレータの画面上に表示するシステム
- エ　着信した電話を，あらかじめ決められたルールに従って，複数のオペレータのうちの1人だけに接続する仕組み

[AU-R3年秋 問25・ST-R1年秋 問14・ST-H26年秋 問9・ST-H24年秋 問16・ST-H22年秋 問15]

■ 解説 ■

イが，**IVR**（Interactive Voice Response：音声自動応答）を説明したものである。「○○は1を，△△は2を，□□は3を押してください。」などと自動応答して，顧客に選択させてから，受付処理をするものが多い。問合せをあらかじめ分類することで，定型的な問合せは新人オペレータに，複雑な問合せは上級オペレータに接続するといったこともできる。

アは，PBX（Private Branch Exchange：構内交換機）を説明したものである。

ウは，CTI（Computer Telephony Integration）を説明したものである。

エは，ACD（Automatic Call Distributor：着信呼自動分配装置）を説明したものである。

《答：イ》

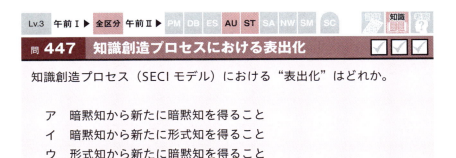

知識創造プロセス（SECIモデル）における"表出化"はどれか。

　ア　暗黙知から新たに暗黙知を得ること
　イ　暗黙知から新たに形式知を得ること
　ウ　形式知から新たに暗黙知を得ること
　エ　形式知から新たに形式知を得ること

[AP-H31年春 問69]

■ 解説 ■

SECIモデルは，野中郁次郎によって提唱されたナレッジマネジメントのモデルで，暗黙知と形式知によって知識を共有，創造するプロセスに特徴がある。**暗黙知**は，言葉で表現するのが難しいような，個人が持っている知識や技能（経験や勘）である。**形式知**は，マニュアルのように文書や図式として，誰もが見える形にした知識や技能である。

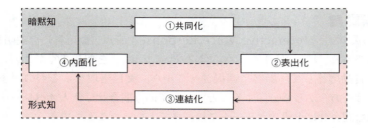

①**共同化**…暗黙知を暗黙知のままグループで共有することである。伝統的な徒弟制度は，師匠から弟子へ暗黙知を共有して引き継ぐシステムといえる。

②**表出化**…暗黙知を目に見える形にして，形式知とすることである。現代においては，ITを利用した様々な情報共有の仕組みが考えられている。

③**連結化**…形式知を集めて連結することである。個人が別々に持っている暗黙知は連結できないが，形式知とすることによって連結可能となり，新たな知識を創造することにつながる。

④**内面化**…新たに創造された形式知を個人が習得して，個人の内面で暗黙知とすることである。

内面化された暗黙知は，再び最初のプロセスに戻って共同化される。このプロセスの繰返しにより，知識が共有され，新しい知識が創造されると考える。

よって，**イ**が"**表出化**"である。

ウは"内面化"である。

ア，**エ**はいずれにも該当しない。共同化及び連結化は，新たな知識を得るのでなく，知識を共有するプロセスである。

《答：イ》

テーマ		

午前Ⅰ ▶ **全区分** 午前Ⅱ ▶ PM DB ES AU **ST** SA NW SM SC
　　　　 Lv.3　　　　　　　　　　　　　　Lv.3

20 技術戦略マネジメント

問**448**～問**452** 全**5**問

最近の出題数

	高度午前Ⅰ	高度午前Ⅱ								
		PM	DB	ES	AU	ST	SA	NW	SM	SC
R4 年春期	0					1	－	－	－	－
R3 年秋期	1	－	－	－	－					－
R3 年春期	0					1	－	－	－	－
R2 年秋期	0	－	－	－	－					－

※表組み内の「－」は出題範囲外

試験区分別出題傾向（H21年以降）

午前Ⅰ	"技術開発戦略の立案"からはイノベーション，技術のSカーブ，TLOなど，"技術開発計画"からはコンカレントエンジニアリングなどの出題例がある。毎回1問が出題されるかどうかである。
ST 午前Ⅱ	"技術開発戦略の立案"からはイノベーション，キャズム，死の谷，TLOなど，"技術開発計画"からはプロダクトライン開発の出題例がある。出題例は少ないが，過去問題の再出題もある。

出題実績（H21年以降）

小分類	出題実績のある主な用語・キーワード
技術開発戦略の立案	イノベーション（技術革新），リーンスタートアップ，イノベータ理論，キャズム，死の谷，技術のSカーブ，産学共同研究，TLO（技術移転機関）
技術開発計画	コンカレントエンジニアリング，プロダクトライン開発

テーマ 20 **技術戦略マネジメント** **563**

20-1 技術開発戦略の立案

問 448　リーンスタートアップ

新しい事業に取り組む際の手法として，E.リースが提唱したリーンスタートアップの説明はどれか。

ア　国・地方公共団体など，公共機関の補助金・助成金の交付を前提とし，事前に詳細な事業計画を検討・立案した上で，公共性のある事業を立ち上げる手法
イ　市場環境の変化によって競争力を喪失した事業分野に対して，経営資源を大規模に追加投入し，リニューアルすることによって，基幹事業として再出発を期す手法
ウ　持続可能な事業を迅速に構築し，展開するために，あらかじめ詳細に立案された事業計画を厳格に遂行して，成果の検証や計画の変更を最小限にとどめる手法
エ　実用最小限の製品・サービスを短期間で作り，構築・計測・学習というフィードバックループで改良や方向転換をして，継続的にイノベーションを行う手法

[AP-R3年秋 問69・AM1-R3年秋 問27]

解説

エが，**リーンスタートアップ**の説明である。リースは次のように書いている。

> 第2部　舵取り
> 　スタートアップに科学的手法を適用するためには，まず，検証する仮説を選ばなければならない。スタートアップの計画でもっともリスクが高い要素，ほかのすべてを支える基礎となっている部分を私は**挑戦の要**（かなめ）となる仮説と呼んでいる。（中略）
> 　要となる仮説の段階をクリアしたら，いよいよ最初のステップである構築フェーズに入り，できるだけ早く**実用最小限の製品**（minimum viable product：MVP）を作る。MVPとは構築－計測－学習のループを回せるレベルの製品で，最小限の労力と時間で開発できるものをいう。（中略）

計測フェーズに入ると，製品開発が本当の前進につながっているのか否かの判断が課題となる。くり返すが，誰も欲しがらない製品なら，スケジュールと予算を守って完成させても意味がない。ここでは管理会計，財務会計とは別に，新たに**革新会計**という手法をお勧めする。（中略）

最後にもっとも重要なポイントを紹介する。ピボット（方向転換）だ。構築－計測－学習のループを回りおえたとき，我々は，アントレプレナーが必ず直面する難しい問いに答えなければならない。（中略）

リーン・スタートアップ方式で進めると資本効率が高いスタートアップとなる。早い段階でピボットの必要性が明らかになるため，無駄になる時間やお金が少なくてすむからだ。（後略）

出典：『リーン・スタートアップ　ムダのない企業プロセスでイノベーションを生みだす』（エリック・リース，日経 BP，2012）

ア，**イ**，**ウ**の手法に当てはまる名称はないと考えられる。

《答：エ》

Lv.3 　午前Ⅰ ▶ 　全区分 午前Ⅱ ▶ 　PM DB ES AU **ST** SA NW SM SC　　技術 知識 考察

問 **449** 　**キャズムが存在する場所**　　☑ ☑ ☑

ジェフリー・A・ムーアはキャズム理論において，利用者の行動様式に大きな変化をもたらすハイテク製品では，イノベータ理論の五つの区分の間に断絶があると主張し，その中でも特に乗り越えるのが困難な深く大きな溝を"キャズム"と呼んでいる。"キャズム"が存在する場所はどれか。

　ア　イノベータとアーリーアダプタの間
　イ　アーリーアダプタとアーリーマジョリティの間
　ウ　アーリーマジョリティとレイトマジョリティの間
　エ　レイトマジョリティとラガードの間

[AP-R3 年春 問 69・ST-H30 年秋 問 12・ST-H28 年秋 問 12]

■ **解説** ■

イノベータ理論の五つの区分は，次のとおりである。

テーマ 20　**技術戦略マネジメント**　　**565**

イノベーターは，新しいテクノロジーに基づいた製品を追い求める人たちである。この顧客グループは，しばしばベンダーが正式にマーケティング活動を始める前に，すでに新製品を購入しているような人たちだ。(中略)
　アーリー・アダプターは，イノベーターと同じように，ライフサイクルのかなり早い時期に新製品を購入する。しかし，技術指向ではないという点において，イノベーターとは一線を画する。アーリー・アダプターは，新たなテクノロジーがもたらす利点を検討，理解し，それを正当に評価しようとする。(中略)
　アーリー・マジョリティーは，テクノロジーに対する姿勢という点でアーリー・アダプターと共通するところはあるが，実用性を重んずる点でアーリー・アダプターと一線を画する。(中略)
　レイト・マジョリティーは，ほとんどの点においてアーリー・マジョリティーと共通の特性を示すが，ただ一つ大きく異なる点がある。それは，アーリー・マジョリティーがハイテク製品を扱うことにさして抵抗を感じないのに対し，レイト・マジョリティーは，製品の購入が決まったあとでも，自分で使うことに多少の抵抗を感じるという点だ。(中略)
　ライフサイクルの最後に位置づけられるのがラガードである。ラガードは，新しいハイテク製品には見向きもしない人たちである。(後略)

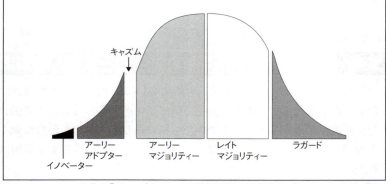

出典：『キャズム Ver.2 増補改訂版 新商品をブレイクさせる「超」マーケティング理論』(ジェフリー・A・ムーア，翔泳社，2014)

　隣り合う区分の間には不連続な関係があり，ある区分に対するのと同じ方法で次の段階の区分に製品が提示されると，クラック(隙間)が障害となってマーケティングの勢いが失われ，次の段階に進めなくなる。
　ムーアは，**アーリーアダプタ**は「変革のための手段」を購入しようとするが，**アーリーマジョリティ**は「生産性を改善する手段」を購入しようとするため，この両者の間に"**キャズム**"があり，乗り越えるのが最も難しいと主張している。

《答：イ》

Lv.3 午前Ⅰ▶ 全区分 午前Ⅱ▶ PM DB ES AU **ST** SA NW SM SC

問 450 技術の S カーブ

"技術の S カーブ" の説明として, 適切なものはどれか。

ア 技術の期待感の推移を表すものであり, 黎明期, 流行期, 反動期,
回復期, 安定期に分類される。

イ 技術の進歩の過程を表すものであり, 当初は緩やかに進歩する
が, やがて急激に進歩し, 成熟期を迎えると進歩は停滞気味に
なる。

ウ 工業製品において生産量と生産性の関係を表すものであり, 生
産量の累積数が増加するほど生産性は向上する傾向にある。

エ 工業製品の故障発生の傾向を表すものであり, 初期故障期間で
は故障率は高くなるが, その後の偶発故障期間での故障率は低
くなり, 製品寿命に近づく摩耗故障期間では故障率は高くなる。

[AP-R3 年春 問 71・AP-H26 年春 問 71・AM1-H26 年春 問 28・
AP-H23 年秋 問 70・AM1-H23 年秋 問 27・
AP-H22 年春 問 69・AM1-H22 年春 問 27]

■ 解説 ■

イが, **技術の S カーブ**の説明である。横軸に時間, 縦軸に技術成長度を
取ってグラフを描くと, 最初は緩やかに技術が成長し, あるときから急激
に成長し, やがて成長が鈍化する形になる。

アは, **ハイプ曲線**の説明である。横軸に時間, 縦軸に期待度を取ってグ
ラフを描くと, 流行期に期待度が急激に上昇し, 反動期に急降下し, 回復
期を経て安定する形になる。

ウは, **ラーニングカーブ**（経験曲線）の説明である。横軸に累積生産数,
縦軸に単位コスト（≒生産性の逆数）を取ってグラフを描くと, 右下がり
の曲線になる。

エは, **バスタブ曲線**の説明である。横軸に時間, 縦軸に故障率を取って
グラフを描くと, 両端が高く, 中央が低くなった U 字形の曲線になる。

テーマ 20 技術戦略マネジメント **567**

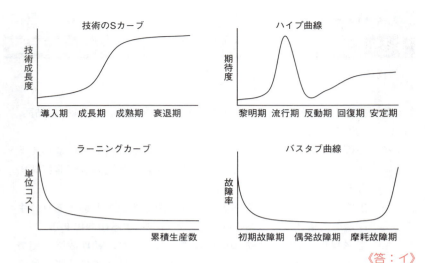

《答：イ》

問 451 企業と大学の共同研究

企業と大学との共同研究に関する記述として，適切なものはどれか。

- ア 企業のニーズを受け入れて共同研究を実施するための機関として，各大学にTLO（Technology Licensing Organization）が設置されている。
- イ 共同研究で得られた成果を特許出願する場合，研究に参加した企業，大学などの法人を発明者とする。
- ウ 共同研究に必要な経費を企業が全て負担した場合でも，実際の研究は大学の教職員と企業の研究者が対等の立場で行う。
- エ 国立大学法人が共同研究を行う場合，その研究に必要な費用は全て国が負担しなければならない。

[ST-R1年秋 問15・ST-H27年秋 問15]

■ 解説 ■

ウが適切である。共同研究は企業と大学が対等の立場で行うもので，委託と受託などの関係ではない。

アは適切でない。TLO（技術移転機関）は，大学の研究成果を特許化して，民間企業に技術移転し，事業化することを目的とする組織である。企業のニーズを受け入れて共同研究するものではない。TLO の形態としては，大学内の部門として設置されているもの，大学等が出資して株式会社や財団法人として設立されているものなどがある。

イは適切でない。特許を出願できるのは，原則として発明者個人である。なお，平成 27 年の特許法改正により，特許を受ける権利を発明者の使用者（雇用主）に帰属させることが可能となった。

エは適切でない。研究費用の全部又は一部を共同研究に参加する企業が負担することもある。

《答：ウ》

Lv.3 　午前Ⅰ ▶ 　**全区分** 午前Ⅱ ▶ PM DB ES AU **ST** SA NW SM SC

| 問 **452** | 国際標準に適合した製品を製造及び販売する利点 | ☑ ☑ ☑ |

ISO，IEC，ITU などの国際標準に適合した製品を製造及び販売する利点として，適切なものはどれか。

　ア　WTO 政府調達協定の加盟国では，政府調達は国際標準の仕様に従って行われる。
　イ　国際標準に適合しない競合製品に比べて，技術的に優位であることが保証される。
　ウ　国際標準に適合するために必要な特許は，全て無償でライセンスを受けられる。
　エ　輸出先国の国内標準及び国内法規の規制を受けることなく製品を輸出できる。

[AP-H29 年秋 問 69・AM1-H29 年秋 問 27]

■ 解説 ■

アが適切である。国際的な政府調達において，特定の国や地域だけで通用している技術仕様を採用すると，他国の企業等が参入できない貿易障壁となってしまう。そこで，WTO（World Trade Organization：世界貿易機関）は加盟国に対して，貿易障壁とならないよう，国際標準の仕様に従

って政府調達を行うことを要求している。言い換えれば，国際標準に適合した製品は，WTO 加盟国の政府調達によって販売できる可能性がある。

イは適切でない。国際標準は技術仕様の標準であって，技術的優位性を保証するものではない。

ウは適切でない。国際標準に適合するからと，特許のライセンス料（使用料）が無償となるものではない。特許権者が不要と言わない限り，ライセンス料の支払いが必要である。

エは適切でない。国際標準に適合していても，輸出先国によっては国内規制を受けることがある。

《答：ア》

テーマ

21 ビジネスインダストリ

午前Ⅰ ▶ **全区分** 午前Ⅱ ▶ PM DB **ES** AU **ST** SA NW SM SC
Lv.3 Lv.3 Lv.4

問**453**〜問**466** 全**14**問

最近の出題数

	高度午前Ⅰ	高度午前Ⅱ								
		PM	DB	ES	AU	ST	SA	NW	SM	SC
R4 年春期	1					2	—	—	—	—
R3 年秋期	1	—	—	2	—					—
R3 年春期	2					2	—	—	—	—
R2 年秋期	2	—	—	2	—					—

※表組み内の「−」は出題範囲外

試験区分別出題傾向（H21年以降）

午前Ⅰ	IoT に関連して，"ビジネスシステム"，"民生機器"からの出題が増えている。"エンジニアリングシステム"，"e-ビジネス"からの出題も多かったが，最近は少なくなっている。
ES 午前Ⅱ	R2 年度から出題範囲に加えられ，"民生機器"，"産業機器"から出題されている。
ST 午前Ⅱ	"ビジネスシステム"，"エンジニアリングシステム"，"e-ビジネス"からの出題例が多く，過去問題の再出題も多い。"民生機器"からの出題例は少なく，"産業機器"からの出題例はない。

出題実績（H21年以降）

小分類	出題実績のある主な用語・キーワード
ビジネスシステム	RPA，Systems of Engagement，3PL，スマートコントラクト，サイバーフィジカルシステム，超スマート社会，Society 5.0，EDINET，スマートグリッド
エンジニアリングシステム	セル生産，ジャストインタイム，かんばん方式，段取り，在庫管理，生産計画
e-ビジネス	クラウドソーシング，アグリゲーションサービス，エスクローサービス，SEO，レコメンデーション，ロングテール，インターネット広告，フリーミアム，コンバージョン率，EDI，XBRL
民生機器	組込みシステム，低消費電力広域無線，エッジコンピューティング，ディジタルツイン，AR グラス，HEMS
産業機器	RFID，ディジタルサイネージ

テーマ 21 ビジネスインダストリ **571**

21-1 ● ビジネスシステム

Lv.3 午前Ⅰ▶ 全区分 午前Ⅱ▶ PM DB ES AU ST SA NW SM SC

問 453　RPA

RPA（Robotic Process Automation）の説明はどれか。

ア　ホワイトカラーの単純な間接作業を，ルールエンジンや認知技術などを活用して代行するソフトウェア

イ　自動制御によって，対象物をつかみ，動かす機能や，自動的に移動できる機能を有し，また，各種の作業をプログラムによって実行できる産業用ロボット

ウ　車両の状態や周囲の環境を認識し，利用者が行き先を指定するだけで自律的な走行を可能とするレーダ，GPS，カメラなどの自動運転関連機器

エ　人の生活と同じ空間で安全性を確保しながら，食事，清掃，移動，コミュニケーションなどの生活支援に使用されるロボット

[AP-R1 年秋 問 71・AM1-R1 年秋 問 28]

■ 解説 ■

アが **RPA**（ロボットによる業務自動化）の説明である。人が行っている定型的で単純な事務作業について，事前に処理手順を設定しておくことで自動処理を可能とするシステムやソフトウェアである。必ずしも，機械的に動作するロボットを用いるものではない。

イは自律型ロボット，**ウ**は自動運転のセンサ，**エ**は生活支援ロボットのそのものの説明であり，他の呼称があるものではない。

《答：ア》

| Lv.3 | 午前Ⅰ ▶ | 全区分 午前Ⅱ ▶ | PM | DB | ES | AU | ST | SA | NW | SM | SC |

問454 サイバーフィジカルシステム

CPS（サイバーフィジカルシステム）を活用している事例はどれか。

ア　仮想化された標準的なシステム資源を用意しておき，業務内容に合わせてシステムの規模や構成をソフトウェアによって設定する。

イ　機器を販売するのではなく貸し出し，その機器に組み込まれたセンサで使用状況を検知し，その情報を元に利用者から利用料金を徴収する。

ウ　業務処理機能やデータ蓄積機能をサーバにもたせ，クライアント側はネットワーク接続と最小限の入出力機能だけをもたせてデスクトップの仮想化を行う。

エ　現実世界の都市の構造や活動状況のデータによって仮想世界を構築し，災害の発生や時間軸を自由に操作して，現実世界では実現できないシミュレーションを行う。

[AP-R2 年秋 問 71・AM1-R2 年秋 問 27]

■ 解説 ■

　エが，**CPS**の活用事例である。CPS は，フィジカル空間（現実世界）にある大量のデータを収集し，サイバー空間に蓄積して高度に分析や処理を行うことで，問題や課題の解決を目指すシステムである。

　アは，**サーバ仮想化**や**クライアント仮想化**の事例である。

　イは，**IoT 課金**の事例である。

　ウは，**シンクライアントシステム**の事例である。

《答：エ》

テーマ 21　ビジネスインダストリ　**573**

| Lv.3 | 午前Ⅰ ▶ | 全区分 午前Ⅱ ▶ | PM | DB | ES | AU | ST | SA | NW | SM | SC | | 知識 | |

問 455　超スマート社会実現への取組 ✓ ✓ ✓

政府は，IoT を始めとする様々な ICT が最大限に活用され，サイバー空間とフィジカル空間とが融合された "超スマート社会" の実現を推進してきた。必要なものやサービスが人々に過不足なく提供され，年齢や性別などの違いにかかわらず，誰もが快適に生活することができるとされる "超スマート社会" 実現への取組は何と呼ばれているか。

ア　e-Gov
イ　Society 5.0
ウ　Web 2.0
エ　ダイバーシティ社会

[AP-R3 年春 問 72・AM1-R3 年春 問 28・AP-H30 年春 問 71]

■ 解説 ■

　これは，**イ**の **Society 5.0** である。狩猟社会（Society 1.0），農耕社会（Society 2.0），工業社会（Society 3.0），情報社会（Society 4.0）に続く，新たな社会を指すもので，第 5 期科学技術基本計画において我が国が目指すべき未来社会の姿として初めて提唱された。

第 2 章　未来の産業創造と社会変革に向けた新たな価値創出の取組
(2)　世界に先駆けた「超スマート社会」の実現（Society 5.0）
　（前略）今後，ICT は更に発展していくことが見込まれており，従来は個別に機能していた「もの」がサイバー空間を利活用して「システム化」され，さらには，分野の異なる個別のシステム同士が連携協調することにより，自律化・自動化の範囲が広がり，社会の至るところで新たな価値が生み出されていく。（中略）
　こうしたことから，ICT を最大限に活用し，サイバー空間とフィジカル空間（現実世界）とを融合させた取組により，人々に豊かさをもたらす「超スマート社会」を未来社会の姿として共有し，その実現に向けた一連の取組を更に深化させつつ「Society 5.0」として強力に推進し，世界に先駆けて超スマート社会を実現していく。
① 超スマート社会の姿
　超スマート社会とは，「必要なもの・サービスを，必要な人に，必要な時に，必要なだけ提供し，社会の様々なニーズにきめ細かに対応でき，あらゆる人が質の高いサービスを受けられ，年齢，性別，地域，言語といった様々な違いを乗り越え，活き活きと快適に暮らすことのできる社会」である。（後略）

出典："第 5 期科学技術基本計画"（内閣府，2016）

574　Chapter 08　経営戦略

アの e-Gov（イーガブ）は，デジタル庁が運営する行政情報ポータルサイトである。

ウの Web 2.0 は，1990 年代の黎明期の Web と対比して，2000 年代に登場した Web の新しい技術やサービスを総称した概念である。

エのダイバーシティ社会は，多様な背景，属性や価値観をもった人々を受容し，発展を目指そうとする社会である。

《答：イ》

21-2 ● エンジニアリングシステム

問 456　Just In Time の特徴

JIT（Just In Time）の特徴はどれか。

ア　押し出し方式（プッシュシステム）である。
イ　各工程は使用した分だけを前工程に発注する。
ウ　他の品目の需要に連動しない在庫システムである。
エ　毎回仕様が異なる受注生産型の工場に適している。

[ST-R3 年春 問 15]

■ 解説 ■

イが，**JIT** の特徴である。JIS Z 8141:2022 には，次のようにある。

4　用語及び定義
b) 生産システム
2) JIT システム
JIT，ジャストインタイム
　全ての工程が，後工程の要求に合わせて，必要な物を，必要なときに，必要な量だけ生産（供給）する生産方式（JIS B 3000 の 3048 参照）。
　注釈 1　ジャストインタイムの狙いは，作り過ぎによる中間仕掛品の滞留，工程の遊休などを生じないように，生産工程の流れ化及び生産リードタイムの短縮にある。
　注釈 2　ジャストインタイムを実現するためには，最終組立工程の生産量を平準化すること（平準化生産）が重要である。

> 注釈3 ジャストインタイムは，後工程が使った量だけ前工程から引き取る
> 　　　 方式であることから，後工程引取り方式（プルシステム）ともいう。
> 注釈4 米国で提唱されたリーン生産（JIS B 3000 の 3048 参照）の基礎と
> 　　　 なっている。

出典：JIS Z 8141:2022（生産管理用語）

アは特徴でない。押し出し方式は，「あらかじめ定められたスケジュール
に従い，生産活動を行う管理方式」（JIS Z 8141:2022）である。後工程の
状況によらず，予定どおりに前工程の生産を続けるので，中間仕掛品の滞
留を生じることがある。

ウは特徴でない。前工程の品目の需要は，後工程の品目の需要に連動する。

エは特徴でない。JIT は，複数の工程から成る大量生産型の工場に適し
ている。

《答：イ》

Lv.3 午前Ⅰ ▶ 全区分 午前Ⅱ ▶ PM DB ES AU ST SA NW SM SC 計算

問 **457** 計画生産量の決定 ☑ ☑ ☑

ある会社の生産計画部では，毎月 25 日に次の手続で翌月分の計画生産量を決定している。8 月分の計画生産量を求める式はどれか。

〔手続〕
(1) 当月末の予想在庫量を，前月末の実在庫量と当月分の計画生産量と予想販売量から求める。
(2) 当月末の予想在庫量と翌月分の予想販売量を基に，翌月末の予想在庫量が翌々月から 3 か月間の予想販売量と等しくなるように翌月分の計画生産量を決定する。

I6	6 月末実在庫量				
I7	7 月末予想在庫量	P7	7 月分計画生産量	S7	7 月分予想販売量
I8	8 月末予想在庫量	P8	8 月分計画生産量	S8	8 月分予想販売量
				S9	9 月分予想販売量
				S10	10 月分予想販売量
				S11	11 月分予想販売量

In：n 月の月末在庫量　　Pn：n 月分の生産量　　Sn：n 月分の販売量

ア　I6 + P7 − S7 + S8
イ　S8 + S9 + S10 + S11 − I7
ウ　S8 + S9 + S10 + S11 − I8
エ　S9 + S10 + S11 − I7

[ST-R3 年春 問 17・ST-H26 年秋 問 18・AP-H25 年春 問 72・
AM1-H25 年春 問 28・ST-H23 年秋 問 18・ST-H21 年秋 問 20]

■ **解説** ■

(1) より，（7 月末予想在庫量）
　　=（6 月末実在庫量）+（7 月分計画生産量）−（7 月分予想販売量）
であるから，I7 = I6 + P7 − S7 が成り立つ。
(2) より，（8 月末予想在庫量）
　　=（7 月末予想在庫量）+（8 月分計画生産量）−（8 月分予想販売量）

テーマ 21　ビジネスインダストリ　**577**

＝（9月分予想販売量）＋（10月分予想販売量）＋（11月分予想販売量）であるから，I8 ＝ I7 ＋ P8 − S8 ＝ S9 ＋ S10 ＋ S11 が成り立つ。

すなわち，I7 ＋ P8 − S8 ＝ S9 ＋ S10 ＋ S11 となり，P8について解くと，P8 ＝ **S8 ＋ S9 ＋ S10 ＋ S11 − I7** となる。

《答：イ》

21-3 ● e-ビジネス

問 458　アグリゲーションサービス

アグリゲーションサービスに関する記述として，適切なものはどれか。

ア　小売販売の会社が，店舗やECサイトなどあらゆる顧客接点をシームレスに統合し，どの顧客接点でも顧客に最適な購買体験を提供して，顧客の利便性を高めるサービス

イ　物品などの売買に際し，信頼のおける中立的な第三者が契約当事者の間に入り，代金決済等取引の安全性を確保するサービス

ウ　分散的に存在する事業者，個人や機能への一括的なアクセスを顧客に提供し，比較，まとめ，統一的な制御，最適な組合せなどワンストップでのサービス提供を可能にするサービス

エ　本部と契約した加盟店が，本部に対価を支払い，販売促進，確立したサービスや商品などを使う権利をもらうサービス

[AP-R3年春 問74・AM1-R3年春 問29]

■ 解説 ■

ウが，**アグリゲーションサービス**の記述である。複数のニュースサイトの情報を集約表示するニュースアグリゲーションサービスや，複数の金融関係（銀行，クレジットカード，電子マネー等）のインターネットサイトから入出金や残高の情報を集約して表示するアカウントアグリゲーションサービスがある。Webサイトやスマートフォンアプリケーションとして，サービス提供される。

アは，**オムニチャネル**の記述である。

イは，**エスクローサービス**の記述である。

エは，**フランチャイズ**の記述である。

《答：ウ》

Lv.3　午前Ⅰ ▶　全区分　午前Ⅱ ▶　PM DB **ES** AU **ST** SA NW SM SC　　知識

問 **459**　**インプレッション保証型広告**　✓ ✓ ✓

インターネットにおける広告形態のうち，インプレッション保証型広告の説明はどれか。

ア　あらかじめ決められたキーワードを利用者が検索エンジンに入力した際に表示される広告

イ　掲載した広告を見た利用者が，その広告をクリックした上で，掲載者の意図に沿った行動を起こした場合に，掲載料を支払う広告

ウ　契約した表示回数に達するまで掲載を続ける広告

エ　ポータルサイトのトップページや特集ページなどに一定期間掲載する広告

[ST-R1 年秋 問 17・ST-H29 年秋 問 16・ST-H27 年秋 問 17]

■ **解説** ■

ウが**インプレッション保証型広告**の説明である。広告主が契約した表示回数に達するまで掲載を続けるものである。広告のクリック回数や成約件数は問わない。

アは**検索連動型広告**（**キーワード連動型広告**）の説明である。例えば「クレジットカード」と検索すると，クレジットカードの一般的な情報サイトの検索結果一覧とともに，画面上部などにクレジットカード会社のサイトに誘導する広告が表示される。

イは**成果報酬型広告**（**アフィリエイト広告**）の説明である。利用者がWeb サイトに表示された広告をクリックした上で，何らかの成果や成約（資料請求，会員登録，商品購入など）があったら，広告主から Web サイト運営者に報酬が支払われる。

エは**掲載期間保証型広告**の説明である。広告主が契約した一定期間の掲

テーマ 21　ビジネスインダストリ　**579**

載を続けるものである。広告の表示回数やクリック回数，成約件数は問わない。

《答：ウ》

問 460　EDI の情報表現規約

EDI を実施するための情報表現規約で規定されるべきものはどれか。

　ア　企業間の取引の契約内容　　イ　システムの運用時間
　ウ　伝送制御手順　　　　　　　エ　メッセージの形式

[AP-R2 年秋 問 73・AP-H27 年春 問 73・AM1-H27 年春 問 28・
AP-H25 年秋 問 71・AM1-H25 年秋 問 28・AP-H24 年秋 問 72・
AM1-H24 年春 問 28・AP-H22 年秋 問 73・
AM1-H22 年秋 問 28・AP-H21 年春 問 73]

■ 解説 ■

　EDI（Electronic Data Interchange：**電子データ交換**）は，「複数の組織の情報システム間で，事業の目的のためにあらかじめ決められ，構造化されたデータの自動交換」（JIS X 7001:1999（標準電子取引参照モデル））である。
　EDI 標準の規格は，上位層から順に次の 4 階層からなる。

取引基本規約	企業間で EDI による取引を行うための契約について規定する。
業務運用規約	システム運用，業務運用などの手順を規定する。
情報表現規約	メッセージの表現形式や作成方法などを規定する。
情報伝達規約	情報の伝送手順やネットワーク回線の種類を規定する。

　したがって，**ア**は取引基本規約，**イ**は業務運用規約，**ウ**は情報伝達規約，**エ**は情報表現規約で規定されるべきものである。

《答：エ》

Lv.3 午前Ⅰ▶ 全区分 午前Ⅱ▶ PM DB ES AU ST SA NW SM SC

問 461 XBRL

XBRL に関する記述として，適切なものはどれか。

ア XBRL によって，決算などに伴う集計，法定書類の作成を自動化することを容易にする。

イ XBRL によって表現される勘定科目体系は，会計基準ごとに固定であり，個別に定義することはできない。

ウ XBRL は，企業外部向けの財務会計情報の開示に利用できるが，企業内部向けの管理会計情報としては利用できない。

エ XBRL は，企業の財務諸表の情報を複数企業間において交換するための国際的な EDI 標準である。

[ST-H30 年秋 問 16]

■ 解説 ■

アが適切である。**XBRL**（Extensible Business Reporting Language）は，各種財務報告用の情報を作成，流通及び利用できるように標準化された XML ベースのマークアップ言語である。財務情報を構造化した書式で記述できるため，これをソフトウェア（プログラム）で自動的に集計したり，法定書類を作成したりすることが容易になる。一般的なソフトウェア（ワープロソフト，表計算ソフト，会計ソフト等）で作成されたファイルは，印刷物や画面で見るにはよいが，データの二次利用（集計，比較，加工等）に向いていないことが，XBRL 策定の背景となっている。

イは適切でない。勘定科目名や注記事項などの項目名は，個別に XML スキーマで定義することができる。なお，法定書類等で使用される項目名は，企業ごとに異なると不都合があるため，「タクソノミ」によって標準化されたものを使用する。

ウは適切でない。財務会計は，企業の業績を外部に公開する上で，公平性や客観性を保つため，所定の会計基準に従って行われる。管理会計は，企業内部の意思決定のためのもので，どのように行うかは各企業の任意である。しかし，会計の基本的な考え方は同じであり，XBRL は財務会計にも管理会計にも利用できる。

エは適切でない。EDI（電子データ交換）標準は，企業間で通信を介し

テーマ 21 ビジネスインダストリ **581**

て取引情報などのデータ交換を行うための規約である。業界や利用目的によって種々のEDI標準があるが，XBRLはそれには含まれない。

《答：ア》

21-4 ● 民生機器

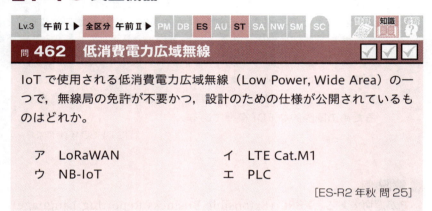

問 **462**　低消費電力広域無線

IoTで使用される低消費電力広域無線（Low Power, Wide Area）の一つで，無線局の免許が不要かつ，設計のための仕様が公開されているものはどれか。

　ア　LoRaWAN　　　　　　イ　LTE Cat.M1
　ウ　NB-IoT　　　　　　　エ　PLC

[ES-R2年秋 問25]

解説

　これは，**ア**の **LoRaWAN** である（LoRaは，Long Rangeを意味する）。10km程度までの1対1の通信が可能な低消費電力広域無線（LPWA）で，伝送速度は最大50kビット/秒程度である。日本では，周波数920〜928MHzのサブギガヘルツ帯の電波を使用し，無線局の免許が不要で基地局を自由に設置できる。2015年に設立された業界団体であるLoRa Allianceが，仕様を策定して公開している。

　イの **LTE Cat.M1** は，携帯電話の通信規格であるLTEの一部周波数帯を使用する，ライセンス系LPWA（無線局の免許が必要なLPWA）である。伝送速度はLPWAの中では，比較的大きい。

　ウの **NB-IoT**（Narrow Band-IoT）は，LTEの一部周波数帯を使用する，ライセンス系LPWAである。半二重通信で伝送速度を低く抑えるなど，仕様を簡略化して，少量のデータ通信に最適化されている。

　エの **PLC**（Power Line Communications：電力線搬送通信）は，LPWAではなく，電力線にデータ信号を重畳して有線通信する技術である。コンピュータに接続したPLCアダプタを屋内コンセントに差し込めば，電

力線を LAN ケーブル代わりにして屋内のコンピュータ間で通信できる。

《答：ア》

Lv.3　午前Ⅰ ▶ 全区分 午前Ⅱ ▶ PM DB ES AU ST SA NW SM SC

問 **463**　**エッジコンピューティング**

IoT の技術として注目されている，エッジコンピューティングの説明として，適切なものはどれか。

ア　演算処理のリソースをセンサ端末の近傍に置くことによって，アプリケーション処理の低遅延化や通信トラフィックの最適化を行う。

イ　人体に装着して脈拍センサなどで人体の状態を計測して解析を行う。

ウ　ネットワークを介して複数のコンピュータを結ぶことによって，全体として処理能力が高いコンピュータシステムを作る。

エ　周りの環境から微小なエネルギーを収穫して，電力に変換する。

[AP-R3 年秋 問 73・AM1-R3 年秋 問 28・
AP-H29 年秋 問 72・AM1-H29 年秋 問 28]

■ 解説 ■

アが，**エッジコンピューティング**の説明である。IoT（モノのインターネット）では，多数の様々な物（端末）がネットワークに接続され，膨大なデータが収集されて，リアルタイムに処理を行う必要がある。そこで，端末に近いネットワークの縁（エッジ）の側にコンピュータを多数配置することで，演算処理負荷の分散，伝送遅延の軽減，通信トラフィックの軽減を図る。

イは，**バイタルセンシング**の説明である。

ウは，**グリッドコンピューティング**の説明である。

エは，**エネルギーハーベスティング**の説明である。

《答：ア》

テーマ 21　ビジネスインダストリ　　583

| Lv.3 | 午前Ⅰ ▶ | 全区分 午前Ⅱ ▶ | PM | DB | ES | AU | ST | SA | NW | SM | SC | | | | 考察 |

問 464 　ディジタルツイン ☑☑☑

IoT 活用におけるディジタルツインの説明はどれか。

- ア　インターネットを介して遠隔地に設置した 3D プリンタへ設計
データを送り，短時間に複製物を製作すること
- イ　システムを正副の二重に用意し，災害や故障時にシステムの稼
働の継続を保証すること
- ウ　自宅の家電機器とインターネットでつながり，稼働監視や操作
を遠隔で行うことができるウェアラブルデバイスのこと
- エ　ディジタル空間に現実世界と同等な世界を，様々なセンサで収
集したデータを用いて構築し，現実世界では実施できないよう
なシミュレーションを行うこと

[AP-R3 年秋 問 71・AP-H31 年春 問 71・AM1-H31 年春 問 28]

■ 解説 ■

エが，**ディジタルツイン**の説明である。例えば，現実世界の地理データ
と気象データをセンサから収集し，仮想世界に現実世界を再現して今後の
気象変化をシミュレーションし，現実世界で発生する災害を詳細に予測す
ることで，被害軽減の対策や避難計画に活かすことができる。

アは，設計データを送ることは一般的なことで，特に名称はない。3D
プリンタを保有する事業者が，利用者から設計データを受け取って，有償
で 3D プリントするサービスは存在する。

イは，**デュプレックスシステム**の説明である。

ウは，一般的なウェアラブルデバイス（スマートウォッチ等）でできる
ことで，特に名称はない。遠隔監視・操作に対応する家電と，制御用のア
プリケーションがあれば利用できる。

《答：エ》

Lv.3 午前Ⅰ ▶ 全区分 午前Ⅱ ▶ PM DB **ES** AU **ST** SA NW SM SC

考察

問 465 AR グラス

AR（Augmented Reality）技術を用いて疑似体験を得ることができる組込み機器の一つに AR グラスがある。この AR グラスの説明として，適切なものはどれか。

ア　現実空間に付加情報が合成されて表示され，現実世界が拡張されたように見える。

イ　光源と物体の形状などを基に物体に陰影がつけられ，場所ごとに明るさの違いを設けることによって，物体の立体感が増したように見える。

ウ　コンピュータ上に作り出された人工的な環境で，あたかもそこにいるかのように見える。

エ　左右のレンズにあるシャッターを交互に開閉し，視差を人工的に作り出すことによって，脳内で奥行きや立体感を生み出して3D に見える。

[ES-R2 年秋 問 24]

■ 解説 ■

アが，**AR グラス**（拡張現実メガネ）の説明である。付加情報（文字や画像）を表示することができ，メガネのように着用すると現実空間の風景や物体に重なって見える。

イは，シェーディングの説明で，コンピュータグラフィックス技術の一つである。

ウは，VR（Virtual Reality：仮想現実）の説明である。VR では現実空間を見せない点で AR と異なり，目の周りを覆うタイプの VR ゴーグルを用いることが多い。

エは，液晶シャッタグラスの説明である。

《答：ア》

午前Ⅱ

PM
DB
ES
AU
ST
SA
NW
SM
SC

テーマ 21　ビジネスインダストリ　　**585**

21-5 ● 産業機器

Lv.3 午前Ⅰ ▶ 全区分 午前Ⅱ ▶ PM DB ES AU ST SA NW SM SC

問 466　**ディジタルサイネージ**

ディジタルサイネージの説明として，適切なものはどれか。

ア　情報技術を利用する機会又は能力によって，地域間又は個人間に生じる経済的又は社会的な格差

イ　情報の正当性を保証するために使用される電子的な署名

ウ　ディスプレイに映像，文字などの情報を表示する電子看板

エ　不正利用を防止するためにデータに識別情報を埋め込む技術

[ES-R3年秋 問24・AP-H28年秋 問73・AP-H27年春 問74]

■ 解説 ■

　ウが，**ディジタルサイネージ**の説明である。街頭に設置される大型のものから，店舗内や電車内に設置される小型のものまで，様々な大きさのものがある。表示内容を容易に変えられること，動画も用いて注目度の高いコンテンツを表示できること，コストが下がったことなどから，普及が進んでいる。

　アは，**ディジタルディバイド**の説明である。

　イは，**ディジタル署名**の説明である。

　エは，**ディジタルウォータマーク**（電子透かし）の説明である。

《答：ウ》

Chapter 09
企業と法務

テーマ		
22	**企業活動**	
		問 467 ～問 483
23	**法務**	
		問 484 ～問 500

テーマ 22 企業活動

午前Ⅰ ▶ 全区分 午前Ⅱ ▶ | PM | DB | ES | AU | ST | SA | NW | SM | SC
Lv.3 　　　　 Lv.3 Lv.4

問 **467**〜問 **483** 全 **17** 問

最近の出題数

	高度午前Ⅰ	高度午前Ⅱ								
		PM	DB	ES	AU	ST	SA	NW	SM	SC
R4 年春期	1					4	−	−	−	−
R3 年秋期	1	−	−	−	1					−
R3 年春期	0					3	−	−	−	−
R2 年秋期	1	−	−	−	1					−

※表組み内の「−」は出題範囲外

試験区分別出題傾向（H21年以降）

午前Ⅰ	"OR・IE"，"会計・財務"からの出題例が多い。"経営・組織論"からの出題例は少ない。
AU 午前Ⅱ	"経営・組織論"，"会計・財務"からの出題例が多い。"OR・IE"からの出題例は 1 問だけである。
ST 午前Ⅱ	シラバス全体から出題されており，過去問題の再出題も多い。

出題実績（H21年以降）

小分類	出題実績のある主な用語・キーワード
経営・組織論	CSR（企業の社会的責任），コーポレートガバナンス，BCM（事業継続管理），コンピテンシモデル，ダイバーシティ，X 理論・Y 理論，リーダシップ，SL 理論，PM 理論，CIO，組織形態，SRI（社会的責任投資）
OR・IE	線形計画法，発注方式，ABC 分析，ゲーム理論，意思決定，ベイズ統計，抜取検査，OC 曲線，連関図法，パレート図，散布図，特性要因図，親和図，ヒストグラム，デルファイ法，ワークデザイン法，KT 法
会計・財務	財務諸表（損益計算書，貸借対照表，キャッシュフロー計算書），営業利益，経常利益，損益分岐点，連結会計，原価計算，減価償却，ROE（自己資本利益率），EVA（経済付加価値），ROI（投資収益率），IRR（内部収益率），IFRS，減損会計

588　Chapter 09　企業と法務

22-1 ● 経営・組織論

Lv.3 午前Ⅰ ▶ 全区分 午前Ⅱ ▶ PM DB ES AU ST SA NW SM SC | 考察 ?

問 467　CSR の責任分野 ☑ ☑ ☑

表は，CSR（Corporate Social Responsibility）をキャロルによる四つの責任分野に分類し，それぞれの企業活動例を示している。表中の c に入るものはどれか。

責任分野	企業活動例
a	法人税の納付
b	コンプライアンスの徹底
c	環境会計の導入
d	文化・芸術支援活動

ア　経済的責任　　　　　　　イ　社会貢献責任
ウ　法的責任　　　　　　　　エ　倫理的責任

[AU-H28 年春 問 16・AU-H21 年春 問 15]

■ 解説 ■

CSR（企業の社会的責任） は，企業は社会との関係においてどうあるべきかという概念である。A.B. キャロルは四つの責任分野から成る階層モデルを提唱している。

〔博愛的責任〕良き企業市民であれ。
地域社会に資源を提供し，生活の質を向上せよ。
〔倫理的責任〕倫理的であれ。
正当，公正，公平なことを行う義務。害を避けよ。
〔法的責任〕法に従え。
法律は正しいことと間違ったことの社会的体系である。
ルールに従って行動せよ。
〔経済的責任〕利益を上げよ。
他の人々が頼れる基盤。

出典："The Pyramid of Corporate Social Responsibility: Toward the Moral Management of Organizational Stakeholders"（Archie B. Carrol，1991）
（日本語訳は筆者による）

テーマ 22　企業活動　　589

aは，**ア**の**経済的責任**である。法人税の納付には，まず利益を上げることが前提となる。

bは，**ウ**の**法的責任**である。コンプライアンス（法令遵守）には，国の定める法律を守ることだけでなく，各種の規則や規範を守ることも含む。

cは，**エ**の**倫理的責任**である。環境会計は，環境保全への取組を推進する目的で，そのコストと効果を定量的に測定する仕組みである。

dは，**イ**の**社会貢献責任**である。文化・芸術支援活動は，生活の質を向上させる社会貢献である。なお，キャロルは"Philanthropic Responsibilities"としている（Philanthropic＝博愛，慈善，社会奉仕など）。

《答：エ》

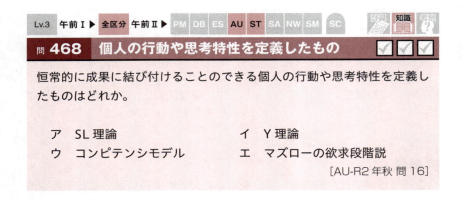

問468　個人の行動や思考特性を定義したもの

恒常的に成果に結び付けることのできる個人の行動や思考特性を定義したものはどれか。

　ア　SL理論　　　　　　　　　イ　Y理論
　ウ　コンピテンシモデル　　　　エ　マズローの欲求段階説

［AU-R2年秋 問16］

■解説■

これは，**ウ**の**コンピテンシモデル**である。組織で成果を上げている人の行動や思考を探り，人材のモデルとして定義したものである。これを人材育成の目標や人事評価の基準として利用する。

アの**SL理論**は，組織構成員の成熟度によって，リーダが取るべき適切なリーダシップのスタイルが異なり，タスクと人間関係の志向性も変わっていくとする理論である。

イの**Y理論**は，高次の欲求を持つ構成員には，適切な目標や責任を与えて動機付けを図ることが有効であるとする理論である。

エの**マズローの欲求段階説**は，人間の欲求には低次のものから順に，生理的欲求，安全欲求，愛情と所属の欲求，承認欲求，自己実現欲求の5段階があるとする説である。

《答：ウ》

Lv.4 午前Ⅰ▶ 全区分 午前Ⅱ▶ PM DB ES AU **ST** SA NW SM SC

問 469 マグレガーの行動科学理論 ☑☑☑

ダグラス・マグレガーが説いた行動科学理論において，"人間は本来仕事が嫌いである。したがって，報酬と制裁を使って働かせるしかない"とするのはどれか。

ア X理論
イ Y理論
ウ 衛生要因
エ 動機づけ要因

[ST-R3年春 問18]

■ 解説 ■

これは，**ア**の **X理論**である。低次の欲求を持つ構成員に対して，リーダが権限行使や命令統制によって管理することを有効とする理論である。

一方，**イ**の **Y理論**は，高次の欲求（自己実現の欲求）を持つ構成員に対して，適切な目標と責任を与えて動機づけを図ることを有効とする理論である。

第3章 X理論＝命令統制に関する伝統的見解
1 普通の人間は生来仕事がきらいで，なろうことなら仕事はしたくないと思っている
2 この仕事はきらいだという人間の特性があるために，たいていの人間は，強制されたり，統制されたり，命令されたり，処罰するぞとおどされたりしなければ，企業目標を達成するためにじゅうぶんな力を出さないものである
3 普通の人間は命令されるほうが好きで，責任を回避したがり，あまり野心をもたず，なによりもまず安全を望んでいるものである
第4章 Y理論＝従業員個々人の目標と企業目標との統合
1 仕事で心身を使うのはごくあたりまえのことであり，遊びや休憩の場合と変わりはない
2 外から統制したりおどかしたりすることだけが企業目標達成に努力させる手段ではない。人は自分が進んで身を委ねた目標のためには自ら自分にムチ打って働くものである
3 献身的に目標達成につくすかどうかは，それを達成して得る報酬次第である
4 普通の人間は，条件次第では責任を引き受けるばかりか，自らすすんで責任をとろうとする
5 企業内の問題を解決しようと比較的高度の創造力を駆使し，手練をつくし，創意工夫をこらす能力は，たいていの人に備わっているものであり，一部の人だけのものではない

テーマ22 企業活動 **591**

6 現代の企業においては，日常，従業員の知的能力はほんの一部しか生かされていない

出典：『企業の人間的側面（新版）』（ダグラス・マグレガー，産業能率大学出版部，1970）

ウの**衛生要因**と**エ**の**動機付け要因**は，フレデリック・ハーズバーグが提唱した二要因理論である。衛生要因は，仕事の不満につながる要因で，それを取り除いても不満足を防げるだけで，仕事の動機付けにはならないものをいう。動機付け要因は，仕事の満足度向上につながる要因（例えば，達成，承認，責任，権限，昇進，成長）である。

《答：ア》

問 470　SL 理論

ハーシィ及びブランチャードが提唱した SL 理論の説明はどれか。

ア　開放の窓，秘密の窓，未知の窓，盲点の窓の四つの窓を用いて，自己理解と対人関係の良否を説明した理論
イ　教示的，説得的，参加的，委任的の四つに，部下の成熟度レベルによって，リーダシップスタイルを分類した理論
ウ　共同化，表出化，連結化，内面化の四つのプロセスによって，個人と組織に新たな知識が創造されるとした理論
エ　生理的，安全，所属と愛情，承認と自尊，自己実現といった五つの段階で欲求が発達するとされる理論

[AP-R3年春 問75・AU-H31年春 問16・ST-H29年秋 問19]

■解説■

イが，**SL 理論**（Situational Leadership Theory）の説明である。組織構成員の成熟度によって，リーダが取るべき適切なリーダシップのスタイルが異なり，タスクと人間関係の志向性も変わっていくとする。

- S1（教示的）…リーダはチームの構成員に対し，何をどのように実行

すべきか正確に指示する。
- S2（説得的）…リーダは引き続き情報と指示を与えるが，構成員とより多くのコミュニケーションを取る。リーダは考えをチームに受け入れさせる。
- S3（参加的）…リーダは指示することでなく，関係性により注目する。リーダはチームとともに働き，意思決定の責任を共有する。
- S4（委任的）…リーダは責任の多くをチームや構成員に委譲する。リーダは引き続き状況を注視するが，意思決定への関与は少なくなる。

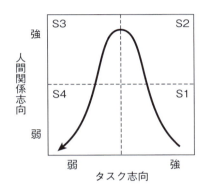

アは，**ジョハリの窓**の説明である。
ウは，**SECI モデル**の説明である。
エは，**マズローの自己実現理論**（欲求段階説）の説明である。

《答：イ》

| Lv.3 | 午前Ⅰ ▶ | 全区分 午前Ⅱ ▶ | PM | DB | ES | AU | ST | SA | NW | SM | SC | | | | 考察 |

問 471　仕事と生活の調和

内閣府によって取りまとめられた"仕事と生活の調和（ワーク・ライフ・バランス）憲章"及び"仕事と生活の調和推進のための行動指針"では，目指すべき社会の姿ごとに，その実現に向けた指標を設けている。次の表の c に当てはまるものはどれか。

目指すべき社会の姿ごとの実現に向けた指標の例

目指すべき社会の姿	実現に向けた指標の例
a	・就業率 ・時間当たり労働生産性の伸び率 ・フリータの数
b	・労働時間等の課題について労使が話合いの機会を設けていると回答した企業の割合 ・週労働時間 60 時間以上の雇用者の割合 ・メンタルヘルスケアに取り組んでいる事業所の割合
c	・在宅型テレワーカの数 ・短時間勤務を選択できる事業所の割合 ・男性の育児休業取得率

ア　健康で豊かな生活のための時間が確保できる社会
イ　個々の社員のキャリア形成を企業が支援可能な社会
ウ　就労による経済的自立が可能な社会
エ　多様な働き方・生き方が選択できる社会

[AP-H28 年春 問 76・AM1-H28 年春 問 29]

■ 解説 ■

"**仕事と生活の調和（ワーク・ライフ・バランス）憲章**"は，社会全体で仕事と生活の双方の調和の実現を希求し，我が国の活力と成長力を高め，持続可能な社会を実現するために，国民的な取組みの大きな方向性を示すものとして 2007 年に策定された。この憲章には，次のようにある。

〔仕事と生活の調和が実現した社会の姿〕
1. 仕事と生活の調和が実現した社会とは，「国民一人ひとりがやりがいや充実感を感じながら働き，仕事上の責任を果たすとともに，家庭や地域生活などにおいても，子育て期，中高年期といった人生の各段階に応じて多様な生き方が選択・実現できる社会」である。
　具体的には，以下のような社会を目指すべきである。
① 就労による経済的自立が可能な社会
　経済的自立を必要とする者とりわけ若者がいきいきと働くことができ，かつ，経済的に自立可能な働き方ができ，結婚や子育てに関する希望の実現などに向けて，暮らしの経済的基盤が確保できる。
② 健康で豊かな生活のための時間が確保できる社会
　働く人々の健康が保持され，家族・友人などとの充実した時間，自己啓発や地域活動への参加のための時間などを持てる豊かな生活ができる。
③ 多様な働き方・生き方が選択できる社会
　性や年齢などにかかわらず，誰もが自らの意欲と能力を持って様々な働き方や生き方に挑戦できる機会が提供されており，子育てや親の介護が必要な時期など個人の置かれた状況に応じて多様で柔軟な働き方が選択でき，しかも公正な処遇が確保されている。

　一方，**"仕事と生活の調和推進のための行動指針"** は憲章と併せて策定されたもので，企業や働く者，国民の効果的な取組み，国や地方公共団体の施策の方針が具体的に示されている。

　a は**ウ**の「就労による経済的自立が可能な社会」，**b** は**ア**の「健康で豊かな生活のための時間が確保できる社会」，**c** は**エ**の「多様な働き方・生き方が選択できる社会」である。

《答：エ》

テーマ 22　企業活動　　**595**

22-2 ● OR・IE

Lv.3	午前Ⅰ▶	全区分 午前Ⅱ▶	PM	DB	ES	AU	ST	SA	NW	SM	SC

問 472　最大の利益

製品 X，Y を 1 台製造するのに必要な部品数は，表のとおりである。製品 1 台当たりの利益が X，Y ともに 1 万円のとき，利益は最大何万円になるか。ここで，部品 A は 120 個，部品 B は 60 個まで使えるものとする。

単位 個

部品＼製品	X	Y
A	3	2
B	1	2

　ア　30　　　　　イ　40　　　　　ウ　45　　　　　エ　60

[AP-R3 年秋 問 76・ST-R1 年秋 問 21・ST-H29 年秋 問 20]

■ 解説 ■

　製品 X，Y の製造個数をそれぞれ x，y 個（x，y は 0 以上の整数）とおく。必要な部品 A，B の個数に関する条件は，次のようになる。

$$\begin{cases} 3x+2y \leqq 120 & \cdots① \\ x+2y \leqq 60 & \cdots② \end{cases}$$

　利益は，（$x+y$）万円である。①＋②より $4x+4y \leqq 180$ が得られ，$x+y \leqq 45$ となるから，利益は最大でも 45 万円を超えない。

　実際に，利益が 45 万円となるような x，y が存在するか確認する。$x+y=45$ として，$y=45-x$ を①に代入すると $x \leqq 30$，②に代入すると $x \geqq 30$ が得られるので，$x=30$ である。このとき，$y=15$ である。（x，y）＝（30，15）は，①，②を満たしている。よって，利益は最大 **45 万円** となる。

《答：ウ》

Lv.3 午前Ⅰ ▶ 全区分 午前Ⅱ ▶ PM DB ES **AU ST** SA NW SM SC 　計算

問 473　在庫補充量の算出

X 社では，(1)～(4) に示す算定方式で在庫補充量を決定している。第 n 週の週末時点での在庫量を $B[n]$，第 n 週の販売量を $C[n]$ としたとき，第 n 週の週末に発注する在庫補充量の算出式はどれか。ここで，n は 3 以上とする。

〔在庫補充量の算定方式〕
(1) 週末ごとに在庫補充量を算出し，発注を行う。在庫は翌週の月曜日に補充される。
(2) 在庫補充量は，翌週の販売予測量から現在の在庫量を引き，安全在庫量を加えて算出する。
(3) 翌週の販売予測量は，先週の販売量と今週の販売量の平均値とする。
(4) 安全在庫量は，翌週の販売予測量の 10%とする。

ア　$(C[n-1]+C[n])/2 \times 1.1 - B[n]$
イ　$(C[n-1]+C[n])/2 \times 1.1 - B[n-1]$
ウ　$(C[n-1]+C[n])/2 + C[n] \times 0.1 - B[n]$
エ　$(C[n-2]+C[n-1])/2 + C[n] \times 0.1 - B[n]$

[ST-H30 年秋 問 21・ST-H25 年秋 問 23・AP-H24 年春 問 75・
AM1-H24 年春 問 29・AP-H22 年春 問 77]

■ 解説 ■

週と，販売（予測）量及び在庫量の関係を示すと，次のようになる。

	第 $(n-1)$ 週	第 n 週	第 $(n+1)$ 週
販売(予測)量	$C[n-1]$	$C[n]$	$C[n+1]$
在庫量 $B[n-2]$	$B[n-1]$	$B[n]$	$B[n+1]$

(3) より，第 $(n+1)$ 週の販売予測量 $C[n+1]$ は，先週（第 $(n-1)$ 週）の販売量 $C[n-1]$ と今週（第 n 週）の販売量 $C[n]$ の平均値である。つまり，$C[n+1] = (C[n-1]+C[n])/2$ である。

(4) より，安全在庫量は，第 $(n+1)$ 週の販売予測量 $C[n+1]$ の 10%で，$C[n+1] \times 0.1$ である。

午前Ⅱ

PM
DB
ES
AU
ST
SA
NW
SM
SC

テーマ 22　企業活動　**597**

（2）より，在庫補充量は，第 $(n + 1)$ 週の販売予測量 C $[n + 1]$ から現在の在庫量 B $[n]$ を引き，安全在庫量 C $[n + 1] \times 0.1$ を加えて算出する。つまり，在庫補充量は，次のようになる。

$$C[n + 1] - B[n] + C[n + 1] \times 0.1 = C[n + 1] \times 1.1 - B[n]$$
$$= (C[n - 1] + C[n]) / 2 \times 1.1 - B[n]$$

《答：ア》

| Lv.3 | 午前Ⅰ ▶ | 全区分 | 午前Ⅱ ▶ | PM | DB | ES | AU | ST | SA | NW | SM | SC |

問474　マクシミン原理に従う投資

いずれも時価 100 円の株式 A 〜 D のうち，一つの株式に投資したい。経済の成長を高，中，低の三つに区分したときのそれぞれの株式の予想値上がり幅は，表のとおりである。マクシミン原理に従うとき，どの株式に投資することになるか。

単位 円

経済の成長／株式	高	中	低
A	20	10	15
B	25	5	20
C	30	20	5
D	40	10	−10

ア A　　　イ B　　　ウ C　　　エ D

[AP-R3 年秋 問 75・AM1-R3 年秋 問 29・AP-H29 年春 問 76]

■ 解説 ■

マクシミン原理は，最悪の場合でも最大限の利益を確保する（損失を最小限に抑える）戦略で，ローリスク・ローリターンであることが多い。まず，それぞれの株式について，予想値上がり幅が最小のケースを選ぶ（○印）。○を付けたもののうち，予想値上がり幅が最も大きい株式 A に投資することになる。

逆に，**マクシマックス原理**は，最良の場合に最大限の利益を確保する戦略で，ハイリスク・ハイリターンであることが多い。すなわち，最も予想値上がり幅が大きくなる可能性のある株式Dに投資する。ただし，最悪の場合には損失を被るリスクがある。

《答：ア》

問 475 ベイズ統計

ベイズ統計の説明として，適切なものはどれか。

- ア 経済統計に関する国際条約に基づいて，貿易実態を正確に把握し，国の経済政策や企業の経済活動の資料とすることを目的に統計指標を作成する手法
- イ 事前分布・事後分布といった確率に関する考え方に基づいて体系化されたものであり，ディープラーニング，迷惑メールフィルタなどに利用されている統計理論
- ウ 収集されたデータの代表値である平均値・中央値・最頻値を求めたり，度数分布表やヒストグラムを作成したりすることによって，データの特徴を捉える統計理論
- エ ビッグデータの収集・分析に当たり，分析結果の検証可能性を確保し，複数の分析結果を比較可能とするために，対象をオープンデータに限定する統計手法

[ST-R1年秋 問20]

■ 解説 ■

イが，**ベイズ統計**の説明である。事前確率は，必要なデータがない状態で想定した確率である。事後確率は，入手したデータを用いて事前確率を修正した確率である。例えば，届いたメールが迷惑メールである確率を，まず0.5と想定する（事前確率）。そして，迷惑メールによく見られる特徴の有無によって，迷惑メールである確率を修正していく（事後確率）。例えば，特定のキーワードXXXが含まれるメールの80%が迷惑メールであると分かっていれば，事後確率を上げる方向に修正する。事後確率が一定以上なら迷惑メールと判定する。最初は誤判定も起こるが，受信者が迷惑メールの振り分けを手作業で行っていくと，事後確率の精度が上がって誤判定が減っていく。

アは，貿易統計の説明である。

ウは，記述統計の説明である。これに対して推測統計は，標本（母集団の一部から収集したデータ）を用いて，母集団の性質を推測する統計理論である。

エは，特に名称はないと考えられる。

《答：イ》

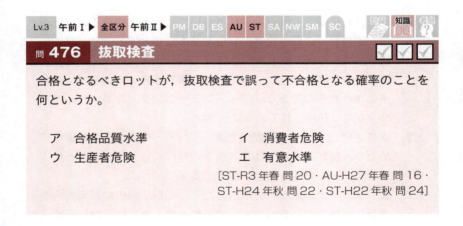

問 476　抜取検査

合格となるべきロットが，抜取検査で誤って不合格となる確率のことを何というか。

　　ア　合格品質水準　　　　　　イ　消費者危険
　　ウ　生産者危険　　　　　　　エ　有意水準

[ST-R3年春 問20・AU-H27年春 問16・ST-H24年秋 問22・ST-H22年秋 問24]

■ 解説 ■

抜取検査は，ロット（一度にまとめて製造される製品の単位）の中から一部をサンプルとして抜き出して行う検査である（例えば，製品1,000個のロットから10個のサンプルを抜き出して検査する）。ロットの個数や製

品の性質によって，**全数検査**が困難又は不可能なときに採用される。適切にサンプルを抜き出せば，ロット不良率（ロットに含まれる不良品の割合）とサンプル不良率（サンプルに含まれる不良品の割合）は近い値になると考えられるが，大きく異なる値になる可能性もある。

ウの**生産者危険**は，ロット不良率が低くて本来合格とすべきなのに，サンプルに偶然多くの不良品が入ってサンプル不良率が合格基準を上回り，不合格になる確率である。

イの**消費者危険**は，ロット不良率が高くて本来不合格とすべきなのに，サンプルに偶然多くの良品が入ってサンプル不良率が合格基準を下回り，合格になる確率である。

アの合格品質水準は，検査において合格と判定する基準値（不良率や不良個数）である。

エの有意水準は，統計学的に偶然ではなく，意味があると考えられる可能性である。

《答：ウ》

Lv.3　午前Ⅰ ▶ **全区分** 午前Ⅱ ▶ PM DB ES **AU ST** SA NW SM SC

問 477　原因と結果の関係を整理するのに適した図 ☑ ☑ ☑

利用者とシステム運用担当者によるブレーンストーミングを行って，利用者の操作に起因する PC でのトラブルについて，主要なトラブルごとに原因となったと思われる操作，利用状況などを拾い上げた。トラブル対策を立てるために，ブレーンストーミングの結果を利用して原因と結果の関係を整理するのに適した図はどれか。

　ア　散布図　　　　　　　　　イ　特性要因図
　ウ　パレート図　　　　　　　エ　ヒストグラム

[ST-R3 年春 問 21・ST-H29 年秋 問 21]

■ **解説** ■

イの**特性要因図**（フィッシュボーンチャート）が適している。具体的には次のように作図して，魚の骨のような形状の図に表したものである。

① 特定の結果（解決すべき問題など）を右端に枠で囲んで書き，左端か

テーマ 22　企業活動　**601**

ら長い矢線で結ぶ。
② 問題解決のために管理対象とすべき事項を上下に枠で囲んで書き，①の矢線に向けて矢線で結ぶ。
③ 管理対象とする事項について，問題の原因となっている要素を書いて，②の矢線に向けて矢線で結ぶ。さらにその要素を詳細化して，矢線で結んでいく。

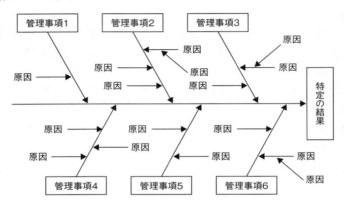

アの**散布図**は，二つの項目を縦軸と横軸に取り，項目の値の組を平面上にプロットしたグラフである。プロットされた点が，特定領域に集中したり，直線上に並んだりすれば，項目間に何らかの傾向や関連があると考えることができる。

ウの**パレート図**は，分析対象を構成する要素・要因の構成比や絶対値を大きいものから順に棒グラフで表示し，大きい方からの累積和を折れ線グラフで重ねて表示したものである。重点管理すべき要素や要因が分かる。

エの**ヒストグラム**（度数分布図）は，値又は値の範囲ごとの件数を表した棒グラフである。

《答：イ》

問 478　主な要因を表現するのに適している図法

発生した故障について，発生要因ごとの件数の記録を基に，故障発生件数で上位を占める主な要因を明確に表現するのに適している図法はどれか。

ア　特性要因図
イ　パレート図
ウ　マトリックス図
エ　連関図

[AP-H31 年春 問 74・AM1-H31 年春 問 29]

解説

これは，**イ**の**パレート図**である。課題（事故，障害など）に対し，優先的，重点的に取り組むべき対策を判断するために用いられる。課題の原因や要因別の件数又は割合を多い順に棒グラフで表示するとともに，その累積値を折れ線グラフで重ねて表示した図である。

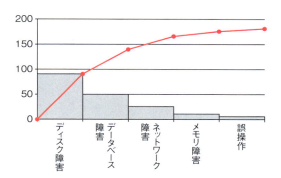

アの**特性要因図**（フィッシュボーンチャート）は，分析対象とする特性と，それに影響を与える要因を整理して，魚の骨のような形で表した図である。
ウの**マトリックス図**は，複数の軸の組合せで重要度や優先度を判断するために用いる図である。最も基本的な L 型マトリックス図は行と列から成る 2 次元の表で，例えば課題を縦軸，対策案を横軸に並べて，交差部分に重要度や優先度を記入する。
エの**連関図**は，原因や結果を長方形の中に書き，それらの相互の関連を矢線で結んで表した図である。

《答：イ》

22-3 ● 会計・財務

| Lv.3 | 午前Ⅰ ▶ | 全区分 午前Ⅱ ▶ | PM | DB | ES | **AU** | **ST** | SA | NW | SM | SC | 計算 |

問 479　営業利益　☑☑☑

資料は今年度の損益実績である。翌年度の計画では，営業利益を 30 百万円にしたい。翌年度の売上高は何百万円を計画すべきか。ここで，翌年度の固定費，変動費率は今年度と変わらないものとする。

〔資料〕　　　　　　　単位 百万円

<今年度の損益実績>

売上高	500
材料費（変動費）	200
外注費（変動費）	100
製造固定費	100
粗利益	100
販売固定費	80
営業利益	20

ア　510　　　　　イ　525　　　　　ウ　550　　　　　エ　575

[AP-R2 年秋 問 77・AM1-R2 年秋 問 29・AP-H23 年特 問 76]

■ 解説 ■

材料費の変動費率は $200 \div 500 = 0.4$，外注費の変動費率は $100 \div 500 = 0.2$ である。翌年度の売上高を x 百万円とすると，固定費と変動費率は同じなので，翌年度の損益計画は次のようになる。

604　Chapter 09　企業と法務

単位 百万円

＜翌年度の損益計画＞	
売上高	x
材料費（変動費）	$0.4x$
外注費（変動費）	$0.2x$
製造固定費	100
粗利益	$0.4x - 100$
販売固定費	80
営業利益	$0.4x - 180$

　この営業利益を30百万円としたいので，$0.4x - 180 = 30$ とおいて x を求めれば，$x = 525$（百万円）となる。

《答：イ》

Lv.3　午前Ⅰ ▶　全区分 午前Ⅱ ▶　PM DB ES AU ST SA NW SM SC　　考察❓

問 480　損益計算書の比較

A社とB社の比較表から分かる，A社の特徴はどれか。

単位　億円

	A社	B社
売上高	1,000	1,000
変動費	500	800
固定費	400	100
営業利益	100	100

ア　売上高の増加が大きな利益に結び付きやすい。

イ　限界利益率が低い。

ウ　損益分岐点が低い。

エ　不況時にも，売上高の減少が大きな損失に結び付かず不況抵抗力は強い。

[AP-R3年秋 問77・ST-H27年秋 問20]

テーマ 22　企業活動　　605

■ 解説 ■

アはA社の特徴である。仮に両社の売上が現在の2倍になったとすると，変動費は2倍になり，固定費は変わらない。その結果，次のようにA社の方がB社より利益が大きくなる。これは変動費率（＝変動費÷売上高）が，A社は50%で，B社の80%より低いことに起因している。

	A 社	B 社
売上高	2,000	2,000
変動費	1,000	1,600
固定費	400	100
営業利益	600	300

イはB社の特徴である。限界利益率＝1－変動費率であり，売上高を無限に大きくしても，売上高に対する利益の比率がそれ以上にならないことを意味する。限界利益率はA社が50%，B社が20%で，B社の方が低い。

ウはB社の特徴である。損益分岐点は，営業利益が0となる売上高であり，固定費／（1－変動費率）で求められる。損益分岐点を計算すると，A社は800億円，B社は500億円で，B社の方が低い。

エはB社の特徴である。仮に両社の売上が現在の半分になったとすると，変動費は半分になり，固定費は変わらない。その結果，A社は150億円の営業赤字に転落するが，B社は営業利益0で持ちこたえることができる。

	A 社	B 社
売上高	500	500
変動費	250	400
固定費	400	100
営業利益	▲ 150	0

《答：ア》

Lv.3 午前Ⅰ ▶ 全区分 午前Ⅱ ▶ PM DB ES **AU ST** SA NW SM SC

問 481 国際的な会計基準

国際的な標準として取り決められた会計基準などの総称であり，資本市場の国際化に対し，利害関係者からみた会計情報の比較可能性や均質性を担保するものはどれか。

ア　GAAP　　イ　IASB　　ウ　IFRS　　エ　SEC

[AP-R1 年秋 問 76・AP-H24 年秋 問 76・AM1-H24 年秋 問 30]

■ 解説 ■

これは**ウ**の **IFRS**（International Financial Reporting Standards：国際財務報告基準）である。会計基準は国によって差異があり，国際的な取引市場での不整合を解消するため策定されたものである。IFRS に合わせて自国の会計基準を見直すことも行われているが，IFRS は常に変化しているため，差異が残ることがある。そこで，最初から IFRS を適用して会計を行うことが求められている。

アの **GAAP**（Generally Accepted Accounting Principles）は，「一般に公正妥当と認められる会計処理の基準」である。特定の会計基準を指すものではなく，日本では "企業会計原則" や "財務諸表規則" 等が該当するものと理解されている。

イの **IASB**（International Accounting Standards Board）は，国際会計基準審議会である。

エの **SEC**（Securities and Exchange Commission）は，証券取引委員会で，特に米国の機関を指す。日本ではこれに相当する機関として，金融庁に証券取引等監視委員会がある。

《答：ウ》

テーマ 22 企業活動　　**607**

| Lv.3 | 午前Ⅰ ▶ | **全区分** 午前Ⅱ ▶ | PM | DB | ES | **AU** | **ST** | SA | NW | SM | SC |

問482　キャッシュフロー計算書

☑ ☑ ☑

キャッシュフロー計算書において，営業活動によるキャッシュフローに該当するものはどれか。

ア　株式の発行による収入
イ　商品の仕入による支出
ウ　短期借入金の返済による支出
エ　有形固定資産の売却による収入

[AP-R3年春 問77・AU-H30年春 問16・
AP-H23年特 問74・AM1-H23年特 問29]

■ 解説 ■

　キャッシュフロー計算書は財務諸表の一つで，一会計期間（通常は1年間）のキャッシュ（現金及び預金等の現金同等物）の流入（キャッシュイン）と流出（キャッシュアウト）を，三つの活動別に示したものである。損益計算書とは別にキャッシュフロー計算書が必要となる理由は，発生主義による企業会計では，会計に関する事実の発生日（例えば，顧客への商品納入日）と，キャッシュの増減日（例えば，顧客からの商品代金の入金日）が必ずしも一致しないことである。

	キャッシュインの主な要因	キャッシュアウトの主な要因
営業活動による キャッシュフロー	・売上金の受取 ・保険金や損害賠償金の受取	・仕入費用の支払 ・諸経費（人件費，家賃，光熱費，税金など）の支払 ・損害賠償金の支払
投資活動による キャッシュフロー	・固定資産の売却 ・有価証券の売却 ・貸付金の回収	・固定資産の取得 ・有価証券の取得 ・貸付の実行
財務活動による キャッシュフロー	・借入の実行 ・配当金の受取 ・株式の発行 ・社債の発行	・借入金の返済 ・配当金の支払 ・自己株式の取得 ・社債の償還

よって**イ**が，営業活動によるキャッシュフローに該当する。
ア，**ウ**は，財務活動によるキャッシュフローに該当する。
エは，投資活動によるキャッシュフローに該当する。

《答：イ》

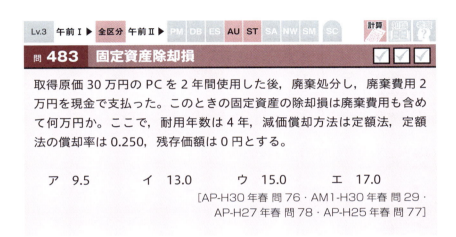

問483 固定資産除却損

取得原価30万円のPCを2年間使用した後，廃棄処分し，廃棄費用2万円を現金で支払った。このときの固定資産の除却損は廃棄費用も含めて何万円か。ここで，耐用年数は4年，減価償却方法は定額法，定額法の償却率は0.250，残存価額は0円とする。

　ア　9.5　　　　イ　13.0　　　　ウ　15.0　　　　エ　17.0

[AP-H30年春 問76・AM1-H30年春 問29・
AP-H27年春 問78・AP-H25年春 問77]

■解説■

減価償却は，固定資産（土地などは除く）を耐用年数にわたって，毎年少しずつ費用化していく会計上の概念である。これは，固定資産の取得費用は購入時に全額を支出するものの，複数年にわたって事業に利用されるためである。固定資産を何年使い続けるかは予測できないが，利用可能と考えられる標準的な年数を**耐用年数**という。

PCの取得原価は30万円で，耐用年数は4年間で，償却率0.250の定額法で償却する。つまり毎年7.5万円（=30万円×0.25）ずつ費用に計上していき，その分PCの簿価（帳簿上の価値）が下がっていくと考える。

2年間使用した時点で，PCの簿価は30 − 7.5 × 2=15万円に低下している。ここでPCを廃棄し，さらに廃棄費用が2万円かかったので，合計**17**万円の損失が出たと考え，これを固定資産除却損とする。

なお，廃棄せずに，PCを購入の2年後に5万円で売却したなら，簿価15万円のPCを5万円で売ったと考えて，固定資産除却損は10万円となる。逆に，簿価より高い20万円で売却できたなら，固定資産除却益が5万円となる。

《答：エ》

テーマ 23 法務

午前Ⅰ ▶ 全区分 午前Ⅱ ▶ PM DB ES AU ST SA NW SM SC
Lv.3　　　　　　Lv.3　　　　Lv.4 Lv.3　　　　Lv.3

問 **484**〜問 **500** 全 **17** 問

最近の出題数

	高度午前Ⅰ	高度午前Ⅱ								
		PM	DB	ES	AU	ST	SA	NW	SM	SC
R4 年春期	1					1	−	−	1	−
R3 年秋期	1	2	−	−	3					−
R3 年春期	1					1	−	−	1	−
R2 年秋期	1	2	−	−	3					−

※表組み内の「−」は出題範囲外

試験区分別出題傾向（H21年以降）

午前Ⅰ	"知的財産権"，"セキュリティ関連法規"，"労働関連・取引関連法規"からの出題例が多い。"その他の法律・ガイドライン・技術者倫理"，"標準化関連"からの出題例はない。
PM 午前Ⅱ	シラバス全体から出題されているが，"労働関連・取引関連法規"からの出題例が多い。
AU 午前Ⅱ	シラバス全体から出題されており，過去問題の再出題も比較的多い。
ST 午前Ⅱ	"労働関連・取引関連法規"，"その他の法律・ガイドライン・技術者倫理"からの出題が中心である。"知的財産権"，"セキュリティ関連法規"，"標準化関連"からの出題例は少ない。
SM 午前Ⅱ	シラバス全体から出題されているが，"労働関連・取引関連法規"からの出題例がやや多い。

出題実績（H21年以降）

小分類	出題実績のある主な用語・キーワード
知的財産権	著作権法（職務著作，著作権の帰属，著作権の権利期間，著作権の侵害），産業財産権，職務発明，不正競争防止法，営業秘密，ソフトウェア使用許諾
セキュリティ関連法規	サイバーセキュリティ基本法，不正アクセス禁止法，刑法（不正指令電磁的記録作成罪・供用罪，電子計算機損壊等業務妨害罪，電子計算機使用詐欺罪），個人情報保護法，データポータビリティの権利，電子署名法，特定電子メール法
労働関連・取引関連法規	労働基準法，労働者派遣法，下請代金支払遅延等防止法，請負契約，準委任契約，契約不適合責任，特定商取引法

610 Chapter 09 企業と法務

小分類	出題実績のある主な用語・キーワード
その他の法律・ガイドライン・技術者倫理	コンプライアンス，集団思考，ホイッスルブローイング，監査委員会，電子帳簿保存法，製造物責任法，電子機器の環境対策
標準化関連	日本産業標準調査会（旧・日本工業標準調査会），JIS Q 22301（事業継続マネジメントシステム要求事項）
	※シラバスに含まれているが，H26年度以降は他分野の問題として出題されており，法務としての出題はない。

23-1 ● 知的財産権

Lv.3　午前Ⅰ ▶　全区分 午前Ⅱ ▶　PM　DB　ES　AU　ST　SA　NW　SM　SC　　　　考察❓

問 484　Web ページの著作権　☑ ☑ ☑

Web ページの著作権に関する記述のうち，適切なものはどれか。

ア　営利目的ではなく趣味として，個人が開設している Web ページに他人の著作物を無断掲載しても，私的使用であるから著作権の侵害とはならない。

イ　作成したプログラムをインターネット上でフリーウェアとして公開した場合，配布されたプログラムは，著作権法による保護の対象とはならない。

ウ　試用期間中のシェアウェアを使用して作成したデータを，試用期間終了後も Web ページに掲載することは，著作権の侵害に当たる。

エ　特定の分野ごとに Web ページの URL を収集し，独自の解釈を付けたリンク集は，著作権法で保護され得る。

[AP-H29年春 問78・AM1-H29年春 問30・AP-H27年秋 問78・AP-H25年秋 問79・AM1-H25年秋 問30・AP-H23年特 問77]

■ 解説 ■

　エが適切である。作成者が独自の視点で Web ページを選定し，独自の解釈を付けてリンク集を作成すれば，それは作成者の思想や感情を表現したものといえるから，著作権法で保護される。

　アは適切でない。インターネット上の Web サーバなどに著作物を置いて，

テーマ 23　法務　**611**

公衆の求めに応じて自動的に送信できる状態にすることを**送信可能化**といい，著作権の一部として**送信可能化権**が認められている。個人や非営利のWebページであっても，他人の著作物をWebページに無断掲載することは，送信可能化権の侵害に当たる。

イは適切でない。フリーウェアは著作権を放棄したものではなく，作者が著作権を保持したまま，自由な複製や頒布を第三者に認めているものと解釈されている。フリーウェアは著作権法による保護の対象となる。

ウは適切でない。ソフトウェアを用いて作成したデータの著作権は，データの作成者にある。たとえ，データ作成に使用したシェアウェアの試用期間が過ぎても，データの著作権が失われるわけではなく，それをWebページに掲載し続けることは問題ない。

《答：エ》

| Lv.3 | 午前Ⅰ ▶ | 全区分 午前Ⅱ ▶ | PM | DB | ES | AU | ST | SA | NW | SM | SC | 計 | 知識 | ? |

問485　プログラム著作権の原始的帰属　☑☑☑

企業が請負で受託して開発したか，又は派遣契約によって派遣された社員が開発したプログラムの著作権の帰属に関し契約に定めがないとき，著作権の原始的な帰属はどのようになるか。

　　ア　請負の場合は発注先に帰属し，派遣の場合は派遣先に帰属する。
　　イ　請負の場合は発注先に帰属し，派遣の場合は派遣元に帰属する。
　　ウ　請負の場合は発注元に帰属し，派遣の場合は派遣先に帰属する。
　　エ　請負の場合は発注元に帰属し，派遣の場合は派遣元に帰属する。

[AP-H29年秋 問78・AM1-H29年秋 問30・AU-H23年特 問13]

■ 解説 ■

　著作権は，原始的には（特段の合意や契約がない場合には），実際に著作物を作成した者に帰属する。法人等（会社，団体等）の職務として従業員等が作成したときは職務著作に当たり，著作権はその法人に帰属する。複数の法人が関係してくるケースでは，従業員等に指揮命令した法人に著作権が帰属する。

　請負では，発注元企業が発注先企業（受注企業）にプログラム開発を委

託し，発注先企業はプログラムを完成して発注元企業に納品する義務を負う。発注先企業は自社の社員を指揮命令して，プログラムを作成させる。このプログラムは職務著作に当たり，著作権は社員を指揮命令した**発注先企業**に帰属する。

派遣契約では，派遣元企業に所属する派遣社員が，派遣先企業に派遣されて業務に従事する。派遣先企業はその派遣社員を指揮命令して，プログラムを作成させる。このプログラムは職務著作に当たり，著作権は派遣社員を指揮命令した**派遣先企業**に帰属する。

《答：ア》

問 486　職務発明に基づく特許の取扱い

特許法によれば，企業が雇用している従業者が行った職務発明に基づく特許の取扱いのうち，適切なものはどれか

　ア　企業は，承継した特許権について，特許庁が定めた対価の額を支払う必要がある。
　イ　企業は，特許権について通常実施権を有する。
　ウ　特許を受ける権利は，自動的に企業へ承継され，従業者と企業の共有特許となる。
　エ　特許を受ける権利は，無条件に企業が取得する。

[AU-R2年秋 問 14]

■ 解説 ■

特許権は，特許権者（ある発明について国から特許を受けた者）が，その特許発明を一定期間独占的に実施（生産，使用，譲渡等）できる権利である。特許権者は，他者（実施権者）に対して特許発明の実施権を許諾することができる。**通常実施権**は，複数の相手方に許諾できる排他的でない実施権である。

特許法には次のようにある。

> （職務発明）
> 第35条　使用者，法人，国又は地方公共団体（以下「使用者等」という。）は，従業者，法人の役員，国家公務員又は地方公務員（以下「従業者等」という。）がその性質上当該使用者等の業務範囲に属し，かつ，その発明をするに至った行為がその使用者等における従業者等の現在又は過去の職務に属する発明（以下「職務発明」という。）について特許を受けたとき，又は職務発明について特許を受ける権利を承継した者がその発明について特許を受けたときは，その特許権について通常実施権を有する。
> 2　（略）
> 3　従業者等がした職務発明については，契約，勤務規則その他の定めにおいてあらかじめ使用者等に特許を受ける権利を取得させることを定めたときは，その特許を受ける権利は，その発生した時から当該使用者等に帰属する。
> 4　従業者等は，契約，勤務規則その他の定めにより職務発明について使用者等に特許を受ける権利を取得させ，使用者等に特許権を承継させ，若しくは使用者等のため専用実施権を設定したとき，又は契約，勤務規則その他の定めにより職務発明について使用者等のため仮専用実施権を設定した場合において，第34条の2第2項の規定により専用実施権が設定されたものとみなされたときは，相当の金銭その他の経済上の利益（次項及び第7項において「相当の利益」という。）を受ける権利を有する。
> 5～7　（略）

　よって，**イ**が適切である。従業員は企業の資源（資金，人材，機材等）を使用して発明していることから，第1項の規定により，通常実施権を有することにしたものである。

　アは適切でない。第4項の規定により，従業者は企業から「相当の金銭その他の経済上の利益」を受ける権利を有するが，その額は当事者間で決めることができる。

　ウ，エは適切でない。第3項の規定により，職務発明については，契約や勤務規則であらかじめ定めている場合に，特許を受ける権利を企業へ承継できる。

《答：イ》

| Lv.3 | 午前Ⅰ ▶ | 全区分 午前Ⅱ ▶ | PM | DB | ES | AU | ST | SA | NW | SM | SC |

問 487 不正競争防止法の営業秘密侵害罪

不正競争防止法において，営業秘密を保有者から示された者が複製を行い，不正の利益を得ようとした場合，営業秘密侵害罪として刑事罰の対象となるのはどの時点からか。

ア　営業秘密の複製を企図した時点
イ　営業秘密を複製した時点
ウ　複製した営業秘密を使用又は開示した時点
エ　複製した営業秘密を使用又は開示して，不正の利益を得た時点

[AU-H31 年春 問 13]

■ 解説 ■

不正競争防止法には，次のようにある。

（定義）
第2条
6　この法律において「営業秘密」とは，秘密として管理されている生産方法，販売方法その他の事業活動に有用な技術上又は営業上の情報であって，公然と知られていないものをいう。
（罰則）
第21条　次の各号のいずれかに該当する者は，10年以下の懲役若しくは2,000万円以下の罰金に処し，又はこれを併科する。
三　営業秘密を営業秘密保有者から示された者であって，不正の利益を得る目的で，又はその営業秘密保有者に損害を加える目的で，その営業秘密の管理に係る任務に背き，次のいずれかに掲げる方法でその営業秘密を領得した者
イ　（略）
ロ　営業秘密記録媒体等の記載若しくは記録について，又は営業秘密が化体された物件について，その複製を作成すること。
ハ　（略）

イの営業秘密を複製した時点で，営業秘密侵害罪の既遂となり，刑事罰の対象となる。営業秘密の複製を企図しただけでは刑事罰の対象とならない。

《答：イ》

テーマ 23　**法務**　　**615**

Lv.3　午前Ⅰ▶　全区分　午前Ⅱ▶　PM　DB　ES　AU　ST　SA　NW　SM　SC

問 488　シュリンクラップ契約

シュリンクラップ契約において，ソフトウェアの使用許諾契約が成立するのはどの時点か。

- ア　購入したソフトウェアの代金を支払った時点
- イ　ソフトウェアの入った CD-ROM を受け取った時点
- ウ　ソフトウェアの入った CD-ROM の包装を解いた時点
- エ　ソフトウェアを PC にインストールした時点

[SM-H29 年秋 問 25・SM-H27 年秋 問 25・AP-H24 年春 問 78]

■ 解説 ■

ウの包装を解いた時点が，使用許諾契約の成立時点である。パッケージソフトウェアは小売店を通じて不特定多数の利用者に販売され，販売元と利用者の間で個別に使用許諾契約を交わすことが難しいことから，採用された方式と考えられている。

外箱の開封時点で契約が成立すると記載したソフトウェアも見られたが，利用者がパッケージを開封するのは自然な行為であり，法的に無効であるとする主張もある。それを回避するため，外箱の開封時点でなく，記憶媒体（CD-ROM 等）の収納ケースの開封時点で契約が成立するとしたソフトウェアもある。この場合，開封すると使用許諾契約に同意したとみなす旨を収納ケースに明記しておき，開封後は元どおりに包装できない（開封した痕跡が残る）ようにしてあることが多い。

《答：ウ》

616　Chapter 09　企業と法務

23-2 ● セキュリティ関連法規

Lv.3　午前Ⅰ ▶ 全区分 午前Ⅱ ▶ PM　DB　ES　AU　ST　SA　NW　SM　SC

問489　電子計算機使用詐欺罪　☑ ☑ ☑

刑法の電子計算機使用詐欺罪に該当する行為はどれか。

ア　いわゆるねずみ講方式による取引形態の Web ページを開設する。

イ　インターネット上に，実際よりも良品と誤認させる商品カタログを掲載し，粗悪な商品を販売する。

ウ　インターネットを経由して銀行のシステムに虚偽の情報を与え，不正な振込や送金をさせる。

エ　企業の Web ページを不正な手段によって改変し，その企業の信用を傷つける情報を流す。

[ST-H30 年秋 問 23・ST-H26 年秋 問 24・
SM-H26 年秋 問 25・AU-H25 年春 問 16]

■ 解説 ■

ウが，刑法の**電子計算機使用詐欺罪**に当たる。犯人自身が銀行のシステムに不正な指令を直接与える行為では，人を欺いていないので通常の詐欺罪には当たらない。振り込め詐欺のように人を欺いて銀行から振込送金をさせる行為は，通常の詐欺罪に当たる。

アは，「**無限連鎖講の防止に関する法律**」の取り締まり対象になる。「無限連鎖講が，終局において破たんすべき性質のものである」として，その被害を防止するため，無限連鎖講（ねずみ講）を開設・運営又は加入の勧誘をすることを禁じている。

イは，**景品表示法**（正式名称「不当景品類及び不当表示防止法」）や**特定商取引法**（正式名称「特定商取引に関する法律」）の規制対象である。景品表示法は，商品やサービスについて，事実と相違して実際より優良と誤認させる表示を禁じている。また特定商取引法でも，通信販売における誇大広告などを禁じている。

エは，Web ページ変造のためにサーバに不正侵入する行為は，**不正アクセス禁止法**（正式名称「不正アクセス行為の禁止等に関する法律」）に違反

午前Ⅱ

PM
DB
ES
AU
ST
SA
NW
SM
SC

テーマ 23　法務　**617**

する。その企業の信用を傷つける情報を流すことは，刑法の信用毀損及び業務妨害罪に当たる。

《答：ウ》

問 490　個人情報保護法

個人情報保護法が保護の対象としている個人情報に関する記述のうち，適切なものはどれか。

　ア　企業が管理している顧客に関する情報に限られる。
　イ　個人が秘密にしているプライバシに関する情報に限られる。
　ウ　生存している個人に関する情報に限られる。
　エ　日本国籍を有する個人に関する情報に限られる。

[PM-R2年秋 問21・AP-H28年春 問79・AM1-H28年春 問30・PM-H25年春 問24・PM-H21年春 問25・AU-H21年春 問14]

■ 解説 ■

個人情報保護法（正式名称「個人情報の保護に関する法律」）は，次のように規定している。

> （定義）
> 第二条　この法律において「個人情報」とは，生存する個人に関する情報であって，次の各号のいずれかに該当するものをいう。
> 　一　当該情報に含まれる氏名，生年月日その他の記述等（文書，図画若しくは電磁的記録（電磁的方式（電子的方式,磁気的方式その他人の知覚によっては認識することができない方式をいう。次項第二号において同じ。）で作られる記録をいう。第十八条第二項において同じ。）に記載され，若しくは記録され，又は音声，動作その他の方法を用いて表された一切の事項（個人識別符号を除く。）をいう。以下同じ。）により特定の個人を識別することができるもの（他の情報と容易に照合することができ，それにより特定の個人を識別することができることとなるものを含む。）
> 　二　個人識別符号が含まれるもの

よって，**ウ**が適切である。これは，この法律が生存する個人の情報のみ

を保護対象にしているに過ぎず，一般論として死者の個人情報は保護しなくてよいという意味ではない。

アは適切でない。例えば，企業が管理する自社の従業員に関する個人情報も，保護対象である。

イは適切でない。例えば，必要に応じて他人に告げることが多い個人情報（氏名など）も保護対象である。

エは適切でない。国籍を限定する規定はなく，外国籍の個人の情報も保護対象である。

《答：ウ》

問491　データポータビリティの権利

EU域内の個人データ保護を規定するGDPR（General Data Protection Regulation，一般データ保護規則）第20条における，データポータビリティの権利に当たるものはどれか。

ア　Webサービスなどの事業者に提供した自己と関係する個人データを，一般的に利用され，機械可読性のある形式で受け取る権利

イ　検索エンジンなどの事業者に対して，不当に遅滞することなく，自己と関係する個人データを消去させる権利

ウ　自己と関係する個人データを基に，プロファイリングなどの自動化された取扱いだけに基づいて行われた，法的効果をもたらす決定に服しない権利

エ　ダイレクトマーケティングを目的とした個人データの取扱いに異議を唱えることによって，自己と関係する個人データを当該目的で取り扱わせないようにする権利

[AU-R3年秋 問13]

■ **解説** ■

アが，**データポータビリティの権利**に当たる。

> 第 20 条 データポータビリティの権利
> 1. データ主体は，以下の場合においては，自己が管理者に対して提供した自己と関係する個人データを，構造化され，一般的に利用され機械可読性のある形式で受け取る権利をもち，また，その個人データの提供を受けた管理者から妨げられることなく，別の管理者に対し，それらの個人データを移行する権利を有する。
>   (a) その取扱いが第 6 条第 1 項 (a) 若しくは第 9 条第 2 項 (a) による同意，又は，第 6 条第 1 項 (b) による契約に基づくものであり。かつ，
>   (b) その取扱いが自動化された手段によって行われる場合。
> 2. データ主体は，第 1 項により自己のデータポータビリティの権利を行使する際，技術的に実行可能な場合，ある管理者から別の管理者へと直接に個人データを移行させる権利を有する。
> 3. 〜 4. (略)

出典：“General Data Protection Regulation”（European Commission，2016）
（日本語訳は個人情報保護委員会による仮のもの）

イは，**消去の権利**（忘れられる権利）に当たる。

ウは，**自動化された取扱いに基づいた決定の対象とされない権利**に当たる。

エは，**異議を述べる権利**に当たる。

GDPR は，データ主体に八つの権利を認めている。残り四つは，情報提供を受けるデータ主体の権利，データ主体によるアクセスの権利，訂正の権利，取扱いの制限の権利である。

《答：ア》

Lv.3　午前Ⅰ ▶　全区分　午前Ⅱ ▶　PM　DB　ES　AU　ST　SA　NW　SM　SC　知識

問 492　電子署名法　☑ ☑ ☑

電子署名法に関する記述のうち，適切なものはどれか。

- ア　電子署名には，電磁的記録ではなく，かつ，コンピュータで処理できないものも含まれる。
- イ　電子署名には，民事訴訟法における押印と同様の効力が認められる。
- ウ　電子署名の認証業務を行うことができるのは，政府が運営する認証局に限られる。
- エ　電子署名は共通鍵暗号技術によるものに限られる。

[AP-R3 年春 問 80・AM1-R3 年春 問 30・
AP-H27 年春 問 80・AU-H24 年春 問 14]

■ 解説 ■

電子署名法（正式名称「電子署名及び認証業務に関する法律」）は，次のように規定している。

（定義）
第2条　この法律において「電子署名」とは，電磁的記録（電子的方式，磁気的方式その他人の知覚によっては認識することができない方式で作られる記録であって，電子計算機による情報処理の用に供されるものをいう。以下同じ。）に記録することができる情報について行われる措置であって，次の要件のいずれにも該当するものをいう。
　一　当該情報が当該措置を行った者の作成に係るものであることを示すためのものであること。
　二　当該情報について改変が行われていないかどうかを確認することができるものであること。
2　この法律において「認証業務」とは，自らが行う電子署名についてその業務を利用する者（以下「利用者」という。）その他の者の求めに応じ，当該利用者が電子署名を行ったものであることを確認するために用いられる事項が当該利用者に係るものであることを証明する業務をいう。
第3条　電磁的記録であって情報を表すために作成されたもの（公務員が職務上作成したものを除く。）は，当該電磁的記録に記録された情報について本人による電子署名（これを行うために必要な符号及び物件を適正に管理することにより，本人だけが行うことができることとなるものに限る。）が行われているときは，真正に成立したものと推定する。

テーマ 23　法務　621

イが適切である。第3条で，電子署名に私文書中の押印や署名と同等の法的根拠を与えることを規定している。

アは適切でない。第2条第1項で，電子署名は電磁的記録によることを規定している。

ウは適切でない。第2条第2項で，認証業務を行えることを規定している。

エは適切でない。法律では暗号技術を規定していないが，電子署名は公開鍵暗号技術を基盤としており，共通鍵暗号技術では実現できない。

《答：イ》

| Lv.3 | 午前Ⅰ ▶ | 全区分 | 午前Ⅱ ▶ | PM | DB | ES | AU | ST | SA | NW | SM | SC | | | 考察 ? |

問 493　特定電気通信役務提供者が行う送信防止措置　☑ ☑ ☑

プロバイダ責任制限法が定める特定電気通信役務提供者が行う送信防止措置に関する記述として，適切なものはどれか。

- ア　明らかに不当な権利侵害がなされている場合でも，情報の発信者から事前に承諾を得ていなければ，特定電気通信役務提供者は送信防止措置の結果として生じた損害の賠償責任を負う。
- イ　権利侵害を防ぐための送信防止措置の結果，情報の発信者に損害が生じた場合でも，一定の条件を満たしていれば，特定電気通信役務提供者は賠償責任を負わない。
- ウ　情報発信者に対して表現の自由を保障し，通信の秘密を確保するため，特定電気通信役務提供者は，裁判所の決定を受けなければ送信防止措置を実施することができない。
- エ　特定電気通信による情報の流通によって権利を侵害された者が，個人情報保護委員会に苦情を申し立て，被害が認定された際に特定電気通信役務提供者に命令される措置である。

[AP-R2年秋 問78・AM1-R2年秋 問30]

■ 解説 ■

イが適切である。例えば，A氏がWebサイトやSNSで，B氏の権利を侵害する書込みを行ったとする。特定電気通信役務提供者（WebサイトやSNSの運営会社，インターネットサービスプロバイダ等）がそれに気付い

て送信防止措置（A氏の書込みの削除，会員資格停止等）をとった場合，A氏から不当な措置だと主張され，損害賠償を求められる恐れがある。一方，措置をとらなかった場合は，B氏から書込みの削除や損害賠償を求められる恐れがある。このように特定電気通信役務提供者がA氏とB氏の板挟みになることを防ぐため，送信防止措置をとった場合に，A氏から損害賠償を求められても責任を負わなくてよいとしたものである。

ア，ウ，エは適切でない。権利侵害に当たると考えられる相当の理由があれば，特定電気通信役務提供者は自ら判断して送信防止措置をとることができ，情報の発信者（書込みを行った者）から損害賠償を求められても責任を負わない。

《答：イ》

23-3 ● 労働関連・取引関連法規

| Lv.3 | 午前Ⅰ ▶ | 全区分 午前Ⅱ ▶ | PM | DB | ES | AU | ST | SA | NW | SM | SC |

| 問 494 | 機密情報を扱う担当従業員の扱い |

常時10名以上の従業員を有するソフトウェア開発会社が，社内の情報セキュリティ管理を強化するために，秘密情報を扱う担当従業員の扱いを見直すこととした。労働法に照らし，適切な行為はどれか。

- ア 就業規則に業務上知り得た秘密の漏えい禁止の一般的な規定があるときに，担当従業員の職務に即して秘密の内容を特定する個別合意を行う。
- イ 就業規則には業務上知り得た秘密の漏えい禁止の規定がないときに，漏えい禁止と処分の規定を従業員の意見を聴かずに就業規則に追加する。
- ウ 情報セキュリティ事故を起こした場合の懲戒処分について，担当従業員との間で，就業規則の規定よりも重くした個別合意を行う。
- エ 情報セキュリティに関連する規定は就業規則に記載してはいけないので，就業規則に規定を設けずに，各従業員と個別合意を行う。

[PM-R3年秋 問21]

テーマ23 法務 **623**

■ 解説 ■

アが適切である。秘密の内容を特定することは，担当従業員だけに義務や不利益を課すものでなく，労働法（労働基準法，労働契約法等）に照らして問題はない。

イは適切でない。就業規則を変更するには，労働者の過半数から成る労働組合又は，労働者の過半数を代表する者の意見を聴かなければならない（労働基準法第 90 条）。

ウは適切でない。労働者にとって就業規則より不利益となる個別合意（労働契約）を行うことはできず，仮に合意しても無効となる（労働契約法第 12 条）。なお，労働者にとって有利となる個別合意を行うことは問題ない。

エは適切でない。情報セキュリティに関連する規定の記載を禁じるような労働法の規定はない。

《答：ア》

問 495　下請代金支払遅延等防止法での支払い期日の起算日

下請代金支払遅延等防止法の対象となる下請事業者から納品されたプログラムに，下請事業者側の事情を原因とする重大なバグが発見され，プログラムの修正が必要となった。このとき，支払期日を改めて定めようとする場合，下請代金支払遅延等防止法で認められている期間（60 日）の起算日はどれか。

　ア　当初のプログラムの検査が終了した日
　イ　当初のプログラムを下請事業者に返却した日
　ウ　修正済プログラムが納品された日
　エ　修正済プログラムの検査が終了した日

[AU-R3 年秋 問 14・PM-H31 年春 問 22・AU-H29 年春 問 14・
AU-H26 年春 問 12・AU-H23 年特 問 14]

■ 解説 ■

下請代金支払遅延等防止法（下請法）は，親事業者（発注者）に比べて，立場の弱い下請事業者（受注者）の利益保護を図るための法律である。下

請代金の支払期日は，最長でも成果物の納品日（給付の受領日）から60日とすることが規定されている。

> （下請代金の支払期日）
> 第2条の2　下請代金の支払期日は，親事業者が下請事業者の給付の内容について検査をするかどうかを問わず，親事業者が下請事業者の給付を受領した日（役務提供委託の場合は，下請事業者がその委託を受けた役務の提供をした日。次項において同じ。）から起算して，60日の期間内において，かつ，できる限り短い期間内において，定められなければならない。

成果物に契約不適合（瑕疵）があって修正させた場合の扱いは，下請法には規定がないが，『下請取引適正化推進講習会テキスト』に次のようにある。

> 1　下請代金支払遅延等防止法の内容
> （5）　親事業者の禁止事項
> イ　下請代金の支払遅延の禁止（第4条第1項第2号）
> ・やり直しをさせた場合の支払期日の起算日
> 　下請事業者の給付に瑕疵があるなど，下請事業者の責めに帰すべき理由があり，下請代金の支払前（受領後60日以内）にやり直しをさせる場合には，やり直しをさせた後の物品等又は情報成果物を受領した日（役務提供委託の場合は，下請事業者が役務を提供した日）が支払期日の起算日となる（後略）。

　　　出典：『下請取引適正化推進講習会テキスト』（公正取引委員会・中小企業庁，
　　　　　　　　　　　　　　　　　　　　　　　　　　　　　　　　　2021）

よって，**ウの修正済プログラムが納品された日**が起算日となる。

《答：ウ》

| Lv.3 | 午前Ⅰ ▶ | 全区分 午前Ⅱ ▶ | PM | DB | ES | AU | ST | SA | NW | SM | SC |

問 496　商品広告での表示事項を義務付ける法律

インターネットのショッピングサイトで，商品の広告をする際に，商品の販売価格，商品の代金の支払時期及び支払方法，商品の引渡時期，売買契約の解除に関する事項などの表示を義務付けている法律はどれか。

　　ア　商標法　　　　　　　　　イ　電子契約法
　　ウ　特定商取引法　　　　　　エ　不正競争防止法

[ST-R3 年春 問 22・AU-H31 年春 問 14・AU-H29 年春 問 15]

■ 解説 ■

　これは，**ウの特定商取引法**（正式名称「特定商取引に関する法律」）で，訪問販売，通信販売，連鎖販売取引等の消費者トラブルを生じやすい形態の取引について，消費者保護を図るための法律である。通信販売（郵便，電話，ファクシミリ，インターネット等で申込みを受ける商品販売又はサービス提供）を行う事業者に対しては，所定の事項の表示を義務付けている。

　アの商標法は，「商標を保護することにより，商標の使用をする者の業務上の信用の維持を図り，もつて産業の発達に寄与し，あわせて需要者の利益を保護することを目的とする」法律である。

　イの電子契約法（正式名称「電子消費者契約及び電子承諾通知に関する民法の特例に関する法律」）は，「消費者が行う電子消費者契約の要素に特定の錯誤があった場合及び隔地者間の契約において電子承諾通知を発する場合に関し民法の特例を定める」法律である。

　エの不正競争防止法は，「事業者間の公正な競争及びこれに関する国際約束の的確な実施を確保するため，不正競争の防止及び不正競争に係る損害賠償に関する措置等を講じ，もって国民経済の健全な発展に寄与することを目的とする」法律である。

《答：ウ》

23-4 ● その他の法律・ガイドライン・技術者倫理

Lv.3 　午前Ⅰ ▶ 全区分 午前Ⅱ ▶ PM DB ES AU ST SA NW SM SC

問 **497** 　**ホイッスルブローイング**

技術者倫理におけるホイッスルブローイングの説明として，適切なものはどれか。

　ア　画期的なアイディアによって経済・社会に大きな変革をもたらすこと
　イ　コミュニケーションを通じて自ら問題を解決できる人材を育成すること
　ウ　法令又は社会的規範を逸脱する行為を第三者などに知らしめること
　エ　リスクが発生したときの対処方法をあらかじめ準備しておくこと

[PM-R3年秋 問22]

■ 解説 ■

　ウが，**ホイッスルブローイング**の説明である。警笛を鳴らすことの意で内部告発ともいい，企業等で行われている（行われようとしている）不正行為を，従業員等の内部関係者が公的機関や報道機関に通報することをいう。企業内に不正行為の通報を受け付ける窓口があれば，まずそちらに内部通報することが望ましいとされる。

　アは，イノベーションの説明である。
　イは，コーチングの説明である。
　エは，リスクマネジメントの説明である。

《答：ウ》

テーマ 23　法務　**627**

| Lv.3 | 午前Ⅰ ▶ | 全区分 午前Ⅱ ▶ | PM | DB | ES | AU | ST | SA | NW | SM | SC | | 知識 | |

問 498　国税関係帳簿の磁気媒体保存

国税関係帳簿を磁気媒体で保存する場合，法律で規定されているものは
どれか。

ア　あらかじめ所轄の税務署長の承認を受けることが必要となる。
イ　定められた性能の媒体を用いなければならない。
ウ　電子取引に関する記録に限って許可される。
エ　バックアップとして紙又はマイクロフィルムでの保存が義務付
　　けられている。

[ST-H29 年秋 問 23・ST-H27 年秋 問 23・ST-H23 年秋 問 25]

■ 解説 ■

　国税関係帳簿の電子保存については，**電子帳簿保存法**（正式名称「電子
計算機を使用して作成する国税関係帳簿書類の保存方法等の特例に関する
法律」）で規定されており，同法施行規則で具体的な方法が定められている。

　アは同法 4 条で規定されている。納税地等の所轄税務署長の承認を受け
たときは，国税関係帳簿書類の備付け及び保存を電磁的記録で代えられる。

　イの媒体に関する要件は法律上定められていない。なお，スキャナなど
一部の機器については，施行規則に性能要件が定められている。

　ウの電磁的記録の対象については，最初から電子計算機で作成される帳
簿の他，紙の書類をスキャンして電子化して保存することも認められてい
る。

　エのバックアップは，法律上義務付けられていない。なお，帳簿の保存
方法としては，電磁的記録による他，マイクロフィルムによるものも認め
られている。また，電磁的記録又はマイクロフィルムで保存するときは，
速やかに画面表示及び印刷ができるようにしておく必要がある。

《答：ア》

628　　Chapter 09　**企業と法務**

| Lv.3 | 午前Ⅰ ▶ | 全区分 | 午前Ⅱ ▶ | PM | DB | ES | AU | ST | SA | NW | SM | SC | | | 考察 ? |

問 499　製造物責任を問われる事例　☑☑☑

製造物責任法（PL 法）において，製造物責任を問われる事例はどれか。

- ア　機器に組み込まれている ROM に記録されたプログラムに瑕疵（かし）があったので，その機器の使用者に大けがをさせた。
- イ　工場に配備されている制御系コンピュータのオペレーションを誤ったので，製品製造のラインを長時間停止させ大きな損害を与えた。
- ウ　ソフトウェアパッケージに重大な瑕疵が発見され，修復に時間が掛かったので，販売先の業務に大混乱をもたらした。
- エ　提供している IT サービスのうち，ヘルプデスクサービスが SLA を満たす品質になく，顧客から多大なクレームを受けた。

[AP-H30 年春 問 78・AU-H28 年春 問 15]

■ 解説 ■

製造物責任法において「製造物」とは，「製造又は加工された動産」をいう。製造物の欠陥が原因で，人の生命，身体，財産が侵害されたときは，製造物に欠陥が存在し，それが原因であったことを使用者が立証すれば，その製造業者等は欠陥について過失がなかったことを証明できない限り，損害賠償責任を負うとされている。

民法上の不法行為による損害賠償を求めることもできるが，被害を受けた側が，相手方に故意や過失があったことまで立証する必要がある。しかし，製品に関する専門知識を持たない使用者が，製造業者等の故意や過失を立証するのは難しいので，製造物責任法でその立証責任を製造業者等に転換したものである。

アは，製造物責任を問われる事例である。ソフトウェアやプログラムは製造物とされない。しかし，機器に組み込まれたプログラムは機器の構成要素とされ，その瑕疵（欠陥）による誤動作で人の生命，身体，財産を侵害したときは，製造物責任を問われる。

イは，製造物責任を問われる事例ではない。オペレーションを誤ったのは使用者の過失であり，制御系コンピュータに欠陥があったわけでない。

ウは，製造物責任を問われる事例ではない。ソフトウェアは無体物であ

テーマ 23　**法務**　　**629**

って，製造物とされない。ただし，民法上の契約不適合責任や損害賠償責任を負う可能性はある。

エは，製造物責任を問われる事例ではない。ITサービス（情報システムの運用管理など）は役務（サービス）であって，製造物ではない。ただし，SLA（サービスレベル契約）の内容によっては，顧客から品質未達成による違約金支払を求められる可能性はある。

《答：ア》

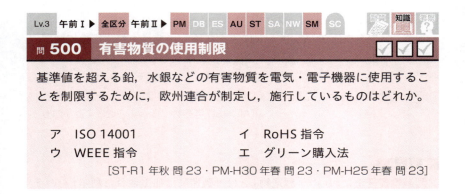

問 500 有害物質の使用制限

基準値を超える鉛，水銀などの有害物質を電気・電子機器に使用することを制限するために，欧州連合が制定し，施行しているものはどれか。

ア　ISO 14001
イ　RoHS 指令
ウ　WEEE 指令
エ　グリーン購入法

[ST-R1年秋 問23・PM-H30年春 問23・PM-H25年春 問23]

■ 解説 ■

これは，**イ**の **RoHS 指令**（ローズ）（電子・電気機器における特定有害物質の使用制限に関するEU指令）である。電気・電子機器への有害物質（鉛，水銀，カドミウムなど）の使用を制限することを目的とする。EU（欧州連合）域外で生産する場合でも，EU域内へ輸出する製品は適合を要求される。

アの **ISO 14001**（環境マネジメントシステム—要求事項及び利用の手引）は，組織が環境対策に取り組む指針となるISO規格である。

ウの **WEEE 指令**（電気・電子機器廃棄物に関するEU指令）は電気・電子機器の生産者に対して，その廃棄物の発生抑制や回収・リサイクルシステムの構築を求めることを目的とする。

エの **グリーン購入法**（正式名称「国等の環境物品等の調達の推進等に関する法律」）は，国や公的機関が環境負荷低減に資する製品の購入やサービスの利用を推進することを目的とする法律である。

《答：イ》

索引

数字

2相コミット	167, 179
2相ロック方式	163
2値論理	162
2分木	17
2分探索	21
3Dセキュア	280
3ウェイハンドシェイク	222
3層スキーマアーキテクチャ	133
3値論理	162
7ステップの改善プロセス	443

A

A/D変換器	51
ACCT	225
ACID特性	172, 181
Adversarial Examples攻撃	247
AES	250
Ajax	127
Apache Subversion	96
ARP	214
ARグラス	585
Automatic MDI/MDI-X	203

B

BABOK	517
BASE特性	181, 182
BCP	491
BGP-4	207, 210
BPM	491
BPMN	310
BPO	491
BRM	496
BSC	491

C

CAP定理	180
CCK	196
CDM	196
CEP	176
CFT分析	546
CGI	57
CHAP	195
CIDR	217
CIFS	48
CMMI	299
Cookie	290
CPPM	359
CPRM	359
CPS	573
CRL	260

CRM	557
CRUDマトリクス	308
CSF	417, 500
CSIRT	265
CSMA/CA	211
CSMA/CD	211
CSR	589
CSS	127, 224
CVE識別子	266
CVS	96
CVSS	269

D

D/A変換	112
D/A変換器	51
DAFS	186
DAS	48, 186
DDoS攻撃	238
DFD	303, 310, 311
DISTINCT	153
DKIM	282
DMAIC	554
DNS	192
DNS amp攻撃	241
DNSSEC	284
DNSキャッシュポイズニング攻撃	239, 241
DNS水責め攻撃	241
DNSリフレクション攻撃	238
DNSリフレクタ攻撃	241
DRAM	110, 111
DTCP	359
DX推進指標	536

E

E-R図	311
E-Rモデル	311, 511
EAI	92
EAP-MD5	285
EAP-MD5-Challenge	285
EAP-POTP	285
EAP-TLS	285
ECCメモリ	41
EDI	580
EDMモデル	487
EMV	398
ERP	557
EV SSL証明書	259
EVA	495
EVM	385, 390

F

FIPS PUB 140-3	268
FTP	225

G

GAAP	607
GDPR	619
Git	95
GRANT文	175

H

HAクラスタリング	62
HDCP	359
HSTS	295
HTTPヘッダインジェクション	291

I

IASB	607
IDEAL	500
IEEE 802.1ad	216
IEEE 802.1X	285
IFRS	607
IoT課金	573
IPsec	216, 281
IPv6	191, 221, 281
IPスプーフィング	194
IPデータグラム	212
IPマルチキャスト	194
IRR	495
ISO 14001	630
ITF法	468
ITIL	413, 415
ITガバナンス	486
IT業務処理統制	481
ITサービス継続性管理	440
ITサービスマネジメントシステム	263
IT全般統制	480
IT投資ポートフォリオ	493, 515
IVR	560

J

JavaEE	92
JavaScript	92
JIS Q 15001:2017	264
JIS Q 20000-1:2020	263
JIS Q 22301:2020	263
JIS Q 27001:2014	264
JIT	575

K

KGI	499
KPI	417, 500

L

LBO	539
LiDAR	109
LoRaWAN	582
LTE Cat.M1	582

M

M&A	538
M/M/1待ち行列モデル	10
MACアドレス	200
Man-in-the-Browser攻撃	238
MBO	499, 539
MIMD	34, 36
MIME	199, 224
MIMO	199
MISD	36
MLC型	39
MODE	225
MQTT	47
MRP	557
MTBF	74
MTTR	74
MXレコード	193

N

NAND素子	102
NAPT	194
NAS	186
NB-IoT	582
netstat	226
NFS	48
NFV	229
NIC	65
NOTICE	267
NPN型トランジスタ	105
NPV	495
NRE	494
NTP	194

O

OCSP	261
OFDM	195
OKR	553
OLAP	177
OODAループ	487
OP25B	276, 283
OpenFlow	228
OpenGL	129
OSPF	207, 208

OSPFv3...210
OSコマンドインジェクション 291

P

P2P...56
PAP..195
PASV...225
PBP..512
PCM..128
PDCAサイクル.....................................487
PHP..57
PLC..582
PL法...629
PMBOK...517
PNG..129
POP before SMTP...............................283
PORT..225
PPP..281
PPPoE..216
PPTP..195
PWM...50
Python...26
P操作...85

Q

QinQ...216
QoS..206

R

RACIチャート 365
RADIUS..194
RAID..59
RCS..96
RC積分回路 50
READ COMMITTED 169
RFI...528
RFID...114
RFP..528
RIP...207
RIP-2...207, 210
RIPng...210
RoHS指令....................................527, 630
ROI...495
RPA..572
RPC..57
RPO..435
RS-FF...100
RTOS..83

S

SAML認証 258

SAN...48, 186
SCM..557
SDCAサイクル 487
SDN..228
SEC..607
SECIモデル 561, 593
SEOスパム 242
SEOポイズニング..................................242
Servlet...92
SFA..558
SIMD..34, 36
SISD...36
SLA...417, 528
SLC型...39
SLO..417
SL理論 590, 592
SMART...413
SMIL...127
SMTP-AUTH.......................................283
Smurf攻撃..243
SNMP...227
SOA..353
Society 5.0...574
SOW...528
SPF..283
SQLインジェクション対策..........................292
SQuBOK...517
SRAM...110
SSH..281
SSL..224
SVG...127, 128
SWEBOK..517
SWOT分析 510, 542, 546
SYN Flood攻撃....................................244

T

TCO..425
TCP..223
TDM..196
TIFF..129
TLO..569
TLS..281
TOB..539
TOC..559
TRIPS協定...527

U

UDDI..92
UDP..223
UML..137, 305
UXデザイン 523

索引 633

V

VDIシステム	274
VRIO分析	541
VXLAN	216
V操作	85

W

WAF	287, 288
WebDAV	224
WEEE指令	630
Wi-SUN	231
WPA3-Enterprise	275
WTO	569
WTO政府調達協定	527

X

XBRL	581
XML	58
X理論	591

Y

Y理論	590, 591

Z

ZigBee	197

あ

アーキテクチャパターン	325
アーリーアダプタ	566
アーリーマジョリティ	566
アキュムレータ	30
アクセシビリティ	122
アクセシビリティ設計	119
アクティビティ図	307, 525
アクティブ方式RFタグ	114
アグリゲーションサービス	578
アサーションチェック	329
アジャイル開発	348, 395, 479
アシュアランスケース	315
値呼出し	314
アツーピアシステム	56
アッカーマン関数	23
アドレスバス	106
アニメーション	131
アフィリエイト広告	579
アムダールの法則	37, 67
アローダイアグラム	385
暗号化通信	275
暗黙知	561

い

異常検出	448
位相比較器	113
一貫性	172
イニシャルロイヤリティ	531
イノベータ理論	565
イベント管理プロセス	433
イベントシステム	326
イベントドリブンプリエンプション方式	79
入れ子ループ法	178
インシデント	432
インシデント管理	440
インタビュー法	124
インタロック	63
インテグリティチェック法	273
インフラカテゴリ	516
インプレッション保証型広告	579
隠面処理	130

う

ウィンドウサイズ	205
ウィンドウ制御	205
ウォークスルー	327
ウォークスルー法	462
ウォータフォールモデル	347
ウォームスタンバイ	438
請負	612

え

影響緩和	448
営業利益	604
衛生要因	592
エージェント型	257
液晶ディスプレイ	49
エクストリームプログラミング	350
エクスプロイトコード	236
エスカレーション	432
エスクローサービス	579
エスノグラフィー	547
エッジコンピューティング	583
エネルギーハーベスティング	115, 583
エピック	312
エラープルーフ化	448

お

オイラー法	10
オーバーライド	322
オーバーロード	322
オーバレイ	86
オーバロード	321
オブジェクト指向	26, 321

オブジェクト図............................525
オムニチャネル............................578

か

カークパトリックモデルの4段階評価 341
カーソル............................159
ガーベジコレクション 86, 87
外気負荷............................453
回収期間法............................513
階層的エスカレーション 432
概念スキーマ............................134
開発生産性............................392
開発チーム............................352
外部スキーマ............................134
外部割込み............................31
ガウスの消去法............................10
可監査性............................469
格納型クロスサイトスクリプティング攻撃 ..237
隔離性水準............................168
仮想記憶............................89
仮想サーバ............................55
画像フォーマット............................128
稼働品質率............................442
稼働率............................72
金のなる木............................540
カプセル化............................322
可用性............................71, 181, 265, 466
可用性管理............................439
環境発電............................115
関係演算............................149
監査証拠............................470
監査の結論............................471
関数従属............................146
関数のインライン展開............................96
完全関数従属............................135
完全定額契約............................532
ガントチャート............................384

き

キーワード連動型広告............................579
企業再生ファンド............................539
企業の社会的責任............................589
技術のSカーブ............................567
機能的エスカレーション 432
機能要件項目............................522
機密情報............................623
機密性............................265
逆ポーランド記法............................12
キャズム............................565
キャッシュフロー計算書............................608
キャッシュメモリ............................42

キャパシティプランニング 69
キャプティブ価格戦略............................551
協調フィルタリング............................502
共通鍵暗号方式............................249
共同化............................562
共有ロック............................164
局所探索法............................25
近似計算............................23

く

クイックソート............................22
偶数パリティ............................41
クッキー............................290
クライアント仮想化............................573
クライアント証明書............................259
クラウドサービス............................464
クラス図............................308, 525
クラスタ分析法............................556
クラッシング............................385
グリーン購入法............................527, 630
グリッドコンピューティング 38, 583
クリティカルチェーン法............................383
グローバルIPアドレス............................193
クロスサイトリクエストフォージェリ
............................291, 293
クロックゲーティング 29
クロック信号............................107

け

掲載期間保証型広告............................579
経済的責任............................590
経済付加価値............................495
形式知............................561
継承............................322
継続的改善............................413
継続的サービス改善............................416
景品表示法............................617
ゲートウェイ............................198
桁落ち............................4
結合............................149
決定表............................310
限界値分析............................334
減価償却............................609
検索連動型広告............................579
原子性............................172
原像計算困難性............................252

こ

コアコンピタンス............................537
公開鍵暗号方式............................249
光線空間法............................130

索引 635

構造化インタビュー	518
後置記法	12
行動科学理論	591
コードサイニング証明書	259
コード追跡	329
ゴードン法	555
コールドアイル	451
コールドスタンバイ	439
互換性	320
故障率曲線	348
個人情報保護法	618
個人情報保護マネジメントシステム	264
固定資産除却損	609
コデザイン	313
コヒーレンシ	35
コミュニケーション図	308
コミュニケーションのマネジメント	407
コリジョン	202
コンカレントエンジニアリング	352
コンカレント開発	313
コンテキスト	81
コンテキストスイッチ	82
コンピテンシモデル	590
コンピュータグラフィックス	129
コンペア法	273
コンポーネント図	308

さ

差	149
サーバ仮想化	573
サーバ証明書	259
サービスオペレーション	416
サービス・カタログ	418
サービス可用性	440
サービス継続	413
サービス指向アーキテクチャ	524
サービスストラテジ	416
サービスデザイン	416
サービストランジション	416, 430
サービス・パイプライン	418
サービスマネジメント	413
サービスライフサイクル	415
サービスレベル管理	421
再帰関数	22
最遅開始日	382
サイドチャネル攻撃	245
サブスキーマ	134
サブスクリプション契約	532
サブネットマスク	219
サブルーチン	314
参照制約	144

参照呼出し	314
サンドイッチテスト	337
散布図	602

し

シーケンスコード	121
シーケンス図	306
シェルソート	22
事業関係マネジャ	419
事業継続マネジメントシステム	263
資源のコントロールプロセス	376
資源平準化	388
自己実現理論	593
仕事と生活の調和	594
市場成長率	540
市場占有率	540
指数平滑法	556
システム化構想の立案プロセス	507
システム監査基準	478
システム監査規程	457
システム監査報告書	473
システム管理基準	479
システム適格性確認テスト	340
システム要件定義	340
自然結合	151
下請代金支払遅延等防止法	624
シックスシグマ	554
実験計画法	335, 340
実行可能状態	77
実行状態	77
室内負荷	453
実費償還型契約	532
実表	152
射影	136
社会貢献責任	590
周波数制御	29
集約	321
従量課金上限方式	427
受託業務	482
シュリンクラップ契約	616
障害透明性	54
条件網羅	332, 334
使用性	319
状態遷移図	310, 312
状態遷移テスト	341
状態遷移表	312
衝突発見困難性	252
消費者危険	601
情報カテゴリ	516
情報セキュリティマネジメントシステム	264
情報セキュリティリスク	262

正味現在価値 495
正味現在価値法 513
助言型監査 477
ジョハリの窓 593
自律システム 207
進化的モデル 347
シンクライアントシステム 573
シングルコアプロセッサ 35
シングルサインオン 256, 258
人件費 391
シンプソン法 10
シンプロビジョニング 51
信頼性 265
信頼度成長曲線 349

す

推移律 143
垂直型プロトタイプ 302
垂直機能分散システム 39
垂直思考 520
垂直統合 538
垂直パリティ 41
スイッチングハブ 198
水平型プロトタイプ 303
水平機能分散システム 38
水平統合 539
水平負荷分散システム 38
スーパスカラ 33
スキミングプライス戦略 551
スクラム 350
スクラムマスタ 351
スケールアウト 70
スケールアップ 70
スケールイン 70
スケールダウン 70
スケジューリング 78
ステークホルダ 312, 369
ステークホルダー・エンゲージメントのマネジメ
ント 370
ステートフルパケットインスペクション方式
 286
ストアドプロシージャ 161
スナップショットダンプ 329
スヌープキャッシュ 35
スプリットランテスト 547
スラッシング 89
スワッピング 89
スワップアウト 89
スワップイン 89

せ

成果報酬型広告 579
正規分布 6
制御フロー図 310
整合性 181
生産者危険 601
製造物責任法 629
制約条件の理論 559
制約モード 171
セーブポイント 171
セグメントテーブル 88
セッションハイジャック 292
セット状態 100
セット・リセット・フリップフロップ 100
セマフォ 85
線形探索 21
全数検査 601
前方秘匿性 248
専有ロック 164
専用実施権 357
戦略カテゴリ 516

そ

増加律 143
相関係数 8
相関副問合せ 156
相互協定 439
送信可能化 612
送信可能化権 612
組織体の環境要因 364
組織のプロセス資産 364
損益計算書 605

た

ダーティリード 168
ターンアラウンドタイム 66
第1正規形 147
第2正規形 147
第3正規形 147
第一者監査 455
耐久性 172
第三者監査 455
ダイシング 177
ダイス 177
代替化 448
耐タンパ性 270
第二者監査 455
タイマ割込み 108
耐用年数 609
ダウンローダ型マルウェア 271
楕円曲線暗号 251

索引 **637**

多次元OLAP	184
多段階契約	530
タックマンモデル	379
段階的モデル	346
探索的テスト	340

ち

チーミング	65
チェックサム	41
チェックサム法	273
チェックポイント	171
チップセレクト信号	106
チャレンジャ戦略	535
超音波センサ	109
直積	150
直列化可能性	167, 181
著作権	611
直交表	336

つ

通常実施権	357, 613

て

逓減課金方式	426
ディジタルウォータマーク	586
ディジタルサイネージ	586
ディジタル証明書	253
ディジタル署名	236, 254, 586
ディジタルツイン	584
ディジタルディバイド	586
ディジタルフォレンジックス	278
ディジタルマイクロミラーデバイス	49
定数の畳み込み	96
ディスカウントキャッシュフロー	493
ディストリビューション	98
ディストリビュータ	97
逓増課金方式	427
データキャッシュ	31
データグラム方式	205
データクレンジング	177
データディクショナリ	183
データフローモデル	311
データポータビリティの権利	619
データマート	184
データマイニング	184
データモデル	139, 142
データレイク	184
テクスチャマッピング	130
デザイン思考	519
デシマルコード	121
テストカバレッジ分析	329

テスト駆動開発	350
テストデータ法	465
デッドラインスケジューリング	80
デッドロック	84, 165
デフラグメンテーション	86
デマンドページング	90
デュプレックスシステム	584
デルファイ法	555, 556
テレワーク	504
電圧制御発振器	113
電気泳動型電子ペーパ	49
電子計算機使用詐欺罪	617
電子署名法	621
電子帳簿保存法	628
電子データ交換	580
電子ペーパ	49
伝送時間	189
伝熱負荷	453
テンペスト攻撃	246

と

等価演算	5
動機付け要因	592
統計的サンプリング	463
等結合演算	150
投資収益率	495
同時マルチスレッディング	34
導出表	152
同値分割	334
動的再配置	86
動的電圧	29
特化	321
特性要因図	601, 603
特定商取引法	617, 626
独立性	172
特許権	356, 613
トップダウンテスト	337
ドメインエンジニアリング	352
トラフィック制御方式	206
トランザクション	172
トランザクションカテゴリ	516
ドリルアップ	177
ドリルダウン	177
貪欲法	25

な

内部収益率	495
内部スキーマ	134
内部統制	485
内部割込み	31
内面化	562

流れ図 18, 330	パリティビット 13
ナレッジマネジメント 520	バリューチェーン.................... 510, 545
	パルス幅変調 50
に	パレート図 602, 603
二次分析 547	パワーゲーティング 29
日射負荷 453	汎化 321
ニッチャー戦略.................................535	パンくずリスト...................................123
ニモニックコード 121	半構造化インタビュー 518
ニュートン法 9	反射型XSS攻撃 237
入力AND回路 103	判定条件網羅 332
二要素認証 256	
	ひ
ぬ	ヒープソート 22
抜取検査 600	非機能要件項目..................................522
	非構造化インタビュー 518
の	ビジネスモデルキャンバス 509
能力成熟度モデル統合 299	ヒストグラム......................................602
ノミナル・グループ技法 375	非正規形 147
ノンリピータブルリード 168	ビッグバンテスト 337
	ビットマップインデックス...........................173
は	非統計的サンプリング 463
バージョン管理ツール............................. 95	否認防止 265
ハーフトーン処理.................................131	ビヘイビア法 272
バーンダウンチャート 348	ビュー 145, 152, 158
廃止サービス 418	ヒューリスティック評価 124
排除 448	表出化 562
バイタルセンシング 583	標準偏差 6
ハイパスフィルタ 51	表の正規形 147
ハイプ曲線 567	標本化 128
パイプライン 32	
バイラルマーケティング 552	**ふ**
パケット 212	ファイブフォース分析.............................542
派遣契約 613	ファウンドリサービス.............................526
バスタブ曲線 567	ファジング 279, 280
パターンファイル 236	ファストトラッキング 387
パターンマッチング法 273	ファンクションポイント法 393
バックアップ 450	ファントム 169
バックアップコピー 170	ブール演算 5
バックワード誤り訂正.............................205	フールプルーフ 437, 438
パッシブ方式RFタグ 114	フェールオーバ...........................62, 438
ハッシュ関数 19, 94, 252	フェールセーフ...................60, 61, 437, 438
ハッシュ値 94	フェールソフト...................60, 61, 436, 437
ハッシュ表 94	フォールトアボイダンス 60
ハッシュ表探索................................... 21	フォールトトレランス 61, 437, 438
ハッシュ方式 148	フォールトマスキング 60
花形 540	フォロワ戦略 535
幅優先探索 17	フォワード誤り訂正.............................205
ハフマン符号 11	フォワードエンジニアリング 352
バブルソート 21	不正アクセス禁止法 617
ハミング符号 41	不正競争防止法.................................615
バランススコアカード 493, 510, 542, 546	プライスライニング戦略 551

索引　**639**

プライバシバイデザイン 524
フラグメンテーション 89
フラッシュメモリ 39
フランチャイズ 579
ブランド拡張 549
プリエンプション 78
ブリッジ 198
プリページング 90
フリンの分類 36
ブルーオーシャン戦略 543
ブルーフリスト 465
ブロードキャストストーム 220
ブロードキャストフレーム 202
プログラムカウンタ 31
プログラムマネジメント 497
プログラムレジスタ 31
プロジェクト憲章 366
プロジェクト・スコープ記述書 371
プロセス 413
プロダクトオーナ 312, 351
プロダクトポートフォリオマネジメント 542
プロダクトポートフォリオマネジメントマトリ
  ックス 540
プロダクトライン開発 314
ブロックコード 121
ブロックチェーン 289
プロビジョニング 501
分解律 143
分割統治法 25
分岐網羅 332, 334
分散処理システム 54
分枝限定法 25
分析軸 177
分断耐性 181

へ

ペアプログラミング 328
並行シミュレーション法 465
ベイジアンフィルタ 277
ベイズ統計 599
ページテーブル 91
ページフォールト 89
ベースラインのモデル化 428
ペーパプロトタイプ 303
ペトリネットモデル 311
ペネトレーション価格戦略 550
ペネトレーションテスト 467
ベリードオファー....................................547
ペルソナ 312
ベロシティ 396
変更管理プロセス....................................431

ほ

ホイッスルブローイング 627
法的責任 590
ポート番号 226, 230
保証型監査 477
ホットアイル 452
ホットスタンバイ 439
ボトムアップテスト 338
ポリゴン 131
ポリモーフィック型マルウェア................234
本調査 461

ま

マーケティング 548
マイクロカーネル 326
マイクロサービスアーキテクチャ................300
マイルストーンチャート 385
マクシマックス原理 599
マクシミン原理 598
マグレガー 591
負け犬 541
マズロー 590, 593
待ちグラフ 166
マッシュアップ 354
マトリックス図 603
マルチコアプロセッサ 34
マルチパート 199
マルチプロセッサ 37

み

ミニマックス法 556
ミリ波レーダ 109

む

無限連鎖講の防止に関する法律....................617
無線LAN..196

め

名声価格戦略 551
命令網羅 333
命令レジスタ 30
メモリインタリーブ 44
メモリコンパクション 86

も

目標復旧時点 435
モジュール強度 324
モックアップ 303
モデルベースドテスト 341
問題管理 434, 440
問題児 541

640　索引

モンテカルロ法.....................................556

ゆ

有機ELディスプレイ 49
ユークリッドの互除法.......................19, 331
有限状態機械モデル..............................312
ユーザエクスペリエンス 524
ユーザ機能駆動開発..............................350
ユーザビリティテスト..............................124
ユースケース 347
ユースケース駆動開発............................347
ユースケース図....................................524
優先度逆転 83
優先度順方式 79

よ

容易化..448
要員負荷ヒストグラム.............................349
欲求段階説...590
予備調査..460

ら

ラーニングカーブ..................................567
ライトスルー方式....................................43
ライトバック方式....................................43
ライブマイグレーション 445
ラウンドロビン方式..................................78
ラジオシティ法.....................................130
ランニングロイヤリティ 531
ランプ回路..105

り

リアルオプション...................................493
リーダ戦略 535
リーンスタートアップ..............................564
リーンソフトウェア開発............................349
リグレッションテスト 338
リスク 400
リスクアプローチ.............................456, 483
リスク対応の計画..................................400
リスクの定性的分析...............................400
リスクの定量的分析...............................399
リスクの特定 396, 400
リスクの評価 396
リスクベース認証..................................255
リセット状態 100
リソース指向アーキテクチャ 524
リバースエンジニアリング 352
リバースプロキシ型................................257
リピータ 198
リポジトリ 360

リモートアクセス...................................194
量子化..128
リリース及び展開管理プロセス.....................431
リンクアグリゲーション 199
倫理的責任...590

る

ルータ 198
ルートキット 235
ループ内不変式の移動 97
ループのアンローリング 97
ループフィルタ.....................................113

れ

冷房負荷..452
レイヤ..326
レコメンデーション................................502
レッドオーシャン戦略.............................544
レベニューシェア契約.............................532
連関図..603
連結化..562
レンダリング 130

ろ

ロイヤリティ 531
ローパスフィルタ....................................50
ロールアップ.......................................177
ロールダウン.......................................177
ログデータ分析法..................................125
ログファイル 170
ロバストネス分析..................................301
論理演算...5
論理回線..190

わ

和...149
ワークデザイン法..................................520
ワーク・パッケージ.................................373
ワーク・ライフ・バランス 594
ワイヤフレーム.....................................131
割込み 31
ワンタイムパスワード..............................236

著者プロフィール

松原 敬二（まつばら けいじ）

1970年生まれ、京都大学薬学部卒、大阪市立大学大学院創造都市研究科（システムソリューション研究分野）修士課程修了。

コンサルティングファームで、中堅・中小企業の経営・ITコンサルティングに従事。これまでに複数のIT企業やユーザ企業に勤務し、ソフトウェア・情報システム開発、インターネットサービスの企画・開発、ネットワーク・サーバの構築・運用、IT企業の社員教育、専門学校での教育などに携わる。（著者Webサイト https://keiji.jp/）

著書…『情報処理教科書システムアーキテクト』（翔泳社／共著）、『情報処理教科書エンベデッドシステムスペシャリスト』（翔泳社／共著）など。

資格…情報処理技術者（全ての試験区分に合格）、中小企業診断士、電気通信工事担任者（AI・DD総合種）、JASA組込みソフトウェア技術者（ETEC）クラス2グレードAなど。

装　　丁	結城 亨（SelfScript）
ＤＴＰ	株式会社トップスタジオ

情報処理教科書

高度試験午前Ⅰ・Ⅱ 2023年版

2022年9月12日　初版　第1刷発行

著　　者	松原 敬二（まつばら・けいじ）
発 行 人	佐々木 幹夫
発 行 所	株式会社 翔泳社（https://www.shoeisha.co.jp）
印　　刷	昭和情報プロセス株式会社
製　　本	株式会社 国宝社

©2022 Keiji Matsubara

本書は著作権法上の保護を受けています。本書の一部または全部について（ソフトウェアおよびプログラムを含む）、株式会社翔泳社から文書による許諾を得ずに、いかなる方法においても無断で複写、複製することは禁じられています。

本書へのお問い合わせについては、ⅱページに記載の内容をお読みください。

造本には細心の注意を払っておりますが、万一、乱丁（ページの順序違い）や落丁（ページの抜け）がございましたら、お取り替えします。03-5362-3705までご連絡ください。

ISBN978-4-7981-7756-4　　　　　　　　　　Printed in Japan